普通高等教育"十三五"规划教材
21世纪普通高等院校建筑工程系列规划教材·应用型

建筑工程计量与计价

主　编◎李伙穆　李　栋

副主编◎林沙珊　张碧韩　许莘渝

参　编◎黄丽芬　蔡　昱

主　审◎蔡　昱　林春建

U0216920

厦门大学出版社
XIAMEN UNIVERSITY PRESS
国家一级出版社
全国百佳图书出版单位

图书在版编目（CIP）数据

建筑工程计量与计价 / 李伙穆，李栋主编. -- 厦门：
厦门大学出版社，2018.8（2023.1 重印）
　　ISBN 978-7-5615-7000-5

　　Ⅰ．①建… Ⅱ．①李… ②李… Ⅲ．①建筑工程－计
量②建筑造价 Ⅳ．①TU723.3

中国版本图书馆CIP数据核字(2018)第125805号

出 版 人	郑文礼
总 策 划	宋文艳
责任编辑	郑　丹
美术编辑	李嘉彬
技术编辑	许克华

出版发行 厦门大学出版社

社　　址	厦门市软件园二期望海路 39 号
邮政编码	361008
总 编 办	0592-2182177　　0592-2181406(传真)
营销中心	0592-2184458　　0592-2181365
网　　址	http://www.xmupress.com
邮　　箱	xmupress@126.com
印　　刷	厦门市竞成印刷有限公司

开本	787 mm×1 092 mm　1/16
印张	26.25
字数	640 千字
印数	4 001～6 000 册
版次	2018 年 8 月第 1 版
印次	2023 年 1 月第 3 次印刷
定价	58.00 元

厦门大学出版社
微信二维码

厦门大学出版社
微博二维码

前　言

　　为适应国内外市场经济发展需要,国家住房与城乡建设部极力推动建设工程计价模式,由"法定量、指导价、竞争费"的预算定额的计价方式向适应市场经济的"政府宏观调控,企业自主报价,市场竞争形成价格"的工程量清单计价模式转化,工程造价管理由静态管理模式逐步转变为动态模式,工程造价的计价依据和管理模式改革也在不断深化。对于为建筑行业市场培养应用型人才的普通高等院校,也应适应国家工程造价管理改革的步伐,根据国家现行的新规范并结合 2017 年地方制定的最新定额,编著"建筑工程计量与计价"相关教材。本教材体现国家新标准、新定额与案例分析,目的是为适应现阶段建筑业市场工程造价管理需要和让学生能学到最新的专业知识,以更好地为社会服务。

　　建设工程造价管理会受国家的政策性限制和市场经济的影响,及区域性影响的约束。为顺应普通高等院校向应用型转型的改革思路,在执行国家工程计价标准的同时,兼顾服务区域经济发展的需要。突出实用性、应用性和可操作性,从市场的实际需要出发,内容结合工程实例,坚持以实际应用能力的培养,引导学生"教、学、做"为一体,努力培养适应现阶段岗位和未来的生产、建设、管理和服务第一线需要的高素质技术应用型人才。

　　本书共 8 章,内容包括工程清单计价体系的主要内涵,由闽南理工学院教授、高级工程师李伙穆,集美大学讲师、工程师李栋任主编,闽南理工学院老师林沙珊、张碧韩、许莘渝任副主编,闽南理工学院老师黄丽芬、厦门城市职业学院讲师蔡昱参编。其中第 1、3 章由李伙穆、李栋编写,第 2、4 章由林沙珊编写,第 5 章由张碧韩、林沙珊编写,第 6 章由黄丽芬编写,第 7、8 章由许莘渝编写。全书由李伙穆统稿,由蔡昱和福建省第五建筑工程公司教授级高级工程师林春建主审。

　　限于开本,本书中工程量清单编制实例的相关施工图纸未能完美呈现,若有读者需要,请发邮件至 724918227@qq.com 与本书编者联系。

　　因作者水平有限,书中不足之处在所难免,敬请专家、同仁和广大读者批评指正。

编　者

2018 年 5 月

目 录

第 1 章　建筑工程计量与计价综述

1.1　工程建设项目与工程造价价格形成的关系

1.1.1　工程建设项目及其分类

1.1.1.1　建设工程项目概念

建设工程项目（construction project），是为完成依法立项的新建、改建、扩建的各类工程（土木工程、建筑工程及安装工程等）而进行的、有起止日期的、达到规定要求的一组相互关联的受控活动组成的特定过程，包括策划、勘察、设计、采购、施工、试运行、竣工验收和移交等。

工程项目建设是指投资建造固定资产和形成物质基础的经济活动。工程建设项目具有唯一性、一次性、产品固定性、建设要素流动性、系统性、风险性等特征。项目的唯一性、产品的固定性和建设要素的流动性是工程建设项目的三个最基本特征，影响或决定了工程建设项目其他技术、经济和管理特征及其管理方式和手段，因而也是工程招标需要把握的三个基本因素。

1.1.1.2　建设项目的分类

1. 按建设项目性质分类

(1)新建项目，指从无到有，全新建设的项目，或对原有项目重新进行总体设计，并使其新增固定资产价值超过原有固定资产价值三倍以上的建设项目。

(2)扩建项目，指原建设单位为了扩大原有主要产品的生产能力（或效益），或增加新产品生产能力而进行的固定资产的增建项目。

(3)改建项目，指原有企业为了提高生产效益，改进产品质量或调整产品结构，对原有设备或工程进行改造的项目。有的企业为了平衡生产能力，需增建一些附属、辅助车间或非生产性工程，也可列为改建项目。

(4)迁建项目，指原有企业、事业单位，由于某些原因报经上级批准或其他原因（如城市乡镇规划变更，或市场因素需要，或企业兼并、土地转让等）决定进行搬迁建设，不论规模是维持原状还是扩大建设，均称迁建项目。

(5)恢复项目，指企业、事业单位因自然灾害、战争等特殊原因，使原有固定资产已全部或部分报废，需按原来规模重新建设，或在恢复中同时进行扩建的项目，也仍称作恢复项目。

2. 以计划年度为单位，按建设的过程分类

（1）筹建项目，指在计划年度内，只做准备，还不能开工的项目。

（2）施工项目，指正在施工的项目。

（3）投产项目，指全部竣工，并已投产或交付使用的项目。

（4）收尾项目，指已经验收投产或交付使用及设计能力全部达到，但还遗留少量收尾工程的项目。

3. 按建设项目在国民经济中的用途分类

（1）生产性建设项目，是指直接用于物质资料生产或直接为物质资料生产服务的工程建设项目。主要包括工业建设、农业建设、基础设施建设、商业建设四个方面。

（2）非生产性建设项目，是指用于满足人民物质和文化、福利需要的建设和非物质资料生产部门的建设。主要包括办公用房、居住建筑、公共建筑、其他建设四个方面。

4. 按建设项目的资金来源和投资渠道分类

（1）国家投资的建设项目，又称财政投资的建设项目，是指国家预算直接安排投资的建设项目。

（2）银行贷款筹资的建设项目，是指通过银行信用方式供应建设投资进行贷款建设的项目。

（3）自筹资金的建设项目，是指通过各地区、各单位按照财政制度提留、管理和自行分配用于固定资产再生产的资金进行建设的项目。

（4）引进外资的项目，是指利用外资进行建设的项目。

（5）长期资金市场筹资的建设项目，是指利用国家债券和社会集资（股票、国内债券、国内合资经营、国内补偿贸易）投资的建设项目。

5. 按建设项目规模和投资多少分类

按照国家规定的建设项目规模和投资标准分为大型、中型、小型三类；更新改造项目分为限额以上和限额以下两类。不同等级标准的工程建设项目，国家规定的审批机关和报建程序也不尽相同。

6. 按隶属关系分类

可分为国家部门投资项目、地方部门投资项目和企业自筹投资建设项目等。

1.1.2 建设项目的分解及价格的形成

建设项目是一个完整配套的综合性产品，可包含诸多建设项目子分项，按基本建设项目所组成部分的内容不同，从大到小，从粗到细，将它可划分为：建设项目、单项工程、单位工程、分部工程、分项工程。如图 1.1.1 所示。

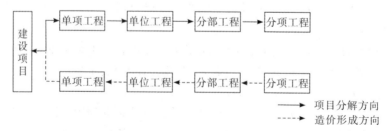

图 1.1.1 建设项目分解示意图

1. 建设项目

建设项目一般是指有一个设计任务书,能按经过优化的设计图纸进行施工,建设和营运中有按《公司法》构建的独立法人即项目法人负责制组织机构(或私营企业),经济上实行独立核算,并且由一个或一个以上的单项工程组成的新增固定资产投资项目的统称,如一个工厂、一个矿山、一条铁路、一所医院、一所学校、一个房地产小区等。

2. 单项工程

单项工程(或称工程项目)是指能够独立设计、独立施工,建成后能够独立发挥生产能力或工程效益的工程项目,即由多个类似或性质相近的单位工程(如生产车间,或办公楼,或教学楼,或食堂,或宿舍楼等)组成的工程项目,它是建设项目的组成部分,即建设项目的子系统,其单项工程产品造价可由编制单项工程综合概(预)算来确定。若建设项目只包含一个单项工程,此单项工程可称建设项目。

3. 单位工程

单位工程是可以独立设计,也可以独立施工,但不能形成生产能力或工程效益的工程项目。单位工程是单项工程的组成部分,是它的子系统,即建设项目的子(孙)系统,如具有生产能力的一个车间(或所谓单项工程)是由土建工程、设备安装工程等多个单位工程组成。人们常说的建筑工程,包括一般土建工程、工业管道工程、电器照明工程、卫生工程、庭院工程等单位工程。设备安装工程也可包括机械设备安装工程、给水排水安装工程、通风设备安装工程、电器设备安装工程和电梯安装等单位工程。单位工程是编制单项工程综合概(预)算、设计总概算的依据。单位工程造价一般可由编制施工图预算(或单位工程设计概算),或工程量清单计价确定。

4. 分部工程

分部工程是单位工程的组成部分。它是按照建筑物或构筑物的结构部位或主要的工种工程划分的工程分项,如土(石)方工程、基础工程、砌筑工程、主体工程、钢筋混凝土工程、楼地面工程、屋面工程等。分部分项工程费用是单位工程造价的组成部分,也是按分部分项工程承发包合同价格的基本依据。

5. 分项工程

按照传统的施工图预算定额方法划分,所谓分项工程是分部工程的细分,是建设项目最基本的组成单元,是最简单的施工过程,也是工程预算分项中最基本的分项单元。一般是按照选用的施工方法、所使用的材料、结构构件规格等不同因素划分的施工分项。例如,在按定额分部工程划分门窗工程中,可划分为成品木门安装、金属门、金属卷帘门、厂库房大门、特种门金属窗、门窗套窗台板、窗帘盒、窗帘轨等分项工程。又如按结构部位划分的分部工程如混凝土工程,可细分为基础、柱、梁、墙板、楼梯其他构件、后浇带等分项工程。分项工程是概预算分项中最小的分项,都能用最简单的施工过程去完成,每个分项工程都能用一定的计量单位计算(如基础或墙的计量单位为 m^3,现浇构件钢筋的计量单位为 t 等)并能计算出一定量分项工程所需耗用的人工、材料和机械台班的数量。如果按照工程量清单计价方式所称的清单分项工程项目(或清单项目),则不同于上述概念。清单中的分项则是一个综合性概念,多属分部分项或专业工种工程分项,它可以包括上述分项工程中的两个或两个以上的分项工程。例如,一个砖基础清单分项,按《建设工程工程量清单计价规范》(以下简称《计价规范》)规定的工作内容应包括铺设垫层、砌砖、防潮层铺设三个分项工程。因此,分项工程与工程量清单中的分项,完全是不同的两个概念,不能混淆。

1.1.3 工程建设程序与工程概预算的关系

工程项目建设程序是指工程项目从策划、评估、决策、设计、施工到竣工验收、投入生产或交付使用的整个建设过程中,各项工作必须遵循的先后工作次序。工程项目建设程序是人们长期在工程项目建设实践中得出来的经验总结,也是工程建设过程客观规律的反映,更是建设工程项目科学决策和顺利进行的重要保证。

工程建设程序不能任意颠倒,但可以合理交叉。按我国现行规定,建设项目从前期准备到建设、投产或使用需要经历以下几个主要阶段。

1. 提出项目建议书

项目建议书应根据区域发展和行业发展规划的要求,结合与该项目相关的自然资源、生产力状况和市场预测等信息,经过调查研究分析,说明拟建项目建设的必要性、条件的可行性、获利的可能性等,并根据拟建项目规模大小报送有关部门审批。

2. 可行性研究

根据审批后的项目建议书,对拟建项目从技术、经济和社会等各个方面进行系统的分析论证,并得出项目可行与否的研究结论,形成可行性研究报告。

3. 编制设计任务书

设计任务书是工程建设项目编制设计文件的主要依据。设计任务书批准后就要着手编制设计文件,设计过程包含:初步设计、施工图设计。重大项目和技术复杂项目可根据需要增加技术设计阶段。

4. 建设准备

项目在开工建设之前,应当切实做好各项准备工作,包括征地、拆迁、平整场地、通水、通电、通路、组织设备、材料订货以及组织施工招投标,选择施工单位准备施工图纸,办理施工许可证等。

5. 组织施工

组织工程施工安装是建设项目付诸实施的重要一步。施工阶段一般包含土建、装饰、给排水、采暖通风、电气照明、工业管道以及设备安装等工程项目。施工过程中,为保证工程质量,施工单位必须严格按照合理施工顺序、施工图纸、施工验收规范等要求进行组织施工,不合格的工程不得交工。

6. 生产准备

生产准备是项目投产前由建设单位进行的一项重要工作。它是衔接建设和生产的桥梁,是项目建设转入生产经营的必要条件。建设单位应适时组成专门机构做好生产准备工作,确保项目建成后能及时投产。包括招收和培训生产人员、组织准备(生产管理机构设置、管理制度和有关规定的制订、生产人员配备等)、技术准备、物资准备等。

7. 竣工验收

建设项目按批准的设计文件所规定的内容建完后,便可以组织竣工验收,验收合格后,施工单位应向建设单位办理竣工移交和竣工结算手续,交付建设单位使用。

8. 建设项目后评估

建设项目后评估是工程项目竣工投产,生产运营或使用一段时间后,再对项目的立项决策、设计施工、竣工投产、生产使用等全过程进行系统的、客观的分析、总结和评价的一种技术经济活动,是固定资产管理的一项重要内容。

建设项目是一种特殊的产品,由于各建设阶段投资费用计算的依据不同,使得各建设阶段投资费用的精度存在差别。工程项目从决策到竣工交付使用,都有一个较长的建设期。在整个建设期内,构成工程造价的任何因素发生变化都必然会影响工程造价的变动,不能一次确定可靠的价格,要到竣工结算后才能最终确定工程造价。因此,需对工程项目建设程序的各个阶段进行计价,以保证工程造价确定和控制的科学性。工程造价的多次性计价反映了不同的计价主体对工程造价的逐步深化、逐步细化、逐步接近和最终确定工程造价的过程。

图 1.1.2 说明了基本建设程序、概(预)算编制与管理的总体过程,以及工程概预算与基本建设程序不可分割的关系。工程概预算的编制和管理,是一切建设项目管理的重要内容之一,是实施工程造价管理、有效地节约建设投资、提高投资效益的最直接的重要手段和方法。在过去的一些项目建设中,常常出现投资高、质量差、经济效益低的问题,在"三算"对比中的反映是预算高于概算,结算(或决算)高于预算(简称"三超"现象)。应当肯定,出现这种不良结果的影响因素是多方面的,然而,重编制、轻管理,特别是不注重投资决策和动态的管理与控制,是最重要、最基本的错误倾向和问题。

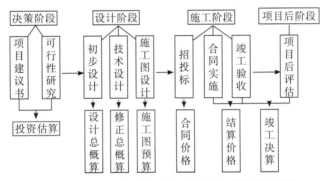

图 1.1.2　建筑工程概预算与建设各阶段的对应关系

综上所述,工程概预算的编制和管理,是我国基本建设的一项极为重要的工作,同时也是有效地进行投资控制、不断提高投资经济效益的重要手段和方法。

1.2　建设工程概预算分类及其作用

1.2.1　按工程建设阶段分类

1. 投资估算

投资估算一般是指在项目建议书或可行性研究阶段,建设单位向国家或主管部门申请建设项目投资时,为了确定建设项目的投资总额而编制的经济文件。它是国家或者主管部门审批或确定建设项目投资计划的重要文件。投资估算是决策、筹资和控制造价的主要依据。投资估算主要根据估算指标、概算指标或类似工程预（决）算等资料进行编制。

2. 设计总概算

设计总概算是在初步设计或扩大初步设计阶段，由设计单位以投资估算为目标，预先计算建设项目由筹建至竣工验收、交付使用的全部建设费用的技术经济文件。它是根据初步设计图纸、概算定额（或概算指标）、设备预算价格、各项费用定额或取费标准、市场价格信息和建设地点的自然、技术经济条件等资料编制的。

设计总概算是国家确定和控制建设项目总投资、编制基本建设计划的依据，每个建设项目只有在初步设计和概算文件被批准后，才能列入基本建设计划，才能开始进行施工图设计。如果初步设计提出来超过可行性研究报告确定的总投资估算 10%以上，要重新报批可行性研究报告。

3. 修正总概算

当采用三阶段设计时，在技术设计阶段，随着对初步设计内容的深化，对建设规模、结构性质、设备类型等方面可能进行必要的修改和变动。此时，对初步设计总概算也应做相应的调整和变动，即形成修正总概算。一般情况下，修正总概算不能超过原已批准的总概算投资额。

4. 施工图预算

施工图预算与工程量清单计价是不同的两个概念，但都是反映工程造价的结果，都属于施工图设计阶段的预算。前者是我国五十多年来最主要的建筑安装工程预算编制方法，是计划经济体制下的产物，编制依据是国家或地方统一规定的法定基础定额与费用定额，有它特定的编制程序、步骤和方法。由于它产生于施工图设计阶段，因而将其称为施工图预算。它在应用中是一个广义的含义，它既是我国编制单位工程或分部工程预算的一种形式，又可以领会为单位工程包括分部分项工程预算在内的结果。所谓施工图预算是指施工图设计工作完成，在施工承包企业响应业主招标活动后或承包合同签订之前，根据招标文件要求和施工图、施工组织设计（或施工方案）统一预算定额及其相应取费标准、市场价格及现场考察情况等，计算和确定的单位工程全部建设费用即单位工程造价的技术经济文件。

5. 竣工结算

竣工结算是指一个建设项目或单项工程、单位工程全部竣工，由施工企业以施工图预算书（或承包合同预算、工程承包合同价）为依据，根据施工现场记录、设计变更通知书、现场变更签证、定额预算单价和有关取费标准等资料，在原订合同预算的基础上包括风险与索赔等依据编制的，并经承发包双方办理的最终工程结算的技术经济文件，经过建设单位与有关部门验收，经过审计由监理工程师签署后，即发、承包双方交换建筑产品的结算价。竣工结算是工程结算中最终的一次性结算。除此之外，工程结算还应包括中间结算，即定期结算（如季结算、月结算）、工程施工阶段按形象进度结算。其作用是使施工企业获得收入，补偿消耗，是进行分项核算的依据。

6. 竣工决算（或竣工成本决算，或竣工财务决算）

竣工决算可分为施工企业内部单位工程竣工决算和建设单位的竣工决算。施工单位的单位工程成本决算，是以工程结算为依据编制的从施工准备到竣工验收后的全部施工费用的技术经济文件。用于分析该工程施工的最终的实际效益，故而也称竣工财务决算。建设单位的竣工决算,是由建设单位(业主)以竣工结算的依据编制的从决算项目筹建到竣工验收、交付使用全过程中实际支付的全部建设费用的技术经济文件。它的作用主要是反映基本建设实际投资额及其投资效果,是作为核定新增定固定资产和流动资金价值的依据,故此也称竣工财务决算。它是国家或主管部门验收小组验收与交付使用的重要财务成本依据。

1.2.2　按工程对象分类

1. 分部分项工程概预算

分部分项工程概预算是以分部分项工程(即分部分项或专业分包产品)为对象而编制的工程建设费用的技术经济指标。它可能是分部分项工程设计概算,也可能是分部分项工程预算,可以作为业主(或总承包商)向专业分包商发包与结算的基本依据。

2. 单位工程概预算

单位工程概预算是以单位工程为编制对象而编制的工程建设费用的技术经济文件,可能是单位工程设计概预算,也有可能是单位工程施工图预算(或工程施工造价)。

3. 工程建设其他费用概预算

工程建设其他费用概预算是以建设项目为对象,根据有关规定应在建设投资中支付的,除建筑安装工程费、设备购置费、工具及生产家具购置费和预备费以外的一些费用,如土地、青苗等补偿费,安置补助费,建设单位管理费,生产职工培训费等。工程建设其他费用概预算是根据设计文件和国家、地方主管部门规定的取费标准进行编制的,以独立的费用项目列入单项工程综合概预算或建设项目总概算中。

4. 单项工程综合概预算

单项工程综合概预算是确定单项工程建设费用的综合性经济文件。它是由该建设项目与其单项工程相关的各单位工程概预算汇编而成。当建设项目只有一个单项工程时,就可不必编制设计总概算,其工程建设其他费用概预算和预备费则列入单项工程综合概预算中,以反映该项工程建设的全部费用。

5. 建设项目总概预算

建设项目总概算或称设计总概算,它是以概算定额或概算指标为依据编制的。所谓建设项目总预算是以预算定额为依据,以施工图预算为基础按照单位工程预算、单项工程预算和建设项目预算路径逐步归纳和加上其他费用之总和。现在推行工程量清单计价方式,同样可按上述预算路径,以单位工程清单计价预算为基础,完成《计价规范》规定格式中所称"工程项目总造价"即建设项目总预算的编制。

1.2.3　按工程承包合同的结算方式分类

我国建设部令第 107 号《建筑工程施工发包与承包计价管理办法》第十二条规定,工程承包价格可以采用以下方式:

(1)固定价。合同总价或者单价在合同约定的风险范围内不可调整。

(2)可调价。合同总价或者单价在合同实施期内,根据合同约定的办法可以调整。

（3）成本加酬金。

按照国际上通用的承包合同规定的不同工程结算方式，工程概预算可分为五类：

1. 固定总价合同概预算

固定总价合同概预算，是指以投资估算、设计图纸和工程说明书为依据计算和确定的工程总造价。此类合同也是按工程总造价一次包死的承包合同（即固定合同）。其工程概预算是编制的设计总概算或单项工程综合概算。工程总造价的精确程度取决于设计图纸和工程说明书的精细程度。如果图纸和说明书粗略，将使总概算总价难于精确，承发包双方可能承担较大的风险。

2. 计量定价合同概预算

计量定价合同概预算又可称为工程量清单计价合同。它是以合同规定的工程量清单和清单分项综合单价为基础，计算和确定合同约定工程的工程造价。此种概预算编制的关键在于正确地确定每个分项工程的综合单价。这种定价方式风险较小，是国际工程施工承包中较为普遍的方式，也是我国即将普遍推行的合同计价方式。

3. 单价合同概预算

所谓单价合同，是根据所拟定工程项目或单位工程产品的标准计价单位，如以房地产住宅项目的每平方米产品的综合单价为计价依据，进行招标投标时所签订的计价合同。这种方式在国际工程招标中可以多种方式发包定价：其一，可以将工程设计和施工同时发包，承包商在没有施工图纸的情况下报价，显然这种计价方式要求承包商具有丰富的经验；其二，可由招标单位提出合同报价单价，再由中标单位认可，或经双方协调修订后作正式报价单价；其三，是综合单价固定不变，也可商定允许在实物工程量完成时，随人工费和材料价格指数的变化进行合理的调整，调整办法必须在承包合同中明文规定。后两种方式在我国较稳定的房地产商与工程承包商之间，在房屋结构简单、户型变化不大的房地产项目中曾较多采用。

4. 成本加酬金合同概预算

成本加酬金合同概预算，是指按合同规定的直接成本（人工、材料和机械台班费等），加上双方商定的总管理费用和利润金额来确定的预算总造价。这种合同承包方式，同样适用于没有提出施工图纸的情况下，或在遭受到毁灭性灾害或战争破坏后，等待修复的工程项目中。此种概预算计价合同方式还可细分为成本加固定百分数、成本加固定酬金、成本加浮动酬金和目标成本加奖罚酬金四种方式。

5. 统包合同概预算

统包合同概预算，是指按照合同规定从项目可行性研究开始，直到交付使用和维修服务全过程的工程总造价。采用统包合同确定单价的一般步骤为：

（1）建设单位请投标单位进行拟建项目的可行性研究，投标单位在提出可行性研究报告时，同时提出完成初步设计和工程量清单（包括概算）所需的时间和费用。

（2）建设单位委托中标单位做初步设计，同时着手组织现场施工的准备工作。

（3）建设单位委托做施工图设计，承包商同时着手组织施工。

这种统包合同承包方式，每进行一个程序都要签订合同，并规定出应付中标单位的报酬金额，由于设计逐步深入，其统包合同的概算和预算也是逐步完成的，因此，一般只能采用阶段性的成本加酬金的结算方式。

1.3　建筑工程计量与计价的发展

1.3.1　国际建筑工程计量与计价发展

人类活动不是简单地重复进行的,而是随着人类社会实践的历史发展由简单到复杂地发展起来的。建筑工程计量与计价也是随着时代的进步、社会生产力的发展,以及建筑施工新技术、新工艺、新材料的不断推陈出新而逐渐产生和发展的。

国际上建筑工程计量与计价的发展大致可以分为以下五个阶段。

1. 建筑工程计量和计价的萌芽阶段

国际建筑工程计量与计价的起源可以追溯到 16 世纪以前。当时的大多数建筑设计比较简单,业主往往聘请当地的手工艺人(工匠)负责建筑物的设计和施工,工程完成后按照一定的计算方法得出实际完成的工程量,并根据双方事先协商好的价格进行结算。

2. 建筑工程计量与计价的雏形阶段

16 世纪至 18 世纪,随着资本主义社会化大生产的出现和发展,在现代工业发展最早的英国出现了现代意义上的建筑工程计量与计价。社会生产力和技术的发展促进了国家建设大批的工业厂房,许多农民在失去土地后集中转向城市,需要大量住房,这样使建筑业逐渐得到了发展,设计和施工逐步分离并各自形成一个独立的专业。此时,工匠需要有人帮助他们对已完成的工程量进行测量和估价,以确定应得的报酬,因此,从事这些工作的人员逐步专门化,并被称为工料测量师。他们以工匠小组的名义与工程委托人和建筑师洽商,计算工程量和确定工程价款。但是,当时的工料测量师是在工程完工以后才去测量工程量和结算工程造价的,因而工程造价管理处于被动状态,不能对设计与施工施加任何影响,只是对已完工程进行实物消耗量的测定。

3. 建筑工程计量与计价的正式诞生

19 世纪初期,资本主义国家开始推行建设工程项目的竞争性招标投标。工程计量与工程造价预测的准确性自然地成为实行这种制度的关键。参与投标的承包商往往雇用一个估价师为自己做这项工作,而业主(或代表业主利益的工程师)也需要雇用一个估价师为自己计算拟建工程的工程量,为承包商提供工程量清单。因此,要求工料测量师在工程设计以后和开工之前就要对拟建的工程进行测量与估价,以确定招标的标底和投标报价。招标承包制的实行更加强化了工料测量师的地位和作用。与此同时,工料测量师的工作范围也扩大了,而且工程计量和工程估价活动从竣工后提前到施工前进行,这是历史性的重要进步。

1868 年 3 月,英国成立了测量师协会(Surveyor's Institution)。其中最大的一个分会是工料测量师分会。这一工程造价管理专业协会的创立,标志着现代工程造价管理专业的正式诞生。测量师协会的成立使工程造价管理人士开始了有组织的相关理论和方法的研究,这一变化使得工程造价管理走出了传统管理的阶段,进入了现代化工程造价的阶段。这一时期完成了工程计量和计价历史上的第一次飞跃。

4."投资计划和控制制度"的产生阶段

从20世纪40年代开始,由于资本主义经济学的发展,许多经济学的原理被应用到了工程造价管理领域。工程造价管理从一般的工程造价的确定和简单的工程造价的控制的雏形阶段开始向重视投资效益的评估、重视工程项目的经济与财务分析等方向发展。同时,英国的教育部和英国皇家特许测量师协会(RICS)的成本研究小组相继提出成本分析和规划的方法。成本分析和规划法的提出大大改变了计量与计价工作的意义,使计量与计价工作从原本被动的工作状态转变成主动,从原来设计结束后做计量估价转变成与设计工程同时进行,甚至在设计之前即可做出估算,这样就可以根据工程委托人的要求使工程造价控制在限额以内。因此,从20世纪50年代开始,"投资计划和控制制度"就在英国等经济发达的国家应运而生。此时恰逢"二战"后的全球重建时期,大量需要建设的工程项目为工程造价管理的理论研究和实践提供了许多机会,从而使工程计量与计价的发展获得了第二次飞跃。

5. 工程计量与计价的综合与集成发展阶段

从20世纪70年代末到90年代初,工程造价管理的研究又有了新的突破。各国纷纷在改进现有理论和方法的基础上,借助其他管理领域在理论和方法上的最新发展,对工程造价管理进行了更深入和全面的研究。这一时期,英国提出了"全生命周期造价管理"(life cycle costing management,LCCM);美国稍后提出了"全面造价管理"(total cost management,TCM);我国在20世纪80年代末和90年代初提出了"全过程造价管理"(whole process cost management,WPCM)。这三种工程造价管理理论的提出和发展,标志着工程造价理论和实践的研究进入了一个全新的阶段——综合与集成的阶段。

这些崭新的工程造价管理理论的发展,使建筑业对工程计量与计价有了新的认识。随着我国加入WTO后建筑市场的对外开放,在工程计量与计价方面实行国际通行的工程量清单计量和计价办法,使工程计量与计价贯穿于工程项目的全生命周期,实现从事后算账发展到事先算账,从被动地反映设计和施工发展到能动地影响设计和施工,从工程计量与计价理论方法的单一化向更加科学和多样化方向发展,从而标志着工程计量与计价发展的第三次飞跃。

1.3.2 我国建筑产品造价的形成与改革

我国建设工程(或建筑工程)产品造价(或工程概预算)制度、框架、基本原理与计价方法等,是在社会主义计划经济体制下,根据中国工程建设和经济发展的需要,结合学习苏联经验的基础上逐步建立和发展起来的。从1949年至今的60余年里,建设工程产品造价工作经历了艰难曲折的历程,大致可分为以下两大阶段(即推行工程量清单前、后两大阶段)六个时期。

1.1949—1991年的发展概况

(1)国民经济恢复时期(1949—1952年)

中华人民共和国成立初期(1949—1952年)是我国国民经济的恢复时期。由于当时大规模的经济建设还未开始,国营建筑企业尚未建立,少量的恢复扩建和新建工程基本上由私人营造商(或称承包商)承建,较大工程则由解放军基建工程兵承建。我国东北地区解放较早,从1950年开始,该地区铁路、煤炭、建筑、纺织等部门,大部分都实行了定额管理。1951

年 4 月,东北人民政府制定了东北地区《国营企业计件工资制度暂行规程》,建筑部门还制定了东北地区统一劳动定额。就全国范围来看,这一时期是劳动定额工作的初创阶段,主要是建立定额机构,培训定额工作人员等。

(2)第一个五年计划时期(1953—1957 年)

1953—1957 年是第一个五年计划时期,这个时期我国进入了大规模经济建设的高潮。156 项大型工程建设项目的投资额度和建设规模巨大,为了管好用好建设资金,在总结我国经济恢复时期和学习苏联经验的基础上,逐步建立了具有我国计划经济特色的工程定额管理和工程概预算制度,包括拟定设计任务、厂址选择、控制设计总概算在内的法定的基本建设程序制度与办法。

1954 年,国家计委编制了《1954 年建筑工程设计预算定额》。1955 年成立的国家建设委员会主持编制了《民用建筑设计和预算编制暂行办法》,并颁发了《工业与民用建筑预算暂行细则》,规定了经过批准的初步设计总概算是确定建设费用的法定文件,是编制年度计划、拨付计划的依据,是实施工程项目投资的最高限额,是银行拨款、签订承包合同的法定依据,明确了基本建设概预算在社会主义建设中的地位和作用。1955 年出台了建筑业全国统一的劳动定额,共有定额项目 4964 个。1956 年成立了国家建筑工程管理局,对 1955 年编制的统一劳动定额进行了修订,增加了材料消耗和机械台班定额部分,完善了具有中国特色的建筑工程基础定额,并编制了全国统一施工定额。其定额水平比 1955 年提高了 5.2%,全套共 5 册 49 分册,定额项目增加到 8998 个,并在当年正式颁发了《建筑工程预算定额》。1957 年颁布了《关于编制工业与民用建设预算的若干规定》、《基本建设工程设计与预算文件审核批准暂行办法》、《工业与民用建设设计及预算编制办法》和《工业与民用建设预算编制暂行细则》等一系列法规、文件。

总之,"一五"时期在"多快好省,勤俭建国"方针的指引下,加强了定额管理和投资管理与控制,使建设项目实现了良好的综合效益,迎来了我国工业体系及"科、工、贸"等社会主义经济建设的全面发展。应当肯定,"一五"时期是我国在计划经济体制下基本建设程序和工程造价管理制度健康发展的黄金时期,至今,仍有许多值得学习和推广的好经验。如建设项目投资计划与控制,企业基础工作及基础定额管理,施工过程的质量、技术、安全和成本管理与控制,技术与技能学习制度等,都是我国工程建设和工程造价管理中的宝贵经验与财富。

(3)从 1958 年到"文化大革命"(1966 年)开始时期

1958 年,由国家计划委员会、国家经济委员会联合下文,把基本建设预算编制办法、建筑安装工程预算定额、建筑安装工程间接费定额的制订权下放给省、自治区、直辖市人民政府。1963 年,国家计委下文明确规定各省、自治区、直辖市制订的建筑安装工程预算定额、间接费定额是各省、自治区、直辖市基本建设预算编制的依据,并且取消了按成本计算的 2.5%的利润。放权并不一定是坏事,但是由于极"左"思潮的严重干扰和破坏,地方主义、本位主义蔓延,使当时经济建设远离了国情,超过了国家财政的承受能力,不仅忽视和削弱了预算的作用,更由于头脑发热、乱搭乱盖、盲目建设,使得建设费用无尺度地增长,工程质量下降,工期延长,反科学建设行为成风,给国家资源带来了极大损失和浪费。另外,由于取消了利润,工程建设产品价格成了不完全价格。这些错误的做法使得企业管理和工程建设出现了不少严重问题,如编制工程计划没有定额依据,组织施工生产心中无数,劳动无定额,质量无标准,施工中否定了先进与落后、效率高与低、质量好与差之分,无衡量尺度,竞赛评比、核发奖金无依据,使得工程建设与管理处于极度混乱之中,资源浪费极为严重。

直到1959年,部分部门开始恢复定额与预算工作,特别是1961年党中央提出"调整、巩固、充实、提高"的方针后,定额和预算工作才得到较大规模的整顿和加强,使定额实行面不断扩大。1959年11月,国务院财贸办公室、国家计委、国家建委联合做出决定,改变管理体制,收回下放过大的定额管理权限,实行统一领导下的分级管理体制,由建筑工程部对相关全国统一消耗定额进行统一编制和管理。1962年,建筑工程部又正式修订颁发了全国建筑安装工程统一的劳动定额,定额水平比1956年提高了4.58%,项目增加到10524个,并明确规定降低单项定额水平控制在10%以内的调整幅度,各省(市)有权批准实施。总体上讲,这一时期我国建筑工程概预算定额与概预算管理制度,是从放权到收权、从混乱到恢复健全的时期。特别是1962年以后,由于贯彻了"八字"方针,已基本形成和完善了我国计划经济体制下的建设工程定额与工程概预算管理体系。

(4)"文化大革命"时期(1966—1976年)

1966—1976年"文革"十年是我国又一次受极"左"思潮严重干扰的时期,已基本形成和完善的建设工程定额与工程概预算管理制度及体系再一次遭到严重的破坏。当时,工程建设、概预算制度被破坏,定额管理机构被撤销"砸烂",概预算人员被强制改行,大量基础资料被销毁,使"设计无概算,施工无预算,竣工无结算"的状况成为普遍现象。这一时期,是我国建设工程及其定额、概预算管理在极"左"思潮严重干扰破坏下,处于极度混乱的时期。

(5)党的十一届三中全会以后(1978—1991年)

党的十一届三中全会以后(1978—1991年),是我国工程造价管理工作恢复、整顿和发展的阶段,党的十一届三中全会做出了把全党工作重点转移到经济建设上来的战略决策。1978年4月22日,中共中央、国务院批转了国家计委、国家建委、财政部《关于加强基本建设管理的几项规定》《关于加强基本建设程序的若干规定》等文件。同年10月,国家建筑工程总局颁发了1979年《建筑安装工程统一劳动定额》,全面修订了1966年制定的工程预算定额。修订的新劳动定额共27册,16092个项目,66281个子目,定额水平按可比项目与1966年相比提高了4.39%。1980年4月,国家计委、国家经委、国家劳动总局联合颁发的《国营企业计件工资暂行办法(草案)》中指出:"凡是企业主管部门有统一劳动定额的,应按统一劳动定额执行,没有统一劳动定额的,可由企业自行制订,但应在报上级主管部门批准后方能执行。"此外,还按社会平均水平修改和制订了建筑工程土建预算定额,恢复了按工程预算成本的2.5%记取利润的制度,使按预算定额编制的施工图预算价格比较接近其价值。

总之,从党的十一届三中全会召开至1991年,我国不仅恢复和修订了一系列工程预算制度和法规,修订了一般土建工程预算定额和间接费定额,变过去社会平均先进水平为平均水平,使按定额计算的工程建设产品价格更加贴近商品经济的要求,有利于工程建设产品的生产和建筑安装企业的发展,加速了我国社会主义现代化建设的进程。

2. 建设工程造价全面改革的质变阶段(1992年至今)

从1992年全国工程建设标准定额工作会议至1997年全国工程建设标准定额工作会议期间,是我国推进工程造价管理机制深化改革的阶段。建设部1999年1月发布了《建设工程施工发包与承包价格管理暂行规定》,是以工程发承包价格为管理对象的规范性文件,对规范建设工程发承包价格活动、工程造价计价依据和计价方法的改革起到了推动的作用。2001年10月25日,建设部在推行《建设工程施工发包与承包价格管理暂行规定》的基础上,又发布了第 107 号文件《建筑工程施工发包与承包计价管理办法》,自 2001 年 12 月 1 日起施行。此文件更加明确地提出。建筑工程施工发包与承包价格在政府宏观调控下,由市场竞争形成。工程发承包计价应当遵循公平、合法和诚实信用的原则,并重申了招标投标工程可以采用工程量清单方法编制招标标底和投标报价的规定。近几年来,按照这一改革方向,各地在工程发承包工程量清单计价依据、计价模式与方法、管理方式及其工程合同管理等方面,进行了许多有益的探索,在沿海和大城市如广东顺德、深圳、广州、上海、天津、山东、重庆、武汉等地,特别是广东沿海地区获得了宝贵经验,在工程发承包计价改革中取得了实效。

　　建设部于 2003 年 2 月 17 日发布第 119 号公告,批准国家标准《建设工程工程量清单计价规范》(GB 50500-2003)自 2003 年 7 月 1 日起实施。2008 年 7 月 9 日建设部发布了《建设工程工程量清单计价规范》(GB 50500-2008)。2012 年 12 月 25 日,在总结了两个国家标准、实践经验与存在问题的基础上,住房和城乡建设部(简称住建部)发布了《建设工程工程量清单计价规范》(GB 50500-2013)及九个相关专业工程量计算规范。

　　综上所述,我国工程造价体系的健全、完善和工程造价管理体制的改革推进,经历了 60 余年的艰难历程,走过了从政府定价到市场定价、从量价合一到量价分离、从政府保护到公平竞争、从行政管理到依法监督等一系列的转变,经历了由"控制量,指导价,竞争费",到完善"政府宏观调控、企业自主报价、市场形成价格、社会全面监督"的工程造价管理模式的磨合过程,使工程建设市场的价格机制基本形成。全面推进建设工程工程量清单计价模式和方法,是实现我国建设工程造价改革由计划经济模式向市场经济模式转变的重要标志,是实现我国深化工程造价管理体制全面改革的革命性措施,同时又是全面推进工程管理体制改革,有效推行工程总承包管理模式,以及有效推行工程合同管理的关键要素和必备条件,必将对我国不断提高建设投资效益和有效利用资源发挥巨大的作用。

思考题

1.1　工程项目建设的含义是什么?

1.2　建设项目如何进行分解?

1.3　建设项目、单项工程、单位工程、分部工程、分项工程如何定义? 有何相关性?

1.4　简述我国工程项目建设程序及其各个阶段主要包括哪些内容。

1.5　如何理解工程概预算与建设项目各阶段的关系?

1.6　建筑工程概预算是如何分类的?

1.7　简述国际建设工程计量与计价的发展经历了哪些阶段。

1.8　建设工程造价改革分为哪几个阶段? 改革的主题是什么?

第 2 章　建设工程造价的构成

2.1　概述

2.1.1　建设工程造价的含义

建设项目按投资领域可分为生产性项目和非生产性项目。生产性工程建设项目总投资,包括固定资产投资和包含铺底流动资金在内的流动资产投资两部分。非生产性工程建设项目总投资只有固定资产投资,不含流动资产投资。工程建设项目的固定资产投资就是工程建设项目的工程造价。

工程造价的第一种含义从投资者——业主的角度定义,工程造价是指建设一项工程预期开支或实际开支的全部固定资产投资费用,包括建筑安装工程费用、工程建设其他费用、预备费用、建设期利息。投资者在投资活动中所支付的这些费用最终形成了工程建成以后交付使用的固定资产、无形资产和递延资产价值,所有这些开支就构成了工程造价。从这一意义上来说,工程造价就是工程建设项目的固定资产投资费用。工程建设项目总造价是项目总投资中的固定资产投资的总额。

工程造价的第二种含义从市场的角度来定义,工程造价是指工程价格,即为建成一项工程,预计或实际在土地市场、设备市场、技术劳务市场以及承包市场等交易活动中所形成的建筑安装工程价格和建设工程总价格。显然,工程造价的第二种含义是将工程项目作为特殊的商品形式,通过招投标、承发包和其他交易方式,在多次预估的基础上,最终由市场形成的价格。通常将工程造价的第二种含义认定为工程承发包价格,是第一种含义的一部分。

2.1.2　建设工程造价的计价特征

1. 单件性计价

由于每一项建设工程之间存在着用途、结构、造型、装饰、体积及面积等方面的个别性和差异性,任何建设工程产品单位的价值都不会完全相同,不能规定统一的造价,只能就各个建设项目或单项工程或单位工程,通过特殊的计价程序(即编制估算、概算、预算、合同价、结算价及最后确定竣工决算价)进行单件性计价。

2. 多次性计价

建设工程产品的生产过程环节多,阶段复杂,周期长,而且是分阶段进行的。为了适应各个工程建设阶段的造价控制与管理,建设工程应按照国家规定的计价程序,按照工程建设程序中各阶段的进展,相应做出多次性的计价。其过程如图 2.1.1 所示。

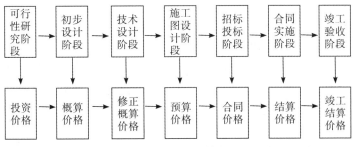

图 2.1.1　工程多次计价示意图

(1)投资估算是指在项目建议书和可行性研究阶段通过编制估算文件预先测算的工程造价。投资估算是进行项目决策、筹集资金和合理控制造价的主要依据。

(2)工程概算是指在初步设计阶段,根据设计意图,通过编制工程概算文件,预先测算的工程造价。

与投资估算相比,工程概算的准确性有所提高,但受投资估算的控制。工程概算一般又可分为建设项目总概算、各单项工程综合概算、各单位工程概算。

(3)修正概算是指在技术设计阶段,根据技术设计要求,通过编制修正概算文件预先测算的工程造价。修正概算是对初步设计概算的修正和调整,比工程概算准确,但受工程概算控制。

(4)施工图预算是指在施工图设计阶段,根据施工图纸,通过编制预算文件预先测算的工程造价。施工图预算比工程概算或修正概算更为详尽和准确,但同样要受前一阶段工程造价的控制,并非每一个工程项目均要编制施工图预算。目前,有些工程项目在招标时需要确定招标控制价,以限制最高投标报价。

(5)合同价是指在工程发承包阶段通过签订合同所确定的价格。合同价属于市场价格,它是由发承包双方根据市场行情通过招投标等方式达成一致、共同认可的成交价格。但应注意合同价并不等同于最终结算的实际工程造价。由于计价方式不同,合同价内涵也会有所不同。

(6)工程结算包括施工过程中的中间结算和竣工验收阶段的竣工结算。工程结算需要按实际完成的合同范围内合格工程量考虑,同时按合同调价范围和调价方法,对实际发生的工程量增减、设备和材料价差等进行调整后确定结算价格。工程结算反映的是工程项目实际造价。工程结算文件一般由承包单位编制,由发包单位审查,也可委托工程造价咨询机构进行审查。

(7)竣工决算是指工程竣工决算阶段,以实物数量和货币指标为计量单位,综合反映竣工项目从筹建开始到项目竣工交付使用为止的全部建设费用。竣工决算文件一般是由建设单位编制,上报相关主管部门审查。

3. 方法的多样性

工程项目的多次计价有其各不相同的计价依据,每次计价的精确度要求也各不相同,由此决定了计价方法的多样性。例如,投资估算方法有设备系数法、生产能力指数估算法等,概预算方法有单价法和实物法等。不同方法有不同的适用条件,计价时应根据具体情况加以选择。

4. 组合性计价

建设工程造价包括从立项到竣工所支出的全部费用,组成内容十分复杂,只有把建设工程分解成能够计算造价的基本组成要素,再逐步汇总,才能准确计算整个工程造价。建设项目的组合性决定了计价过程是一个逐步组合的过程。这一特征在计算概算造价和预算造价时尤为明显,也反映到合同价和结算价上。其计算过程为:分部分项造价、单位工程造价、单项工程造价、建设项目总造价。

5. 计价依据的复杂性

由于影响工程造价的因素多,计价依据复杂,种类繁多,如包括计算设备和工程量依据、计算人工、材料、机械等实物消耗量依据,计算工程单价的价格依据,计算相关费用的依据,以及政府规定的税、费、物价指数和工程造价指数等。依据的复杂性,不仅使计算过程复杂,而且要求计价人员熟悉各类依据,并加以正确利用。

2.1.3 建筑产品价格

建筑产品是商品,具有商品的属性,即价值和使用价值。根据劳动价值规律,产品的价格(P)是社会必要劳动时间价值的货币表现,它的使用价值表现为各项工程建成后的实物效用,它的价值是物化劳动消耗和活劳动消耗,由以下三个部分组成:

(1)在施工生产过程中消耗的生产资料价值,即施工生产中直接和间接消耗的物化劳动(c)。

(2)施工过程中劳动者为工资付出的劳动部分(v)。

(3)施工过程中劳动者为社会付出的劳动部分,即计划利润和税金(m)。

从理论上讲,建设工程造价(即建筑产品价格),应能反映项目建设过程中勘察设计机构、监理单位、施工单位、设备制造厂商和建设单位等的物质消耗支出(c)、劳动报酬(v)和盈利(m)的全部内容,如图2.1.2所示。

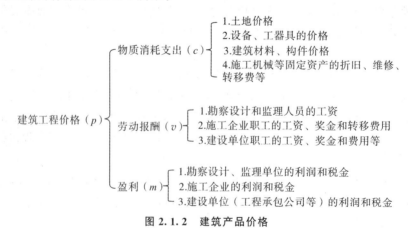

图 2.1.2 建筑产品价格

2.1.4　我国建设项目投资及工程造价的构成

我国现行工程造价(建设项目投资)的构成如表 2.1.1 所示。

表 2.1.1　建设项目投资构成表

投资构成	费用项目		
固定资产投资	建筑安装工程费用	人工费	
		材料费	
		施工机具使用费	
		企业管理费	
		利润	
		规费	
		税金	
	设备工器具费用	设备购置费 (包括备品备件)	设备原价
			设备运杂费
		工器具及生产家具购置费	
	工程建设其他费用	土地使用费	土地征用及迁移补偿费
			土地使用权出让金
		与项目建设有关的费用	建设管理费
			可行性研究费
			研究试验费
			勘察设计费
			专项评价及验收费
			场地准备及临时设施费
			引进技术和进口设备其他费用
			工程保险费
			特殊设备安全监督检验费
			市政公用设施
		与未来企业生产经营有关的费用	联合试运转费
			生产准备费
			专利及专有技术使用费
	预备费	基本预备费	
		价差预备费	
	建设期贷款利息		
	固定资产投资方向调节税		
流动资产投资	流动资金(含经营项目铺底流动资金 30%)		

1. 建设投资

建设投资是指用于建设项目的全部工程费用、工程建设其他费用及预备费用之和。由工程费用（建筑工程费、设备购置费、安装工程费）、工程建设其他费用和预备费用（基本预备费和价差预备费）组成。

2. 建设期利息

建设期利息是指建设项目贷款在建设期内发生并应计入固定资产的贷款利息等财务费用。

3. 固定资产投资方向调节税

固定资产投资方向调节税是指国家为贯彻产业政策、引导投资方向、调整投资结构而征收的投资方向调整税金。现已暂停征收。

4. 铺底流动资金

铺底流动资金是指生产经营性建设项目为保证投产后正常的生产营运所需，并在项目资本金中的自有流动资金。非生产经营性建设项目不列铺底流动资金。铺底流动资金一般占流动资金的 30％，其余 70％流动资金可申请短期贷款。

2.2　建筑安装工程费用的构成

为了贯彻 2013 版国家费用项目组成，适应建筑业营业税改增值税（以下简称"营改增"）和 2013 版国家计价计量规范，福建省根据国家以及相关规定，并结合实际经验和本省实际情况出台了编制《福建省建筑安装工程费用定额》（2017 版）。本定额于 2017 年 7 月 1 日起施行，原福建省住房和城乡建设厅颁发的《福建省建筑安装工程费用定额》（2016 版）（闽建筑[2016]15 号）同时废止。

本定额适用于在本省行政区域范围内新建、扩建和改建的房屋建筑与市政基础设施工程，包括房屋建筑与装饰工程、装配式建筑工程、仿古建筑工程、古建筑修复保护工程、通用安装工程、市政工程、园林绿化工程、构筑物工程、城市轨道交通工程、爆破工程、抗震加固工程、市政维护工程等专业工程。

2.2.1　建筑安装工程费用构成要素

建筑安装工程费按照费用构成要素划分，由人工费、材料（含工程设备，下同）费、施工机具使用费、企业管理费、利润、规费和税金组成。如图 2.2.1 所示。

1. 人工费

人工费是指按工资总额构成规定，支付给从事建筑安装工程施工的生产工人和附属生产单位工人的各项费用。内容包括：

（1）计时工资或计件工资：是指按计时工资标准和工作时间或对已做工作按计件单价支付给个人的劳动报酬。

（2）奖金：是指对超额劳动和增收节支支付给个人的劳动报酬。如节约奖、劳动竞赛奖等。

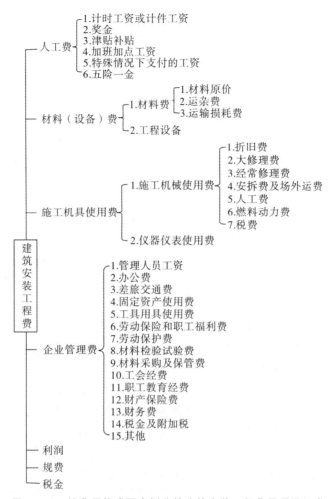

图 2.2.1　按费用构成要素划分的建筑安装工程费用项目组成

（3）津贴补贴：是指为了补偿职工特殊或额外的劳动消耗和因其他特殊原因支付给个人的津贴，以及为了保证职工工资水平不受物价影响支付给个人的物价补贴。如流动施工津贴、特殊地区施工津贴、高温(寒)作业临时津贴、高空津贴等。

（4）加班加点工资：是指按规定支付的在法定节假日工作的加班工资和在法定日工作时间外延时工作的加点工资。

（5）特殊情况下支付的工资：是指根据国家法律、法规和政策规定，因病、工伤、产假、计划生育假、婚丧假、事假、探亲假、定期休假、停工学习、执行国家或社会义务等原因按计时工资标准或计时工资标准的一定比例支付的工资。

（6）五险一金：是指按规定支付的养老保险费、失业保险费、医疗保险费、生育保险费、工伤保险费和住房公积金。

2．材料费

材料费包括施工过程中耗费的原材料、周转性材料、辅助材料、构配件、零件、半成品或成品等材料以及工程设备的费用。

其中：原材料、周转性材料、辅助材料、构配件、零件、半成品或成品的价格由材料原价、运杂费、运输损耗费组成。

(1)材料原价:是指材料、工程设备的出厂价格或商家供应价格。原价包括为方便材料的运输和保护而进行必要的包装所需要的费用;包装品有回收价值的,应在材料价格中扣除。

(2)运杂费:是指材料、工程设备自来源地运至工地仓库或指定堆放地点所发生的全部费用。包括运输费、装卸费及其他费用。

(3)运输损耗费:是指材料在运输装卸过程中不可避免的损耗。

工程设备是指构成或计划构成永久工程一部分的机电设备、金属结构设备、仪器装置及其他类似的设备和装置的费用。

3. 施工机具使用费

施工机具使用费是指施工作业所发生的施工机械、仪器仪表使用费或其租赁费。其中:

施工机械使用费由下列七项费用组成:

(1)折旧费:是指施工机械在规定的使用年限内,陆续收回其原值的费用。

(2)大修理费:是指施工机械按规定的大修理间隔台班进行必要的大修理,以恢复其正常功能所需的费用。

(3)经常修理费:是指施工机械除大修理以外的各级保养和临时故障排除所需的费用。包括为保障机械正常运转所需替换设备与随机配备工具附具的摊销和维护费用,机械运转中日常保养所需润滑与擦拭的材料费用及机械停滞期间的维护和保养费用等。

(4)安拆费及场外运费:安拆费是指施工机械(大型机械除外)在现场进行安装与拆卸所需的人工、材料、机械和试运转费用以及机械辅助设施的折旧、搭设、拆除等费用;场外运费是指施工机械整体或分体自停放地点运至施工现场或由一施工地点运至另一施工地点的运输、装卸、辅助材料及架线等费用。

(5)人工费:是指机上司机(司炉)和其他操作人员的人工费。

(6)燃料动力费:是指施工机械在运转作业中所消耗的各种燃料及水、电等。

(7)税费:是指施工机械按照国家规定应缴纳的车船使用税、保险费及年检费等。

4. 企业管理费:是指建筑安装企业组织施工生产和经营管理所需的费用。包括:

(1)管理人员工资:是指按规定支付给管理人员的计时工资、奖金、津贴补贴、加班加点工资及特殊情况下支付的工资及其五险一金。

(2)办公费:是指企业管理办公用的文具、纸张、账表、印刷、邮电、书报、办公软件、现场监控、会议、水电、烧水和集体取暖降温(包括现场临时宿舍取暖降温)等费用。

(3)差旅交通费:是指职工因公出差、调动工作的差旅费、住勤补助费,市内交通费和误餐补助费,职工探亲路费,劳动力招募费,职工退休、退职一次性路费,工伤人员就医路费,工地转移费以及管理部门使用的交通工具的油料、燃料等费用。

(4)固定资产使用费:是指管理和试验部门及附属生产单位使用的属于固定资产的房屋、设备、仪器等的折旧、大修、维修或租赁费。

(5)工具用具使用费:是指企业施工生产和管理使用的不属于固定资产的工具、器具、家具、交通工具和检验、试验、测绘、消防用具等的购置、维修和摊销费。

(6)劳动保险和职工福利费:是指由企业支付的职工退职金、按规定支付给离休干部的经费,集体福利费、夏季防暑降温、冬季取暖补贴、上下班交通补贴等。

(7)劳动保护费:是指企业按规定发放的劳动保护用品的支出。如工作服、手套、防暑降温饮料以及在有碍身体健康的环境中施工的保健费用等。

(8)材料检验试验费:是指承包人按照有关标准规定,对建筑以及材料、构件和建筑安装物进行一般鉴定、检查所发生的费用,包括自设试验室进行试验所耗用的材料等费用以及承包人将上述内容委托第三方检测的费用。

(9)材料采购及保管费:是指为组织采购、供应和保管材料、工程设备的过程中所需要的各项费用。包括采购费、仓储费、工地保管费、仓储损耗费。

(10)工会经费:是指企业按《工会法》规定的全部职工工资总额比例计提的工会经费。

(11)职工教育经费:是指按职工工资总额的规定比例计提,企业为职工进行专业技术和职业技能培训,专业技术人员继续教育、职工职业技能鉴定、职业资格认定以及根据需要对职工进行各类文化教育所发生的费用。

(12)财产保险费:是指施工管理用财产、车辆等的保险费用。

(13)财务费:是指企业为施工生产筹集资金或提供预付款担保、履约担保、职工工资支付担保等所发生的各种费用。

(14)税金及附加:是指企业按规定缴纳的房产税、车船使用税、土地使用税、印花税以及城市维护建设税、教育费附加以及地方教育附加等。

(15)其他:包括技术转让费、技术开发费、投标费、业务招待费、绿化费、广告费、公证费、法律顾问费、审计费、咨询费、保险费(包括危险作业意外伤害保险)等。

5. 利润

利润是指承包人完成合同工程获得的盈利。

6. 规费

规费是指按国家法律、法规规定,由省级政府和省级有关权力部门规定必须缴纳的应计入建筑安装工程造价的费用。

7. 税金

税金是指国家税法规定的应计入建筑安装工程造价的增值税。

2.2.2　建筑安装工程造价组成内容

建筑安装工程费按照工程造价形成,由分部分项工程费、措施项目费、其他项目费组成。其中:分部分项工程费、措施项目费、其他项目费包含人工费、材料费、施工机具使用费、企业管理费、利润、规费、税金。如图 2.2.2 所示。

1. 分部分项工程费

分部分项工程费是指为完成构成工程实体及设计规定的分部分项工程的费用。

2. 措施项目费

措施项目费是指为完成建设工程施工,发生于该工程施工前和施工过程中的技术、生活、安全、环境保护等方面的费用,包含以下十项费用,并将其分为总价措施项目费和单价措施项目费,其中,总价措施项目费包括安全文明施工费(安全施工、文明施工、临时设施、环境保护)和其他总价措施费(夜间施工增加费、已完工程及设备保护费、风雨季施工增加费、冬季施工增加费、工程定位复测费),单价措施项目包括第(7)~(10)项。

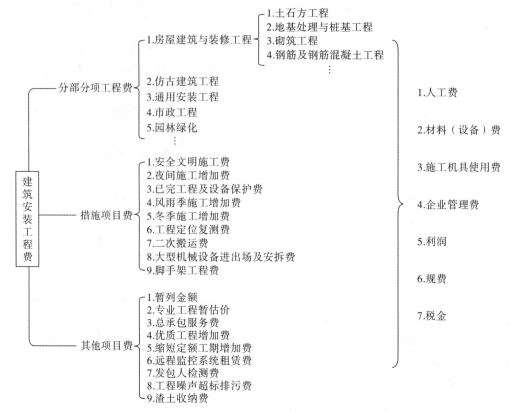

图 2.2.2 按工程造价形成顺序划分的建筑安装工程费用项目组成

（1）安全文明施工费：是指按照规定，为保证安全施工、文明施工，保护现场内外环境和搭拆临时设施等所采用的措施而发生的费用。包括：

①环境保护费：是指施工现场为达到环保部门要求所需要的各项费用。

主要内容有：保护施工现场周围环境，防止或者减少粉尘、噪声、振动和施工照明对周围环境和人的污染和危害，按规定堆放、清除建筑垃圾等废弃物以及竣工后修整和恢复在工程施工中受到破坏的环境等。

②文明施工费：是指施工现场文明施工所需要的各项费用。包括施工现场四周围墙（围挡）及大门出入口清洗设施，施工标牌、标志，施工场地硬化处理，排水设施，温暖季节施工的绿化布置，防粉尘、防噪声、防干扰措施，保安费，保健急救措施，卫生保洁等。

③安全施工费：是指施工现场安全施工所需要的各项费用。

主要内容有：建立安全生产、消防安全责任、安全检查、安全教育、安全生产培训等各类制度；设置符合国家标准的安全警示标牌、标志，配置"三宝"；对可能造成损害的毗邻建筑物、构筑物和地下管线等采取防护措施，对建筑"四口、临边"采用安全防护，垂直作业上下隔离防护，施工用电防护；设置地下室施工围栏、基坑施工人员上下专用通道；设置消防通道、消防水源，配备消防设施和灭火器材以及其他安全施工所需要的防护措施。不包括塔吊和施工电梯检测、基坑支护变形监测等，也不包括应当由发包人委托第三方实施的安全检测费用。

④临时设施费：是指承包人为进行建设工程施工所必须搭设的生活和生产用的临时建筑物、构筑物和其他临时设施费用。包括临时设施的搭设、维修、拆除、清理费用或摊销费

用等。

主要内容有:搭设符合规定的并能够安全使用的临时宿舍、文化福利及公用事业房屋与构筑物,仓库、办公室、加工厂以及规定范围内的道路、水、电、管线等临时设施和小型临时设施。

(2)夜间施工增加费:包括因夜间施工所发生的夜班补助费、夜间施工降效、施工照明设备摊销及照明用电等费用;地下室和上部洞体由于难以自然采光而引起的施工降效、施工照明设备摊销及照明用电等费用。

(3)已完工程及设备保护费:是指竣工验收前,对已完工程及设备采取的必要保护措施所发生的费用。

(4)风雨季施工增加费:指在风雨季施工期间所采取的一般性防风、防雨、防滑措施所增加的人工费、材料费和设施费以及工效降低、排地表水的费用。

(5)冬季施工增加费:是指在冬季施工需增加的临时设施,排除雨雪,人工及施工机械效率降低等费用。

(6)工程定位复测费:是指工程施工过程中进行施工测量放线和复测工作的费用。

(7)二次搬运费:是指因施工场地条件限制而发生的材料、构配件、半成品等一次运输不能到达堆放地点,必须进行二次或多次搬运所发生的费用。

(8)大型机械设备进出场及安拆等相关费用,包括:

①大型机械设备进出场及安拆费:是指机械整体或分体自停放场地运至施工现场或由一个施工地点运至另一个施工地点,所发生的机械进出场运输及转移费用及机械在施工现场进行安装、拆卸所需的人工费、材料费、机械费、试运转费和安装所需的辅助设施的费用。

②大型机械设备基础:包括塔吊、施工电梯、龙门吊、架桥机等大型机械设备基础的费用,包括桩基础及其拆除、外弃等费用。

③大型机械设备检测费:是指根据《关于进一步加强建筑起重机械现场检测管理的若干意见》(闽建建〔2010〕17 号)规定,对大型建筑起重机械委托第三方有资格的检测机构进行现场检测而发生的费用。

(9)脚手架工程费:是指施工需要的各种脚手架搭、拆、运输、摊销(或租赁)费用,以及建筑物四周垂直安全防护。

(10)现行国家各专业工程工程量清单计算规范及各省规定的其他各项措施费。

3. 其他项目费

(1)暂列金额:是指发包人招标时在工程量清单中暂定并包括在工程合同价款中的一笔款项,用于施工合同签订时尚未确定或者不可预见的所需材料、服务的采购,施工中可能发生的工程变更、合同约定调整因素出现时的工程价款调整以及发生的索赔、现场签证确认等的费用。

(2)专业工程暂估价:是指招标阶段已经确认的专业工程项目由于设计未详尽或者标准未明确等原因造成无法当时确定准确价格,由招标人在招标工程量清单中给定的一个暂估价。

(3)总承包服务费:是指总承包人为配合、协调发包人进行的专业工程发包,对发包人自行采购的材料(不含工程设备)等进行保管以及施工现场管理、竣工资料汇总整理等服务所需的费用,包括专业工程总承包服务费和甲供材料总承包服务费。

(4)优质工程增加费:是指发包方要求发包工程的质量达到优良等级的,在合格工程造价基础上增加的费用。

(5)缩短定额工期增加费:是指合同工期较住建部颁发的《建筑安装工程工期定额》(TY01-89-2016)规定的定额工期缩短,承包人为此而增加投入的费用,包括:增加的周转材料投入、资金投入、劳动力集中投入费用,夜间施工所发生的夜班补助费、夜间施工降效、夜间施工照明设备摊销及照明用电等费用。

(6)远程监控系统租赁费:是指根据《福建省住建厅发布施工现场远程监控租赁服务指导价的通知》(闽建筑[2017]5号)规定,对施工现场进行远程监控而发生的租赁费用。

(7)发包人检测费:是指本定额未包括,但发包人将其列入招标范围和合同内容的各类检测费。

(8)工程噪声超标排污费:按有关规定,应由承包人缴纳的费用。

(9)渣土收纳费:按有关规定,应由承包人缴纳的费用。

2.2.3　建筑安装工程造价计算程序和计价办法

2.2.3.1　建筑安装工程造价计算程序

建筑安装工程造价,按照分部分项工程费、措施项目费、其他项目费之和计算,计算程序见下表2.2.1。

1. 分部分项工程费

按照工程量乘以综合单价计算。

2. 措施项目费

(1)总价措施项目费,按分部分项工程费(含甲供材料费,不含工程设备费)与单价措施项目费之和乘以相应费率计算。

(2)单价措施项目费,按照工程量乘以综合单价计算。

3. 其他项目费

(1)暂列金额:由发包人按照相关规定确定。

(2)专业工程暂估价:由发包人确定。

表2.2.1　建筑安装工程造价计算程序

序号	项目名称	计算办法
1	分部分项工程费	$\sum$(工程量×综合单价)
2	措施项目费	$\sum$(总价措施项目费+单价措施项目费)
3	其他项目费	编制施工图预算、工程量清单、招标控制价(最高投标限价)、投标报价时:其他项目费=$\sum$(暂列金额+专业工程暂估价+总承包服务费)
		编制结算时:其他项目费=$\sum$(总承包服务费+优质工程增加费+缩短定额工期增加费+远程监控系统租赁费+发包人检测费+工程噪声超标排污费+渣土收纳费)
4	总造价(不含税)	1+2+3

（3）专业工程总承包服务费按单独发包专业工程的建安造价（含甲供材料费，不含工程设备费）乘以专业工程总承包服务费费率计算；甲供材料总承包服务费按甲供材料总金额乘以甲供材料总承包服务费费率计算。

（4）优质工程增加费：根据相应级别的优质工程，按分部分项工程费（含甲供材料费，不含工程设备费）与单价措施项目费之和乘以相应的优质工程增加费费率计算。

（5）缩短定额工期增加费：施工工期较定额工期缩短的，以分部分项工程费（含甲供材料费，不含工程设备费）与单价措施项目费之和乘以缩短定额工期增加费费率计算。

（6）远程监控系统租赁费：发包时按照《福建省住建厅发布施工现场远程监控租赁服务指导价的通知》（闽建筑〔2017〕5 号）规定计算；结算时按实际发票金额扣除可抵扣进项税额后再加上税金计算。未采用租赁方式的，结算金额由承发包双方协商确定。

（7）发包人检测费：发包时按被检测项目的工程量或造价，根据有关收费标准进行估算；结算时按实际发票金额扣除可抵扣进项税额后再加上税金计算。

（8）工程噪声超标排污费：发包时按有关规定进行估算；结算时按实际发票金额扣除可抵扣进项税额后再加上税金计算。

（9）渣土收纳费：发包时按有关规定进行估算；结算时按实际发票金额扣除可抵扣进项税额后再加上税金计算。

2.2.3.2　综合单价计算程序

综合单价，包含人工费、材料费、施工机具使用费、企业管理费、利润、规费、税金，计算程序见表 2.2.2。

表 2.2.2　综合单价计算程序表

序号	项目名称	计算办法
1	人工费	人工费基价×人工费调整系数
2	材料费	$\sum$（材料消耗量×材料单价＋工程设备数量×工程设备单价）
3	施工机具使用费	$\sum$（施工机械台班消耗量×台班单价）＋仪器仪表使用费
4	企业管理费	（1＋2－工程设备费＋3）×企业管理费费率
5	利润	（1＋2－工程设备费＋3＋4）×利润率
6	规费	（1＋2－工程设备费＋3＋4＋5）×规费费率
7	税金	（1＋2－甲供材料费＋3＋4＋5＋6）×增值税适用税率
8	综合单价	1＋2＋3＋4＋5＋6＋7

（1）人工费：按定额人工费基价乘以人工费调整系数计算。

（2）材料费：按材料消耗量乘以材料单价加上工程设备数量乘以工程设备单价之和计算。其中：

材料单价计算公式：材料单价＝（原价＋运杂费）×（1＋运输损耗率）。

工程设备单价计算公式：工程设备单价＝原价＋运杂费。

（3）施工机具使用费：包括施工机械使用费和仪器仪表使用费，施工机械使用费按照施工机械台班消耗量乘以施工机械台班单价计算。

（4）企业管理费：按人工费、材料费（含甲供材料费，不含工程设备费）、施工机具使用费之和乘以企业管理费费率计算。

（5）利润：按人工费、材料费（含甲供材料费，不含工程设备费）、施工机具使用费、企业管理费之和乘以利润率计算。

（6）规费：按人工费、材料费（含甲供材料费，不含工程设备费）、施工机具使用费、企业管理费、利润之和乘以规费费率计算。

（7）税金：按不含税工程造价乘以适用税率计算。不含税工程造价为人工费、材料费（不含甲供材料费）、施工机具使用费、企业管理费、利润、规费之和。

2.2.3.3 建筑安装工程造价计价办法

根据分部分项工程和单价措施项目的具体项目划分及其工程量计算依据不同，建筑安装工程造价计价办法分为工程量清单计价和定额计价两种。

（1）工程量清单计价，是指分部分项工程、单价措施项目按照国家建设工程工程量清单计价计量规范及其本省有关规定进行项目划分及其工程量计算。

（2）定额计价，是指分部分项工程、单价措施项目按照有关专业工程预算定额（或消耗量定额）及其有关规定进行项目划分及其工程量计算。

2.2.3.4 建筑安装工程费用取费标准

1. 材料运输损耗（表 2.2.3）

表 2.2.3　材料运输损耗率表

序号	材料类别	运输损耗率（%）
1	瓦、空心砖	3
2	砌块	1.5
3	砖、砂、石子、水泥、陶粒、耐火土、饰面砖、玻璃、卫生洁具、玻璃灯具、商品混凝土	1
4	金属材料	一般不计取
5	其他材料	0.5

2. 企业管理费（表 2.2.4）

表 2.2.4　企业管理费费率表

序号	专业类别		费率标准（%）
1	房屋建筑工程	房屋建筑与装饰工程（含安装）	6.8
		装配式建筑工程（含安装）	
		构筑物工程（含安装）	
		仿古建筑工程（含安装）	
		单独发包的装饰工程（含安装）	9.8
		单独发包的安装工程	
		古建筑保护修复工程（含安装）	11.8
		抗震加固工程（含安装）	

表2.2.4中房屋建筑工程均包括室外总体工程,如传达室、民用水加压泵房、变电房、游泳池、围墙、室外挡土墙、室外道路、化粪池、阴井、室外地下雨水污水管网等,不包括小区园林绿化与景观工程,也不包括建筑围墙之外的道路、管网等工程。

单独发包的土石方工程按照房屋建筑与装饰工程(含安装)的费率执行。

3. 利润

根据福建省现行的有关文件政策提议,房屋建筑与装饰工程现行利润率取定为6%。

4. 规费

根据福建省现行的有关文件政策提议,房屋建筑与装饰工程现行费率为0%。

5. 税金

现行适用税率为10%。

6. 总价措施项目费(表2.2.5)

表2.2.5 总价措施项目费费率表

序号	专业类别		安全文明施工费取费标准(%)	其他总价措施费取费标准(%)
1	房屋建筑与装饰工程(含安装)	发包建筑面积3万平方米以上	2.27	0.35
		发包建筑面积13万平方米	3.58～2.27	
		发包建筑面积1万平方米以内	3.58	
		桩基础工程	0.48	
		室外总体工程	0.48	
2	装配式建筑工程(含安装)	发包建筑面积3万平方米以上	2.27	0.35
		发包建筑面积13万平方米	3.58～2.27	
		发包建筑面积1万平方米以内	3.58	
		桩基础工程	0.48	
		室外总体工程	0.48	
3	构筑物工程(含安装)		2.74	0.35
4	仿古建筑工程(含安装)		2.74	0.35
5	单独发包的装饰工程(含安装)	有外墙装饰	0.87	0.11
		无外墙装饰	0.48	
6	爆破工程		0.48	0.10
7	单独发包的土石方工程		0.48	0.10

(1)发包工程建筑面积介于1～3万平方米之间的,相应费率按区间插入法计算标准费率(取小数点后两位,第三位四舍五入)。发包工程建筑面积按发包范围的各栋(号)建筑面积、地下室建筑面积之和计算(不含室外总体附属面积),套用同一费率;分开发包的,按分开后建筑物的建筑面积分开套用费率。

(2)桩基础工程包括工程桩、围护桩和地基处理工程。桩基础工程、室外总体工程不论是否单独发包,均套用同一费率。

(3)随主体工程发包的土石方(含爆破)工程、装饰装修工程以及水电、通风空调、消防、智能化、安防等安装工程,均按主体工程费率确定。

(4)新建建筑工程(不含扩建工程、装饰工程)安全文明施工费最低金额,当发包的总建筑面积≥2000平方米时,不得低于16万元,当发包的总建筑面积小于2000平方米时,按每平米不低于80元计算。安全文明施工费最低金额按各分部分项工程的分部分项工程费和单价措施项目费之和等比例分摊。

(5)在合同实施过程中增加的承包范围不适用于单独发包情形。

7. 其他项目费

(1)优质工程增加费费率:国家级优质工程为5%,省级优质工程为3%,市级优质工程为1%。

(2)缩短定额工期增加费费率(表2.2.6)。

表 2.2.6　缩短定额工期增加费费率表

序号	较定额工期缩短比例	参考费率	
		基数	每超过 1%
1	>20%	0.5%	增加 0.1%
2	≤20%	甲乙双方自行协商	

注:工期缩短每超过不足1%的,按1%计算。

(3)总承包服务费费率:专业工程总承包服务费费率为1.5%;甲供材料总承包服务费费率为0.5%。

2.2.4　影响工程概预算费用的因素

影响工程概预算费用或建设项目投资的因素很多,主要因素有政策法规性因素、地区性与市场性因素、设计因素、施工因素和编制人员素质因素五个方面。

1. 政策法规性因素

国家和地方政府主管部门对于基本建设项目的报批、审查、基本建设程序,及其投资费用的构成、计取,从土地的购置直到工程建设完成后的竣工验收、交付使用和竣工决算等各项建设工作的开展,都有严格而明确的规定,具有强制的政策法规性。基本建设和建筑产品价格的确定属国家、企业和事业单位新增固定资产投资的经济范畴,在我国社会主义市场经济条件下,既有较强的计划性,又必须服从市场经济的价值规律,是计划性与市场性相结合条件下的投资经济活动。建设项目的确立,既要受到国家、地方、行业市场经济发展的制约和国家产业结构、产业政策、投资方向、金融政策和技术经济政策的宏观调控,又要受到国家宏观经济影响下的科学技术发展、市场需求关系、市场规则和劳动力、设备、原材料等生产资料变化因素和社会与市场经济环境的制约。

2. 地区性与市场性因素

建筑产品存在于不同的地域空间,其产品价格必然受到所在地区时间、空间、自然条件和社会与市场软硬环境的影响。建筑产品的价值是人工、材料、机具、资金和技术投入的结果。不同的区域和市场条件,对上述投入条件和工程造价的形成都会带来直接的影响,如当地技术协作、物资供应、交通运输、市场价格和现场施工等建设条件,以及当地企业的定额水平,都将会反映到概预算价格之中。此外,由于地物、地貌、地质与水文地质条件的不同,也会给概预算费用带来较大的影响,即使同一设计图纸的建筑物或构筑物,也至少会在现场处理和基础工程费用上产生较大幅度的差异。

3. 设计因素

设计图纸是编制概预算的基本依据之一,也是在建设项目决策之后的实施过程中影响建设投资的最大关键性因素,影响投资的差额巨大。特别是初步设计阶段,如对地理位置、占地面积、建设标准、建设规模、工艺设备选型、环境保护的影响和要求,以及建筑结构选型和装饰标准等的确定、设计是否经济合理,对概预算都会带来很大的影响。一项优秀的设计可以节约大量投资。

4. 施工因素

就我国目前所采用的概预算编制方法而言,在节约投资方面,施工因素虽然没有设计的影响那样突出,但是在今后市场定价的机制下,运用市场竞争机制选择承包商对工程承发包价会发生重大影响。而承包商编制的施工组织设计(或施工方案)和施工技术、环保、安全措施等,也同施工图纸一样,是编制工程概预算的重要依据之一。它不仅对概预算的编制有较大的影响,而且通过加强施工阶段的工程造价管理(或投资控制),对控制施工成本、保证建设项目预定目标的实现等,有着重要的现实意义。因此,工程建设的总体部署,加强科学施工、生产管理,采用先进的施工技术,合理运用新的施工工艺,采用新技术、新材料,合理布置施工现场,减少运输总量等,对节约投资有着显著的作用。

5. 编制人员素质因素

工程概预算的编制和管理,是一项十分复杂而细致的工作。特别是我国推行工程量清单制度后,对工程造价编制和管理人员提出了更高的要求。对工作人员的要求是:有强烈的责任感,始终把节约投资、不断提高经济效益放在首位;政策观念强,知识面宽,不但应具有建筑经济学、投资经济学、价格学、市场学等理论知识,而且要有较全面的专业理论与业务知识,如工程识图、建筑构造、建筑施工、建筑设备、建筑材料、建筑技术经济与建筑经济管理等理论知识以及相应的实际经验;必须充分熟悉有关概预算编制的政策、法规、制度、定额标准和与其相关的动态信息等。只有如此,才能准确无误地编制好工程概预算,防止"错、漏、冒"等问题出现。

通过对影响因素的分析,说明建筑工程概预算的编制和管理,具有与其他工业产品定价不同的特征,如政策法规性、计划与市场统一性、单个产品定价与多层次定价性和动态性等,读者对此必须有充分的认识。

2.3　设备及工器具购置费的构成

设备及工器具购置费用是由设备购置费和工具、器具及生产家具购置费组成的。在生产性工程建设中,设备及工、器具购置费用占工程造价比重的增大,意味着生产技术的进步和资本有机构成的提高。

2.3.1 设备购置费的构成及计算

设备购置费是指为建设项目购置或自制的达到固定资产标准的各种国产或进口设备、工具、器具的购置费用,它由设备原价和设备运杂费组成。

$$设备购置费＝设备原价＋设备运杂费 \tag{2.3.1}$$

2.3.1.1 设备原价

设备原价是指国产设备或进口设备的原价。设备运杂费是指除设备原价之外的关于设备采购、运输、途中包装及仓库保管等方面支出费用的总和。

1. 国产设备原价

国产设备原价一般指的是设备制造厂的交货价及出厂价或订货合同价,它一般根据生产厂家或供应商的询价、报价、合同价确定,或采用一定的方法计算确定。国产设备原价分为国产标准设备原价和国产非标准设备原价。

(1)国产标准设备原价。

国产标准设备原价指按照主管部门颁布的标准图纸和技术要求,由我国设备生产厂批量生产的符合国家质量检测标准的设备。分为带有设备的原价和不带有设备原价两种。计算时一般采用带有设备的原价。

(2)国产非标准设备原价。

国产非标准设备原价指国家尚无定型标准,各设备生产厂不可能在工艺过程中采用批量生产,只能按一次订货,并根据具体的图纸制造的设备。按成本计算估算法,非标准设备的原价由材料费、加工费、辅助材料费、专用工具费、废品损失费、外购配套件费、包装费、利润、税金、非标准设备设计费构成。

2. 进出口设备原价

进出口设备原价指进口设备的抵岸价,即抵达买方边境港口或边境车站,且交完关税等税费后形成的价格。

进口设备的交货类别可分为内陆交货类、目的地交货类、装运港交货类。

内陆交货类,即在卖方出口国内陆的某个地点交货。在交货地点,卖方即时提交合同规定的货物和有关凭证,并负担交货后的一切费用和风险;买方按时接受货物,交付货款,负担接货后的一切费用和风险,并自行办理出口手续和装运出口。货物所有权也在交货后由卖方转移给买方。

目的地交货类,即卖方在进口国的港口或内地交货,有目的港船上交货价、目的港船边交货价(free over side,FOS)和目的港码头交货价(关税已付)及完税后交货价(进口国的指定点)等几种交货价。买卖双方承担的责任、费用和风险是以目的地约定交货点为分界线,只有当卖方在交货点将货置于买方控制下才算交货,才能向买方收取货款,这类交货类别卖方承担风险较大,在国际贸易中卖方一般不愿采用。

装运港交货类,即卖方在出口国装运港交货,主要有装运港船上交货(free on board,FOB),习惯称离岸价格;运费在内价(cost and freight,CFR)和运费、保险费在内价(cost,insurance and freight,CIF),习惯称到岸价格。它们的特点是:卖方按照约定时间在装运港交货,只要卖方把合同规定的货物装船后提供货运单据便完成交货任务,可凭单据收回货款。装运港船上交货价(FOB)是我国进口设备采用最多的一种货价。

进口设备抵岸价=货价+国际运费+运输保险费+银行财务费+外贸手续费+关税+消费税+增值税+车辆购置附加费 (2.3.2)

(1)货价。一般指装运港船上交货价(FOB)。设备货价分为原币货价和人民币货价,原币货价一律折算为美元表示,人民币货价按原币货价乘以外汇市场美元兑换人民币汇率中间价确定。进口设备货价按有关生产厂商询价、报价、订货合同价计算。

(2)国际运费。即从装运港(站)到达我国目的港(站)的运费。我国进口设备大部分采用海洋运输,小部分采用铁路运输,个别采用航空运输。进口设备国际运费计算公式为:

$$国际运费(海、陆、空)=原币货价(FOB)×运费率 \qquad (2.3.3)$$
$$国际运费(海、陆、空)=单位运费×运量 \qquad (2.3.4)$$

(3)运输保险费。对外贸易货物运输保险是由保险人(保险公司)与被保险人(出口人或进口人)订立保险契约,在被保险人交付议定的保险费后,保险人根据保险契约的规定对货物在运输过程中发生的承保责任范围内的损失给予经济上的补偿。这是一种财产保险。计算公式为:

$$运输保险=\frac{原币货价(FOB)+国际运费}{1-保险费率}×保险费率 \qquad (2.3.5)$$

其中,保险费率按保险公司规定的进口货物保险费率计算。

(4)银行财务费。一般是指在国际贸易结算中,中国银行为进出口商提供金融结算服务所收取的费用,可按下式简化计算:

$$银行财务费=离岸价格(FOB)×人民币外汇汇率×银行财务费率 \qquad (2.3.6)$$

(5)外贸手续费。费率一般取 1.5%。计算公式为:

$$外贸手续费=到岸价格(CIF)×人民币外汇汇率×外贸手续费率 \qquad (2.3.7)$$

(6)关税。由海关对进出国境或关境的货物和物品征收的一种税。计算公式为:

$$关税=到岸价格(CIF)×人民币外汇汇率×进口关税税率 \qquad (2.3.8)$$

到岸价格作为关税的计征基数时,通常又可称为关税完税价格。进口关税税率分为优惠和普通两种。优惠税率适用于与我国签订关税互惠条款的贸易条约或协定的国家的进口设备。普通税率适用于与我国未签订关税互惠条款的贸易条约或协定的国家的进口设备。进口关税税率按我国海关总署发布的进口关税税率计算。

(7)消费税。仅对部分进口设备(如轿车、摩托车等)征收,一般计算公式为:

$$应纳消费税税额=\frac{到岸价格(CIF)×人民币外汇汇率+关税}{1-消费税税率}×消费税税率 \qquad (2.3.9)$$

其中,消费税税率根据规定的税率计算。

(8)进口环节增值税。它是对从事进口贸易的单位和个人,在进口商品报关进口后征收的税种,我国增值税征收条例规定,进口应税产品均按组成计税价格和增值税税率直接计算应纳税额。即

$$进口环节增值税额=组成计税价格×增值税税率 \qquad (2.3.10)$$
$$组成计税价格=关税完税价格+关税+消费税 \qquad (2.3.11)$$

其中,增值税税率根据规定的税率计算。

(9)车辆购置税。进口车辆需缴进口车辆购置税。其公式如下：

$$进口车辆购置税＝(关税完税价格＋关税＋消费税)×车辆购置税率 \quad (2.3.12)$$

【例 2.1】从某国进口应纳消费税的设备,重量1000 t,装运港船上交货价为400万美元,工程建设项目位于国内某省会城市。如果国际运费标准为300美元/t,海上运输保险费率为3‰,银行财务费率为5‰,外贸手续费率为1.5‰,关税税率为22％,增值税的税率为17％,消费税税率为10％,银行外汇牌价为1美元＝6.3元人民币,对该设备的原价进行估算。

[解]

进口设备(FOB)＝400×6.3＝2520(万元)

国际运费＝300×1000×6.3＝189(万元)

$$海运保险费＝\frac{2520＋189}{1－0.3‰}×0.3‰＝8.15(万元)$$

CIF＝2520＋189＋8.15＝2717.15(万元)

银行财务费＝2520×5‰＝12.6(万元)

外贸手续费＝2717.15×1.5‰＝40.76(万元)

关税＝2717.15×22％＝597.77(万元)

$$消费税＝\frac{2717.15＋597.77}{1－10％}×10％＝368.32(万元)$$

增值税＝(2717.15＋597.77＋368.32)×17％＝626.15(万元)

进口设备原价＝2717.15＋12.6＋40.76＋597.77＋368.32＋626.15＝4362.75(万元)

2.3.1.2 设备运杂费

设备运杂费是指国内采购设备自来源地、国外采购设备自到岸港运至工地仓库或指定堆放地点发生的采购、运输、运输保险、保管、装卸等费用。通常由下列各项构成：

(1)运费和装卸费,国产设备由制造厂交货地点起至工地仓库(或施工组织设计制定的需要安装设备的堆放地点)止所发生的运费和装卸费,进口设备则由我国到岸港口或边境车站起至工地仓库(或施工组织设计制定的需要安装设备的堆放地点)止所发生的运费和装卸费。

(2)包装费,在设备原价中没有包含的,为运输而进行的包装支出的各种费用。

(3)设备供销部门手续费,按有关部门规定的统一费率计算。

(4)采购与仓库保管费,指采购、验收、保管和收发设备所发生的各种费用,包括设备采购人员、保管人员和管理人员的工资、工资附加费、办公费、差旅交通费,设备供应部门办公和仓库所占固定资产使用费、工具用具使用费、劳动保护费、检验试验费等。这些费用可按主管部门规定的采购与保管费费率计算。

$$设备运杂费＝设备原价×设备运杂费率 \quad (2.3.13)$$

其中,设备运杂费率按各部门及省、市等的规定计取。

2.3.2 工具、器具及生产家具购置费的构成及计算

工具、器具及生产家具购置费是指新建或扩建项目初步设计规定的,保证初期正常生产必须购置的没有达到固定资产标准的设备、仪器、工卡模具、器具、生产家具和备品备件等的

购置费用。一般以设备购置费为计算基数,按照相应费率计算。

$$工具、器具及生产家具购置费＝设备购置费×定额费率 \quad (2.3.14)$$

2.4 工程建设其他费用构成及预备费、建设期贷款利息

2.4.1 工程建设其他费用

工程建设其他费用是指从工程筹建起到工程竣工验收交付使用止的整个建设期间,除建筑安装工程费用和设备及工、器具购置费用以外的,为保证工程建设顺利完成和交付使用后能够正常发挥效用而发生的各项费用。工程建设其他费用,按其内容大体可分成三类:土地使用费、与工程建设有关的其他费用、与未来企业生产经营有关的其他费用。

2.4.1.1 土地使用费

建设单位为获得建设用地要取得土地使用权,为此而支付的费用就是土地使用费。土地使用费有两种形式:一是通过土地使用权出让方取得土地使用权而支付的土地使用权出让金;二是通过划拨方式取得土地使用权而支付的土地征用及拆迁补偿费。

1. 土地使用权出让金

国有土地使用权出让,是指国家将国有土地使用权在一定年限内出让给土地使用者,由土地使用者向国家支付土地使用权出让金的行为。土地使用权出让金指建设项目通过土地使用权出让方式,取得有限期的土地使用权,依照《中华人民共和国城镇国有土地使用权出让和转让暂行条例》规定,支付的土地使用权出让金。

通过出让方式获取土地使用权又可以分成两种具体方式:一是通过招标、拍卖、挂牌等竞争出让方式获取国有土地使用权;二是通过协议出让方式获取国有土地使用权。

通过竞争出让方式获取国有土地使用权。按照国家相关规定,工业(包括仓储用地,但不包括采矿用地)、商业、旅游、娱乐和商品住宅等各类经营性用地,必须以招标、拍卖或者挂牌方式出让上述规定以外用途的土地的供地计划公布后,同一宗地有两个以上意向用地者的,也应当采用招标、拍卖或者挂牌方式出让。

通过协议出让方式获取国有土地使用权。按照国家相关规定,出让国有土地使用权,除依照法律、法规和规章的规定应当采用招标、拍卖或者挂牌方式外,还可采取协议方式。以协议方式出让国有土地使用权的出让金不得低于按国家规定所确定的最低价。协议出让底价不得低于拟出让地块所在区域的协议出让最低价。

土地使用权出让最高年限按下列用途确定:

(1)居住用地 70 年。

(2)工业用地 50 年。

(3)教育、科技、文化、卫生、体育用地 50 年。

(4)商业、旅游、娱乐用地 40 年。

(5)综合或者其他用地 50 年。

2. 土地征用及迁移补偿费

土地征用及迁移补偿费是指建设项目通过划拨方式取得无限期的土地使用权,国有土地使用权划拨,是指县级以上人民政府依法批准,在土地使用者缴纳补偿、安置等费用后将该幅土地交付其使用,或者将土地使用权无偿交付给土地使用者使用的行为。国家对划拨用地有着严格的规定,下列建设用地,经县级以上人民政府依法批准,可以以划拨方式取得:

①国家机关用地和军事用地。

②城市基础设施用地和公益事业用地。

③国家重点扶持的能源、交通、水利等基础设施用地。

④法律、行政法规规定的其他用地。

因企业改制、土地使用权转让或者改变土地用途等不再符合目录要求的,应当实行有偿使用。依照《中华人民共和国土地管理法》等规定其所支付的费用其总和一般不得超过被征土地年产值的 30 倍,土地年产值则按该地被征用前 3 年的平均产量和国家规定的价格计算。其内容包括:

(1)土地补偿费。征用耕地(包括菜地)的补偿标准,为该耕地被征用前三年平均年产值的 6～10 倍,具体补偿标准由省、自治区、直辖市人民政府在此范围内制定。征用园地、鱼塘、藕塘、苇塘、宅基地、林地、牧场、草原等的补偿标准,由省、自治区、直辖市人民政府制定。征收无收益的土地,不予补偿,土地补偿费归农村集体经济组织所有。

(2)青苗补偿费和被征用土地上的房屋、水井、树木等附着物补偿费。这些补偿费的标准由省、自治区、直辖市人民政府制定。征用城市郊区的菜地时,还应按照有关规定向国家缴纳新菜地开发建设基金。

(3)安置补助费。征用耕地、菜地的,每个农业人口的安置补助费为该耕地被征用前三年平均年产值的 4～6 倍,每亩耕地的安置补助费最高不得超过其被征用前三年平均年产值的 15 倍。

(4)缴纳的耕地占用税或城镇土地使用税、土地登记费及征地管理费等。县、市土地管理机关从征地费中提取土地管理费的比率,要按征地工作量大小,视不同情况,在 1%～4% 幅度内提取。

(5)征地动迁费。包括征用土地上的房屋及附属构筑物、城市公共设施等拆除、迁建补偿费,搬迁运输费,企业单位因搬迁造成的减产、停工损失补贴费,拆迁管理费等。

(6)水利水电工程水库淹没处理补偿费。包括农村移民安置迁建费,城市迁建补偿费,库区工矿企业、交通、电力、通信、广播、管网、水利等的恢复、迁建补偿费,库底清理费,防护工程费,环境影响补偿费用等。

2.4.1.2 与工程建设有关的其他费用

与工程建设有关的其他费用主要包括建设单位管理费、可行性研究费、研究试验费、勘察设计费、专项评价及验收费、场地准备及临时设施费、引进技术和进口设备其他费用、工程保险费、特殊设备安全监督检验费、市政公用设施费等。

1. 建设单位管理费

(1)建设单位管理费,是指建设单位发生的管理性质的开支,包括工作人员工资、工资性补贴、施工现场津贴、职工福利费、住房基金、基本养老保险费、基本医疗保险费、失业保险费、工伤保险费,办公费、差旅交通费、劳动保护费、工具用具使用费、固定资产使购置费、招募生产工人费、技术图书资料费、业务招待费、设计审查费、工程招标费、合同契约公证费、法律顾问费、工程咨询费、完工清理费、竣工验收费、印花税和其他管理性质开支。

（2）工程监理费，是指建设单位委托工程监理单位实施工程监理的费用。按照国家发展改革委关于《进一步放开建设项目专业服务价格的通知》（发改价格〔2015〕299号）规定，此项费用实行市场调节价。

（3）工程总承包管理费，如建设管理采用工程总承包方式，其总包管理费由建设单位与总包单位根据总包工作范围在合同中商定，从建设管理费中支出。

2. 可行性研究费

可行性研究费是指在工程项目投资决策阶段，依据调研报告对有关建设方案、技术方案或生产经营方案进行的技术经济论证，以及编制、评审可行性研究报告所需的费用。此项费用应依据前期研究委托合同计列，按照国家发展改革委关于《进一步放开建设项目专业服务价格的通知》（发改价格〔2015〕299号）规定，此项费用实行市场调节价。

3. 研究试验费

研究试验费是指为建设项目提供和验证设计参数、数据、资料等进行必要试验所需的费用以及设计规定在施工中必须进行试验和验证所需的费用，主要包括自行或委托其他部门研究试验所需的人工费、材料费、试验设备及仪器使用费等。该项费用一般根据设计单位针对本建设项目需要所提出的研究试验内容和要求进行计算。

4. 勘察设计费

勘察设计费是指委托有关咨询单位进行可行性研究、项目评估决策及设计文件等工作按规定支付的前期工作费用，或委托勘察、设计单位进行勘察、设计工作按规定支付的勘察设计费用，或在规定的范围内由建设单位自行完成有关的可行性研究或勘察设计工作所需的有关费用。

勘察设计费一般按照国家计委颁发的有关勘察设计的收费标准和有关规定进行计算，随着勘察设计招投标活动的逐步推行，这项费用也应结合建筑市场的具体情况进行确定。

5. 专项评价及验收费

专项评价及验收费包括环境影响评价费、安全预评价及验收费、职业病危害预评价及控制效果评价费、地震安全性评价费、地质灾害危险性评级费、水土保持评价及验收费、压覆矿产资源评价费、节能评估及评审费、危险与可操作性分析及安全完整性评价费以及其他专项评价及验收费。按照国家发展改革委关于《进一步放开建设项目专业服务价格的通知》（发改价格〔2015〕299号）规定，这些专项评价及验收费用均实行市场调节价。

（1）环境影响评价费。

环境影响评价费是指在工程项目投资决策过程中，对其进行环境污染或影响评价所需的费用。包括编制环境影响报告书（含大纲）、环境影响报告表和评估等所需的费用，以及建设项目竣工验收阶段环境保护验收调查和环境监测、编制环境保护验收报告的费用。

（2）安全预评价及验收费。

安全预评价及验收费指为预测和分析建设项目存在的危害因素种类和危险危害程度，提出先进、科学、合理可行的安全技术和管理对策，而编制评价大纲、编写安全评价报告书和评估等所需的费用，以及在竣工阶段验收时所发生的费用。

（3）职业病危害预评价及控制效果评价费。

职业病危害预评价及控制效果评价费指建设项目因可能产生职业病危害，而编制职业病危害预评价书、职业病危害控制效果评价书和评估所需的费用。

(4)地震安全性评价费。

地震安全性评价费是指通过对建设场地和场地周围的地震活动与地震、地质环境的分析,而进行的地震活动环境评价、地震地质构造评价、地震地质灾害评价,编制地震安全评价报告书和评估所需的费用。

(5)地质灾害危险性评价费。

地质灾害危险性评价费是指在灾害易发区对建设项目可能诱发的地质灾害和建设项目本身可能遭受的地质灾害危险程度的预测评价,编制评价报告书和评估所需的费用。

(6)水土保持评价及验收费。

水土保持评价及验收费是指对建设项目在生产建设过程中可能造成的水土流失进行预测,编制水土保持方案和评估所需的费用,以及在施工期间的监测、竣工阶段验收时所发生的费用。

(7)压覆矿产资源评价费。

压覆矿产资源评价费是指对需要压覆重要矿产资源的建设项目,编制压覆重要矿产评价和评估所需的费用。

(8)节能评估及评审费。

节能评估及评审费是指对建设项目的能源利用是否科学合理进行分析评估,并编制节能评估报告以及评估所发生的费用。

(9)危险与可操作性分析及安全完整性评价费。

危险与可操作性分析及安全完整性评价费是指对应用于生产具有流程性工艺特征的新建、改建、扩建项目进行工艺危害分析和对安全仪表系统的设置水平及可靠性进行定量评估所发生的费用。

(10)其他专项评价及验收费。

其他专项评价及验收费是指根据国家法律法规,建设项目所在省、直辖市、自治区人民政府有关规定,以及行业规定需进行的其他专项评价、评估、咨询和验收所需的费用。如重大投资项目社会稳定风险评估、防洪评价等。

6. 场地准备及临时设施费

(1)建设项目场地准备费是指为使工程项目的建设场地达到开工条件,由建设单位组织进行的场地平整等准备工作而发生的费用。

(2)建设单位临时设施费是指建设单位为满足工程项目建设、生活、办公的需要,用于临时设施建设、维修、租赁、使用所发生或摊销的费用。

此项费用不包括已列入建筑安装工程费用中的施工单位临时设施费用。

7. 引进技术和引进设备其他费

引进技术和引进设备其他费是指引进技术和设备发生的但未计入设备购置费中的费用。

(1)引进项目图纸资料翻译复制费、备品备件测绘费。可根据引进项目的具体情况计列或按引进货价(FOB)的比例估列,引进项目发生备品备件测绘费时按具体情况估列。

(2)出国人员费用。包括买方人员出国设计联络、出国考察、联合设计、监造、培训等所发生的差旅费、生活费等。依据合同或协议规定的出国人次、期限以及相应的费用标准计算。生活费按照财政部、外交部规定的现行标准计算,差旅费按中国民航公布的票价计算。

(3)来华人员费用。包括卖方来华工程技术人员的现场办公费用、往返现场交通费用、接待费用等。依据引进合同或协议有关条款及来华技术人员派遣计划进行计算。来华人员接待费用可按每人次费用指标计算。引进合同价款中已包括的费用内容不得重复计算。

(4)银行担保及承诺费。引进项目由国内外金融机构出面承担风险和责任担保所发生的费用,以及支付贷款机构的承诺费用。应按担保或承诺协议计取,投资估算和概算编制时可以担保金额或承诺金额为基数乘以费率计算。

8. 工程保险费

工程保险费是指为转移工程项目建设的意外风险,在建设期内对建筑工程、安装工程、机械设备和人身安全进行投保而发生的费用。包括建筑安装工程一切险、引进设备财产保险和人身意外伤害险等。根据不同的工程类别,分别以其建筑、安装工程费乘以建筑、安装工程保险费率计算。民用建筑(住宅楼、综合性大楼、商场、旅馆、医院、学校)占建筑工程费的 2‰~4‰;其他建筑(工业厂房、仓库、道路、码头、水坝、隧道、桥梁、管道等)占建筑工程费的 3‰~6‰;安装工程(农业、工业、机械、电子、电器、纺织、矿山、石油、化学及钢铁工业、钢结构桥梁)占建筑工程费的 3‰~6‰。

9. 特殊设备安全监督检验费

特殊设备安全监督检验费是指安全监察部门对在施工现场组装的锅炉及压力容器、压力管道、消防设备、燃气设备、电梯等特殊设备和设施实施安全检验收取的费用。此项费用按照建设项目所在省(市、自治区)安全监察部门的规定标准计算。无具体规定的,在编制投资估算和概算时可按受检设备现场安装费的比例估算。

10. 市政公用设施费

市政公用设施费是指使用市政公用设施的工程项目,按照项目所在地省级人民政府有关规定建设或缴纳的市政公用设施建设配套费用以及绿化工程补偿费用。此项费用按工程所在地人民政府规定标准计列。

2.4.1.3 与未来企业生产经营有关的其他费用

该项费用主要包括联合试运转费、专利及专有技术使用费、生产准备费等。

1. 联合试运转费

联合试运转费是指新建或扩建工程项目竣工验收前,按照设计规定应进行有关无负荷和负荷联合试运转所发生的费用支出大于费用收入的差额部分费用。试运转支出包括试运转所需原材料、燃料及动力消耗、低值易耗品、其他物料消耗、工具用具使用费、机械使用费、保险金、施工单位参加试运转人员工资以及专家指导费等;试运转收入包括试运转期间的产品销售收入和其他收入。联合试运转费不包括应由设备安装工程费用开支的调试及试车费用,以及在试运转中暴露出来的因施工原因或设备缺陷等发生的处理费用。费用收入一般包括联合试运转所生产合格产品的销售收入和其他收入等。该项费用一般可按照不同性质的项目需要试运转车间工艺设备购置费的百分比进行计算。

2. 专利及专有技术使用费

专利及专有技术使用费是指在建设期内为取得专利、专有技术、商标权、商誉、特许经营权等发生的费用。包括以下费用:

(1)国外设计及技术资料费、引进有效专利、专有技术使用费和技术保密费。

（2）国内有效专利、专有技术使用费用。

（3）商标权、商誉和特许经营权费等。

3. 生产准备费

在建设期内，建设单位为保证项目正常生产而发生的人员培训费、提前进厂费以及投产使用必备的办公、生活家具用具及工、器具等的购置费用。包括：

（1）人员培训费及提前进厂费。包括自行组织培训或委托其他单位培训的人员工资、工资性补贴、职工福利费、差旅交通费、劳动保护费、学习资料费等。

（2）为保证初期正常生产（或营业、使用）所必需的生产办公、生活家具用具购置费。

2.4.2 预备费

预备费包括基本预备费和价差预备费两部分费用。

2.4.2.1 基本预备费

1. 基本预备费的内容

基本预备费是指在初步设计及概算内难以预料的工程费用，主要包括：

在批准的初步设计范围内，技术设计、施工图设计及施工过程中所增加的工程费用；设计变更、局部地基处理等增加的费用。

一般自然灾害造成的损失和预防自然灾害所采取的措施费用，实行工程保险的工程项目费用应适当降低。

竣工验收时为鉴定工程质量，对隐蔽工程进行必要的挖掘和修复费用。

2. 基本预备费的计算

基本预备费是按工程费用（建筑安装工程费用、设备及工、器具购置费）和工程建设其他费用之和为计取基础，乘以基本预备费费率进行计算。

$$基本预备费＝（工程费用＋工程建设其他费用）×基本预备费费率 \quad (2.4.1)$$

基本预备费费率的取值应执行国家及部门的有关规定。

2.4.2.2 价差预备费

1. 价差预备费的内容

价差预备费也称为涨价预备费，它是指建设期内因利率、汇率或价格等因素的变化而预留的可能增加的费用，亦称为价格变动不可预见费。其费用内容包括人工、设备、材料和施工机械的价差费，建筑安装工程费及工程建设其他费用调整，利率、汇率调整等所增加的费用。

2. 价差预备费的计算

$$PF = \sum_{t=1}^{n} I_t \left[(1+f)^m (1+f)^{0.5} (1+f)^{t-1} - 1 \right] \quad (2.4.2)$$

式中：PF——价差预备费；

n——建设期年份数；

I_t——建设期中第 t 年的静态投资计划额，包括工程费用、工程建设其他费用及基本预备费；

f——年涨价率；

m——建设前期年限(从编制估算到开工建设,单位:年)。

【例 2.2】某建设项目建安工程费 5000 万元,设备购置费 3000 万元,工程建设其他费用 2000 万元,已知基本预备费率 5％,项目建设前期年限为 1 年,建设期为 3 年,各年投资计划额为第一年完成投资 20％,第二年 60％,第三年 20％。年均投资价格上涨率为 6％,求建设项目建设期间价差预备费。

[解]

基本预备费＝(5000＋3000＋2000)×5％＝500(万元)

静态投资＝5000＋3000＋2000＋500＝10500(万元)

建设期第一年完成投资＝10500×20％＝2100(万元)

第一年涨价预备费:$PF_1＝I_1[(1＋f)(1＋f)^{0.5}－1]＝191.8$(万元)

第二年完成投资＝10500×60％＝6300(万元)

第二年涨价预备费:$PF_2＝I_2[(1＋f)(1＋f)^{0.5}(1＋f)－1]＝987.9$(万元)

第三年完成投资＝10500×20％＝2100(万元)

第三年涨价预备费为:$PF_3＝I_3[(1＋f)(1＋f)^{0.5}(1＋f)^2－1]＝475.1$(万元)

所以,建设期的涨价预备费为:$PF＝191.8＋987.9＋475.1＝1654.8$(万元)

2.4.3　建设期贷款利息

建设期贷款利息指建设项目以负债形式筹集资金在建设期应支付的利息,包括向国内银行和其他非银行金融机构贷款、出口信贷、外国政府贷款、国际商业银行贷款以及在境内外发行的债券等在建设期内应偿还的借款利息。按照我国计算工程总造价的规定,在建设期支付的贷款利息也构成工程总造价的一部分。

建设期贷款利息一般按下式计算:

$$建设期每年应计利息＝(年初借款累计＋1/2 当年借款额)×年利率　　　(2.4.3)$$

【例 2.3】某新建项目,建设期为 3 年,分年均衡进行贷款,第一年贷款 300 万元,第二年贷款 600 万元,第三年贷款 400 万元,年利率为 12％,建设期内利息只计息不支付,计算建设期利息。

[解]

第一年应计利息＝300×0.5×12％＝18(万元)

第二年应计利息＝(300＋18＋0.5×600)×12％＝74.16(万元)

第三年应计利息＝(318＋600＋74.16＋0.5×400)×12％＝143.06(万元)

建设期贷款利息＝18＋(18＋74.16＋143.06)＝235.22(万元)

2.4.4　经营项目铺底流动资金

经营项目铺底流动资金指经营性建设项目为保证生产和经营正常进行,按规定应列入建设项目总资金的铺底流动资金。它的估算对于项目规模不大且同类资料齐全的可采用分项估算法,其中包括劳动工资、原材料、燃料动力等部分,对于大项目及设计深度浅的可采用指标估算法。如一般加工工业项目多采用产值(或销售收入)进行估算,一些采掘工业项目常采用经营成本(或总成本)资金率进行估算,有些项目如火电厂按固定资产价值资金率进行估算。

思考题

2.1 建设项目投资由什么构成?

2.2 建筑安装工程费用由哪些要素构成?

2.3 建筑安装工程费用造价组成的内容?

2.4 建筑安装工程总造价计算程序?

2.5 综合单价如何计算?

2.6 什么是人工费?

2.7 什么是材料费?它由哪几部分费用组成?

2.8 企业管理费包含哪些?

2.9 措施项目包含哪些?

第 3 章 建筑工程计价依据

3.1 概述

工程建设是物质资料的生产活动,一个工程项目的建成,无论是新建、改建、扩建,还是恢复工程,都要消耗大量的人力、物力和资金。在建设工程产品和工程建设生产消费之间存在着客观的、必然的联系。如住宅产品与钢筋、混凝土之间的数量关系等,主要取决于生产力的发展水平;钢筋是手工绑扎还是机械焊接、混凝土是人工浇捣还是机械浇捣等,其生产消耗的质与量都是不同的。一般情况下,生产力发展水平越高,生产消费的性质就越复杂,生产产品的数量就越多,而花在单位产品上的人力和物力耗费则会呈现出一种下降的趋势。要准确计算产品的价格,必须掌握生产和生产消费之间的这种客观规律。工程建设是一项比一般产品生产更复杂的活动,其价格的计算首先要求必须具备能够反映工程建设与生产消费之间的客观规律的基础资料,这种基础资料表现为工程计价的基本依据。

工程计价的依据是指用于计算工程造价的基础资料的总称,它反映了一定时期的社会生产水平,是建设管理科学化的产物,也是进行工程造价科学管理的基础。工程计价的依据主要包括建设工程定额、工程造价指数和工程造价资料等,其中建设工程定额是工程计价的核心依据。

3.1.1 定额的概念及作用

3.1.1.1 定额的概念

定额是人们根据各种不同的需要,对某一事物规定的数量标准,是一种规定的额度。在现代社会经济生活和社会生活中,定额作为一种管理手段被广泛应用。例如分配领域的工资标准、生产和流通领域的原材料消耗标准、技术方面的设计标准等。定额已成为人们对社会经济进行计划、组织、指挥、协调和控制等一系列管理活动的重要依据。

所谓“定”,就是规定;所谓“额”,就是额度或限度。从广义理解,定额就是规定的额度或限度,即标准或尺度。建设工程定额是指在正常的施工条件和合理劳动组织、合理使用材料及机械的条件下,完成单位合格产品所必须消耗资源的数量标准,其中的资源主要包括在建设生产过程中所投入的人工、机械、材料和资金等生产要素。建设工程定额反映了工程建设投入与产出的关系,它一般除了规定的数量标准以外,还规定了具体的工作内容、质量标准和安全要求等。

“正常施工条件”是指绝大多数施工企业和施工队、班组,在合理组织施工的条件下所处的施工条件。施工条件一般包括:工人的技术等级是否与工作等级相符、工具与设备的种类和质量、工程机械化程度、材料实际需要量、劳动的组织形式、工资报酬形式、工作地点的组织和其准备工作是否及时、安全技术措施的执行情况、气候条件、劳动竞赛开展情况等。正常施工条件是界定定额研究对象的前提条件,因为针对不同的自然、社会、经济和技术条件,完成单位建设工程产品的消耗内容和数量是不同的。

正常的施工条件应该符合有关的技术规范,符合正确的施工组织和劳动组织条件,符合已经推广的先进的施工方法、施工技术和操作。它是施工企业和施工队(班组)应该具备也能够具备的施工条件。

"合理劳动组织、合理使用材料和机械"是指应该按照定额规定的劳动组织条件来组织生产(包括人员、设备的配置和质量标准),施工过程中应当遵守国家现行的施工规范、规程和标准等。

"单位合格产品"中的"单位"是指定额子目中所规定的定额计量单位,因定额性质的不同而不同。如预算定额一般以分项工程来划分定额子目,每一子目的计量单位因其性质不同而不同,砖墙、混凝土以"m³"为单位,钢筋以"t"为单位,门窗多以"m²"为单位。"合格"是指施工生产所完成的成品或半成品必须符合国家或行业现行的施工验收规范和质量评定标准的要求。"产品"指的是"工程建设产品",称为工程建设定额的标定对象。不同的工程建设定额有不同的标定对象,所以,它是一个笼统的概念,即工程建设产品是一种假设产品,其含义随不同的定额而改变,它可以指整个工程项目的建设过程,也可以指工程施工中的某个阶段,甚至可以指某个施工作业过程或某个施工工艺环节。

由以上分析可以看出,建设工程定额不仅规定了建设工程投入产出的数量标准,同时还规定了具体的工作内容、质量标准和安全要求。

在理解上述工程建设定额概念时,还必须注意以下几个问题:

(1)工程建设定额属于生产消费定额性质。工程建设是物质资料的生产过程,而物质资料的生产过程必然也是生产的消费过程。一个工程项目的建成,无论是新建、改建、扩建,还是恢复工程,都要消耗大量的人力、物力和资金。而工程建设定额所反映的,正是在一定的生产力发展水平条件下,以产品质量标准为前提,完成工程建设中某项产品与各种生产消耗之间的特定数量关系。这种特定数量关系一经定额编制部门(或企业)确定,即成为工程建设中生产消耗的限量标准。这种限量标准是定额编制部门(或企业)对工程建设实施者在生产效率方面的一种要求,也是工程建设管理者(或生产者)用来编制工程计划、考核和评价建设成果的重要指标。

(2)工程建设定额的水平必须与当时的生产力发展水平相适应。人们一般将工程建设定额所反映的资源消耗量的大小称为定额水平。定额水平受一定的生产力发展的制约。一般说来,生产力发展水平高,则生产效率高,生产过程中的消耗就少,定额所规定的资源消耗量应相应地降低,人们将此种状况称为定额水平高;反之,生产力发展水平低,定额所规定的资源消耗量应相应地提高,人们将此种状况称为定额水平低。

(3)工程建设单位定额所规定的资源消耗量,是指完成定额所标定(或限定)的定额对象的合格单位工程建设产品所需消耗资源的限量标准。

(4)工程建设单位定额反映的资源消耗量的内容,包括为完成该工程建设产品任务所需的所有的资源消耗。工程建设是一项物质生产活动,为完成物质生产过程必须形成有效的生产能力,而生产能力的形成必须消耗劳动力、劳动对象和劳动工具,反映在工程建设过程中,即为人工、材料和机械三种资源的消耗。

3.1.1.2　我国工程建设定额在工程价格形成中的作用

工程建设定额是经济生活中诸多定额中的一类。它的研究对象是工程建设范围内的生产消费规律,研究固定资产再生产过程中的生产消费定额。定额作为科学管理的产物,它既不是计划经济的产物,也不是与市场经济相悖的体制改革对象。工程建设定额是一种计价依据,也是投资决策依据,又是价格决策依据,能够从这两方面规范市场主体的经济行为,对完善我国固定资产投资市场和建筑市场都能起到作用。

在市场经济中,信息是其中不可或缺的要素,它的可靠性、完备性和灵敏性是市场成熟和市场效率的标志。工程建设定额就是把处理过的工程造价数据积累转化成的一种工程造价信息,它主要是指资源要素消耗量的数据,包括人工、材料、施工机械的消耗量。定额管理是对大量市场信息的加工,也是对大量信息进行市场传递,同时也是市场信息的反馈。

工程造价信息在建筑产品价格形成中具有重要的作用。在充分竞争市场条件下,投标人的行为主要取决于私人信息。目前,我国在经济转型时期,工程招投标价格仍处于政府指导价格和市场形成价格相结合的状态。因此,投标人的报价不仅仅依赖于它的实际生产成本(私人信息),而且与统一的概预算定额(甲乙双方的共同信息)有很大关系。当然,随着市场化水平的增加,私人信息影响加大,共同信息的影响将逐渐减少。

3.1.2　工程建设定额的分类

3.1.2.1　定额的分类

工程建设定额是一个综合概念,是工程建设中各类定额的总称。为了能对工程建设定额有一个全面的了解,可以按照不同的原则和方法对它进行科学的分类。按不同的分类方法,工程建设定额可以分成不同的类型,不同类型的定额其作用也不尽相同。

1. 按定额反映的物质消耗性质分类

按定额反映的物质消耗性质,工程建设定额可分为劳动消耗定额、机械台班消耗定额及材料消耗定额三种形式。

(1)劳动消耗定额。劳动消耗定额也称"劳动定额",是指在正常的生产条件下,完成单位合格工程建设产品所需消耗的劳动力的数量标准。劳动定额所反映的是活劳动消耗。按反映活劳动消耗的方式不同,劳动定额有时间定额和产量定额两种形式。时间定额是指为完成单位合格工程建设产品所需消耗生产工人的工作时间标准,以劳动力的工作时间消耗为计量单位来反映;而产量定额是指生产工人在单位时间里必须完成工程建设产品的产量标准,以生产工人在单位时间里所必须完成的工程建设产品的数量来反映。为了便于综合和核算,劳动定额大多采用时间定额的形式。

(2)机械台班消耗定额。机械台班消耗定额是指在正常的生产条件下,完成单位合格工程建设产品所需消耗的机械的数量标准。按反映机械消耗的方式不同,机械台班消耗定额同样有时间定额和产量定额两种形式。时间定额是指为完成单位合格工程建设产品所需消耗机械的工作时间标准,以机械的工作时间消耗为计量单位来反映;而产量定额是指机械在单位时间里必须完成工程建设产品的产量标准,以机械在单位时间里所必须完成的工程建设产品的数量来反映。由于我国习惯上是以一台机械一个工作班(台班)为机械消耗的计量单位,所以又称为机械台班消耗定额。

(3)材料消耗定额。材料消耗定额是指在正常的生产条件下,完成单位合格工程建设产品所需材料消耗的数量标准。包括工程建设中使用的原材料、成品、半成品、构配件、燃料以及水、电等动力资源等。

在工程建设领域,任何建设过程都要消耗大量人工、材料和机械。所以我们把劳动定额、材料消耗定额及机械台班消耗定额称为三大基本定额,它们是组成任何使用定额消耗内容的基础。三大基本定额都是计量性定额。

2. 按定额编制程序和用途分类

按照定额的编制程序和用途,可以把工程建设定额分为施工定额、预算定额、概算定额(概算指标)和估算指标四种。

(1)施工定额。施工定额是指在正常施工条件下,具有合理劳动组织的建筑安装工人,为完成单位合格工程建设产品所需人工、机械、材料消耗的数量标准,它是根据专业施工的作业对象和工艺,以同一施工过程为对象制定的,也是一种计量性的定额。

施工定额是施工单位内部管理的定额,是生产、作业性质的定额,属于企业定额的性质。施工定额反映了企业的施工水平、装备水平和管理水平,主要用于编制施工作业计划、施工预算、施工组织设计,签发施工任务单和限额领料单,作为考核施工单位劳动生产率水平、管理水平的标尺和确定工程成本、投标报价的依据。施工定额也是编制预算定额的依据。

(2)预算定额。预算定额是指在合理的劳动组织和正常的施工条件下,为完成单位合格工程建设产品所需人工、机械、材料消耗的数量标准。它是根据发生在整个施工现场的各项综合操作过程和各项构件的制作过程以分部分项工程为对象制定的。在我国现行的工程造价管理体制下,预算定额是由国家授权部门根据社会平均的生产力发展水平和生产效率水平编制的一种社会标准,它属于社会性定额。它主要用于编制工程价格文件、投资计划、成本计划、财务计划,是进行工程结算和竣工决算的依据,是政府工程造价管理部门监督和调控工程造价的手段。预算定额是一种计价性定额,单位工程估价表、综合基价表等都是预算定额的表现形式。从编制程序看,施工定额是预算定额的编制基础,而预算定额则是概算定额(概算指标)的编制基础。

(3)概算定额(概算指标)。概算定额(概算指标)是指在一般社会平均生产力发展水平及一般社会平均生产效率条件下,为完成单位合格工程建设产品所需人工、机械、材料消耗的数量标准,它一般是在预算定额的基础上或根据历史的工程预、决算资料和价格变动等资料,以工程的扩大结构构件的制作过程其至整个单位工程施工过程为对象制定的,其定额水平一般为社会平均水平。概算定额项目划分很粗,定额标定对象所包括的工程内容综合性较强,非常概略。概算定额(概算指标)是计价性的定额,主要用于在初步设计阶段进行设计方案技术经济比较,编制设计概算,是投资主体控制建设项目投资的重要依据。概算定额在工程建设的投资管理中发挥着重要作用。

(4)估算指标。投资估算指标是比概算定额更为综合、扩大的指标,是以整个房屋或构筑物为标定对象编制的计价性定额。它是在各类实际工程的概预算和决算资料的基础上通过技术分析和统计分析编制而成的,主要用于编制投资估算和设计概算,进行投资项目可行性分析、项目评估和决策,也可进行设计方案的技术经济分析,考核建设成本。

3．按照投资的费用性质分类

按照投资的费用性质,建设工程定额可分为建筑工程定额,安装工程定额,工器具定额以及工程建设其他费用定额等。

(1)建筑工程定额是建筑工程的施工定额、预算定额、概算定额、概算指标的统称。在我国的固定资产投资中,建筑工程投资占的比例有 60% 左右。因此,建筑工程定额在整个建设工程定额中所处的地位也就非常重要。

(2)安装工程定额是安装工程的施工定额、预算定额、概算定额、概算指标的统称。在工业性的项目中,机械设备和电气设备安装工程占有重要地位,在非生产性的项目中,随着社会生活和城市设施的日益现代化,设备安装工程量也在不断增加。所以安装工程定额也是整个建设工程定额中的重要组成部分。

(3)工器具定额是为新建或扩建项目投产运转首次配备的工器具的数量标准。

(4)工程建设其他费用定额是独立于建筑安装工程,设备和工器具购置之外的其他费用开支的标准,它的发生和整个项目的建设密切相关,其他费用定额按各项独立费用分别制定,如建设单位管理费定额、生产职工培训费定额、办公和生活家具购置费定额。

4．按照管理权限和适用范围分类

按照管理权限和适用范围,建设工程定额可分为全国统一定额、行业统一定额、地区统一定额、企业定额等。

(1)全国统一定额指由国家建设行政主管部门制定发布,在全国范围内执行的定额。例如全国统一建筑工程基础定额、全国统一安装工程预算定额等。

(2)行业统一定额指由国务院行业行政主管部门制定发布的,一般只在本行业和相同专业性质的范围内使用的定额。这种定额往往是为专业性较强的工业建筑安装工程制定的,如冶金工程定额、水利工程定额、铁路或公路工程定额等。

(3)地区统一定额指由省、自治区、直辖市建设行政主管部门制定颁布的,只在规定的地区范围内使用的定额。它一般是在考虑各地区不同的气候条件、资源条件和交通运输条件后编制的,如福建省建筑工程预算定额、福建省建筑安装工程费用定额等。

(4)企业定额指由施工企业根据自身的具体情况制定的,只在企业内部范围内使用的定额。企业定额是企业从事生产经营活动的重要依据,也是企业不断提高生产管理水平和市场竞争能力的重要标志。

5．按照专业分类

按照工程项目的专业类别,工程建设定额可以分为:建筑工程定额、安装工程定额、公路工程定额、铁路工程定额、水利工程定额、市政工程定额、园林绿化工程定额等多种专业定额类别。

3.1.3　工程建设定额的特性

我国推行工程量清单计价方法从本质上反映了我国工程造价进入了全面深化改革阶段。定额特性与传统的工程造价制度有着本质的区别,主要反映在市场性与自主性,具体表现在以下几个方面:

1. 市场性与自主性

推行工程量清单计价是深化工程造价管理改革,推进建设市场化的重要途径。工程预算定额长期以来是我国承发包计价、定价的主要依据。1992 年,为了适应建筑市场改革的要求,针对工程预算定额编制和使用中存在的问题,提出了"控制量、指导价、竞争费"的改革措施,其中对预算定额改革的主要思路和原则是:将工程预算定额中的人、材、机消耗量和相应的单价分离,国家控制量以保证工程质量,价格逐步走向市场化。这一改革措施迈出了对传统定额改革的第一步,在我国实行市场经济的初期,在政府采用"管放结合"的价格机制方面起到了一定的作用。但随着建筑市场化的发展,这种做法难以改变工程预算定额中国家指令性内容较多的状况,难以满足招标投标竞争定价和经评审合理低价中标的要求。因此,推行工程量清单计价这一新的计价方法的指导思想是:顺应市场的要求,引导并规范建设工程招标投标活动健康有序地发展。跳出传统的工程预算定额编制及预算计价方法的模式,探讨适应于招投标需要,编制适应于工程量清单计价方法的新的计价规范是十分必要的。真正实现"政府宏观调控、企业自主报价、部门动态监管"的运行机制。因而对传统认识的定额特性产生了本质的变化,突出了按市场规律搞工程建设,由企业自主报价、市场定价成为定额特性的基本特征。

2. 定额的法令性和指导性

企业自主报价不等于放任不管,市场定价也必须遵守相应的法律法规、符合市场的游戏规则,还必须强调政府宏观调控和部门动态管理。政府宏观调控是指作为各级政府对工程建设招投标活动中的计价行为不是放任不管,而是要规范指导。政府宏观调控的具体手段首先是要制定统一的计价规范,包括统一分部分项工程项目名称、统一项目编码、统一项目特征、统一计量单位、统一工程量计算规则,简称"五统一",为新的计价方法提供基础。所谓"五统一"是参考了国际通行的做法,由政府统一组织制定发布并在全国范围内实施,这是建立一个全国统一建设市场所必需的前提。其次是政府委托的工程造价管理机构制定供建设市场编制标底和投标报价参考的消耗量定额,作为社会平均水平宏观引导市场,使业主和企业能客观地了解建筑产品社会平均消耗水平,使业主把握自己的投资能力和投资行为,这也是维护建设市场秩序的必要手段和措施。再者,政府主管部门还规定,对全部使用国有资金或国有资金投资的大中型建设工程应按工程量清单计价规范执行。因此,法令性和指导性也是重要的定额特性。

3. 定额的科学性与群众性

自主报价、市场定价的原则,说明了"企业定额"或称"施工定额"在今后形成新的定额体系中占有重要地位。各类定额都是在当时的实际生产力水平条件下,在实际生产中大量测定、综合分析研究、广泛搜集信息及资料的基础上,运用科学的方法制定的。因此,它不仅具有严密的科学性,而且具有广泛的群众基础。当定额一旦颁布执行,就成为广大职工共同奋斗的目标。总之,定额的制定和执行都离不开职工,也只有得到职工的充分协助,定额才能先进合理,才能被职工接受。

4. 定额的可变性与相对稳定性

定额中所规定的各种活劳动与物化劳动消耗量的多少,是由一定时期的社会生产力水平(或包括企业自身条件)所确定的。随着科学技术水平和管理水平的提高,社会生产力的水平也必然提高,有一个由量变到质变的过程,存在一个变动的周期,因此定额的执行也有一个相应的实践过程。当生产条件发生了变化,技术水平有了较大的提高,原有定额已不能适应生产力需要时,授权部门才会根据新的情况对定额进行修订和补充。所以,定额既不是固定不变的,也绝不是朝定夕改,但对企业定额的局部修订或补充是会常常出现的。

3.1.4 定额制定的基本方法

建筑工程定额的制定方法主要有技术测定法、比较类推法、统计分析法和经验估计法。

1. 技术测定法

这是指应用时间研究的方法获得工时消耗数据,进而制定劳动消耗定额的方法。其程序如下:

(1)根据观察测时资料来确定被选定的工作过程(施工定额标定对象)中各工序的基本工作时间和辅助工作时间。

(2)确定不可避免中断时间、准备与结束的工作时间以及休息时间占工作班延续时间的百分比。

在确定不可避免中断时间时,必须注意区别两种不同的情况。一种是由于班组工人所担负的任务不均衡引起的中断,这种工作中断不应计入施工定额的时间消耗中,而应该通过改善班组人员编制、合理进行劳动分工来克服;另一种情况是由工艺特点所引起的不可避免中断,此项工作的时间消耗可以列入工作过程的时间定额。不可避免中断时间根据测时资料通过整理分析获得。由于手动过程中不可避免中断发生较少,加之不易获得充足的资料,也可以根据经验数据,以占工作日的一定百分比确定此项工时消耗的时间定额。

休息时间是工人恢复体力所必需的时间,应列入工作过程时间定额。休息时间应根据工作班作息制度、经验资料、观察测时资料以及对工作的疲劳程度做全面分析来确定。应考虑尽可能利用不可避免中断时间作为休息时间。

准备与结束工作时间的确定也应根据工作班的作息制度、经验资料、观察测时资料等做出全面分析来确定。

(3)计算各工序的标准时间(包括基本工作和辅助工作)消耗,并按该工作过程中各工序在工艺及组织上的逻辑关系进行综合,把各工序的标准时间综合成工作过程的标准时间消耗,该标准时间消耗即为该工作过程的定额时间。

2. 比较类推法

借助一个已精确测定好的典型项目的定额,类推出同类型其他相邻项目的定额的方法。例如:已知架设单排脚手架的时间定额,推算架设双排脚手架的时间定额。比较类推的计算公式为:

$$t = P \times t_0 \tag{3.1.1}$$

式中,t——比较类推同类相邻定额项目的时间定额;

P——各同类相邻项目耗用工时的比例(以典型项目为1);

t_0——典型项目的时间定额。

比较类推法计算简便而准确,但选择典型定额务必恰当而合理,类推计算结果有的需要做一定调整。这种方法适用于制定规格较多的同类型工作过程的劳动定额。

3. 统计分析法

统计分析法是根据记录统计资料,利用统计学原理,将以往施工中所积累的同类型工程项目的工时耗用量加以科学的分析、统计,并考虑施工技术与组织变化的因素,经分析研究后制定劳动定额的一种方法。

采用统计分析法符合实际,适用面广,但前提是需有准确的原始记录和统计工作基础,并且选择正常的及一般水平的施工单位与班组,同时还要选择部分先进和落后的施工单位与班组进行分析和比较,为了使定额保持平均先进水平,必须采用从统计资料中求平均先进值的方法。

4. 经验估计法

此法适用于制定那些次要的、消耗量小的、品种规格多的工作过程劳动定额,完全是凭借经验。根据分析图纸、现场观察、分解施工工艺、组织条件和操作方法来估计。

采用经验估计法时,必须挑选有丰富经验的、秉公正派的工人和技术人员参加,并且要在充分调查和征求群众意见的基础上确定。在使用中要统计实耗工时,当与所制定的定额比差异幅度较大时,说明所估计的定额不具有合理性,要及时修订。

3.2 施工定额

3.2.1 施工定额概念和作用

3.2.1.1 施工定额的概念

施工定额是施工企业根据专业施工的作业对象和工艺制定,用于对工程施工管理的定额,是建筑安装工人合理的劳动组织或工人小组在正常施工条件下,为完成单位合格产品所需劳动、机械、材料消耗的数量标准。施工定额分为劳动定额、材料定额、机械定额三种。

3.2.1.2 施工定额的作用

施工定额是施工企业管理工作的基础,也是工程定额体系中的基础性定额。它在施工企业生产管理和内部经济核算工作中发挥着重要作用。

1. 施工定额是施工单位编制施工组织设计和施工作业计划的依据

施工组织设计的基本任务是根据招标文件和合同协议的规定,确定出经济合理的施工方案,在人力和物力、时间与空间、技术和组织上对拟建工程做出最佳的安排。施工组织设计一般包括的内容有:所建工程的资源需要量、施工中实物工程量、使用这些资源的最佳时间安排和施工现场平面规划。确定所建工程的资源需要量,要依据施工定额;施工中实物工程量的计算,要以施工定额的分项和计量单位为依据;甚至排列施工进度计划也要根据施工定额对劳动力和施工机械进行计算。施工作业计划是实现施工计划的具体执行计划,一般包括三部分内容:本月(旬)应完成的施工任务、完成施工计划任务的资源需要量、提高劳动生产率和节约措施计划。编制施工作业计划也要用施工定额提供的数据作依据。

2. 施工定额是组织和指挥施工生产的有效工具

施工单位组织和指挥施工,应按照施工作业计划下达施工任务书和限额领料单。在施工任务单上,既列明班组应完成的施工任务,也记录班组实际完成任务的情况,并且据以进行班组工人的工资结算。施工任务单上的工程计量单位、产量定额和计件单位,均需取自施工的劳动定额,工资结算也要根据劳动定额的完成情况计算。限额领料单是施工队随施工任务单同时签发的领取材料的凭证,根据施工任务和材料定额填写。其中领料的数量,是班组为完成规定的工程任务消耗材料的最高限额。

3. 施工定额是计算工人劳动报酬的根据,也是激励工人的条件

这种计算是按照劳动的数量和质量、劳动的成果和效益进行分配的。施工定额是衡量工人劳动数量和质量的标准,是计算工人计件工资的基础,也是计算奖励工资的依据。完成定额好,工资报酬就多;达不到定额,工资报酬就少。

4. 施工定额有利于推广先进技术

施工定额属于作业性定额,作业性定额水平建立在已成熟的先进的施工技术和经验之上。工人要达到和超过定额,就必须掌握和运用这些先进技术,注意改进工具和改进技术操作方法,注意原材料的节约,避免浪费。当施工定额明确要求采用某些较先进的施工工具和施工方法时,贯彻作业性定额就意味着推广先进技术。

5. 施工定额是编制施工预算、加强成本管理和经济核算的基础

施工预算是施工单位用以确定单位工程人工、机械、材料和资金需要量的计划文件,它以施工定额为编制基础,既反映设计图纸的要求,也考虑在现实条件下可能采取的节约人工、材料和降低成本的各项具体措施。严格执行施工定额不仅可以起到控制消耗、降低成本和费用的作用,同时为贯彻经济核算制、加强班组核算和增加盈利,创造了良好的条件。由此可见,施工定额在施工单位企业管理的各个环节中都是不可缺少的,施工定额的管理是企业管理的基础性工作,具有不容忽视的作用。

6. 施工定额成为投标报价的基础

随着中国加入 WTO,同国际惯例接轨,建立市场竞争、形成工程价格的机制成为工程造价改革的方向,各投标企业要在统一工程计量的基础上根据自身的消耗和技术管理水平展开完全的市场价格的竞争,这就要求企业摆脱一直以来依附国家和地区定额的做法,根据本企业的具体条件和可能挖掘的潜力,根据市场的需求和竞争环境,根据国家有关政策、法律、规范、制度,自己编制定额,自行决定定额水平。同类企业和同一地区的企业之间存在施工定额水平的差距,这样在市场上才能有竞争。

3.2.2　施工过程研究

3.2.2.1　概念

定额编制的基本理论是对工作进行研究,即对工作进行分析、设计和管理,从而最大限度地节约工作时间、提高工作效率,并实现工作的科学化、标准化和规范化。工作研究主要包括动作研究和时间研究两部分内容。动作研究是对工作过程中作业者的基本操作进行研究(包括观察、记录和分析等工作),消除不合理和无用的动作,寻求更高效、更容易的动作和方法,以达到提高工作效率的目的。时间研究是对特定工作所需消耗的时间进行分析研究,

找出非定额时间及其产生的原因,并采取措施予以消除,其目的也是要提高工作效率。

3.2.2.2 施工过程分类

对施工过程的研究,首先是对施工过程进行分类,并对施工过程的组成及其各组成部分的相互关系进行分析。

按不同的分类标准,施工过程可以分成不同的类型。

(1)按施工的性质不同,可以分为建筑过程和安装过程。

(2)按操作方法不同,可以分为手工操作过程、机械化过程和人机并作过程(半机械化过程)。

(3)按施工过程劳动分工的特点不同,可以分为个人完成的过程、工人班组完成的过程和施工队完成的过程。

(4)按施工过程组织上的复杂程度,可以分为工序、工作过程和综合工作过程。

①工序。工序是组织上分不开和技术上相同的施工过程。工序的主要特征是:工人编制、工作地点、施工工具和材料均不发生变化。如果其中有一个因素发生了变化,就意味着从一个工序转入了另一个工序。从施工的技术操作和组织的观点看,工序是工艺方面最简单的施工过程。例如,生产工人在工作面上砌筑砖墙这一生产过程,一般可以划分成铺砂浆、砌砖、刮灰缝等工序;现场使用混凝土搅拌机搅拌混凝土,一般可以划分成将材料装入料斗、提升料斗、将材料装入搅拌机鼓筒、开机拌和及料斗返回等工序;钢筋工程一般可以划分成调直、除锈、切断、弯曲、运输和绑扎等工序。

将一个施工过程分解成一系列工序的目的,是为了分析、研究各工序在施工过程中的必要性和合理性。测定每个工序的工时消耗,分析各工序之间的关系及其衔接时间,最后测定工序上的时间消耗标准。一般来说,测定定额只分解到工序为止。

②工作过程。工作过程是由同一工人或同一工人班组所完成的在技术操作上相互有机联系的工序的总和。其特点是在此过程中生产工人的编制不变、工作地点不变,而材料和工具则可以发生变化。例如,同一组生产工人在工作面上进行铺砂浆、砌砖、刮灰缝等工序的操作,从而完成砌筑砖墙的生产任务。在此过程中,生产工人的编制不变、工作地点不变,而材料和工具则发生了变化,由于铺砂浆、砌砖、刮灰缝等工序是砌筑砖墙这一生产过程不可分割的组成部分,它们在技术操作上相互紧密地联系在一起,所以这些工序共同构成一个工作过程。再如,现场生产工人进行装料入斗、提升料斗、材料入鼓、开机拌和及料斗返回等工序的操作,从而完成使用混凝土搅拌机搅拌混凝土这一生产过程的生产任务。所以,上述这些工序共同构成一个工作过程。从施工组织的角度看,工作过程是组成施工过程的基本单元。

③综合工作过程。综合工作过程是同时进行的、在施工组织上有机地联系在一起的、最终能获得一种产品的工作过程的总和。其范围可大到整个工程或小到某个构件,例如,混凝土构件现场浇筑的生产过程,是由搅拌、运送、浇捣及养护混凝土等一系列工作过程组成的;钢筋混凝土梁、板等构件的生产过程,是由模板工程、钢筋工程和混凝土工程等一系列工作过程组成的;建筑物土建工程,是由土方工程、钢筋混凝土工程、砌筑工程、装饰工程等一系列工作过程组成的。

3.2.2.3 时间研究

时间研究是在一定的标准测定条件下,确定人们完成作业活动所需时间总量的一套程序和方法。其过程是:将生产过程中的某一项工作(某一项工作过程)按照生产的工艺要求及顺序分解成一系列基本的操作(一般为工序),由若干名有代表性的操作人员把这项基本工序反复进行若干次,观测分析人员用秒表测出每一个工序所需要的时间。以此为基础,定出该项工序的标准时间。时间研究用于测量完成一项工作所必需的时间,以便建立在一定生产条件下的工人或机械的产量标准。

时间研究的主要任务是确定在既定的标准工作条件下的时间消耗标准,而根据使用上的要求,该时间消耗标准的计量单位一般为"工日"或"台班",在 8 h 工作制的条件下,所谓"工日"是指一个工人的工作班延续时间,即一个工人在工作岗位 8 h。所谓"台班"是指一台机械的工作班延续时间,即一台机械装备在施工现场并正常工作 8 h。为了确定完成工作的时间标准,我们有必要对工人或机械在工作班延续时间内的时间利用情况进行分析。

1. 工人工作时间消耗的分类。

工人在工作班延续时间内消耗的工作时间按其消耗的性质分为两大类:必须消耗的时间和损失时间。如表 3.2.1 所示。

(1)必须消耗的时间。必须消耗的时间是工人在正常施工条件下,为完成一定数量合格产品所必须消耗的时间。它是制定定额的主要根据。必须消耗的工作时间包括有效工作时间、不可避免的中断时间和休息时间。

有效工作时间是从生产效果来看与产品生产直接有关的时间消耗。其中包括基本工作时间、辅助工作时间、准备与结束工作时间的消耗。

表 3.2.1　工人工作时间分类表

	时间性质	时间分类构成
工人工作时间	必须消耗的时间	有效工作时间	基本工作时间
			辅助工作时间
			准备与结束工作时间
		不可避免的中断时间	不可避免的中断时间
		休息时间	休息时间
	损失时间	多余和偶然工作时间	多余工作的工作时间
			偶然工作的工作时间
		停工时间	施工本身造成的停工时间
			非施工本身造成的停工时间
		违反劳动纪律损失的时间	违反劳动纪律损失的时间

基本工作时间是工人完成基本工作所消耗的时间,是完成一定产品的施工工艺过程所消耗的时间。基本工作时间所包括的内容依工作性质而各不相同。例如,砖瓦工的基本工作时间包括:砌砖拉线时间、铲灰浆时间、砌砖时间、校验时间;抹灰工的基本工作时间包括:准备工作时间、润湿表面时间、抹灰时间、抹平抹光时间。工人操纵机械的时间也属基本工作时间。基本工作时间的长短和工作量大小成正比。

辅助工作时间是为保证基本工作能顺利完成所做的辅助性工作所消耗的时间。在辅助工作时间里,不能使产品的形状大小、性质或位置发生变化。例如,施工过程中工具的校正和小修,机械的调整、搭设小型脚手架等所消耗的工作时间等。辅助工作时间的结束,往往是基本工作时间的开始。辅助工作一般是手工操作。但在半机械化的情况下,辅助工作是在机械运转过程中进行的,这时不应再计辅助工作时间的消耗。辅助工作时间的长短与工作量大小有关。

准备与结束工作时间是执行任务前或任务完成后所消耗的工作时间。例如:工作地点、劳动工具和劳动对象的准备工作时间;工作结束后的整理工作时间等。准备和结束工作时间的长短与所担负的工作量大小无关,但往往和工作内容有关。所以,这项时间消耗又分为班内的准备与结束工作时间和任务的准备与结束工作时间。班内的准备与结束工作时间包括:工人每天从工地仓库领取工具、检查机械、准备和清理工作地点的时间;准备安装设备的时间;机器开动前的观察和试车的时间;交接班时间等。任务的准备与结束工作时间与每个工作日交替无关,但与具体任务有关。例如,接受施工任务书,研究施工详图,接受技术交底,领取完成该任务所需的工具和设备,以及验收交工等工作所消耗的时间。

不可避免的中断时间是由于施工工艺特点所引起的工作中断所消耗的时间。例如:汽车司机在等待汽车装、卸货时消耗的时间;安装工等待起重机吊预制构件的时间。与施工过程工艺特点有关的工作中断时间应作为必须消耗的时间,但应尽量缩短此项时间消耗。与工艺特点无关的工作中断时间是由于劳动组织不合理引起的,属于损失时间。

休息时间是工人在施工过程中为恢复体力所必需的短暂休息和生理需要的时间消耗。这种时间是为了保证工人精力充沛地进行工作,应作为必需消耗的时间。休息时间的长短和劳动条件有关。劳动繁重紧张、劳动条件差(高温),休息时间需要长一些。

(2)损失时间。损失时间是与产品生产无关,但与施工组织和技术上的缺点有关,与工人或机械在施工过程的个人过失或某些偶然因素有关的时间消耗。损失时间一般不能作为正常的时间消耗因素,在制定定额时一般不加以考虑。损失时间包括多余和偶然工作、停工、违背劳动纪律所引起的时间损失。

多余和偶然工作的时间损失,包括多余工作引起的时间损失和偶然工作引起的时间损失两种情况,多余工作是工人进行了任务以外的而又不能增加产品数量的工作。如对质量不合格的墙体返工重砌,对已磨光的水磨石进行多余的磨光等。多余工作的时间损失,一般都是由于工程技术人员和工人的差错而引起的修补废品和多余加工造成的,不是必须消耗的时间。

偶然工作是工人在任务外进行的工作,但能够获得一定产品的工作。如抹灰工不得不补上偶然遗留的墙洞等。从偶然工作的性质看,不应考虑它是必须消耗的时间,但由于偶然工作能获得一定产品,拟定定额时可适当考虑。

停工时间是工作班内停止工作造成的时间损失。停工时间按其性质可分为施工本身造成的停工时间和非施工本身造成的停工时间两种。

施工本身造成的停工时间,是由于施工组织不善、材料供应不及时、工作面准备工作做得不好、工作地点组织不良等情况引起的停工时间。

非施工本身造成的停工时间,是由于气候条件以及水源、电源中断引起的停工时间。

施工本身造成的停工时间在拟定定额时不应计算,非施工本身造成的停工时间应给予合理的考虑。

　　违反劳动纪律造成的工作时间损失,是指工人在工作班内的迟到早退、擅自离开工作岗位、工作时间内聊天或办私事等造成的时间损失。由于个别工人违反劳动纪律而影响其他工人无法工作的时间损失,也包括在内。此项时间损失不应允许存在,定额中不能考虑。

　　对工人的工作时间来说,基本工作时间是生产工人直接对劳动对象进行操作形成产品所消耗的时间,辅助工作时间是为保证基本工作能顺利完成所做的辅助性工作所消耗的时间,因为这两种时间均发生在工序作业上,所以把它们合并成为工序作业时间,它是完成工序作业的基本时间。而其他时间,包括准备与结束工作时间、不可避免的中断时间及必要的休息时间等,均是由于受施工技术及施工组织等技术经济因素的制约而在工作班内不可避免地损耗时间,所以称它们为工作班内的时间损耗。制定劳动定额,不仅应考虑完成单位合格工程建设产品所需的基本时间,同时应考虑相应的不可避免的时间损耗。

　　2. 机械工作时间消耗的分类

　　在机械化施工过程中,对工作时间消耗的分析和研究除了要对工人工作时间的消耗进行分类研究之外,还需要分类研究机械工作时间的消耗。机械工作时间的消耗也分为必须消耗的时间和损失时间。如表 3.2.2 所示。

表 3.2.2　机械工作时间分类表

时间性质		时间分类构成	
机械工作时间	必须消耗的时间	有效工作时间	正常负荷的工作时间
			有根据地降低负荷下的工作时间
			低负荷下的工作时间
		不可避免的无负荷工作时间	不可避免的无负荷工作时间
		不可避免的中断时间	与工艺过程特点有关的中断时间
			与机械有关的中断时间
			工人休息时间
	损失时间	多余工作时间	多余工作时间
		停工时间	施工本身造成的停工时间
			非施工本身造成的停工时间
		违反劳动纪律损失的时间	违反劳动纪律引起的机械停工时间

　　(1)机械必须消耗的工作时间。机械必须消耗的工作时间,包括有效工作、不可避免的无负荷工作和不可避免的中断三项时间消耗。

　　有效工作时间包括正常负荷下、有根据地降低负荷下和低负荷下工作的工时消耗。

　　正常负荷下的工作时间,是机械在与机械说明书规定的计算负荷相符的情况下进行工作的时间。

　　有根据地降低负荷下的工作时间,是在个别情况下,机械由于技术上的原因在低于其计算负荷下工作的时间。例如,汽车运输重量轻而体积大的货物时,不能充分利用汽车的载重吨位;起重机吊装轻型结构时,不能充分利用其起重能力,因而低于其计算负荷。

　　低负荷下的工作时间,是由于工人或技术人员的过错所造成的施工机械在降低负荷的情况下工作的时间。例如,工人装车的砂石数量不足、工人装入碎石机轧料口中的石块数量不够引起的汽车和碎石机在降低负荷的情况下工作所延续的时间。此项工作时间不能完全作为必须消耗的时间。

不可避免的无负荷工作时间,是由施工过程的特点和机械结构的特点造成的机械无负荷工作时间。例如,载重汽车在工作班时间的单程"放空车";筑路机在工作区末端调头。

不可避免的中断工作时间,是与工艺过程的特点、机械的使用和保养、工人休息有关的不可避免的中断时间。

与工艺过程的特点有关的不可避免中断工作时间,有循环的和定期的两种。循环的不可避免中断,是在机械工作的每一个循环中重复一次,如汽车装货和卸货时的停车,定期的不可避免中断,是经过一定时期重复一次,如把灰浆泵由一个工作地点转移到另一工作地点时的工作中断。

与机械有关的不可避免中断工作时间,是由于工人进行准备与结束工作或辅助工作时,机械停止工作而引起的中断工作时间。它是与机械的使用与保养有关的不可避免中断时间。

工人休息时间。要注意的是,应尽量利用与工艺过程有关的和与机械有关的不可避免中断时间进行休息,以充分利用工作时间。

(2)损失的工作时间。在损失的工作时间中,包括多余工作、停工和违反劳动纪律所消耗的工作时间。

机械的多余工作时间,是机械进行任务内和工艺过程内未包括的工作而延续的时间。如搅拌机搅拌灰浆超过规定而多延续的时间;工人没有及时供料而使机械空运转的时间。

机械的停工时间,按其性质也可分为施工本身造成和非施工本身造成的停工。前者是由于施工组织的不好而引起的停工现象,如由于未及时供给机器水、电、燃料而引起的停工。后者是由于气候条件所引起的停工现象,如暴雨时压路机的停工。

违反劳动纪律引起的机械时间损失,是指由于工人迟到早退或擅离岗位等原因引起的机械停工时间。

对机械的工作时间来说,正常负荷下的工作时间是机械在发挥其额定的生产能力的条件下,直接对操作对象进行操作形成产品所消耗的时间,即机械的基本工作时间,而其他时间,包括有根据地降低负荷下和低负荷下工作的时间、不可避免的无负荷工作时间、不可避免的中断工作时间等均是由于受施工技术及施工组织等技术经济因素的制约而在工作班内不可避免地损耗的时间。制定机械台班消耗定额,不仅应考虑完成单位合格工程建设产品所需机械的基本时间,同时应考虑相应的不可避免的时间损耗。

3.2.2.4 测定时间消耗的基本方法——计时观察法

定额测定是制定定额的一个主要步骤。测定定额是用科学的方法观察、记录、整理、分析施工过程,为制定建筑工程定额提供可靠依据。测定定额通常使用计时观察法。

1. 计时观察法的含义和步骤

计时观察法,是研究工作时间消耗的一种技术测定方法。它以研究工时消耗为对象,观察测时为手段,通过密集抽样和粗放抽样等技术进行直接的时间研究。计时观察法运用于建筑施工中,是以现场观察为特征,所以也称为现场观察法。

计时观察法适宜于研究人工手动过程和机手并动过程的工时消耗。

计时观察法的特点,是能够把现场工时消耗情况和施工组织技术条件联系起来加以考察。它在施工过程分类和工作时间分类的基础上,利用一整套方法对选定的过程进行全面观察、测时、计量、记录、整理和分析研究,以获得该施工过程的技术组织条件和工时消耗的有技术根据的基础资料,分析出工时消耗的合理性和影响工时消耗的具体因素,以及各个因素对工时消耗影响的程度。所以,它不仅能为制定定额提供基础数据,而且也能为改善施工组织管理、改善工艺过程和操作方法、消除不合理的工时损失和进一步挖掘生产潜力提供技术根据。计时观察法的局限性,是考虑人的因素不够。

2. 计时观察方法

对施工过程进行观察、测时,计算实物和劳务产量,记录施工过程所处的施工条件和确定影响工时消耗的因素,是计时观察法的三项主要内容和要求。计时观察法种类很多,其中最主要的有三种,见图 3.2.1。

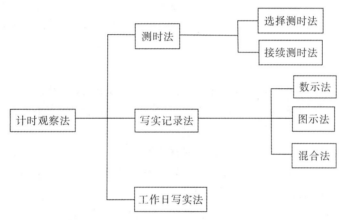

图 3.2.1　计时观察法的种类

(1)测时法。

测时法主要适用于测定那些定时重复的循环工作的工时消耗,是精确度比较高的一种计时观察法。有选择测时法和接续测时法两种。

(2)写实记录法。

写实记录法是一种研究各种性质的工作时间消耗的方法。采用这种方法,可以获得分析工作时间消耗的全部资料,是一种值得提倡的方法。

写实记录法的观察对象,可以是一个工人,也可以是一个工人小组。测时用普通表进行,详细记录在一段时间内观察对象的各种活动及其时间消耗(起止时间),以及完成的产品量。写实记录法按记录时间的方法不同分为数示法、图示法和混合法三种。

①数示法写实记录。数示法的特征是用数字记录工时消耗,是三种写实记录法中精确度较高的一种,精确度达 5 s,可以同时对两个工人进行观察,观察的工时消耗,记录在专门的数示法写实记录表中。数示法用来对整个工作班或半个工作班进行长时间观察。因此能反映工人或机器工作日的全部情况。

②图示法写实记录。图示法是在规定格式的图表上用时间进度线条表示工时消耗量的一种记录方式,精确度可达 30 s,可同时对 3 个以内的工人进行观察。观察资料记入图示法写实记录表中。观察所得时间消耗资料记录在表的中间部分。表的中部是由 60 个小纵行

组成的格网,每一小纵行等于 1 min。观察开始后根据各组成部分的延续时间用横线划出。这段横线必须和该组成部分的开始与结束时间相符合。为便于区分两个以上工人的工作时间消耗,又设一辅助直线,将属于同一工人的横线段连接起来。观察结束后,再分别计算出每一工人在各个组成部分上的时间消耗,以及各组成部分的工时总消耗。观察时间内完成的产品数量记入产品数量栏。

③混合法写实记录。混合法吸取数字和图示两种方法的优点,以时间进度线条表示工序的延续时间,在进度线的上部加写数字表示各时间区段的工人数。混合法适用于 3 个以上工人的小组工时消耗的测定与分析。记录观察资料的表格仍采用图示法写实记录表。填写表格时,各组成部分延续时间用图示法填写,完成每一组成部分的工人人数,则用数字填写在该组成部分时间线段的上面。

整理混合法是将表示分钟数的线段与标在线段上面的工人人数相乘,算出每一组成部分的工时消耗,记入图示法写实记录表工分总计栏,然后再将总计垂直相加,计算出工时消耗总数。该总计数应符合参加该施工过程的工人人数乘以观察时间。对于写实记录的各项观察资料也要在事后加以整理。

(3)工作日写实法。

工作日写实法是一种研究整个工作班内的各种工时消耗的方法。

工作日写实法和测时法、写实记录法比较,具有技术简便、费力不多、应用面广和资料全面的优点,在我国是一种采用较广的编制定额的方法。

工作日写实法,利用写实记录表记录观察资料,记录方法也同图示法或混合法。记录时间时不需要将有效工作时间分为各个组成部分,只需划分适合于技术水平和不适合于技术水平两类。但是工时消耗还需按性质分类记录。

上述计时观察的主要方法,在实际工作中,有时为了减少测时工作量,往往采取某些简化的方法。这在制定一些次要的、补充的和一次性定额时,是很可取的。在查明大幅度超额和完不成定额的原因时,采用简化方法也比较经济。简化的最主要途径是合并组成部分的项目。

3.2.3 施工定额的编制原则和内容

3.2.3.1 施工定额的编制原则

1. 平均先进水平的原则

在正常的施工条件下,使大多数生产工人经过努力可以达到或超过定额,并促使少数工人认可赶上或接近的水平。这种水平使先进者有一定压力,使中间水平者感到可望可及,使落后者感到一定危机,使他们认识到必须努力改善施工条件,提高技术水平和管理水平,尽快达到定额水平。

2. 简明适用的原则

劳动定额的内容和项目划分,需满足施工管理的各项要求,如计件工资的计算、签发任务单、制订计划等。对常用的、主要的工程项目要求划分粗细适当、简单明了、适用性强。

3. 专业人员与群众相结合,以专家为主编制定额的原则

制定施工定额是一项政策性很强的技术经济工作,它是以有丰富的技术知识和管理工

作经验,有一定政策水平的稳定的专业人员为主,由专职机构和人员负责组织编制,同时还要有工人群众配合。广大工人群众是生产实践活动的主体,是施工定额的直接执行者,他们对劳动消耗情况最为了解,对定额的执行情况和问题也最清楚,因此,制定定额应广泛征求工人群众的意见,取得他们的密切配合和支持。

4. 独立自主的原则

施工企业是具有独立法人地位的经济实体,应根据企业的具体情况和要求,结合国家的技术经济政策和产业导向,以企业盈利为目标自主地确定定额水平自主地划分定额项目、自主地根据需要增加新的定额项目。贯彻这一原则有利于企业自主经营,也有利于促进新的施工技术和施工方法的采用。使企业能更主动地适应市场经济发展的需要,增加企业的竞争能力。

3.2.3.2　施工消耗定额的表现形式和内容

目前全国尚无一套现行的统一施工消耗定额,各省、市、自治区及专业部门多以全国统一的劳动、材料、机械台班定额为基础,结合现行的质量标准、规范和规程及本地区、本部门的技术组织条件,并参照历史资料进行调整补充,编制自己的施工消耗定额。

汇编成册的施工消耗定额,主要有三部分内容:

1. 文字说明部分

文字说明部分又分为总说明、分册说明和分章(节)说明三部分。

总说明主要内容包括:定额的编制依据、编制原理、适用范围、用途、有关综合性工作内容、工程质量及安全要求、定额消耗指标的计算方法和有关规定。

分册说明主要包括:分册范围内的定额项目和工作内容、施工方法、质量及安全要求、工程量计算规则、有关规定和计算方法的说明。

分章(节)说明是指分章(节)定额的表头文字说明,其内容主要有工作内容、质量要求、施工说明、小组成员等。

2. 分节定额部分

分节定额部分包括定额的文字说明、定额表和附注。

定额表是分节定额中的核心部分和主要内容,它包括工程项目名称、定额编号、定额单位和人工、材料、机械台班消耗指标,如表 3.2.3 所示。

"注"一般列在定额表的下面,主要是根据施工内容及施工条件的变动,规定人工、材料、机械台班用量的增减变化,是对定额的补充。在某些情况下,附注也限制定额使用范围,如规定该定额以使用某种规格的材料为条件,当材料规格变更了,定额就不再适用。

3. 附录部分

附录一般列于分册的最后,作为使用定额的参考,其主要内容:

(1)有关名词解释。

(2)先进经验及先进工具的介绍。

(3)计算材料用量、确定材料质量等参考性资料,如砂浆、混凝土配合比表及使用说明等。

施工定额手册中虽然以定额表部分为核心,但在使用时必须同时了解其他两部分内容,才不致发生错误。

表 3.2.3　建筑安装工程施工定额表

墙　基

①工作内容:包括砌砖、铺灰、递砖、挂线、吊直、找平、检查皮数杆、清扫落地灰及工作前清扫灰尘等工作。

②质量要求:墙基两侧所出宽度必须相等,灰缝必须平正均匀,墙基中心线位移不得超过 10 mm。

③施工说明:使用铺灰扒或铺灰器,实行双手挤浆。

每 1 m³ 砌体的劳动定额与单价

项目	单位	1 砖墙	1.5 砖墙	2 砖墙	2.5 砖墙	3 砖墙	3.5 砖墙
		1	2	3	4	5	6
小组成员	人	三—1 五—1	三—2 五—1	三—2 四—1 五—1		三—3 四—1 五—1	
时间定额	工日	0.294	0.244	0.222	0.213	0.204	0.218
每日小组产量	m³	6.80	12.3	18.0	23.5	24.5	25.3
计件单价	元						

每 1 m³ 砌体的材料消耗定额

砖	块	527	521	518.8	517.3	516.2	515.4
砂浆	m³	0.2522	0.2604	0.2460	0.2663	0.2680	0.2682

注:①垫基以下为墙基(无防潮层者以室内地坪为准),其厚度按防潮层处墙厚为标准。放脚部分已考虑在内,其工程量按平均厚度计算。

②墙基深度按地面以下 1.5 m 深以内为准,超过 1.5 m 至 2.5 m 者,其时间定额及单价乘以 1.2。超过 2.5 m 以上者,其时间定额及单价乘以 1.25。但砖、灰浆能直接运入地槽者不另加工。

③墙基之墙角、墙垛及砌地沟(暖气沟)等内外出檐不另加工。

④本定额以混合砂浆及白灰砂浆为准,使用水泥砂浆者,其时间定额及单价乘以 1.11。

⑤砌墙基弧形部分,其时间定额及单价乘以 1.43。

3.2.4　劳动定额的编制

劳动定额是指在正常施工技术条件和合理劳动组织条件下,为完成单位合格产品的施工任务所需消耗的工作时间,或在一定的工作时间中生产工人必须完成合格产品的施工任务的数量。劳动定额按其表现形式的不同,可分为时间定额和产量定额。

1. 时间定额

时间定额是完成单位合格工程建设产品的施工任务所必须消耗的工时数量。它以正常的施工技术和合理的劳动组织为条件,以一定技术等级的工人小组或个人完成质量合格的工程建设产品的施工任务为前提。

时间定额包括准备与结束工作时间、基本工作时间、辅助工作时间、不可避免的中断时间及必需的休息时间等。计算方法如下:

$$单位产品的时间定额(工日) = \frac{1}{每工日产量} \qquad (3.2.1)$$

或

$$单位产品的时间定额(工日) = \frac{小组成员工日数总和}{小组台班产量} \qquad (3.2.2)$$

时间定额以一个工人 8 h 工作日的工作时间为 1 个"工日"单位。例如,某定额规定:

人工挖土方工程,工作内容包括挖土、装土、修整底边等全部操作过程,挖 1 m³ 较松的二类土壤的时间定额是 0.1804 工日/m³。

2. 产量定额

产量定额是指在单位时间(一个工日)内必须完成合格产品的施工任务的数量。产量定额同样是要以正常的施工技术和合理的劳动组织为条件,以一定技术等级的工人小组或个人完成质量合格产品的施工任务为前提。

$$每工日的产量定额 = \frac{1}{单位产品的时间定额(工日)} \qquad (3.2.3)$$

或

$$台班产量 = \frac{小组成员工日数总和}{单位产品的时间定额(工日)} \qquad (3.2.4)$$

产量定额的计量单位通常是以一个工日完成合格产品的数量来表示,如 m²/工日、块/工日等。从以上有关时间定额和产量定额的概念可以看出,时间定额与产量定额二者是互为倒数的关系。即:

$$时间定额 \times 产量定额 = 1 \qquad (3.2.5)$$

3.2.5　材料定额消耗量的编制

3.2.5.1　材料消耗性质

工程施工中的材料消耗,按其消耗方式可分为两类:一类是在施工中一次性消耗的、构成工程实体的材料,如砌筑砖砌体用的标准砖、浇筑混凝土构件用的混凝土等,一般把这种材料称为实体性材料或非周转性材料;另一类是在施工中周转使用,其价值是分批分次转移而一般不构成工程实体的耗用材料,它是为了有助于工程实体形成(如模板及支撑材料)或辅助作业(如脚手架材料)而使用并发生消耗的材料,一般称为周转性材料。

施工中,实体性材料的消耗一般可分为必须消耗的材料和损失的材料两类。必须消耗的材料,是指在合理用料的条件下,生产合格产品所需消耗的材料。它包括:直接用于建筑和安装工程的材料,不可避免的施工废料,不可避免的材料损耗。

必须消耗的材料属于施工正常消耗,是确定材料消耗定额的基本数据。其中:直接用于建筑和安装工程的材料,编制材料净用量定额;不可避免的施工废料和材料损耗,编制材料损耗定额。材料消耗量的计算公式为:

$$材料消耗量 = 材料净耗量 \times (1 + 材料损耗率) \qquad (3.2.6)$$

材料损耗率是材料合理损耗量与材料净耗量之比,即

$$材料损耗率 = \frac{材料合理损耗量}{材料净耗量} \times 100\% \qquad (3.2.7)$$

材料消耗量还可依据材料净耗量及损耗量来确定,其计算公式为:

$$材料消耗量（总耗量）＝材料净用量＋材料合理损耗量 \qquad (3.2.8)$$

3.2.5.2 确定材料消耗量的基本方法

确定材料净用量定额和材料损耗定额的计算数据，是通过现场技术测定、实验室试验、现场统计和理论计算等方法获得的。

（1）利用现场技术测定法，主要是编制材料损耗定额，也可以提供编制材料净用量定额的参考数据。其优点是能通过现场观察、测定，取得产品产量和材料消耗的情况，为编制材料定额提供技术根据。

（2）利用实验室试验法，主要是编制材料净用量定额。通过试验，能够对材料的结构、化学成分和物理性能以及按强度等级控制的混凝土、砂浆配比做出科学的结论，给编制材料消耗定额提供有技术根据的、比较精确的计算数据。用于施工生产时，需加以必要的调整方可作为定额数据。

（3）采用现场统计法，是通过对现场进料、用料的大量统计资料进行分析计算，获得材料消耗的数据。这种方法由于不能分清材料消耗的性质，因而不能作为确定材料净用量定额和材料损耗定额的依据。

上述三种方法的选择必须符合国家有关标准规范，即材料的产品标准计量要使用标准容器和称量设备，质量符合施工验收规范要求，以保证获得可靠的定额编制依据。

（4）理论计算法，是运用一定的数学公式计算材料消耗定额。例如，砌砖工程中砖和砂浆净用量一般都采用以下公式计算：

$$标准砖净用量＝\frac{2×砌体厚度的砖数}{砌体厚度×（标准砖长＋灰缝厚度）×（标准砖厚度＋灰缝厚度）}$$

$$\qquad (3.2.9)$$

$$砂浆净用量＝1－砖数×每块砖的体积 \qquad (3.2.10)$$

式中，标准尺寸与体积为：长×宽×厚＝0.24 m×0.115 m×0.053 m＝0.0014628 m³；

砌体厚度：半砖墙为 0.115 m，一砖墙为 0.24 m，一砖半墙为 0.365 m；

砌体厚度的砖数：半砖墙为 0.5 块，一砖墙为 1 块，一砖半墙为 1.5 块；

灰缝厚度：0.01 m。

【例 3.1】计算 1 m³ 一砖半厚的标准砖墙的砖和砂浆的消耗量（标准砖和砂浆的损耗率均为 1%）。

［解］

$$砖净用量＝\frac{2×1.5}{0.365×（0.24＋0.01）（0.053＋0.01）}＝521.8（块）；$$

$$砂浆净用量＝1－521.8×0.0014628＝0.237（m³）；$$

$$砖消耗量＝521.8×（1＋1\%）＝527（块）；$$

$$砂浆消耗量＝0.237×（1＋1\%）＝0.239（m³）。$$

100 m² 块料面层材料消耗量的计算：

块料面层一般指瓷砖、地面砖、墙面砖、大理石、花岗岩等。通常以"100 m²"为计量单位，其计算公式为：

$$面层净用量＝\frac{100}{（块料长＋灰缝）（块料宽＋灰缝）} \qquad (3.2.11)$$

$$面层消耗量＝面层净用量×(1＋损耗率) \tag{3.2.12}$$

【例 3.2】某工程有 300 m² 地面砖,规格为 150 mm×150 mm,灰缝为 1 mm,损耗率为 1.5%,试计算 300 m² 地面砖的消耗量是多少?

[解]

$$100 \text{ m}^2 \text{ 地面砖消耗量}＝\frac{100}{(0.15＋0.001)×(0.15＋0.001)}≈4386(块);$$

$$100 \text{ m}^2 \text{ 地面砖消耗量}＝4386×(1＋1.5\%)＝4452(块);$$

$$300 \text{ m}^2 \text{ 地面砖消耗量}＝3×4452＝13356(块)。$$

3.2.5.3 施工周转材料的计算

在编制材料消耗定额时,某些工序定额、单项定额和综合定额中涉及周转材料的确定和计算,如劳动定额中的架子工程、模板工程等。

施工中使用周转材料,是在施工中工程上多次周转使用的材料,亦称材料型的工具或称工具型材料,如钢、木脚手架,模板,挡土板,支撑,活动支架等材料。习惯上也叫施工作业用料或施工手段用料。周转性材料的定额消耗量是指每一次使用中的摊销量。周转性材料分次摊销量按以下公式计算:

1. 现浇混凝土结构木模板摊销量的计算

(1)一次使用量计算

一次使用量是指完成定额规定的计量单位产品一次使用的基本量,即一次投入量。一次使用量可依据施工图算出,现以现浇混凝土结构木模板摊销量的计算为例,即

$$一次使用量＝每计量单位混凝土构件的模板接触面积×每平方米接触面积需模板量 \tag{3.2.13}$$

(2)损耗量

木模板从第二次使用起,每周转一次后必须进行一定的修补、加工才能继续使用。其损耗量是指每次修补、加工所消耗的木模板量,即

$$损耗量＝\frac{一次使用量×(周转次数－1)×损耗率}{周转次数} \tag{3.2.14}$$

$$损耗率＝\frac{平均每次损耗量}{一次使用量}×100\% \tag{3.2.15}$$

损耗率亦是补损率,见表 3.2.4。

表 3.2.4　木模板的有关数据

木模板周转次数	损耗率(%)	K_1	木模板周转次数	损耗率(%)	K_1
3	15	0.4333	6	15	0.2918
4	15	0.3626	8	10	0.2125
5	10	0.2800	8	15	0.2563
5	15	0.3200	9	15	0.2444
6	10	0.2500	10	10	0.1900

注:回收折价率按 50% 计算,施工管理费率按 18.2% 计算。

（3）周转次数

周转次数是指木模板从第一次使用起可以重复使用的次数。可查阅相关手册确定,如表 3.2.4 所示。

（4）周转使用量

周转使用量是指木模板在周转使用和补损的条件下,每周转一次平均所需的木模板量。

$$周转使用量=\frac{一次使用量}{周转次数}+损耗量=一次使用量 \times K_1 \qquad (3.2.16)$$

其中 K_1 为周转系数:

$$K_1=\frac{1+(周转次数-1) \times 损耗率}{周转次数} \qquad (3.2.17)$$

（5）回收量

回收量是指木模板每周转一次后,可以平均回收的数量:

$$回收量=\frac{一次使用量 \times (1-损耗量)}{周转次数} \qquad (3.2.18)$$

（6）摊销量

摊销量是指为完成一定计量单位建筑产品,一次所需要摊销的木模板的数量:

$$摊销量=周转使用量-回收量=一次使用量 \times K_2 \qquad (3.2.19)$$

其中,K_2——周转使用系数:

$$K_2=K_1-\frac{1-损耗率}{周转次数} \qquad (3.2.20)$$

2. 预制混凝土构件模板摊销量的计算

生产预制混凝土构件所用的模板也是周转性材料。摊销量的计算方法不同于现浇构件,它是按照多次使用、平均摊销的方法,根据一次使用量和周转次数进行计算的,即

$$摊销量=\frac{一次使用量}{周转次数} \qquad (3.2.21)$$

周转性材料的周转次数要根据工程类型和使用条件加以确定。影响周转性材料周转次数的主要因素有周转性材料的结构及其坚固程度;工程的结构规格变化及相同规格的工程数量工程进度的快慢与使用条件周转性材料的保管、维修程度。

3.2.6 机械台班定额消耗量的编制

3.2.6.1 确定正常的施工条件

拟定机械工作正常条件,主要是拟定工作地点的合理组织和合理的工人编制。

工作地点的合理组织,就是对施工地点机械和材料的放置位置、工人从事操作的场所,做出科学合理的平面布置和空间安排。它要求施工机械和操纵机械的工人在最小范围内移动,但又不阻碍机械运转和工人操作;应使机械的开关和操纵装置尽可能集中地装置在操纵工人的近旁,以节省工作时间和减轻劳动强度;应最大限度发挥机械的效能,减少工人的手工操作。

拟定合理的工人编制,就是根据施工机械的性能和设计能力,工人的专业分工和劳动工

效,合理确定操纵机械的工人和直接参加机械化施工过程的工人的编制人数。

拟定合理的工人编制,应要求保持机械的正常生产率和工人正常的劳动工效。

3.2.6.2　确定机械 1 h 纯工作正常生产率

确定机械正常生产率时,必须首先确定出机械纯工作 1 h 的正常生产效率。

机械纯工作时间,就是指机械必须消耗的时间。机械 1 h 纯工作正常生产率,就是在正常施工组织条件下,具有必需的知识和技能的技术工人操纵机械 1 h 的生产率。

根据机械工作特点的不同,机械 1 h 纯工作正常生产率的确定方法也有所不同。对于循环动作机械,确定机械纯工作 1 h 正常生产率的计算公式如下:

$$机械一次循环的正常延续时间 = \sum(循环各组成部分正常延续时间) - 交叠时间,$$

$$(3.2.22)$$

$$机械纯工作 1 h 循环次数 = \frac{60 \times 60(s)}{一次循环的正常延续时间} \quad (3.2.23)$$

$$机械纯工作 1 h 正常生产数 = 机械纯工作 1 h 正常循环次数 \times 一次循环生产的产品数量$$

$$(3.2.24)$$

从公式中可以看到,计算循环机械纯工作 1 h 正常生产率的步骤是:根据现场观察资料和机械说明书确定各循环组成部分的延续时间;将各循环组成部分的延续时间相加,减去各组成部分之间的交叠时间,求出循环过程的正常延续时间;计算机械纯工作 1 h 的正常循环次数;计算循环机械纯工作 1 h 的正常生产率。

对于连续动作机械,确定机械纯工作 1 h 正常生产率要根据机械的类型和结构特征以及工作过程的特点来进行。计算公式如下:

$$连续动作机械纯工作 1 h 正常生产率 = \frac{工作时间内生产的产品的数量}{工作时间(8 h)} \quad (3.2.25)$$

工作时间内的产品数量和工作时间的消耗,要通过多次现场观察和查阅机械说明书来取得数据,对于同一机械进行作业属于不同的工作过程,如挖掘机所挖土壤的类别不同,碎石机所破碎的石块硬度和粒径不同,均需分别确定其纯工作 1 h 的正常生产率。

3.2.6.3　确定施工机械的正常利用系数

确定施工机械的正常利用系数,是指机械在工作班内对工作时间的利用率。机械的利用系数和机械在工作班内的工作状况有着密切的关系。所以,要确定机械的正常利用系数。首先要拟定机械工作班的正常工作状况,保证合理利用工时。

确定机械正常利用系数,要计算工作班正常状况下准备与结束工作,机械启动、机械维护等工作所必须消耗的时间,以及机械有效工作的开始与结束时间。从而进一步计算出机械在工作班内的纯工作时间和机械正常利用系数。机械正常利用系数的计算公式如下:

$$机械正常利用系数 = \frac{机械在一个工作班内纯工作时间}{一个工作班延续时间(8 h)} \quad (3.2.26)$$

3.2.6.4　计算施工机械台班定额

计算施工机械定额是编制机械定额工作的最后一步。在确定了机械工作正常条件、机械 1 h 纯工作正常生产率和机械正常利用系数之后,采用下列公式计算施工机械的产量定额:

施工机械台班产量定额＝机械1 h纯工作正常生产率×工作班纯工作时间　（3.2.27）

或

施工机械台班产量定额＝机械1 h纯工作正常生产率×工作班延续时间×机构正常利用系数，

$$施工机械时间定额 = \frac{1}{机械台班产量定额指标} \qquad (3.2.28)$$

3.3　预算定额

3.3.1　预算定额的概念和作用

3.3.1.1　概念

预算定额是指在正常的施工条件下，为完成单位合格工程建设产品(结构构件、分项工程)的施工任务所需人工、机械、材料消耗的数量标准，它是根据组织施工和核算工程造价的要求而制定的。这里的"单位合格工程建设产品"指的是分项工程和结构件，是确定人工、机械、材料消耗的数量标准的对象，是预算定额子目划分的最小单位。

预算定额按照专业性质划分为建筑工程预算定额和安装工程预算定额两大类。建筑工程预算定额按照适用对象划分为建筑工程预算定额(土建工程)、市政工程预算定额、房屋修缮工程预算定额、园林与绿化工程预算定额、公路工程预算定额与铁路工程预算定额等；安装工程按照适用对象划分为机械设备安装工程预算定额、电气设备安装工程预算定额、送电线路安装工程预算定额、通信设备安装工程预算定额、工艺管道安装工程预算定额、长距离输送管道安装工程预算定额、给排水采暖煤气安装工程预算定额、通风空调安装工程预算定额、自动化控制装置及仪表安装工程预算定额、工艺金属结构安装工程预算定额、窑炉砌筑工程预算定额、刷油绝热防腐蚀工程预算定额、热力设备安装工程预算定额、化学工业设备安装工程预算定额等。

在我国，建筑工程预算定额是行业定额，反映全行业为完成单位合格工程建设产品的施工任务所需人工、机械、材料消耗的标准。它有两种表现形式：一种是计"量"性的定额，由国务院行业主管部门制定发布，如全国统一建筑工程基础定额；另一种是计"价"性定额，由各地建设行政主管部门根据全国基础定额结合本地区的实际情况加以确定，如《福建省房屋建筑与装饰工程预算定额》(FJYD-101-2017)。

3.3.1.2　预算定额的作用

1. 预算定额是编制施工图预算、确定建筑安装工程造价的基础

施工图设计一经确定，工程预算造价就取决于预算定额水平和人工、材料及机械台班的价格。预算定额起着控制劳动消耗、材料消耗和机械台班使用的作用，进而起着控制建筑产品价格的作用。

2. 预算定额是编制施工组织设计的依据

施工组织设计的重要任务之一,是确定施工中所需人力、物力的供求量,并做出最佳安排。施工单位在缺乏本企业的施工定额的情况下,根据预算定额,亦能够比较精确地计算出施工中各项资源的需要量,为有计划地组织材料采购和预制件加工、劳动力和施工机械的调配,提供了可靠的计算依据。

3. 预算定额是工程结算的依据

工程结算是建设单位和施工单位按照工程进度对已完成的分部分项工程实现货币支付的行为。按进度支付工程款,需要根据预算定额将已完成分项工程的造价算出。单位工程验收后,再按竣工工程量、预算定额和施工合同规定进行结算,以保证建设单位建设资金的合理使用和施工单位的经济收入。

4. 预算定额是施工单位进行经济活动分析的依据

预算定额规定的物化劳动和劳动消耗指标,是施工单位在生产经营中允许消耗的最高标准。目前,预算定额决定着施工单位的收入,施工单位就必须以预算定额作为评价企业工作的重要标准,作为努力实现的目标。施工单位可根据预算定额对施工中的劳动、材料、机械的消耗情况进行具体的分析,以便找出并克服低功效、高消耗的薄弱环节,提高竞争能力。只有在施工中尽量降低劳动消耗,采用新技术,提高劳动者素质,提高劳动生产率,才能取得较好的经济效果。

5. 预算定额是编制概算定额的基础

概算定额是在预算定额基础上综合扩大编制的。利用预算定额作为编制依据,不但可以节省编制工作的大量人力、物力和时间,收到事半功倍的效果,还可以使概算定额在水平上与预算定额保持一致,以免造成执行中的不一致。

6. 预算定额是合理编制招标标底、投标报价的基础

在深化改革中,预算定额的指令性作用将日益削弱,而施工单位按照工程个别成本报价的指导性作用仍然存在,因此,预算定额作为编制标底的依据和施工企业报价的基础性作用仍将存在,这也是由于预算定额本身的科学性和权威性决定的。

3.3.1.3 预算定额的编制原则、依据及编制程序

1. 预算定额的编制原则

为了保证预算定额的编制质量,充分发挥预算定额的作用并做到使用简便,在编制定额的工作中应遵循以下原则:

(1)平均合理的原则。

预算定额的水平以施工定额水平为基础。但是,预算定额绝不是简单地套用施工定额的水平。首先,在施工定额的工作内容综合扩大了的预算定额中,包含了更多的可变因素,需要保留合理的幅度差,例如,人工幅度差、机械幅度差、材料的超运距、辅助用工及材料堆放、运输、操作损耗和由细到粗综合后的量差等。其次,预算定额水平是平均水平,而施工定额是平均先进水平,两者相比,预算定额水平要相对低一些,但应限制在一定范围内。

(2)简明适用的原则。

简明适用是指在编制预算定额时,对于那些主要的、常用的、价值量大的项目,其分项工程划分宜细;而对于那些次要的、不常用的、价值量相对较小的项目则可以粗一些。

预算定额要项目齐全。如果项目不全,缺项多,就会使计价工作缺少充足的依据。补充

定额一般因受资料所限,费时费力,可靠性较差,容易引起争执。对定额的步距也要设置适当。

简明适用,还要求合理确定预算定额的计量单位,简化工程量的计算,尽可能避免同一种材料用不同的计量单位和一量多用,尽量减少定额附注和换算系数。

2. 预算定额的编制依据

(1)施工企业自行编制的施工定额或现行的劳动定额。

(2)现行设计规范、施工及验收规范、质量评定标准和安全操作规程。

(3)具有代表性的典型工程施工图及有关标准图。

(4)新技术、新结构、新材料和先进的施工方法等。

(5)有关科学试验,技术测定和统计、经验资料。

(6)典型工程的设计资料、施工现场条件、施工方案和相应的资源配置情况等。

(7)现行的预算定额、各种资源的价格及有关文件规定等。

3. 预算定额编制的程序

预算定额的编制,大致可以分为准备工作、收集资料、编制定额、报批和修改稿整理五个阶段。各阶段工作相互有交叉,有些工作还有多次反复。

(1)准备工作阶段。

①拟定编制方案。

②抽调人员根据专业需要划分编制小组和综合组。

(2)收集资料阶段。

①普遍收集资料。在已确定的范围内,采用表格化收集定额编制基础资料,以统计资料为主,注明所需要的资料内容、填表要求和时间范围,便于资料整理,并具有广泛性。

②专题座谈会。邀请建设单位、设计单位、施工单位及其他有关单位的有经验的专业人士开座谈会,就以往定额存在的问题提出意见和建议,以便在编制新定额时改进。

③收集现行规定、规范和政策法规资料。

④收集定额管理部门积累的资料。主要包括:日常定额解释资料;补充定额资料;新结构、新工艺、新材料、新机械、新技术用于工程实践的资料。

⑤专项查定及实验。主要指混凝土配合比和砌筑砂浆实验资料。除收集实验试配资料外,还应收集一定数量的现场实际配合比资料。

(3)定额编制阶段。

①确定编制细则。主要包括:统一编制表格及编制方法;统一计算口径、计量单位和小数点位数的要求;有关统一性规定,名称统一,用字统一,专业用语统一,符号代码统一,简化字要规范,文字要简练明确。

②确定定额的项目划分和工程量计算规则。

分项工程定额指标的确定包括计算工程量、确定定额计量单位,以及确定人工、材料和机械台班消耗指标等内容。

a. 定额计量单位与计算精度的确定。

定额计量单位与定额项目的内容相适应,要能确切地反映各分项工程产品的形态特征与实物数量,并便于使用和计算。

计量单位一般根据分项工程或结构构件的特征及变化规律来确定。当物体的断面形状一定而长度不定时,宜采用延长米为计量单位,如装修、落水管等。当物体有一定厚度,而长度和宽度不定时,宜采用平方米为计量单位,如楼地面、墙面抹灰、屋面等。当物体的长、宽、高均变化不定时,宜采用立方米为计量单位,如土方、砖石、混凝土工程等。有的分项工程虽然长、宽、高都变化不大,但质量和价格差异却很大,这时宜采用吨或公斤为计量单位,如金属构件的制作、运输及安装等。在预算定额项目表中,一般都采用扩大计量单位,如 100 m、100 m²、100 m³ 等,以便于定额的编制和使用。

定额项目中各种消耗量指标的数值单位及小数位数的取定如下:

(a)人工——以"工日"为单位,取两位小数;

(b)机械——以"台班"为单位,取两位小数;

(c)木材——以"立方米"为单位,取三位小数;

(d)钢材及钢筋——以"吨"为单位,取三位小数;

(e)标准砖——以"千块"为单位,取两位小数;

(f)砂浆、混凝土等半成品——以"立方米"为单位,取两位小数;

(g)单价——以"元"为单位,取两位小数。

b. 工程量计算

预算定额是在劳动定额的基础上编制的一种综合性定额。一个分项工程包含了所必须完成的全部工作内容,例如,砖柱预算定额中包括了砌砖、调制砂浆、材料运输等全部工作内容。而在劳动定额中,砌砖、调制砂浆、各种材料的运输等是分别列为单独的定额项目。若要利用劳动定额编制预算定额,必须根据选定的典型设计图纸,先计算出符合预算定额项目的施工过程的工程量,再分别计算出符合劳动定额项目的施工过程的工程量,才能综合出每一项预算定额项目计量单位的结构构件或分项工程的人工、材料和机械消耗指标。

③定额人工、材料、机械台班耗用量的计算、复核和测算。

(4)定额报批阶段。

①审核定稿。

②预算定额水平测算。新定额编制成稿,必须与原定额进行对比测算,分析水平升降原因。一般新编定额的水平应该不低于历史上已经达到过的水平,并略有提高。在定额水平测算前,必须编出同一工人工资、材料价格、机械台班费的新旧两套定额的工程单价。定额水平的测算方法一般有以下两种:

按工程类别比重测算。在定额执行范围内,选择有代表性的各类工程,分别以新旧定额对比测算并按测算的年限,以工程所占比例加以考查宏观影响。

单项工程比较测算法。以典型工程分别用新旧定额对比测算,以考查定额水平升降及其原因。

(5)修改定稿、整理资料阶段。

①印发征求意见。定额编制初稿完成后,需要征求各有关方面意见和组织讨论,反馈意见。在统一意见的基础上整理分类,制定修改方案。

②修改整理报批。按修改方案的决定,将初稿按照定额的顺序进行修改,并经审核无误后形成报批稿,经批准后交付印刷。

③撰写编制说明。为顺利地贯彻执行定额,需要撰写新定额编制说明。其内容包括:项目、子目数量;人工、材料、机械的内容范围;资料的依据和综合取定情况;定额中允许换算和

不允许换算规定的计算资料;人工、材料、机械单价的计算资料;施工方法、工艺的选择及材料运距的考虑;各种材料损耗率的取定资料;调整系数的使用;其他应该说明的事项与计算数据、资料。

④立档、成卷。定额编制资料是贯彻执行定额中需查对资料的唯一依据,也为修编定额提供历史资料数据,应作为技术档案永久保存。

3.3.2 预算定额人工消耗量的确定

预算定额中的人工消耗量是指在正常条件下,为完成单位合格产品的施工任务所必需的生产工人的人工消耗。预算定额人工消耗量的确定可以有两种方法。

1. 以施工定额为基础确定

这是在施工定额的基础上,将预算定额标定对象所包含的若干个工作过程所对应的施工定额按施工作业的逻辑关系进行综合,从而得到预算定额的人工消耗量标准。

预算定额中的人工消耗量应该包括为完成分项工程所综合的各个工作过程的施工任务而在施工现场开展的各种性质的工作所对应的人工消耗,包括基本用工、辅助用工、超运距用工以及人工幅度差。

(1)基本用工

基本用工指完成单位合格分项工程所包括的各项工作过程的施工任务必须消耗的技术工种的用工。包括:

①完成定额计量单位的主要用工。

由于该工时消耗所对应的工作均发生在分项工程的工序作业过程中,各工作过程的生产率受施工组织的影响大,其工时消耗的大小应根据具体的施工组织方案进行综合计算。

例如,工程实际中的砖基础,有一砖厚、一砖半厚、二砖厚等之分,不同厚度的砖基础有不同的人工消耗,在编制预算定额时如果不区分厚度而统一按立方米砌体计算,则需要按统计的比例,加权平均得出综合的人工消耗。

②按施工定额规定应增(减)计算的人工消耗量。

例如,在砖墙项目中,分项工程的工作内容包括了附墙烟囱孔、垃圾道、壁橱等零星组合部分的内容,其人工消耗量相应增加附加人工消耗。由于预算定额是在施工定额子目的基础上综合扩大的,包括的工作内容较多,施工的工效视具体部位而不一样,所以需要另外增加人工消耗,而这种人工消耗也可列入基本用工内。

(2)超运距用工

超运距是指施工定额中已包括的材料、半成品场内水平搬运距离与预算定额所考虑的现场材料、半成品堆放地点到操作地点的水平运输距离之差。而发生在超运距上的运输材料、半成品的人工消耗即为超运距用工,计算公式如下:

$$超运距=预算定额取定的运距-施工定额已包括的运距 \qquad (3.3.1)$$

(3)辅助用工

辅助用工指技术工种施工定额内不包括而在预算定额内又必须考虑的人工消耗。例如机械土方工程配合用工、材料加工(筛砂、洗石、淋化灰膏)所需人工消耗等。计算公式如下:

$$辅助用工=\sum(材料加工数量 \times 相应加工材料的施工定额) \qquad (3.3.2)$$

（4）人工幅度差

人工幅度差即预算定额与施工定额的差额，主要是指在施工定额中未包括而在正常施工条件下不可避免，但又很难准确计量的各种零星的人工消耗和各种工时损失。内容包括：

①各工种间的工序搭接及交叉作业互相配合或影响所发生的停歇用工。

②施工机械在单位工程之间转移及临时水电线路移动所造成的停工。

③质量检查和隐蔽工程验收工作的影响。

④班组操作地点转移用工。

⑤工序交接时对前一工序不可避免的修整用工。

⑥施工中不可避免的其他零星用工。

人工幅度差计算公式如下：

$$人工幅度差＝（基本用工＋超运距用工）×人工幅度差系数 \qquad (3.3.3)$$

人工幅度差系数一般为 $10\%\sim15\%$，一般土建工程为 10%，设备安装工程为 12%。在预算定额中，人工幅度差的用量一般列入其他用工量中。

当分别确定了为完成分项工程的施工任务所必需的基本用工、辅助用工、超运距用工及人工幅度差后，把这四项用工量简单相加即成该分项工程总的人工消耗量。

2. 以现场观察测定资料为基础计算

当遇到施工定额缺项时，应首先采用这种方法。即运用时间研究的技术，通过对施工作业过程进行观察测定取得数据，并在此基础上编制施工定额，从而确定相应的人工消耗量标准。在此基础上，再用第一种方法来确定预算定额的人工消耗量标准。

3.3.3　材料消耗量的确定

预算定额中的材料消耗量是指在正常施工生产条件下，为完成单位合格产品的施工任务所必须消耗的材料、成品、半成品、构配件及周转性材料的数量标准。从消耗内容看，包括为完成该分项工程或结构构件的施工任务所必需的各种实体性材料（如标准砖、混凝土、钢筋等）的消耗和各种措施性材料（如模板、脚手架等）的消耗；从引起消耗的因素看，包括直接构成工程实体的材料净耗量、发生在施工现场该施工过程中材料的合理损耗量及周转性材料的摊销量。

预算定额中材料消耗量的确定方法与施工定额中材料消耗量的确定方法一样。但有一点必须注意，即预算定额中材料的损耗率与施工定额中材料的损耗率不同，预算定额中材料损耗率的损耗范围比施工定额中材料损耗率的损耗范围更广，它必须考虑整个施工现场范围内材料堆放、运输、制备、制作及施工操作过程中的损耗。

引起消耗的因素应包括材料净耗量、合理损耗量及周转性材料的摊销量。现以砖砌体为例加以说明。

1. 主要材料消耗量指标的确定

现计算每 $1\ m^3$ 标准砖砌体，一砖半厚砖墙的材料净用量。

$$标准砖净用量＝\frac{2×砌体厚度的砖数}{砌体厚度×（标准砖长＋灰缝厚度）×（标准砖厚＋灰缝厚度）}$$

$$(3.3.4)$$

$$砂浆净用量＝1－砖数×每块砖的体积 \qquad (3.3.5)$$

式中,标准尺寸与体积为:长×宽×厚＝0.24 m×0.115 m×0.053 m＝0.0014628 m³。

施工定额见例3.1。

【例3.3】某墙面贴面砖规格152 mm×152 mm×5 mm,灰缝为2 mm,结合层为10 mm厚1:3水泥砂浆,试计算100 m²墙面磁砖和砂浆的消耗量。(砖和砂浆损耗率各为6％和2％)

[解]

面砖的净用量＝100/(0.152＋0.002)/(0.152＋0.002)＝4216.56(块/100 m²);

面砖的消耗量＝4216.56×(1＋6％)＝4469.56(块/100 m²);

灰缝砂浆的净用量＝(100－4216.56×0.152×0.152)×0.005＝0.013(m³/100 m²);

结合层砂浆的净用量＝100×0.01＝1(m³/100 m²);

砂浆的消耗量＝(0.013＋1)×(1＋2％)＝1.033(m³/100 m²)。

2. 次要材料消耗量的确定

预算定额中对于用量很少、价值不大的次要材料,估算其用量后,合并成"其他材料费",以"元"为单位列入预算定额表中。

3. 周转性材料摊销的确定

周转性材料按多次使用、分次摊销的方式计入预算定额。

3.3.4 机械台班消耗量的确定方法

预算定额中的机械台班消耗量是指在正常施工生产条件下,为完成单位合格产品的施工任务所必需消耗的某类某种型号施工机械的台班数量。它应该包括为完成该分部分项工程,或结构构件所综合的各个工作过程的施工任务,而在施工现场开展的各种性质的机械操作所对应的机械台班消耗。一般来说,它由分部分项工程或结构构件所综合的有关工作过程所对应的施工定额所确定的机械台班消耗量,以及施工定额与预算定额的机械台班幅度差组成。

1. 工序机械台班消耗量的确定

工序机械台班是指发生在分部分项工程或结构件施工过程中,各工序作业过程上的机械消耗,由于各工序作业过程的生产效率受该分部分项工程或结构构件的施工组织方案(例如,施工技术方案、资源配置方案及分部分项工程的施工流程等)的影响较大,施工机械固有的生产能力不易充分发挥,考虑到施工机械在调度上的不灵活性,预算定额中综合工序机械台班消耗量的大小应根据具体的施工组织方案进行综合计算。

2. 机械台班幅度差的确定

机械台班幅度差是指预算定额规定的台班消耗量与相应的综合工序机械台班消耗量之间的数量差额。一般包括如下内容:

(1)施工技术原因引起的中断及合理停置时间。

(2)因供电供水故障及水电线路移动检修而发生的运转中断时间。

(3)因气候原因或机械本身故障引起的中断时间。

(4)各工种间的工序搭接及交叉作业互相配合或影响所发生的机械停歇时间。

(5)施工机械在单位工程之间转移所造成的机械中断时间。

(6)因质量检查和隐蔽工程验收工作的影响而引起的机械中断时间。

(7)施工中不可避免的其他零星的机械中断时间等。

大型机械幅度差系数一般为：土方机械 25％，打桩机械 33％，吊装机械 30％。其他分部工程中如钢筋加工、木材、水磨石等各项专用机械的幅度差为 10％。

综上所述，预算定额的机械台班消耗量按下式计算：

$$预算定额机械耗用台班＝综合工序机械台班×(1＋机械幅度差系数) \qquad (3.3.6)$$

【例 3.4】已知某挖土机挖土，一次正常循环工作时间是 40 s，每次循环平均挖土量 0.3 m³，机械正常利用系数为 0.8，机械幅度差为 25％，求该机械挖土方 1000 m³ 的预算定额机械耗用台班。

[解]

机械纯工作 1 h 循环次数＝60×60/40＝90(次/台时)；

机械纯工作 1 h 正常生产率＝90×0.3＝27(m³/台班)；

施工机械台班产量定额＝27×8×0.8＝172.8(m³/台班)；

施工机械台班时间定额＝1/172.8＝0.00579(台班/m³)；

预算定额机械耗用台班量＝0.006×(1＋25％)＝0.00723(台班/m³)；

挖土方 1000 m³ 的预算定额机械耗用台班＝1000×0.00723＝7.23(台班)。

3.3.5　预算定额基价的确定

预算定额基价就是预算定额分项工程或结构构件的单价，只包括人工费、材料费和施工机具使用费，也称工料单价。

预算定额基价一般通过编制单位估价表、地区单位估价表及设备安装价目表确定单价，用于编制施工图预算。在预算定额中列出的"预算价值"或"基价"，应视作该定额编制时的工程单价。

预算定额基价的编制方法，简单说就是工、料、机的消耗量和工、料、机单价的结合过程。其中，人工费是由预算定额中每一分项工程各种用工数乘以地区人工工日单价之和算出；材料费是由预算定额中每一分项工程的各种材料消耗量，乘以地区相应材料预算价格之和算出；机具费是由预算定额中每一分项工程的各种机械台班消耗量乘以地区相应施工机械台班预算价格之和，以及仪器仪表使用费汇总后算出。上述单价均为不含增值税进项税额的价格。

分项工程预算定额基价的计算公式：

$$分项工程预算定额基价＝人工费＋材料费＋施工机具使用费 \qquad (3.3.7)$$

其中：人工费 $=\sum$(现行预算定额中各种人工工日用量×人工日工资单价)；

材料费 $=\sum$(现行预算定额中各种材料耗用量×相应材料单价)；

施工机具使用费 $=\sum$(现行预算定额中机械台班用量×机械台班单价)＋

$\sum$(仪器仪表台班用量×仪器仪表台班单价)。

预算定额基价是根据现行定额和当地的价格水平编制的，具有相对的稳定性。但是为了适应市场价格的变动，在编制预算时，必须根据工程造价管理部门发布的调价文件对固定的工程预算单价进行修正。修正后的工程单价乘以根据图纸计算出来的工程量,就可以获得符合实际市场情况的人工、材料、施工机具使用费用。表 3.3.1 为《福建省房屋建筑与装饰工程预算定额》(FJYD-101-2017)中块料面层——广场砖(水泥砂浆结合层)的示例。

表 3.3.1 广场砖(水泥砂浆结合层)

工作内容:清理基层,调制砂浆,贴块料面层,勾缝,清理净面。

定额编号					10111051	10111052
项目					广场砖地面 100 mm×100 mm 勾缝(水泥砂浆 结合层)	广场砖地面(拼图案) 100 mm×100 mm
工料机基价(元)					91.51	94.56
其中	人工费基价(元)				40.20	42.47
	材料费基价(元)				50.85	51.63
	施工机具使用费(元)				0.46	0.46
	名称	单位	单价	数量	数量	
材料	现拌抹灰砂浆 1:1M55(42.5) 砂子 4.75 mm 稠度 50~70 mm	m³	486.70	0.0024	0.0024	
	干硬性水泥砂浆 1:3	m³	340.00	0.0255	0.0255	
	广场砖 100×100	m²	45.45	0.8860	0.9033	
	其他材料费	元	1.00	0.7400	0.7400	
机械	灰浆搅拌机 拌筒 200 L	台班	135.08	0.0034	0.0034	

3.3.5.1 人工单价的确定

根据现行定额和当地的价格水平编制。福建省 2017 年颁布的《福建省房屋建筑与装饰工程预算定额》中规定:人工费按定额人工费基价乘以人工费调整系数计算。

3.3.5.2 材料预算价格的确定

按材料消耗量乘以材料单价加上工程设备数量乘以工程设备单价之和计算。其中:

1. 材料原价

材料原价是指国内采购材料的出厂价格,国外采购材料抵达买方边境、港口或车站并交纳完各种手续费、税费(不含增值税)后形成的价格。在确定原价时,凡同二种材料因来源地、交货地、供货单位、生产厂家不同,而有几种价格(原价)时,根据不同来源地供货数量比例,采取加权平均的方法确定其综合原价。计算公式如下:

$$加权平均原价 = \frac{K_1C_1 + K_2C_2 + \cdots + K_nC_n}{K_1 + K_2 + \cdots + K_n} \tag{3.3.8}$$

式中:$K_1, K_2, \cdots, K_3$——各不同供应地点的供应量或各不同使用地点的需要量;

$C_1, C_2, \cdots, C_n$——各不同供应地点的原价。

若材料供货价格为含税价格,则材料原价应以购进货物适用的税率(17%或10%)或征收率(3%)扣减增值税进项税额。

2. 材料运杂费

材料运杂费是指国内采购材料自来源地、国外采购材料自到岸港运至工地仓库或指定堆放地点发生的费用(不含增值税)。含外场中转运输过程中所发生的一切费用和过境过桥费用,包括调车和驳船费、装卸费、运输费及附加工作费等。

同一品种的材料有若干个来源地,应采用加权平均的方法计算材料运杂费。计算公式如下:

$$加权平均运杂费 = \frac{K_1 T_1 + K_2 T_2 + \cdots + K_n T_n}{K_1 + K_2 + \cdots + K_n} \tag{3.3.9}$$

式中　$K_1, K_2, \cdots, K_3$——各不同供应地点的供应量或各不同使用地点的需要量;

$T_1, T_2, \cdots, T_n$——各不同运距的运费。

若运输费用为含税价格,则需要按"两票制"和"一票制"两种支付方式分别调整。

(1)"两票制"支付方式。所谓"两票制"材料,是指材料供应商就收取的货物销售价款和运杂费向建筑业企业分别提供货物销售和交通运输两张发票的材料。在这种方式下,运杂费以接受交通运输与服务适用税率10%扣减增值税进项税额。

(2)"一票制"支付方式。所谓"一票制"材料,是指材料供应商就收取的货物销售价款和运杂费合计金额向建筑业企业仅提供一张货物销售发票的材料。在这种方式下,运杂费采用与材料原价相同的方式扣减增值税进项税额。

3. 运输损耗

在材料的运输中应考虑一定的场外运输损耗费用。这是指材料在运输装卸过程中不可避免的损耗。运输损耗的计算公式是:

$$材料单价 = (原价 + 运杂费) \times (1 + 运输损耗率) \tag{3.3.10}$$

工程设备单价计算公式:

$$工程设备单价 = 原价 + 运杂费 \tag{3.3.11}$$

【例3.5】白石子是地方材料,经货源调查后确定有四种来源,有关数据如表3.3.2所示。已知运输损耗率为1%,不考虑包装品回收价值,试计算白石子材料预算价格。(计算保留两位小数)

表 3.3.2　四种来源的白石子的相关数据

取材点	取材比例	运输方式	运输比例	运距 (km)	运费 (元/t·km)	装卸费 (元/t)	原价 (元/t)
甲厂	30%	水路	60%	60	2	3	83
		火车	40%	50	3	2	
乙厂	10%	汽车	80%	20	10	2.5	82
		火车	20%	58	3	2	
丙厂	20%	水路	90%	70	2	3	84
		汽车	10%	30	10	2.5	
丁厂	40%	火车	100%	55	3	2	80

[解]

甲厂白石子材料预算价格：

$[83+(60\times2+3)\times60\%+(50\times3+2)\times40\%)]\times(1+1\%)=219.48(元/t)$。

乙厂白石子材料预算价格：

$[82+(20\times10+2.5)\times80\%+(58\times3+2)\times20\%]\times(1+1\%)=281.99(元/t)$。

丙厂白石子材料预算价格：

$[84+(70\times2+3)\times90\%+(30\times10+2.5)\times10\%]\times(1+1\%)=245.38(元/t)$。

丁厂白石子材料预算价格：

$(80+55\times3+2)\times(1+1\%)=249.47(元/t)$。

白石子加权平均材料预算价格：

$219.48\times30\%+281.99\times10\%+245.38\times20\%+249.47\times40\%=242.91(元/t)$。

3.3.5.3 施工机具使用费

施工机具使用费包括施工机械使用费和仪器仪表使用费，施工机械使用费按照施工机械台班消耗量乘以施工机械台班单价计算。

1. 施工机具使用费

施工机械使用费是根据施工中耗用的机械台班数量和机械台班单价确定的。施工机械台班耗用量按有关定额规定计算。施工机械台班单价是指一台施工机械，在正常运转条件下一个工作班中所发生的全部费用，每台班按8小时工作制计算。正确制定施工机械台班单价是合理确定和控制工程造价的重要方面。

施工机械台班单价由7项费用组成，包括折旧费、大修理（检修）费、经常修理（维护）费、安拆费及场外运费、人工费、燃料动力费和其他费用（税费）。

（1）折旧费。折旧费是指施工机械在规定的耐用总台班内，陆续收回其原值的费用。计算公式如下：

$$台班折旧费=\frac{机械预算价格\times(1-残值率)}{耐用总台班} \tag{3.3.12}$$

①机械预算价格。

国产施工机械的预算价格。国产施工机械预算价格按照机械原值、相关手续费和一次运杂费以及车辆购置税之和计算。

进口施工机械的预算价格。进口施工机械预算价格按照到岸价格、关税、消费税、相关手续费和国内一次运杂费、银行财务费、车辆购置税之和计算。

②残值率。

残值率是指机械报废时回收其残余价值占施工机械预算价格的百分数。残值率应按编制期国家有关规定确定，目前各类施工机械均按5%计算。

③耐用总台班。耐用总台班指施工机械从开始投入使用至报废前使用的总台班数，应按相关技术指标取定。

年工作台班指施工机械在一个年度内使用的台班数量。年工作台班应在编制期制度工作日基础上扣除检修、维护天数及考虑机械利用率等因素综合取定。

机械耐用总台班的计算公式为：

$$耐用总台班 = 折旧年限 \times 年工作台班 = 检修间隔台班 \times 检修周期 \qquad (3.3.13)$$

检修间隔台班是指机械自投入使用起至第一次检修止或自上一次检修后投入使用起至下一次检修止，应达到的使用台班数。

检修周期是指在机械正常的施工作业条件下，将其寿命期（即耐用总台班）按规定的检修次数划分为若干个周期。其计算公式如下：

$$检修周期 = 检修次数 + 1 \qquad (3.3.14)$$

（2）大修理（检修）费。大修理（检修）费是指施工机械在规定的耐用总台班内，按规定的检修间隔进行必要的检修，以恢复其正常功能所需的费用。检修费是机械使用期限内全部检修费之和在台班费用中的分摊额，它取决于一次检修费、检修次数和耐用总台班的数量。其计算公式为：

$$台班检修费 = 耐用总台班 \times 除税系数 \qquad (3.3.15)$$

（3）经常修理（维护）费。经常修理（维护）费指施工机械在规定的耐用总台班内，按规定的维护间隔进行各级维护和临时故障排除所需的费用，包括保障机械正常运转所需替换与随机配备工具附具的摊销和维护费用、机械运转及日常保养维护所需润滑与擦拭的材料费用及机械停滞期间的维护费用等。各项费用分摊到台班中，即为维护费。其计算公式为：

$$台班维护费 = \frac{\sum(各级维护一次费用 \times 除税系数 \times 各级维护系数) + 临时故障排除费}{耐用总台班}$$

$$(3.3.16)$$

当维护费计算公式中各项数值难以确定时，也可按下列公式计算：

$$台班维护费 = 台班检修费 \times K \qquad (3.3.17)$$

式中：K——维护费系数，指维护费占检修费的百分数。

（4）安拆费及场外运费。安拆费指施工机械在现场进行安装与拆卸所需的人工、材料、机械和试运转费用以及机械辅助设施的折旧、搭设、拆除等费用；场外运费指施工机械整体或分体自停放地点运至施工现场或由一施工地点运至另一施工地点的运输、装卸、辅助材料及架线等费用。

安拆费及场外运费根据施工机械不同分为计入台班单价、单独计算和不需计算三种类型。

①安拆简单、移动需要起重及运输机械的轻型施工机械，其安拆费及场外运费计入台班单价。安拆费及场外运费应按下列公式计算：

$$台班安拆费及场外运费 = \frac{一次安拆费及场外运费 \times 年平均安拆次数}{年工作台班} \qquad (3.3.18)$$

②单独计算的情况包括：

安拆复杂、移动需要起重及运输机械的重型施工机械，其安拆费及场外运费单独计算；利用辅助设施移动的施工机械，其辅助设施（包括轨道和枕木）等的折旧、搭设、拆除等费用可单独计算。

③不需计算的情况包括：

不需安拆的施工机械，不计算一次安拆费；不需相关机械辅助运输的自行移动机械，不计算场外运输；固定在车间的施工机械，不计算安拆费及场外运费。

（5）人工费。

人工费是指机上司机（司炉）和其他操作人员的人工费。按下列公式计算：

$$台班人工费 = 人工消耗量 \times \left[1 + \frac{年制度工作日 - 年工作台班}{年工作台班}\right] \times 人工单价$$

(3.3.19)

【例3.6】某载重汽车配司机1人，当年制度工作日为250天，年工作台班为230台班，人工单价为50元。求该载重汽车的人工费为多少？

［解］

$$人工费 = 1 \times \left(1 + \frac{250 - 230}{230}\right) \times 50 = 54.35(元/台班)。$$

（6）燃料动力费。燃料动力费是指施工机械在运转作业中所耗用的燃料及水、电等费用。计算公式如下：

$$台班燃料动力费 = \sum(燃料动力消耗量 \times 燃料动力单价)$$ (3.3.20)

（7）其他费用（税费）。

其他费用是指施工机械按照国家规定应缴纳的车船税、保险费及检测费等。其计算公式为：

$$台班其他费 = \frac{年车船费 + 年保险费 + 年检测费}{年工作台班}$$ (3.3.21)

2. 施工仪器仪表台班单价的组成

根据《建设工程施工仪器仪表台班费用编制规则》的规定，施工仪器仪表划分为七类：自动化仪表及系统、电工仪器仪表、光学仪器、分析仪表、试验机、电子和通信测量仪器仪表、专用仪器仪表。

施工仪器仪表台班单价由四项费用组成，包括折旧费、维护费、校验费、动力费。施工仪器仪表台班单价中的费用组成不包括检测软件的相关费用。

3.4 概算定额及概算指标

3.4.1 概算定额及其基价编制

3.4.1.1 概算定额的概念

概算定额是在预算定额基础上，确定完成合格的单位扩大分项工程或单位扩大结构构件所需消耗的人工、材料和施工机具台班的数量标准及其费用标准。概算定额又称扩大结构定额。

概算定额是预算定额的综合与扩大。它将预算定额中有联系的若干个分项工程项目综合为一个概算定额项目。如砖基础概算定额项目,就是以砖基础为主,综合了平整场地、挖地槽、铺设垫层、砌砖基础、铺设防潮层、回填土及运土等预算定额中的分项工程项目。

概算定额与预算定额的相同之处在于,它们都是以建(构)筑物各个结构部分和分部分项工程为单位表示的,内容也包括人工、材料和机具台班使用量定额三个基本部分,并列有基准价。概算定额表达的主要内容、主要方式及基本使用方法都与预算定额相近。

概算定额与预算定额的不同之处,在于项目划分和综合扩大程度上的差异,同时,概算定额主要用于设计概算的编制。由于概算定额综合了若干分项工程的预算定额,因此,概算工程量计算和概算表的编制,都比编制施工图预算简化一些。

3.4.1.2 概算定额的作用

从 1957 年我国开始在全国试行统一的《建筑工程扩大结构定额》之后,各省、市、自治区根据本地区的特点,相继编制了本地区的概算定额。概算定额和概算指标由省、市、自治区在预算定额基础上组织编写,分别由主管部门审批,概算定额主要作用如下:

(1)初步设计阶段编制概算、扩大初步设计阶段编制修正概算的主要依据。

(2)对设计项目进行技术经济分析比较的基础资料之一。

(3)建设工程主要材料计划编制的依据。

(4)控制施工图预算的依据。

(5)施工企业在准备施工期间,编制施工组织总设计或总规划时,对生产要素提出需要量计划的依据。

(6)工程结束后,进行竣工决算和评价的依据。

(7)编制概算指标的依据。

3.4.1.3 概算定额的编制原则和编制依据

1. 概算定额的编制原则

概算定额应该贯彻社会平均水平和简明适用的原则。由于概算定额和预算定额都是工程计价的依据,所以应符合价值规律和反映现阶段大多数企业的设计、生产及施工管理水平。但在概预算定额水平之间应保留必要的幅度差。概算定额的内容和深度是以预算定额为基础的综合和扩大。在合并中不得遗漏或增加项目,以保证其严密和正确性。概算定额务必达到简化、准确和适用。

2. 概算定额的编制依据

概算定额的编制依据因其使用范围不同而不同。其编制依据一般有以下几种:

(1)相关的国家和地区文件。

(2)现行的设计规范、施工验收技术规范和各类工程预算定额、施工定额。

(3)具有代表性的标准设计图纸和其他设计资料。

(4)有关的施工图预算及有代表性的工程决算资料。

(5)现行的人工日工资单价标准、材料单价、机具台班单价及其他的价格资料。

3.4.1.4 概算定额的编制步骤

概算定额的编制步骤与预算定额的编制步骤大体是一致的。包括准备、定额初稿编制、征求意见、审查、批准发布五个步骤。在其定额初稿编制过程中,需要根据已经确定的编制方案和概算定额项目,收集和整理各种编制依据,对各种资料进行深入细致的测算和分析,确定人工、材料和机具台班的消耗量指标,最后编制概算定额初稿。概算定额水平与预算定额水平之间应有一定的幅度差,幅度差一般在 5% 以内。

3.4.1.5 概算定额手册的内容

按专业特点和地区特点编制的概算定额手册,内容基本上是由文字说明、定额项目表和附录三个部分组成。

1. 概算定额的内容与形式

(1)文字说明部分。文字说明部分有总说明和分部工程说明。在总说明中,主要阐述概算定额的性质和作用、概算定额编制形式和应注意的事项、概算定额编制目的和使用范围、有关定额的使用方法的统一规定。

(2)定额项目表。

①定额项目的划分。概算定额项目一般按以下两种方法划分:一是按工程结构划分,一般是按土石方、基础、墙、梁板柱、门窗、楼地面、屋面、装饰、构筑物等工程结构划分;二是按工程部位(分部)划分,一般是按基础、墙体、梁柱、楼地面、屋盖、其他工程部位等划分,如基础工程中包括了砖、石、混凝土基础等项目。

②定额项目表的编制。定额项目表是概算定额手册的主要内容,由若干分节定额组成。各节定额有工程内容、定额表及附注说明组成。定额表中列有定额编号、计量单位、概算价格、人工、材料、机具台班消耗量指标,综合了预算定额的若干项目与数量。表 3.4.1 为某现浇钢筋混凝土矩形柱概算定额。

2. 概算定额应用规则

(1)符合概算定额规定的应用范围。

(2)工程内容、计量单位及综合程度应与概算定额一致。

(3)必要的调整和换算应严格按定额的文字说明和附录进行。

(4)避免重复计算和漏项。

(5)参考预算定额的应用规则。

3.4.1.6 概算定额基价的编制

表 3.4.1 某现浇钢筋混凝土矩形柱概算定额

工作内容:模板安装、钢筋绑扎安放、混凝土浇捣养护

定额编码	3002	3003	3004	3005	3006
	现浇混凝土柱				
	矩形				
项目	周长 1.5 mm 以内	周长 2. mm 以内	周长 2.5 mm 以内	周长 3.0 mm 以内	周长 3.0 mm 以外
	m³	m³	m³	m³	m³

续表

工、料、机名称（规格）		单位	数量				
人工	混凝土工	工日	0.8187	0.8187	0.8187	0.8187	0.8187
	钢筋工	工日	1.1037	1.1037	1.1037	1.1037	1.1037
	木工（装饰）	工日	4.7676	4.0832	3.0591	2.1798	1.4921
	其他用工	工日	2.0342	1.7900	1.4245	1.1107	0.8653
材料	泵送预拌混凝土	m³	1.0150	1.0150	0.0150	1.0150	1.0150
	木模板成材	m³	0.0363	0.0311	0.0233	0.0166	0.0144
	工具式组合钢模板	kg	9.7087	8.3150	6.2294	4.4388	3.0385
	扣件	只	1.1799	1.0105	0.7571	0.5394	0.3693
	零星卡具	kg	3.7354	3.1992	2.3967	1.7078	1.1690
	钢支撑	kg	1.2900	1.1049	0.8277	0.5898	0.4037
	柱箍、梁夹具	kg	1.9579	1.6768	1.2563	0.8952	0.6128
	钢丝 18#～22#	kg	0.9024	0.9024	0.9024	0.9024	0.9024
	水	m³	1.2760	1.2760	1.2760	1.2760	1.2760
	圆钉	kg	0.7475	0.6402	0.4796	0.3418	0.2340
	草袋	m²	0.0865	0.0865	0.0865	0.0865	0.0865
	成型钢筋	t	0.1939	0.1939	0.1939	0.1939	0.1939
	其他材料费	%	1.0906	0.9579	0.7467	0.5523	0.3916
机械	汽车式起重机 5 t	台班	0.0281	0.0241	0.0180	0.0129	0.0088
	载重汽车 4 t	台班	0.0422	0.0361	0.0271	0.0193	0.0132
	混凝土输送泵车 75 m³/h	台班	0.0108	0.0108	0.0108	0.0108	0.0108
	木工圆锯机 Φ500 mm	台班	0.0105	0.0090	0.0068	0.0048	0.0033
	混凝土振捣器插入式	台班	0.1000	0.100	0.1000	0.1000	0.1000

　　概算定额基价和预算定额基价一样，都只包括人工费、材料费和施工机具使用费，是通过编制扩大单位基价表所确定的单价用于编制设计概算。概算定额基价和预算定额基价的编制方法相同，差价均为不含增值税进项税额的价格。

$$概算定额基价＝人工费＋材料费＋施工机具使用费 \qquad (3.4.1)$$

其中：人工费 $= \sum$（现行概算定额中各种人工工日用量 × 人工日工资单价）

　　材料费 $= \sum$（现行概算定额中各种材料耗用量 × 相应材料单价）

　　施工机具使用费 $= \sum$（现行概算定额中机械台班用量 × 机械台班单价）$+$

　　$\sum$（仪器仪表台班用量 × 仪器仪表台班单价）

　　表 3.4.2 为某现浇钢筋混凝土柱概算定额基价表示形式。

表 3.4.2 某现浇钢筋混凝土柱概算定额基价(计量单位:100 m³)

工程内容:模板制作、安装、拆除,钢筋制作。混凝土浇捣、抹灰、刷浆。

概算定额编号				4-3		4-4	
项目	单位	单价/元		矩形柱			
				周长 1.8 m 以内		周长 1.8 m 以外	
				数量	合价	数量	合价
基价	元			19200.76		17662.06	
其中	人工费	元		7888.40		6443.56	
	材料费	元		10272.03		10361.83	
	机具费	元		1040.33		856.67	
	合计工	工日	82.00	96.20	7888.40	78.58	6443.56
材料	中(粗)砂(天然)	t			339.98		315.74
	碎石 5~20 mm	t	35.81	9.494	441.65	8.817	441.65
	石灰膏	m³	36.18	12.207	20.75	12.207	14.55
	普通木成材	m³	98.89	0.221	302.00	0.155	187.00
	圆钢(钢筋)	t	1000.00	0.302	6564.00	0.187	7221.00
	组合钢模板	kg	3000.00	2.188	257.66	2.407	159.39
	钢支撑(钢管)	kg	4.00	64.416	165.70	39.848	102.50
	零星卡具	kg	4.85	34.165	135.82	21.134	84.02
	铁钉	kg	4.00	33.954	18.42	21.004	11.40
	镀锌铁丝 22#	kg	5.96	3.091	67.53	1.912	74.29
	电焊条	kg	8.07	8.368	122.65	9.206	134.94
	803 涂料	kg	7.84	15.644	33.21	17.212	23.26
	水	kg	1.45	22.901	12.57	16.038	12.21
	水泥 425#	m³	0.99	12.700	166.11	12.300	129.28
	水泥 525#	kg	0.25	664.459	1242.36	517.117	1242.36
	脚手架	元	0.30	4141.200	196.00	4141.200	90.60
	其他材料费	元			185.62		117.64
机械	垂直运输机械费	元			628.00		510.00
	其他机械费	元			412.33		346.67

3.4.2 概算指标及其编制

3.4.2.1 概算指标的概念及其作用

建筑安装工程概算指标通常是以单位工程为对象,以建筑面积、体积或成套设备装置的台或组为计量单位而规定的人工、材料、施工机具台班的消耗量标准和造价指标。

从上述概念中可以看出,建筑安装工程概算定额与概算指标的主要区别如下:

1. 确定各种消耗量指标的对象不同

概算定额是以单位扩大分项工程或单位扩大结构构件为对象,而概算指标则是以单位工程为对象。因此,概算指标比概算定额更加综合与扩大。

2. 确定各种消耗量指标的依据不同

概算定额以现行预算定额为基础,通过计算之后才综合确定出各种消耗量指标,而概算指标中各种消耗量指标的确定,主要来自各种预算或结算资料。

概算指标和概算定额、预算定额一样,都是与各个设计阶段相适应的多次性计价的产物,它主要用于初步设计阶段,其作用主要有:

(1)概算指标可以作为编制投资估算的参考。

(2)概算指标是初步设计阶段编制概算书、确定工程概算造价的依据。

(3)概算指标中的主要材料指标可以作为匡算主要材料用量的依据。

(4)概算指标是设计单位进行设计方案比较、设计技术经济分析的依据。

(5)概算指标是编制固定资产投资计划、确定投资额和主要材料计划的主要依据。

(6)概算指标是建筑企业编制劳动力、材料计划,实行经济核算的依据。

3.4.2.2　概算指标的分类和表现形式

1. 概算指标的分类

概算指标可分为两大类,一类是建筑工程概算指标,另一类是设备及安装工程概算指标,如图 3.4.1 所示。

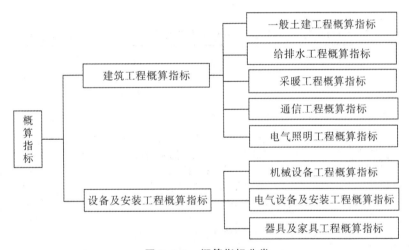

图 3.4.1　概算指标分类

2. 概算指标的组成内容及表现形式

(1)概算指标的组成内容一般分为文字说明和列表形式两部分,必要的时候还有附录。

总说明和分册说明。其内容一般包括概算指标的编制范围、编制依据、分册情况、指标包括的内容、指标未包括的内容、指标的使用方法、指标允许调整的范围及调整方法等。

列表形式包括:

①建筑工程列表形式。房屋建筑、构筑物一般是以建筑面积、建筑体积、"座"、"个"等为计算单位,附以必要的示意图,示意图画出建筑物的轮廓示意或单线平面图,列出综合指标

"元/m²"或"元/m³",自然条件(如地耐力、地震烈度等),建筑物的类型、结构形式及各部位中结构主要特点,主要工程量。

②安装工程的列表形式。设备以"t"或"台"为计算单位,也可以设备购置费或设备原价的百分比(%)表示,工艺管道一般以"t"为计算单位,通信电话站安装以"站"为计算单位。列出指标编号、项目名称、规格、综合指标(元/计算单位)之后一般还要列出其中的人工费,必要时还要列出主要材料费、辅材费。

总体来讲列表形式分为以下几个部分:

①示意图。表明工程的结构、工业项目,还表示出吊车及起重能力等。

②工程特征。对采暖工程特征应列出采暖热媒及采暖形式,对电气照明工程特征可列出建筑层数、结构类型、配线方式、灯具名称等,对房屋建筑工程特征主要对工程的结构形式、层高、层数和建筑面积进行说明。如表 3.4.3 所示。

表 3.4.3　内浇外砌住宅结构特征

结构类型	层数	层高	檐高	建筑面积
内浇外砌	六层	2.8 m	17.7 m	4206 m²

③经济指标。说明该项目每 100 m 的造价指标及其土建、水暖和电气照明等单位工程的相应造价。

④构造内容及工程量指标。说明该工程项目的构造内容和相应计算单位的工程量指标及人工、材料消耗指标,如表 3.4.4 和表 3.4.5 所示。

表 3.4.4　内浇外砌住宅构造内容及工程量指标(100 m² 建筑面积)

序号		构造特征	工程量	
			单位	数量
一、土建				
1	基础	灌注桩	m³	14.64
2	外墙	二砖墙、清水墙勾缝、内墙抹灰刷白	m³	24.32
3	内墙	混凝土墙、一砖墙、抹灰刷白	m³	22.70
4	柱	混凝土柱	m³	0.70
5	地面	碎砖垫层、水泥砂浆面层	m³	13
6	楼面	120 mm 预制空心板、水泥砂浆面层	m²	65
7	门窗	水门窗	m²	62
8	屋面	预制空心板、水泥珍珠岩保温、毡四油卷材防水	m²	21.7
9	脚手架	综合脚手架	m²	100
二、水暖				
1	采暖方式	集中采暖		
2	给水性质	生活给水明设		
3	排水性质	生活排水		
4	通风方式	自然通风		
三、电器照明				
1	配电方式	塑料管暗配电线		
2	灯具种类	日光灯		
3	用电量			

表 3.4.5　内浇外砌住宅人工及主要材料消耗指标(100 m² 建筑面积)

序号	名称及规格	单位	数量	序号	名称及规格	单位	数量
一、土建				二、水暖			
				1	人工	工日	39
				2	钢管	t	0.18
1	人工	工日	506	3	暖气片	m²	20
2	钢筋	t	3.25	4	卫生器具	套	2.35
3	型钢	t	0.13	5	水表	个	1.84
4	水泥	t	18.10	三、电器照明			
5	白灰	t	2.10				
6	沥青	t	0.29	1	人工	工日	20
7	红砖	千块	15.10	2	电线	m	283
8	木材	m³	1.40	3	钢管	t	0.04
9	砂	m³	41	4	灯具	套	8.43
10	砾石	m³	30.5	5	电表	个	1.84
11	玻璃	m²	29.2	6	配电箱	套	6.1
12	卷材	m²	80.8	四、机具使用费		%	7.5
				五、其他材料费		%	19.57

(2)概算指标的表现形式。

概算指标在具体内容的表示方法上,分综合概算指标和单项概算指标两种形式。

①综合概算指标。综合概算指标是按照工业或民用建筑及其结构类型而制定的概算指标。综合概算指标的概括性较大,其准确性、针对性不如单项概算指标。

②单项概算指标。单项概算指标是指为某种建筑物或构筑物而编制的概算指标。单项概算指标的针对性较强,故指标中对工程结构形式要作介绍。只要工程项目的结构形式及工程内容与单项指标中的工程概况相吻合,编制出的设计概算就比较准确。

3.4.2.3　概算指标的编制

1. 概算指标的编制依据

(1)标准设计图纸和各类工程典型设计。

(2)国家颁发的建筑标准、设计规范、施工规范等。

(3)现行的概算指标、概算定额、预算定额及补充定额。

(4)人工工资标准、材料预算价格、机具台班预算价格及其它价格资料。

2. 概算指标的编制步骤

概算指标的编制通常也分为准备、定额初稿编制、征求意见、审查、批准发布五个步骤。以房屋建筑工程为例,在定额初稿编制阶段主要是选定图样,并根据图样资料计算工程量和编制单位工程预算书,以及按编制方案确定的指标内容中的人工及主要材料消耗指标,填写概算指标的表格。

每百平方米建筑面积造价指标编制方法如下:

(1)编写资料审查意见及填写设计资料名称、设计单位、设计日期、建筑面积及构造情况,提出审查和修改意见。

(2)在计算工程量的基础上,编制单位工程预算书,据以确定每百平方米建筑面积及构造情况以及人工、材料、机具消耗指标和单位造价的经济指标。

①计算工程量,就是根据审定的图样和预算定额计算出建筑面积及各分部分项工程量,然后按编制方案规定的项目进行归并,并以每平方米建筑面积为计算单位,换算出所含的工程量指标。

②根据计算出的工程量和预算定额等资料,编制预算书,求出每百平方米建筑面积的预算造价及工、料、施工机具使用费和材料消耗量指标。

构筑物是以"座"为单位编制概算指标,因此,在计算完工程量,编制出预算书后,不必进行换算,预算书确定的价值就是每座构筑物概算指标的经济指标。

思考题

3.1　什么是预算定额?

3.2　建筑工程基础定额与预算定额之间有何关系?

3.3　预算定额材料消耗量包括哪些内容?

3.4　施工定额确定材料消耗量的基本方法有哪些?

3.5　影响人工工资单价的因素有哪些?

3.6　试计算每立方米一砖半墙中标准砖净用量及消耗量。

3.7　一台6t塔式起重机吊装某种混凝土构件,配合机械作业的小组成员为司机1人、起重和安装工7人、电焊工2人。已知机械台班产量为40块,试求吊装每一块构件的机械时间定额和人工时间定额。

第 4 章　建筑面积

《建筑工程建筑面积计算规范》,编号为 GB/T 50353-2013,自 2014 年 7 月 1 日起实施。原《建筑工程建筑面积计算规范》(GB/T 50353-2005)同时废止。

4.1　概述

4.1.1　建筑面积相关概念

1. 建筑面积

建筑面积(construction area):建筑物(包括墙体)所形成的楼地面面积。

2. 建筑面积的构成

建筑面积包括使用面积、辅助面积和结构面积三部分。

使用面积是指建筑物各层平面布置中,可直接为生产或生活使用的净面积总和。

辅助面积是指各层平面布置中为辅助生产或生活所占净面积的总和。

结构面积是指建筑物各层平面布置中墙体、柱等结构所占面积的总和。

3. 建筑面积的作用

建筑面积的计算在建筑工程计量和计价方面起着非常重要的作用,主要表现在以下几个方面:

(1)它是确定建设规模的重要指标,是建筑房屋计算工程量的主要指标。

(2)它是确定各项技术经济指标的基础。

①计算单位工程每平方米预算造价的主要依据。其计算公式:

$$工程单位面积造价＝工程造价/建筑面积 \tag{4.1.1}$$

②确定容积率的主要依据。对于开发商来说,容积率决定地价成本在房屋中占的比例;而对于住户来说,容积率直接涉及居住的舒适度。其计算公式:

$$容积率＝总建筑面积/用地面积 \tag{4.1.2}$$

(3)它是选择概算指标和编制概算的主要依据,也是统计部门汇总发布房屋建筑面积完成情况的基础。

4.1.2　建筑面积相关术语

1. 建筑面积

建筑面积包括附属于建筑物的室外阳台、雨篷、檐廊、室外走廊、室外楼梯等。

2. 自然层(floor)

按楼地面结构分层的楼层。

3. 结构层高(structure story height)

楼面或地面结构层上表面至上部结构层上表面之间的垂直距离。

4. 围护结构(building enclosure)

围合建筑空间的墙体、门、窗。

5. 建筑空间(space)

以建筑界面限定的、供人们生活和活动的场所。具备可出入、可利用条件(设计中可能标明了使用用途,也可能没有标明使用用途或使用用途不明确)的围合空间,均属于建筑空间。

6. 结构净高(structure net height)

楼面或地面结构层上表面至上部结构层下表面之间的垂直距离。

7. 围护设施(enclosure facilities)

为保障安全而设置的栏杆、栏板等围挡。

8. 地下室(basement)

室内地平面低于室外地平面的高度超过室内净高的 1/2 的房间。

9. 半地下室(semi-basement)

室内地平面低于室外地平面的高度超过室内净高的 1/3,且不超过 1/2 的房间。

10. 架空层(stilt floor)

仅有结构支撑而无外围护结构的开敞空间层。

11. 走廊(corridor)

建筑物中的水平交通空间。

12. 架空走廊(elevated corridor)

专门设置在建筑物的二层或二层以上,作为不同建筑物之间水平交通的空间。

13. 结构层(structure layer)

整体结构体系中承重的楼板层。特指整体结构体系中承重的楼层,包括板、梁等构件。结构层承受整个楼层的全部荷载,并对楼层的隔声、防火等起主要作用。

14. 落地橱窗(french window)

突出外墙面且根基落地的橱窗。落地橱窗是指在商业建筑临街面设置的下槛落地,可落在室外地坪也可落在室内首层地板,用来展览各种样品的玻璃窗。

15. 凸窗(飘窗)(bay window)

凸出建筑物外墙面的窗户。凸窗(飘窗)既作为窗,就有别于楼(地)板的延伸,也就是不能把楼(地)板延伸出去的窗称为凸窗(飘窗)。凸窗(飘窗)的窗台应只是墙面的一部分且距(楼)地面应有一定的高度。

16. 檐廊(eaves gallery)

建筑物挑檐下的水平交通空间。檐廊是附属于建筑物底层外墙有屋檐作为顶盖,其下部一般有柱或栏杆、栏板等的水平交通空间。

17. 挑廊(overhanging corridor)

挑出建筑物外墙的水平交通空间。

18. 门斗(air lock)

建筑物入口处两道门之间的空间。

19. 雨篷(canopy)

建筑物出入口上方为遮挡雨水而设置的部件。雨篷是指建筑物出入口上方、凸出墙面、为遮挡雨水而单独设立的建筑部件。雨篷划分为有柱雨篷(包括独立柱雨篷、多柱雨篷、柱墙混合支撑雨篷、墙支撑雨篷)和无柱雨篷(悬挑雨篷)。如凸出建筑物,且不单独设立顶盖,利用上层结构板(如楼板、阳台底板)进行遮挡,则不视为雨篷,不计算建筑面积。对于无柱雨篷,如顶盖高度达到或超过两个楼层时,也不视为雨篷,不计算建筑面积。

20. 门廊(porch)

建筑物入口前有顶棚的半围合空间。门廊是在建筑物出入口,无门、三面或二面有墙,上部有板(或借用上部楼板)围护的部位。

21. 楼梯(stairs)

由连续行走的梯级、休息平台和维护安全的栏杆(或栏板)、扶手以及相应的支托结构组成的作为楼层之间垂直交通使用的建筑部件。

22. 阳台(balcony)

附设于建筑物外墙,设有栏杆或栏板,可供人活动的室外空间。

23. 主体结构(major structure)

接受、承担和传递建设工程所有上部荷载,维持上部结构整体性、稳定性和安全性的有机联系的构造。

24. 变形缝(deformation joint)

防止建筑物在某些因素作用下引起开裂甚至破坏而预留的构造缝。变形缝是指在建筑物因温差、不均匀沉降以及地震而可能引起结构破坏变形的敏感部位或其他必要的部位,预先设缝将建筑物断开,令断开后建筑物的各部分成为独立的单元,或者是划分为简单、规则的段,并令各段之间的缝达到一定的宽度,以能够适应变形的需要。根据外界破坏因素的不同,变形缝一般分为伸缩缝、沉降缝、抗震缝三种。

25. 骑楼(overhang)

建筑底层沿街面后退且留出公共人行空间的建筑物。骑楼是指沿街二层以上用承重柱支撑骑跨在公共人行空间之上,其底层沿街面后退的建筑物,如图 4.1.1 所示。

26. 过街楼(overhead building)

跨越道路上空并与两边建筑相连接的建筑物。过街楼是指当有道路在建筑群穿过时,为保证建筑物之间的功能联系,设置跨越道路上空使两边建筑相连接的建筑物,如图 4.1.2 所示。

27. 建筑物通道(passage)

为穿过建筑物而设置的空间。

28. 露台(terrace)

设置在屋面、首层地面或雨篷上的供人室外活动的有围护设施的平台。露台应满足四个条件:一是位置,设置在屋面、地面或雨篷顶,二是可出入,三是有围护设施,四是无盖,这四个条件须同时满足。如果设置在首层并有围护设施的平台,且其上层为同体量阳台,则该平台应视为阳台,按阳台的规则计算建筑面积。

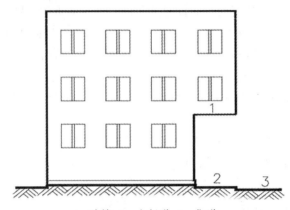

1—骑楼;2—人行道;3—街道。

图 4.1.1 骑楼

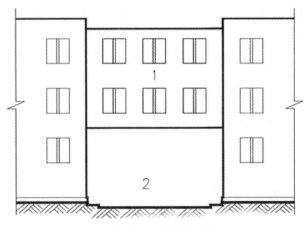

1—过街楼;2—建筑物通道。

图 4.1.2 过街楼

29. 勒脚(plinth)

在房屋外墙接近地面部位设置的饰面保护构造。

30. 台阶(step)

联系室内外地坪或同楼层不同标高而设置的阶梯形踏步。台阶是指建筑物出入口不同标高地面或同楼层不同标高处设置的供人行走的阶梯式连接构件。室外台阶还包括与建筑物出入口连接处的平台。

4.2　建筑面积计算规则

4.2.1　计算建筑面积的范围

（1）建筑物的建筑面积应按自然层外墙结构外围水平面积之和计算。结构层高在 2.20 m 及以上的,应计算全面积;结构层高在 2.20 m 以下的,应计算 1/2 面积。

建筑面积计算,在主体结构内形成的建筑空间,满足计算面积结构层高要求的均应按本条规定计算建筑面积。主体结构外的室外阳台、雨篷、檐廊、室外走廊、室外楼梯等按相应条款计算建筑面积。当外墙结构本身在一个层高范围内不等厚时,以楼地面结构标高处的外围水平面积计算。

（2）建筑物内设有局部楼层时,对于局部楼层的二层及以上楼层,有围护结构的应按其围护结构外围水平面积计算,无围护结构的应按其结构底板水平面积计算,且结构层高在 2.20 m 及以上的,应计算全面积,结构层高在 2.20 m 以下的,应计算 1/2 面积。如图 4.2.1 所示。

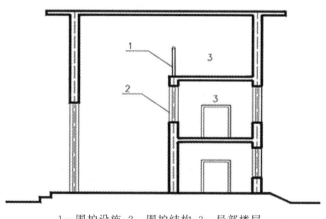

1—围护设施;2—围护结构;3—局部楼层。

图 4.2.1　建筑物内的局部楼层

（3）对于形成建筑空间的坡屋顶,结构净高在 2.10 m 及以上的部位应计算全面积;结构净高在 1.20 m 及以上至 2.10 m 以下的部位应计算 1/2 面积;结构净高在 1.20 m 以下的部位不应计算建筑面积。

（4）对于场馆看台下的建筑空间,结构净高在 2.10 m 及以上的部位应计算全面积;结构净高在 1.20 m 及以上至 2.10 m 以下的部位应计算 1/2 面积;结构净高在 1.20 m 以下的部位不应计算建筑面积。室内单独设置的有围护设施的悬挑看台,应按看台结构底板水平投影面积计算建筑面积。有顶盖无围护结构的场馆看台应按其顶盖水平投影面积的 1/2 计算面积。

场馆看台下的建筑空间因其上部结构多为斜板,所以采用净高的尺寸划定建筑面积的计算范围和对应规则。室内单独设置的有围护设施的悬挑看台,因其看台上部设有顶盖且可供人使用,所以按看台板的结构底板水平投影计算建筑面积。"有顶盖无围护结构的场馆看台"所称的"场馆"为专业术语,指各种"场"类建筑,如:体育场、足球场、网球场、带看台的风雨操场等。

(5)地下室、半地下室应按其结构外围水平面积计算。结构层高在 2.20 m 及以上的,应计算全面积;结构层高在 2.20 m 以下的,应计算 1/2 面积。

(6)出入口外墙外侧坡道有顶盖的部位,应按其外墙结构外围水平面积的 1/2 计算面积。

出入口坡道分有顶盖出入口坡道和无顶盖出入口坡道,出入口坡道顶盖的挑出长度,为顶盖结构外边线至外墙结构外边线的长度;顶盖以设计图纸为准,对后增加及建设单位自行增加的顶盖等,不计算建筑面积。顶盖不分材料种类(如钢筋混凝土顶盖、彩钢板顶盖、阳光板顶盖等)。地下室出入口见图 4.2.2。

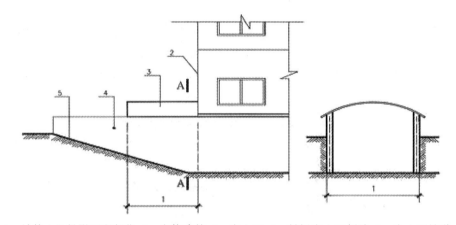

1—计算 1/2 投影面积部位;2—主体建筑;3—出入口;4—封闭出入口侧墙;5—出入口坡道。

图 4.2.2 地下室出入口

(7)建筑物架空层及坡地建筑物吊脚架空层,应按其顶板水平投影计算建筑面积。结构层高在 2.20 m 及以上的,应计算全面积;结构层高在 2.20 m 以下的,应计算 1/2 面积。

适用于建筑物吊脚架空层、深基础架空层建筑面积的计算,也适用于目前部分住宅、学校教学楼等工程在底层架空或在二楼或以上某个甚至多个楼层架空,作为公共活动、停车、绿化等空间的建筑面积的计算。架空层中有围护结构的建筑空间按相关规定计算。建筑物吊脚架空层如图 4.2.3 所示。

(8)建筑物的门厅、大厅应按一层计算建筑面积,门厅、大厅内设置的走廊应按走廊结构底板水平投影面积计算建筑面积。结构层高在 2.20 m 及以上的,应计算全面积;结构层高在 2.20 m 以下的,应计算 1/2 面积。

(9)对于建筑物间的架空走廊,有顶盖和围护设施的,应按其围护结构外围水平面积计算全面积;无围护结构、有围护设施的,应按其结构底板水平投影面积计算 1/2 面积。无围护结构的架空走廊如图 4.2.4 所示。有围护结构的架空走廊如图 4.2.5 所示。

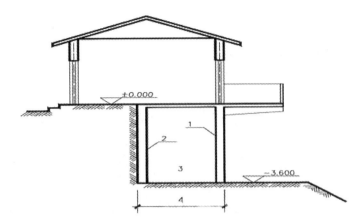

1—柱;2—墙;3—吊脚架空层;4—计算建筑面积部位。

图 4.2.3　建筑物吊脚架空层

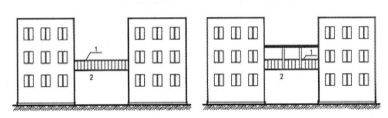

1—栏杆;2—架空走廊。

图 4.2.4　无围护结构的架空走廊

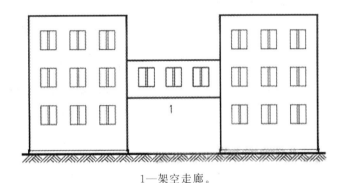

1—架空走廊。

图 4.2.5　有围护结构的架空走廊

(10)对于立体书库、立体仓库、立体车库,有围护结构的,应按其围护结构外围水平面积计算建筑面积;无围护结构、有围护设施的,应按其结构底板水平投影面积计算建筑面积。无结构层的应按一层计算,有结构层的应按其结构层面积分别计算。结构层高在 2.20 m 及以上的,应计算全面积;结构层高在 2.20 m 以下的,应计算 1/2 面积。

(11)有围护结构的舞台灯光控制室,应按其围护结构外围水平面积计算。结构层高在 2.20 m 及以上的,应计算全面积;结构层高在 2.20 m 以下的,应计算 1/2 面积。

(12)附属在建筑物外墙的落地橱窗,应按其围护结构外围水平面积计算。结构层高在 2.20 m 及以上的,应计算全面积;结构层高在 2.20 m 以下的,应计算 1/2 面积。

（13）窗台与室内楼地面高差在 0.45 m 以下且结构净高在 2.10 m 及以上的凸（飘）窗，应按其围护结构外围水平面积计算 1/2 面积。

（14）有围护设施的室外走廊（挑廊），应按其结构底板水平投影面积计算 1/2 面积；有围护设施（或柱）的檐廊，应按其围护设施（或柱）外围水平面积计算 1/2 面积。檐廊见图 4.2.6。

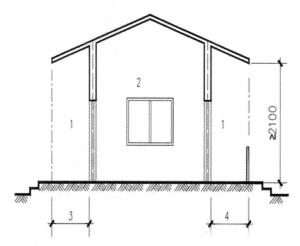

1—檐廊;2—室内;3—不计算建筑面积部位;4—计算 1/2 建筑面积部位。

图 4.2.6 檐廊

（15）门斗应按其围护结构外围水平面积计算建筑面积，且结构层高在 2.20 m 及以上的，应计算全面积；结构层高在 2.20 m 以下的，应计算 1/2 面积。门斗见图 4.2.7。

（16）门廊应按其顶板的水平投影面积的 1/2 计算建筑面积；有柱雨篷应按其结构板水平投影面积的 1/2 计算建筑面积；无柱雨篷的结构外边线至外墙结构外边线的宽度在 2.10 m 及以上的，应按雨篷结构板的水平投影面积的 1/2 计算建筑面积。

雨篷分为有柱雨篷和无柱雨篷。有柱雨篷，没有出挑宽度的限制，也不受跨越层数的限制，均计算建筑面积。无柱雨篷，其结构板不能跨层，并受出挑宽度的限制，设计出挑宽度大于或等于 2.10 m 时才计算建筑面积。出挑宽度，系指雨篷结构外边线至外墙结构外边线的宽度，弧形或异形时，取最大宽度。

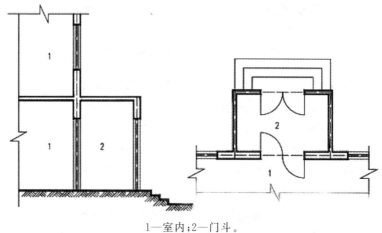

1—室内;2—门斗。

图 4.2.7 门斗

(17)设在建筑物顶部的、有围护结构的楼梯间、水箱间、电梯机房等,结构层高在 2.20 m 及以上的,应计算全面积;结构层高在 2.20 m 以下的,应计算 1/2 面积。

(18)围护结构不垂直于水平面的楼层,应按其底板面的外墙外围水平面积计算。结构净高在 2.10 m 及以上的部位,应计算全面积;结构净高在 1.20 m 及以上至 2.10 m 以下的部位,应计算 1/2 面积;结构净高在 1.20 m 以下的部位,不应计算建筑面积。

对于斜围护结构与斜屋顶采用相同的计算规则,即只要外壳倾斜,就按结构净高划段,分别计算建筑面积。斜围护结构见图 4.2.8。

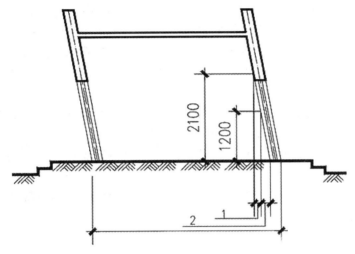

1—计算 1/2 建筑面积部位;2—不计算建筑面积部位。

图 4.2.8　斜围护结构

(19)建筑物的室内楼梯、电梯井、提物井、管道井、通风排气竖井、烟道,应并入建筑物的自然层计算建筑面积。有顶盖的采光井应按一层计算面积,且结构净高在 2.10 m 及以上的,应计算全面积;结构净高在 2.10 m 以下的,应计算 1/2 面积。

建筑物的楼梯间层数按建筑物的层数计算。有顶盖的采光井包括建筑物中的采光井和地下室采光井。地下室采光井见图 4.2.9。

(20)室外楼梯应并入所依附建筑物自然层,并应按其水平投影面积的 1/2 计算建筑面积。

室外楼梯作为连接该建筑物层与层之间交通不可缺少的基本部件,无论从其功能,还是工程计价的要求来说,均需计算建筑面积。层数为室外楼梯所依附的楼层数,即梯段部分投影到建筑物范围的层数。利用室外楼梯下部的建筑空间不得重复计算建筑面积;利用地势砌筑的为室外踏步,不计算建筑面积。

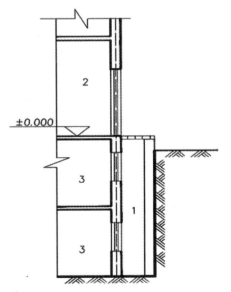

1—采光井;2—室内;3—地下室。

图 4.2.9　地下室采光井结构

(21)在主体结构内的阳台,应按其结构外围水平面积计算全面积;在主体结构外的阳台,应按其结构底板水平投影面积计算1/2面积。

建筑物的阳台,不论其形式如何,均以建筑物主体结构为界分别计算建筑面积。

(22)有顶盖无围护结构的车棚、货棚、站台、加油站、收费站等,应按其顶盖水平投影面积的1/2计算建筑面积。

(23)以幕墙作为围护结构的建筑物,应按幕墙外边线计算建筑面积。幕墙以其在建筑物中所起的作用和功能来区分,直接作为外墙起围护作用的幕墙,按其外边线计算建筑面积;设置在建筑物墙体外起装饰作用的幕墙,不计算建筑面积。

(24)建筑物的外墙外保温层,应按其保温材料的水平截面积计算,并计入自然层建筑面积。建筑物外墙外侧有保温隔热层的,保温隔热层以保温材料的净厚度乘以外墙结构外边线长度,按建筑物的自然层计算建筑面积,其外墙外边线长度不扣除门窗和建筑物外已计算建筑面积构件(如阳台、室外走廊、门斗、落地橱窗等部件)所占长度。当建筑物外已计算建筑面积的构件(如阳台、室外走廊、门斗、落地橱窗等部件)有保温隔热层时,其保温隔热层也不再计算建筑面积。外墙是斜面者按楼面楼板处的外墙外边线长度乘以保温材料的净厚度计算。外墙外保温以沿高度方向满铺为准,某层外墙外保温铺设高度未达到全部高度时(不包括阳台、室外走廊、门斗、落地橱窗、雨篷、飘窗等),不计算建筑面积。保温隔热层的建筑面积是以保温隔热材料的厚度来计算的,不包含抹灰层、防潮层、保护层(墙)的厚度。建筑外墙外保温见图4.2.10。

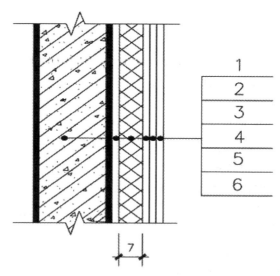

1—墙体;2—粘结胶浆;3—保温材料;4—标准网;5—加强网;6—抹面胶浆;7—计算建筑面积部位。

图 4.2.10　建筑外墙外保温结构

(25)与室内相通的变形缝,应按其自然层合并在建筑物建筑面积内计算。对于高低联跨的建筑物,当高低跨内部连通时,其变形缝应计算在低跨面积内。

(26)对于建筑物内的设备层、管道层、避难层等有结构层的楼层,结构层高在2.20 m及以上的,应计算全面积;结构层高在2.20 m以下的,应计算1/2面积。

设备层、管道层虽然其具体功能与普通楼层不同,但在结构上及施工消耗上并无本质区别,且本规范定义自然层为"按楼地面结构分层的楼层",因此设备、管道楼层归为自然层,其计算规则与普通楼层相同。在吊顶空间内设置管道的,则吊顶空间部分不能被视为设备层、管道层。

4.2.2　不计算建筑面积的范围

(1)与建筑物内不相连通的建筑部件。

依附于建筑物外墙外不与户室开门连通,起装饰作用的敞开式挑台(廊)、平台,以及不与阳台相通的空调室外机搁板(箱)等设备平台部件。

(2)骑楼、过街楼底层的开放公共空间和建筑物通道。

(3)舞台及后台悬挂幕布和布景的天桥、挑台等;影剧院的舞台及为舞台服务的可供上人维修、悬挂幕布、布置灯光及布景等搭设的天桥和挑台等构件设施。

(4)露台、露天游泳池、花架、屋顶的水箱及装饰性结构构件。

(5)建筑物内的操作平台、上料平台、安装箱和罐体的平台。

建筑物内不构成结构层的操作平台、上料平台(包括:工业厂房、搅拌站和料仓等建筑中的设备操作控制平台、上料平台等),其主要作用为室内构筑物或设备服务的独立上人设施,因此不计算建筑面积。

(6)勒脚、附墙柱(指非结构性装饰柱)、垛、台阶、墙面抹灰、装饰面、镶贴块料面层、装饰性幕墙,主体结构外的空调室外机搁板(箱)、构件、配件,挑出宽度在 2.10 m 以下的无柱雨篷和顶盖高度达到或超过两个楼层的无柱雨篷。

(7)窗台与室内地面高差在 0.45 m 以下且结构净高在 2.10 m 以下的凸(飘)窗,窗台与室内地面高差在 0.45 m 及以上的凸(飘)窗。

(8)室外爬梯、室外专用消防钢楼梯;室外钢楼梯需要区分具体用途,如专用于消防楼梯,则不计算建筑面积,如果是建筑物唯一通道,兼用于消防,则需要按本规范的第 20 条计算建筑面积。

(9)无围护结构的观光电梯。

(10)建筑物以外的地下人防通道,独立的烟囱、烟道、地沟、油(水)罐、气柜、水塔、贮油(水)池、贮仓、栈桥等构筑物。

【例 4.1】某建筑平面图如图 4.2.11 所示,墙厚为 240 mm,轴线均标注于墙中间,计算其建筑面积。

[解]

房屋建筑面积 $=(3+3.6+3.6+0.12\times2)\times(4.8+4.8+0.12\times2)+(2.4+0.12\times2)\times$
$(1.5-0.12+0.12)$
$=102.73+3.96=106.69 \text{ m}^2,$

悬挑(主体结构外)阳台,其建筑面积均按水平投影面积的一半计算:

阳台建筑面积 $=0.5\times(3.6+3.6)\times(1.5-0.12)=4.97 \text{ m}^2,$

住宅楼底层建筑面积 = 房屋建筑面积 + 阳台建筑面积
$=106.69+4.97=111.66 \text{ m}^2,$

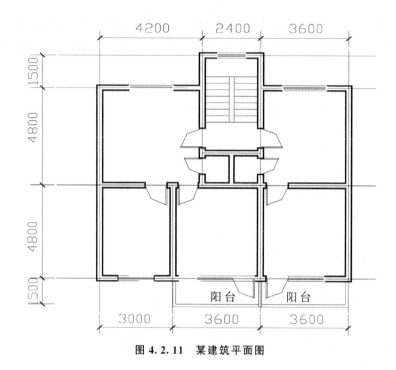

图 4.2.11 某建筑平面图

思考题

4.1 简述使用面积、辅助面积和结构面积的区别。

4.2 建筑面积有哪些作用？

4.3 有局部楼隔层的单层建筑物的建筑面积应怎样计算？

4.4 走廊、挑廊、檐廊、回廊、架空走廊建筑面积分别如何计算？

4.5 建筑物内外的楼梯应怎样计算建筑面积？

4.6 骑楼和过街楼有什么不同？

4.7 有柱雨篷、独立柱雨篷和无柱雨篷的建筑面积应分别怎样计算？

4.8 台阶与楼梯有何区别？

4.9 地下室与半地下室有何区别？

4.10 挑阳台、凹阳台、半凸半凹阳台的建筑面积应怎样计算？

4.11 变形缝的面积怎样计算？

第 5 章　房屋建筑工程计量与计价

为了适应建筑业发展需要,进一步规范和统一房屋建筑与装饰工程工程量计算规则与工程量清单编制方法,根据《房屋建筑与装饰工程工程量计算规范》(GB 50854-2013)(以下简称《房屋建筑与装饰计量规范》)和《福建省房屋建筑与装饰工程预算定额》(FJYD-101-2017)(以下简称《预算定额》),制定《房屋建筑与装饰工程工程量计算规范》(GB50854-2013)福建省实施细则(以下简称《房屋建筑与装饰实施细则》)。不编列的工程量清单,《房屋建筑与装饰计量规范》的项目编码予以保留,实际需要时可直接套用。

5.1　土石方工程

5.1.1　土方工程

5.1.1.1　《房屋建筑与装饰实施细则》清单项目设置

《房屋建筑与装饰实施细则》附录 A.1 土方工程常用项目见表 5.1.1。

表 5.1.1　土方工程(编号:010101)

项目编码	项目名称	项目特征	计量单位	工程量计算规则	工作内容
010101001	平整场地	1. 土壤类别 2. 弃土运距 3. 取土运距	m²	按设计图示尺寸,以建筑物首层面积计算。建筑物地下室结构外边线突出首层结构外边线时,其突出部分的建筑面积合并计算	1. 土方挖填 2. 场地找平 3. 运输
010101002	挖一般土方	1. 土壤类别 2. 挖土深度	m³	按设计图示尺寸,包括工作面宽度、放坡宽度以立方米计算	1. 排地表水 2. 土方开挖 3. 围护(挡土板)及拆除 4. 基底钎探 5. 场内运输
010101003	挖沟槽土方				
010101004	挖基坑土方				
010101006	挖淤泥、流砂	1. 挖掘深度 2. 弃淤泥、流砂距离		按设计图示位置、界限以立方米计算	1. 开挖 2. 运输

5.1.1.2　计量规范相关说明

1. 平整场地

(1)建筑物场地厚度≤±300 mm 的挖、填、运、找平,应按表 5.1.1 中平整场地项目编码列项。如图 5.1.1 所示。

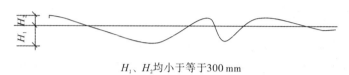

H_1、H_2均小于等于300 mm

图 5.1.1　平整场地

(2)平整场地时可能出现±30 cm 以内的全部是挖方或全部是填方,需外运土方或借土回填时,在工程量清单项目中应描述弃土运距(或弃土地点)或取土运距(或取土地点),这部分的运输应包括在"平整场地"项目报价内。

(3)土壤的分类应按表 5.1.2 确定。

2. 挖一般土方

(1)厚度>±300 mm 的竖向布置挖土或山坡切土,且不属于沟槽、基坑的土方工程应按表 5.1.1 编码列项。

表 5.1.2　土壤分类表

土壤分类	土壤名称	开挖方法
一、二类土	粉土、砂土(粉砂、细砂、中砂、粗砂、砾砂)、粉质黏土、弱中盐渍土、软土(淤泥质土、泥炭、泥炭质土)、软塑红黏土、冲填土	用锹,少许用镐、条锄开挖。机械能全部直接铲挖满载者
三类土	黏土、碎石土(圆砾、角砾)混合土、可塑红黏土、硬塑红黏土、强盐渍土、素填土、压实填土	主要用镐、条锄,少许用锹开挖。机械需部分刨松方能挖满载者或可直接铲挖但不能满载者
四类土	碎石土(卵石、碎石、漂石、块石)、坚硬红黏土、超盐渍土、杂填土	全部用镐、条锄挖掘,少许用撬棍挖掘。机械须普遍刨松方能铲挖满载者

注:本表土的名称及其含义按国家标准《岩土工程勘察规范》[GB50021-2001(2009 年版)]定义。

(2)挖土方平均厚度应按自然地坪测量标高至设计地坪标高间的平均厚度确定。基础土方开挖深度应按基础垫层底表面标高至交付施工场地标高确定,无交付施工场地标高时,应按自然地坪标高确定。

(3)场内运输运距可以不描述,但应注明由投标人根据施工现场实际情况自行考虑,确定报价。

3. 挖沟槽、基坑土方

(1)挖一般土方、挖沟槽、基坑土方工程量按设计图示尺寸,包括工作面宽度、放坡宽度以立方米计算。工作面应按表 5.1.3 确定。放坡系数按表 5.1.4 确定。

表 5.1.3 基础施工所需工作面宽度计算表

基础材料	每边各增加工作面宽度(mm)
砖基础	200
毛石、方整石基础	150
混凝土基础垫层支模板	300
混凝土基础支模板	300
基础垂直面做砂浆防潮层	400(自防潮层面)
基础垂直面做防水层或防腐层	1000(自防水层或防腐层面)
支挡土板	100(另加)

注:①本表按《全国统一建筑工程预算工程量计算规则》(GB DGZ-101-95)整理。

②基础施工需要搭设脚手架时,基础施工的工作面宽度,条形基础按 1.50 m 计算(只计算一面);独立基础按 0.45 m 计算(四面均计算)。

③基坑土方大开挖需做边坡支护时,基础施工的工作面宽度按 1.00 m 计算。

④基坑内施工各种桩时,基础施工的工作面宽度按 1.00 m 计算。

(2)挖沟槽、基坑、一般土方因工作面和放坡增加的工程量并入相应的土方工程量中,编制工程量清单时,按设计文件规定的尺寸计算,设计文件未明确的可按表 5.1.3~表 5.1.4 规定计算;竣工结算时,工作面和放坡尺寸不再调整。

表 5.1.4 放坡系数表

土类别	放坡起点 (m)	人工挖土	机械挖土		
			在坑内作业	在坑上作业	顺沟槽在坑上作业
一、二类土	1.20	1:0.50	1:0.33	1:0.75	1:0.50
三类土	1.50	1:0.33	1:0.25	1:0.67	1:0.33
四类土	2.00	1:0.25	1:0.10	1:0.33	1:0.25

注:①沟槽、基坑中土类别不同时,分别按其放坡起点、放坡系数,依不同土类别厚度加权平均计算。

②计算放坡时,在交接处的重复工程量不予扣除,槽、坑作基础垫层时,放坡自垫层上表面开始计算。

4. 其他说明

(1)挖土方如需截桩头时,应按桩基工程相关项目列项。挖土方不含施工便道费用,施工便道应另列项目。

(2)桩间挖土不扣除桩的体积,并在项目特征中加以描述。

(3)挖方出现流砂、淤泥时,如设计未明确,在编制工程量清单时,其工程数量可为暂估量,结算时,应根据实际情况由发包人与承包人双方现场签证确认工程量。

5.1.1.3 相关预算定额项目及说明

1. 定额项目的工程量计算规则

(1)平整场地工程量以建筑物首层面积计算。建筑物地下室结构外边线突出首层结构外边线时,其突出部分的建筑面积合并计算。

（2）沟槽土方,按设计图示沟槽长度乘以沟槽断面面积,以体积计算。

一般有不放坡、支挡土板和两面放坡等几种施工方案:

$$V = S_{断} \times L \tag{5.1.1}$$

其中:$S_{断}$——沟槽断面积,应包括工作面宽度、放坡宽度的面积。

L——沟槽长,外墙沟槽,按外墙中心线长度计算突出墙面的墙垛,按墙垛突出墙面的中心线长度,并入相应工程量内计算;

内墙沟槽、框架间墙沟槽,按基础(含垫层)之间垫层(或基础底)的净长度计算。

挖基础沟槽土方,如遇挖沟槽土方与独立基坑或土方连接的,其长度应减去独立基坑或土方的下底宽度。

①施工方案不放坡、不支挡土板(图5.1.2)时:

$$V = (B + 2c) \times H \times L \tag{5.1.2}$$

其中:B——带型基础(或垫层)底宽;

c——基础施工所需工作面;

H——挖土深度(H 从垫层底至设计室外地坪或施工场地标高)。

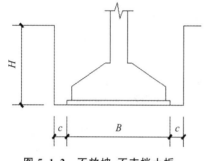

图5.1.2 不放坡、不支挡土板

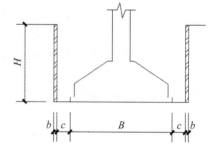

图5.1.3 双面支挡土板

②施工方案采用两面支挡土板(图5.1.3)时:

$$V = (B + 2c + 2b) \times H \times L \tag{5.1.3}$$

其中:b——挡土板的厚度,一般取 100 mm;

B、c、H、L 同上。

③一边放坡、一边支挡土板(图5.1.4):

$$V = (B + 2c + b + \frac{1}{2}kH) \times H \times L \tag{5.1.4}$$

其中:k 为放坡系数,其余同上。

④施工方案采用双面放坡:

槽、坑做基础垫层时,放坡自垫层上表面开始计算(图5.1.5):

$$V = [(B + 2c + kH_2) \times H_2 + (B + 2c) \times H_1] \times L \tag{5.1.5}$$

其中:H_1 为垫层高度,H_2 为垫层上表面至室外地坪的深度或施工场地标高。

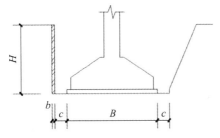

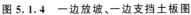

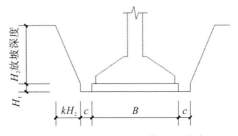

图 5.1.4　一边放坡、一边支挡土板图　　　　　图 5.1.5　垫层顶放坡

基础土方(无垫层)放坡,自基础底标高算起(图 5.1.6):

$$V = (B + 2c + kH) \times H \times L \qquad (5.1.6)$$

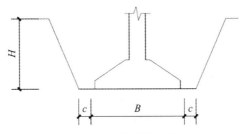

图 5.1.6　基础底放坡

(3)挖基坑土方

基坑土方,按设计图示基础(含垫层)尺寸,另加工作面宽度、放坡宽度乘以开挖深度,以体积计算。根据不同的施工方案,挖土方工程量计算方法一般有不放坡、支挡土板和四面放坡等几种。

①施工方案不放坡、不支挡土板时(图 5.1.7):

$$V = (A + 2c) \times (B + 2c) \times H \qquad (5.1.7)$$

其中:A、B——基础(或垫层)底长、宽;

　　　　c——基础施工所需工作面;

　　　　H——挖土深度(从垫层底至设计室外地坪或施工场地标高)。

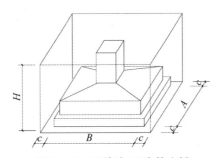

图 5.1.7　不放坡、不支挡土板

②施工方案采用四面支挡土板时:

$$V = (A + 2c + 2b) \times (B + 2c + 2b) \times H \qquad (5.1.8)$$

其中:b——挡土板厚(b 取 100 mm);

    A、B、c、H 同上。

③施工方案采用四面放坡时,土方开挖的工程量如下。

基坑做基础垫层时,放坡自垫层上表面开始计算(图 5.1.8):

$$V=(A+2c+kH_2)\times(B+2c+kH_2)\times H_2+\frac{1}{3}k^2H_2^3+(A+2c)\times(B+2c)\times H_1$$

$$(5.1.9)$$

其中:k——放坡系数;

    H_1——垫层厚;

    H_2——垫层上表面至室外地坪的深度或施工场地标高。

无基础垫层时,放坡自基础底标高算起(图 5.1.9):

$$V=(A+2c+kH)\times(B+2c+kH)\times H+\frac{1}{3}k^2H^3 \qquad (5.1.10)$$

或采用锥台体积公式:

$$V=\frac{1}{3}\times H\times(S_上+S_下+\sqrt{S_上 S_下}) \qquad (5.1.11)$$

其中:$S_上$——上底面积 $S_上=(A+2c+2kH)\times(B+2c+2kH)$;

    $S_下$——下底面积 $S_下=(A+2c)\times(B+2c)$;

    A、B、c、H、k 同上。

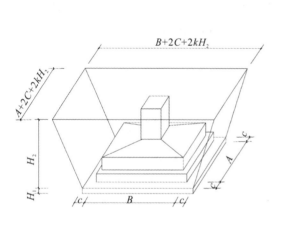

图 5.1.8　四面放坡

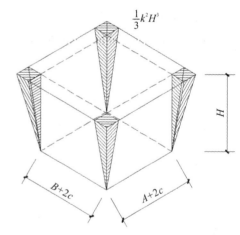

图 5.1.9　四面放坡(自基础底)

(4)一般土方,按设计图示基础(含垫层)尺寸,另加工作面宽度、放坡宽度乘以开挖深度,以体积计算。修建机械上下坡的便道的土方量,并入相应工程量内计算。定额中未包括便道支护、加固及面层处理费用,有发生的另行计算。当土类为混合土质时,土方的放坡系数应按照不同土质厚度的加权平均计算。深度范围内不同土类的厚度分别为 h_1、h_2、h_3,相应的土壤放坡系数分别为 k_1、k_2、k_3,则综合放坡系数为(图 5.1.10):

$$k=\frac{k_1\times h_1+k_2\times h_2+k_3\times h_3}{h} \qquad (5.1.12)$$

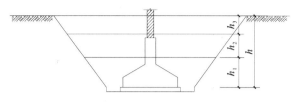

图 5.1.10　综合放坡系数

（5）挖淤泥流砂，以实际挖方体积计算。

2. 相关说明

（1）平整场地定额未包括挖树根、草皮和排除障碍物，有发生时另行计算。挖填土方厚度＞±30 cm 时，全部厚度按一般土方相应规定另行计算，但仍应计算平整场地。

（2）沟槽、基坑、平整场地和一般土方的划分：

底宽≤7 m，且底长＞3 倍以上底宽为沟槽；底长≤3 倍底宽，且底面积≤150 m² 为基坑；厚度在 30 cm 以内的就地挖、填土及平整为平整场地；超出上述范围的土方为一般土方。

（3）机械挖土方、淤泥流砂应当合理考虑人工辅助开挖（包括清底、切边、修整底边和修整沟槽底坡度），人工辅助开挖比例按施工组织设计确定；编制施工图预算、招标控制价时，机械挖土方或淤泥流砂可按总挖方量的 95％ 计算，人工挖土方或淤泥流砂按总挖土方量的 5％ 计算；人工辅助机械开挖不超过总挖方量 5％ 的，人工挖土方或淤泥流砂定额相对应子目乘以系数 1.5，实际人工挖土方或淤泥流砂超过总挖方量 5％ 的，定额不调整。

（4）基础土方的开挖深度应按基础（含垫层）底标高至设计室外地坪标高确定。交付施工场地标高与设计室外地坪标高不同时，应按交付施工场地标高确定。

（5）基础施工的工作面预留宽度应按设计文件规定的尺寸计算，设计文件未明确的可按表 5.1.3 计算：

①当组成基础的材料不同或施工方式不同时，基础施工的工作面宽度按表 5.1.3 计算。

②基础施工需要搭设脚手架时，基础施工的工作面宽度，条形基础按 1.50 m 计算（只计算一面）；独立基础按 0.45 m 计算（四面均计算）。

③基坑土方大开挖需做边坡支护时，基础施工的工作面宽度按 1.00 m 计算。

④基坑内施工各种桩时，基础施工的工作面宽度按 1.00 m 计算。

（6）基础土方的放坡：

①土方放坡的起点深度和放坡坡度，按设计文件规定计算，设计文件未明确的可按表 5.1.4 计算。

②基础土方放坡，自基础底标高算起；槽、坑做基础垫层时，放坡自垫层上表面开始计算。

③混合土质的基础土方，其放坡的起点深度和放坡坡度按设计规定计算，如设计不明确的按不同土类厚度加权平均计算。

④计算基础土方放坡时，不扣除放坡交叉处的重复工程量。

⑤基础土方支挡土板时，土方放坡不另行计算。

（7）挖一般土方，同一槽、沟、坑内不同类别的土石方，工程量分开计算，套用定额应按一般土方，同一槽、沟、坑深度的全深计算。

（8）干土、湿土、淤泥的划分：

干土、湿土、淤泥的划分:首先以地质勘察资料为准,土壤含水率＜25％的为干土;土壤含水率≥25％、不超过液限的为湿土;含水率超过液限的为淤泥。若无地质勘察资料,以地下常水位(或降水后的水位)为准,常水位(或降水后的水位)以上为干土,以下为湿土;土和水的混合物呈流动状态的为淤泥。

在同一沟槽、基坑内有干、湿土时,工程量应分别计算,并按槽、坑的全深套用相应定额项目。

土方项目按干土编制。人工挖、运湿土时,相应定额人工乘以系数1.18;机械挖、运湿土时,相应定额人工、机械乘以系数1.15。

(9)小型挖掘机是指斗容量≤0.6 m³的挖掘机,基础(含垫层)底宽≤1.20 m的沟槽土方工程或底面积≤8 m²的基坑土方工程机械开挖时按小型挖掘机套用定额。

(10)人工挖淤泥流砂深度超过1.5 m的,超出部分工程量应计算垂直运输费用,按垂直深度全深每米折合水平距离7 m套用人工运淤泥流砂定额的每增运子目。人工挖土方深度超过8 m时,按深度8 m以内相应定额人工乘以系数1.56。

(11)在横撑间距≤3 m的支撑下开挖沟槽土方的,套用相应定额人工乘以系数1.43,机械乘以系数1.20;在横撑间距＞3 m的支撑下挖土和先开挖后支撑的不调整。在横撑下开挖地下室土方的,套用相应定额机械消耗量乘以系数1.20。

(12)采用非长臂挖掘机转运开挖土方的,相应机械挖土定额根据挖土深度乘以表5.1.5系数进行调整;若采用修建施工便道后无需转运开挖的不再乘以系数调整,施工便道费用另行计算。在编制施工图预算、招标控制价时,采用转运或修建施工便道应根据设计文件或施工组织设计确定。施工时开挖方式不同的,是否调整土方造价应当在招标文件或施工合同中明确。

(13)土方开挖地点处于交通管制区域白天无法外弃土方的,考虑场内盘土或夜间挖土施工,相应挖土定额乘以系数1.2。

表5.1.5 挖土深度调整系数

挖土深度	调整系数
6 m以内	1.0
9 m以内	1.1
12 m以内	1.2
12 m以上	1.4

注:挖土深度指自然地面至基底(有地下室的为地下室底板垫层底)的高度。

(14)土方集中堆放发生二次翻挖的,三、四类土壤类别按降低一级类别套用相应定额。

(15)挖掘机下铺设垫板、汽车运输道路上铺设材料时,其费用另行计算。

(16)场区(含地下室顶板以上)回填,相应定额人工、机械乘以系数0.90。

(17)基础(地下室)周边回填材料时,本章节定额缺项的,执行"地基处理与基坑支护工程"中"填料加固"相应定额,人工、机械乘以系数0.90。

(18)群桩间挖土的不扣除桩的体积。

5.1.2　石方工程

5.1.2.1　《房屋建筑与装饰实施细则》清单项目设置

《房屋建筑与装饰实施细则》附录 A.2 石方工程常用项目见表 5.1.6。

表 5.1.6　石方工程(编号:010102)

项目编码	项目名称	项目特征	计量单位	工程量计算规则	工作内容
010102001	挖一般石方	1. 岩石类别 2. 开凿深度	m³	按设计图示尺寸,包括工作面宽度以立方米计算	1. 排地表水 2. 石方开凿 3. 修整底、边 4. 场内运输
010102002	挖沟槽石方				
010102003	挖基坑石方				
010102005	切割机切割石方	1. 岩石类别 2. 平基或槽坑 3. 开凿深度		按设计图示尺寸实际切割的石方体积以立方米计算	1. 排地表水 2. 石方开凿 3. 修整底、边 4. 场内运输

5.1.2.2　计量规范相关说明

(1)厚度>±300 mm 的竖向布置挖石或山坡凿石应按表 5.1.6 中挖一般石方项目编码列项。

(2)沟槽、基坑、一般石方的划分为:底宽≤7 m 且底长>3 倍底宽为沟槽;底长≤3 倍底宽且底面积≤150 m² 为基坑;不在上述范围的则为一般石方。

(3)岩石的分类应按表 5.1.7 确定。

表 5.1.7　岩石分类表

岩石分类		代表性岩石	开挖方法
极软岩		1. 全风化的各种岩石 2. 各种半成岩	部分用手凿工具、部分用爆破法开挖
软质岩	软岩	1. 强风化的坚硬岩或较硬岩 2. 中等风化-强风化的较软岩 3. 未风化-微风化的页岩、泥岩、泥质砂岩等	用风镐和爆破法开挖
	较软岩	1. 中等风化-强风化的坚硬岩或较硬岩 2. 未风化-微风化的凝灰岩、千枚岩、泥灰岩、砂质泥岩等	用爆破法开挖
硬质岩	较硬岩	1. 微风化的坚硬岩 2. 未风化-微风化的大理岩、板岩、石灰岩、白云岩、钙质砂岩等	用爆破法开挖
	坚硬岩	未风化-微风化的花岗岩、闪长岩、辉绿岩、玄武岩、安山岩、片麻岩、石英岩、石英砂岩、硅质砾岩、硅质石灰岩等	用爆破法开挖

注:本表依据国家标准《工程岩体分级标准》(GB 50218-94)和《岩土工程勘察规范》[GB 50021-2001(2009 年版)]整理。

(4)挖沟槽、基坑、一般石方因工作面增加的工程量并入各石方工程量中,编制工程量清单时,按设计文件规定的尺寸计算,设计文件未明确的工作面加宽可参考表5.1.3、表5.1.8规定计算。

表5.1.8 管沟施工每侧所需工作面宽度计算表

管沟材料	管道结构宽(mm)			
	≤500	≤1000	≤2500	>2500
混凝土及钢筋混凝土管道(mm)	400	500	600	700
其他材质管道(mm)	300	400	500	600

注:①本表按《全国统一建筑工程预算工程量计算规则》(GJDGZ-101-95)整理。

②管道结构宽:有管座的按基础外缘,无管座的按管道外径。

5.1.2.3 相关预算定额项目及说明

1. 定额项目的工程量计算规则

(1)基坑石方,按设计图示基础(含垫层)尺寸,另加工作面宽度、放坡宽度乘以开挖深度,以体积计算。

(2)一般土方,按设计图示基础(含垫层)尺寸,另加工作面宽度、放坡宽度乘以开挖深度,以体积计算。修建机械上下坡的便道的石方量,并入相应工程量内计算。定额中未包括便道支护、加固及面层处理费用,有发生的另行计算。

(3)岩石爆破后需人工清理基底或修整边坡的,按岩石爆破的规定尺寸(含工作面宽度和允许超挖量)以面积计算。

2. 相关说明

(1)人工开挖碎、砾石含量在30%以上密实性土壤的,套用相应四类土定额乘以系数1.43。

(2)使用液压锤破碎混凝土时,套用本章液压锤破碎石方较硬岩相应定额;液压锤破碎钢筋混凝土时,套用本章液压锤破碎石方坚硬岩相应定额。液压锤破碎坑槽岩石、混凝土及钢筋混凝土时,按相应定额乘以系数1.3。

(3)切割机切割石方未包含切割后石方的清理及外弃,实际发生时按相应定额另行计算。

5.1.3 土石方回填

5.1.3.1 《房屋建筑与装饰实施细则》清单项目设置

《房屋建筑与装饰实施细则》附录A.3回填方及土石方运输清单项目见表5.1.9。

5.1.3.2 计量规范相关说明

(1)填方密实度要求,在无特殊要求情况下,项目特征可描述为满足设计和规范的要求。

(2)填方材料品种可以不描述,但应注明由投标人根据设计要求验方后方可填入,并符合相关工程的质量规范要求。

(3)填方粒径要求,在无特殊要求情况下,项目特征可以不描述。

（4）如需买土回填应在项目特征填方来源中描述并注明买土方数量，土源费、挖土、运土在回填方综合单价中考虑；土源费如已经包括了挖土、运土费用的，不得重复计算。

（5）废弃土方收纳费用，招标时按估算价列入其他项目费中，今后按实结算。

5.1.3.3　相关预算定额项目及说明

1. 定额项目的工程量计算规则

（1）土方的挖、推、装、运等体积均以开挖前天然密实体积（自然方）计算，回填土压实、碾压定额均按压实后的体积（实方）计算，人工松填土、机械松填土项目均按松填体积计算；石方的凿、挖、推、装、运、破碎等体积均以天然密实体积计算。不同状态的土石方体积按土石方体积换算表 5.1.10 相关系数换算。

表 5.1.9　回填方及土石方运输（编号：010103）

项目编码	项目名称	项目特征	计量单位	工程量计算规则	工作内容
010103001	回填方	1. 密实度要求 2. 填方材料品种 3. 填方粒径要求 4. 填方来源、运距	m³	按设计图示尺寸以立方米计算： 1. 场区（含地下室顶板以上）回填：按回填面积乘以平均回填厚度计算 2. 室内（含地下室内）回填：按墙间净面积（扣除连续底面积 2 m² 以上的设备基础等面积）乘以回填厚度计算 3. 基础回填：按挖方清单项目工程量减去自然地坪以下埋设的基础的体积（包括基础垫层及其他构筑物）计算 4. 管道沟槽回填：按挖方体积减去管道及基础等埋入物的体积计算，埋入物体积按非管道井室的构筑物断面面积×管道中心线长度×1.025 计算	1. 运输 2. 回填 3. 压实
010103002	余方弃置	1. 废弃料品种 2. 运距		按挖方清单项目工程量减去利用回填方体积（正数）计算	余方点装料运输至弃置点

表 5.1.10　土石方体积换算系数表

名称	虚方体积	松填体积	天然密实体积	压（夯）实后体积
土方	1.30	1.08	1.00	0.87
石方	1.54	1.31	1.00	1.087
块石	1.75	1.43	1.00	（码方）1.67
砂夹石	1.07	0.94	1.00	

注：土方虚方是指未经碾压，堆积时间≤1 年的土壤。

（2）原土夯实与碾压，按设计文件规定的尺寸，以面积计算。

（3）土石方回填工程量按填方尺寸以体积计算：

①沟槽、基坑回填，按挖方体积减去设计室外地坪以下埋设的建筑物、基础（含垫层）的体积计算。

$$V_填＝V_挖－设计室外标高以下埋设的基础及垫层等体积 \qquad (5.1.13)$$

②室内（含地下室内）回填：按墙间净面积（扣除连续底面积 2 m^2 以上的设备基础等面积）乘以回填厚度计算。

$$V_填＝墙间净面积×回填厚度 \qquad (5.1.14)$$

$$回填厚度＝室内外标高差－垫层、找平层、面层等厚度 \qquad (5.1.15)$$

③管道沟槽回填，按挖方体积减去管道及基础等埋入物的体积计算。

$$V_{埋入物体积}＝非管道井室的构筑物断面面积×管道中心线长度×1.025 \qquad (5.1.16)$$

④场区（含地下室顶板以上）回填：按回填面积乘以平均回填厚度以体积计算。

⑤土石方运输工程量应根据场地情况确定，开挖的土石方可以利用作为回填料的且现场可以堆放的，土石方弃运工程量应扣除回填工程量。

（4）土石方运输工程量按天然密实度体积计算；剩余土石方外运的工程量应扣除折算为天然密实度体积的回填量。采用原土回填施工方案时：

$$松填\ V_运＝V_挖－\frac{V_填}{1.08} \qquad (5.1.17)$$

$$夯填\ V_运＝V_挖－\frac{V_填}{0.87} \qquad (5.1.18)$$

挖方总体积减去回填土（折合天然密实体积），总体积为正，则为余土外运；总体积为负，则为取土内运。

2. 相关说明

（1）土石方运距应以挖土石方区重心至填方区（或堆放区）重心间的最近线路计算，挖、填、弃土石方区重心按施工组织设计确定。如遇下列情况应增加运距：

①人工及人力车运土、石方，上坡坡度在 15% 以上，推土机上坡坡度大于 5%，斜道运距按斜道长度乘以表 5.1.11 相应系数：

表 5.1.11　坡度及相应系数

项目	推土机			人工及人力车
坡度（%）	5~10	15 以内	25 以内	15 以上
系数	1.75	2	2.5	5

②采用人力垂直运输土、石方、淤泥、流砂的，垂直深度每米折合水平运距 7 m 计算。

（2）弃土运距，有明确弃土点的应当根据明确的弃土堆放点确定，没有明确弃土堆放点的应当根据工程实际合理确定。

（3）自卸汽车运土定额不包括外购土土源费及废弃土方收纳（处置）费，实际发生时另行计算。外购土土源费并入分部分项工程综合单价计算；废弃土方收纳费用招标时按估算价列入其他项目费中，今后按实结算。

（4）湿淤泥直接外运时套用相应运土定额，自卸汽车台班数量乘以系数 1.5；干淤泥外运套用运土相应定额,不再乘系数。

(5)因交通管制产生土石方外运费用与《预算本定额》相距较大的,有关地市应当根据实际情况发布本地区运输费或调整办法,有发布的从其规定。

5.1.3.4　举例应用

【例 5.1】某工程钢筋混凝土独立基础平面布置如图 5.1.11 所示,自然地坪标高为一0.600 m。土方开挖为人工配合机械开挖,土壤类别为三类土,放坡系数为 0.33;基础回填土利用挖方原土回填,人工夯填至自然地坪标高,夯填系数为 0.87,密实度 0.9 以上;回填后余土外运,采用机械装土,4 t 自卸汽车运土,弃土运距 5 km。室外地坪以下埋设物体积15 m³。土方场内转运在基坑边 5 m 内堆放。

试列出本基础工程的挖沟槽、基坑、土方回填、余土外运等项目的分部分项工程量计算表。

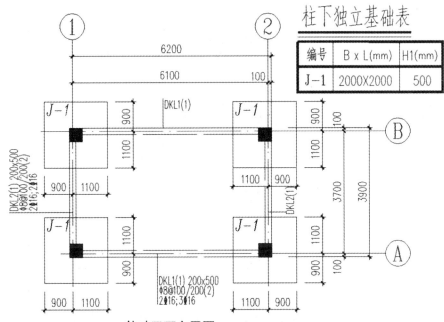

图 5.1.11

[解]

表 5.1.12　工程量计算表

序号	项目编码	项目名称	计算式	工程量合计	计量单位
1	010101004001	挖基坑土方	$(2.2+0.6)\times(2.2+0.6)\times(1.2-0.6+0.5+0.1)\times4$	37.63	m³
1.1	10101061	小型挖掘机挖槽坑土方(不装车 三类土)	35.75	35.75	m³

续表

序号	项目编码	项目名称	计算式	工程量合计	计量单位
1.2	10101030	人工挖基坑土方（三类土 坑深 2 m 以内）	1.88	1.88	m³
2	010101003001	挖沟槽土方	$(0.2+0.1\times2+0.6)\times(1.2-0.6+0.5+0.1)\times(6.1-1.5\times2+3.7-1.5\times2)\times2$	9.12	m³
2.1	10101061	小型挖掘机挖槽坑土方（不装车 三类土）	8.67	8.67	m³
2.2	10101030	人工挖基坑土方（三类土 坑深 2 m 以内）	0.46	0.46	m³
3	010103001001	回填方	37.63＋9.12－15	31.75	m³
3.1	10101101	回填工程（填土人工夯实 槽坑）	31.75	31.75	m³
4	010103002001	余方弃置	37.63＋9.12－31.75/0.87	10.26	m³
4.1	10101075	机械装土方（装载机装土方）	10.26	10.26	m³
4.2	10101084	自卸汽车运土（载重 10 t 以内 运距 1 km 以内）	10.26	10.26	m³
4.3	10101085 T	自卸汽车运土（载重 10 t 以内 运距每增加 1 km）	10.26	10.26	m³

5.2 地基处理与边坡支护工程

5.2.1 地基处理

5.2.1.1 《房屋建筑与装饰实施细则》清单项目设置

《房屋建筑与装饰实施细则》附录 B.1 地基处理常用项目见表 5.2.1。

表 5.2.1 地基处理(编号:010201)

项目编码	项目名称	项目特征	计量单位	工程量计算规则	工作内容
010201001	填料加固	1. 材料种类及配比 2. 压实系数 3. 掺加剂品种	m³	按设计图示尺寸以立方米计算	1. 分层铺填 2. 碾压、振密或夯实 3. 材料运输
010201004	强夯地基	1. 夯击能量 2. 夯击遍数 3. 夯击点布置形式、间距 4. 地耐力要求 5. 夯填材料种类	m²	按设计图示处理范围以平方米计算	1. 铺设夯填材料 2. 强夯 3. 夯填材料运输
010201006	振冲桩（填料）	1. 地层情况 2. 空桩长度、桩长 3. 桩径 4. 填充材料种类	m³	按设计桩截面积乘以桩长以立方米计算	1. 振冲成孔、填料、振实 2. 材料运输 3. 泥浆运输
010201007	沉管灌砂石桩	1. 地层情况 2. 空桩长度、桩长 3. 桩径 4. 成孔方法 5. 材料种类、级配		按设计桩顶至桩尖长度加超灌长度(设计没有明确的按0.25 m)乘以设计桩截面积以立方米计算	1. 成孔 2. 填充、振实 3. 材料运输
010201009	水泥搅拌桩	1. 地层情况 2. 空桩长度、桩长 3. 桩截面尺寸 4. 水泥强度等级、掺量	m³	按设计桩长加0.5 m(设计有明确的按设计长度)乘以设计桩外径截面积以立方米计算	1. 预搅下钻、水泥浆制作、喷浆搅拌提升成桩 2. 材料运输
010201012	高压旋喷桩	1. 地层情况 2. 空桩长度、桩长 3. 桩截面 4. 注浆类型、方法 5. 水泥强度等级		按设计图示桩长以米计算	1. 成孔 2. 水泥浆制作、高压喷射注浆 3. 材料运输
010201016	注浆地基	1. 地层情况 2. 空钻深度、注浆深度 3. 注浆间距 4. 浆液种类及配比 5. 注浆方法 6. 水泥强度等级	1. m 2. m³	1. 以长度计量的,按设计图示钻孔深度以米计算 2. 以体积计量的,按设计图示的加固体积以立方米计算	1. 成孔 2. 注浆导管制作、安装 3. 浆液制作、压浆 4. 材料运输

续表

项目编码	项目名称	项目特征	计量单位	工程量计算规则	工作内容
010201018	低锤满拍	1. 夯击能量 2. 夯击遍数 3. 夯击点布置形式、间距 4. 地耐力要求 5. 夯填材料种类	m²	按设计图示处理范围以平方米计算	1. 铺设夯填材料 2. 强夯 3. 夯填材料运输

5.2.1.2 计量规范相关说明

(1)地层情况按表5.1.2和表5.1.7的规定,并根据岩土工程勘察报告按单位工程各地层所占比例(包括范围值)进行描述。对无法准确描述的地层情况,可注明由投标人根据岩土工程勘察报告自行确定报价。

(2)项目特征中的桩长应包括桩尖,空桩长度=孔深-桩长,孔深为自然地坪至实际桩底的深度。

(3)水泥搅拌桩包括深层水泥搅拌桩、双轴水泥搅拌桩、三轴水泥搅拌桩等。

(4)注浆地基包括分层注浆和压密注浆,注浆方式包括钻孔、注浆等。

5.2.1.3 相关预算定额项目及说明

1. 定额项目的工程量计算规则

(1)填料加固按设计图示尺寸以体积计算。

(2)强夯地基按设计图示强夯处理范围以面积计算。设计无规定时,按建筑物外围轴线每边各加4 m计算。

(3)低锤满拍按实际面积计算。

(4)振冲桩按设计桩截面乘以桩长以体积计算。

(5)沉管灌注砂石桩按设计桩顶至桩尖长度加超灌长度(设计没有明确的按0.25 m)乘以设计桩截面积以体积计算,不扣除桩尖虚体积。

(6)水泥搅拌桩:

①深层水泥搅拌桩、双轴水泥搅拌桩、三轴水泥搅拌桩按设计桩长加0.5 m(设计有明确的按设计长度)乘以设计桩外径截面积,以体积计算。

②空孔部分按设计桩顶标高到自然地坪标高减导向沟的深度(设计未明确时按1 m考虑)乘以设计桩截面积以体积计算。

③插拔型钢按设计图示尺寸以质量计算。

④水泥搅拌桩凿桩头按凿桩长度乘桩截面积以体积计算,套用桩基础工程凿桩头灌注钢筋混凝土桩子目,其中,人工、机械乘以系数0.6。

(7)高压旋喷桩:设计桩长加上超灌长度计算。若设计未明确超灌长度的,桩的超灌长度按0.5 m计算;凿桩头按凿桩长度乘桩截面积以体积计算,套用桩基础工程凿桩头灌注钢筋混凝土桩子目,其中,人工、机械乘以系数0.6。

(8)注浆地基:

①分层注浆钻孔数量按设计图示以钻孔深度计算。注浆数量按设计图纸注明加固土体的体积计算。

②压密注浆钻孔数量按设计图示以钻孔深度计算。注浆数量按下列规定计算：

a. 设计图纸明确加固土体体积的，按设计图纸注明的体积计算。

b. 设计图纸以布点形式图示土体加固范围的，则按两孔间距的一半作为扩散半径，以布点边线各加扩散半径，形成计算的平面，计算注浆体积。

c. 如果设计图纸注浆点在钻孔灌注桩之间，按两注浆孔的一半作为每孔的扩散半径，依此圆柱体积计算注浆体积。

2. 相关说明

(1)填料加固：

①填料加固定额适用于软弱地基挖土后的换填材料加固工程。

②填料加固夯填灰土就地取土时，应扣除灰土配比中的黏土。

(2)强夯地基：

①强夯定额中的夯点数，指设计文件规定每百平米内的夯点数量，若设计文件中夯点数量与定额不同时可按比例换算。

②强夯定额的夯击击数指强夯机械就位后，夯锤在同一夯点上下起落次数。

③强夯工程量应区分不同夯击能量和夯点密度，按设计图示夯击范围和夯击遍数分别计算。

④强夯定额按照合理的强夯机具进行编制，已综合考虑强夯锤、钩架等材料摊销费，实际不同不予调整。

⑤设计要求设置防震沟时，按设计要求另行计算。

⑥设计要求在夯坑内填充级配碎石，不论就地取材或由场外运碎石填坑，其填运材料费用另行计算。

(3)碎石桩和砂石桩的充盈系数为 1.3，损耗率为 2%。实测砂石配合比及充盈系数不同时可以调整。其中，沉管灌砂石桩除了上述充盈系数和损耗率外，还包括级配密实系数1.334。

(4)水泥搅拌桩：

①深层水泥搅拌桩定额已综合了正常施工工艺需要的重复喷浆(粉)和搅拌。

②双轴水泥搅拌桩、三轴水泥搅拌桩设计要求全断面套打时，相应定额的人工及机械乘以系数 1.5，其余不变。

③三轴水泥搅拌围护桩定额按"二搅两喷"的施工工艺编制，已考虑挖 1 m 深导向沟和技术规程要求对土体上下各一次喷浆搅拌的费用，未包含导向沟的土方及置换出的淤泥外运费用，实际发生时另行计算。

④插拔型钢定额已考虑 H 型钢刷减摩剂和围护桩压顶梁之间的隔离处理费用，H 型钢使用费按租赁 90 天考虑，实际租赁时间与定额取定的不同时，可以调整。

(5)高压旋喷桩：

①高压旋喷桩定额已综合接头处的复喷工料；高压旋喷桩中设计水泥用量与定额不同时可以调整，损耗率为 2%；有掺粉煤灰的，按实际配合比计算水泥用量。设计有超灌的，应当将超灌并入工程量内并计算相应砍桩头费用。

②高压旋喷桩出现空孔的,空孔套用高压旋喷桩定额后按以下方式进行调整:水泥、高压注浆泵、灰浆搅拌机、电动单级离心清水泵、电动空气压缩机的消耗量为0,人工乘以0.5系数。

(6)注浆地基所用的浆体材料用量应按照设计含量调整。废浆处理及外运按桩基础工程相应子目计算。

5.2.2 基坑与边坡支护

5.2.2.1 《房屋建筑与装饰实施细则》清单项目设置

《房屋建筑与装饰实施细则》附录B.2基坑与边坡支护常用项目见表5.2.2。

表5.2.2 基坑与边坡支护(编码:010202)

项目编码	项目名称	项目特征	计量单位	工程量计算规则	工作内容
010202003	圆木桩	1. 地层情况 2. 桩长 3. 材质 4. 尾径 5. 桩倾斜度	m	按设计图示桩长(含桩尖)以米计算	1. 工作平台搭拆 2. 桩机移位 3. 沉桩 4. 接桩 5. 送桩
010202006	钢板桩	1. 地层情况 2. 桩长 3. 板桩厚度	t	按设计图示尺寸以吨计算	1. 工作平台搭拆 2. 桩机移位 3. 打拔钢板桩
010202007	锚杆	1. 地层情况 2. 锚杆(索)类型、部位 3. 钻孔深度 4. 钻孔直径 5. 杆体材料品种、规格、数量 6. 预应力 7. 浆液种类、强度等级	m	按设计图示钻孔深度以米计算	1. 钻孔、浆液制作、运输、压浆 2. 锚杆(锚索)制作、安装 3. 张拉锚固 4. 锚杆(锚索)施工平台搭设、拆除
010202008	土钉	1. 地层情况 2. 钻孔深度 3. 钻孔直径 4. 置入方法 5. 杆体材料品种、规格、数量 6. 浆液种类、强度等级	m	按设计图示钻孔深度以米计算	1. 钻孔、浆液制作、运输、压浆 2. 土钉制作、安装 3. 土钉施工平台搭设、拆除
010202009	喷射混凝土(砂浆)支护	1. 部位 2. 厚度 3. 材料种类 4. 混凝土(砂浆)类别、强度等级	m²	按设计图示尺寸以平方米计算	1. 修整边坡 2. 混凝土(砂浆)制作、运输、喷射、养护 3. 钻排水孔、安装排水管 4. 喷射施工平台搭设、拆除

5.2.2.2　计量规范相关说明

（1）土钉置入方法包括钻孔置入、打入或射入等。

（2）喷射混凝土支护的钢筋网按本规范附录 E 中相关项目列项。

5.2.2.3　相关预算定额项目及说明

1. 定额项目的工程量计算规则

（1）打、拔槽型钢板桩按单根钢板桩全长的理论重量乘以钢板桩根数以质量计算。

（2）砂浆土钉、砂浆锚杆的钻孔、注浆，按设计文件或经批准的施工组织设计，按钻孔深度以长度计算。

（3）有粘结预应力钢绞线按设计图示尺寸以锚固长度与工作长度的质量之和计算。

（4）锚杆制作安装按锚杆长度以质量计算。

（5）喷射混凝土支护区分有筋与无筋，按设计文件或经批准的施工组织设计，以面积计算。

（6）锚头制作、安装、张拉、锁定按设计图示以"套"计算。

（7）木、钢挡土板按设计文件或经批准的施工组织设计规定的支挡范围以面积计算。

（8）袋装土围堰按设计图示尺寸以体积计算。

（9）人工打圆木桩按设计长度及截面尺寸套相应的材积表以体积计算。

2. 相关说明

（1）钢板桩：

①打拔钢轨，套钢板桩定额，其机械乘以系数 0.77，其他不变。

②钢板桩定额包括了打拔损耗，未包括钢板桩使用费。钢板桩使用费＝钢板桩一次使用量(t)×使用天数(d)×钢板桩使用费标准(元/t·d)计算。

③导桩及导桩夹木的制作、安装、拆除已包括在相应定额中。

④本章节定额未包括钢板桩的制作、除锈、刷油。现场制作的钢板桩，其制作执行金属结构工程中钢柱制作相应定额。

（2）挡土板定额分为疏板和密板。疏板是指间隔支挡土板，且板间净空小于等于 150 cm 的情况；密板是指满堂支挡土板或板间净空小于等于 30 cm 的情况。

（3）锚杆有粘结预应力钢绞线定额中锚具型号实际不同时可以调整。

（4）锚孔注浆水泥砂浆配合比不同时，可以按实调整；锚孔二次注浆已含第一次注浆费用，定额按设计水泥含量 80 kg/m 编制，设计水泥含量不同时，按实调整水泥用量。

（5）基坑与边坡支护工程如需搭设脚手架的，按砌筑双排脚手架定额规定计算。

5.3　桩基工程

5.3.1　打桩

5.3.1.1　《房屋建筑与装饰实施细则》清单项目设置

《房屋建筑与装饰实施细则》附录 C 打桩常用项目见表 5.3.1。

表 5.3.1　打桩(编号:010301)

项目编码	项目名称	项目特征	计量单位	工程量计算规则	工作内容
010301001	预制钢筋混凝土方桩	1. 送桩深度、桩长 2. 桩截面 3. 桩倾斜度 4. 沉桩方法 5. 接桩方式 6. 混凝土强度等级	m	按设计图示尺寸的桩长(包括桩尖)以米计算	1. 工作平台搭拆 2. 桩机竖拆、移位 3. 沉桩 4. 接桩 5. 送桩
010301002	预制钢筋混凝土管桩	1. 桩规格(包括外径、壁厚) 2. 沉桩方法 3. 沉桩长度 4. 桩尖类型 5. 接桩方式 6. 桩倾斜度 7. 填充材料、刷防护材料要求			1. 工作平台搭拆 2. 桩机竖拆、移位 3. 沉桩 4. 接桩 5. 送桩 6. 桩尖制作安装 7. 填充材料、刷防护材料
010301004	截(凿)桩头	1. 桩类型 2. 桩头截面、高度 3. 混凝土强度等级 4. 有无钢筋	1. m³ 2. 根	1. 以体积计量的,按设计桩截面积乘以桩头长度以立方米计算 2. 以数量计量的,按设计图示以根计算	1. 截(切割)桩头 2. 凿平 3. 废料外运

5.3.1.2　计量规范相关说明

(1)项目特征中的桩截面、混凝土强度等级、桩类型等可直接用标准图代号或设计桩型进行描述。

(2)预制钢筋混凝土方桩、预制钢筋混凝土管桩项目以成品桩编制,应包括成品桩购置费,如果用现场预制,应包括现场预制桩的所有费用。沉桩长度是指从自然地坪到桩尖之间的长度,实际施工中单桩沉桩长度与清单特征差异在 20 m 以内的,清单的综合单价不作调整。

(3)打试验桩和打斜桩应按相应项目单独列项,并应在项目特征中注明试验桩或斜桩(斜率)。

(4)截(凿)桩头项目适用于本规范附录 B、附录 C 所列桩的桩头截(凿)。

(5)预制钢筋混凝土管桩桩顶与承台的连接构造按本规范附录 E 相关项目列项。

5.3.1.3　相关预算定额项目及说明

1. 工程量清单项目对应预算定额的主要项目

(1)预制钢筋混凝土方桩:一般对应预算定额的项目有桩身(含制作、运输或外购)、打(压)桩、接桩、送桩等。

(2)预制钢筋混凝土管桩:一般对应预算定额的项目有桩身(外购、运输)、打(压)桩、桩尖焊接、接桩、送桩、管桩填充材料等。

2. 预算定额项目的工程量计算规则

(1)打(压)预制方(管)桩按桩顶面(桩露出地面的按自然地坪面)至桩底面(包括桩尖)以长度计算。

(2)送预制方(管)桩按桩顶面至自然地坪面加 0.5 m 以长度计算。

(3)锚杆静压桩:压桩按实际压入长度计算,封桩按桩承台预留口的混凝土量(包括承台面以上和以下的混凝土)以体积计算。

(4)电焊接桩、管桩桩尖焊接以个计算;硫磺胶泥接桩以面积计算。

(5)预制混凝土桩截桩头,按设计要求截桩的数量计算。

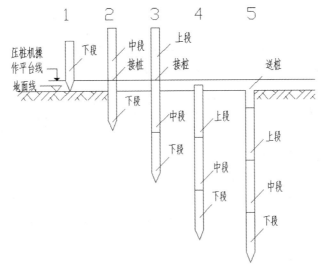

图 5.3.1　打桩、接桩、送桩施工工程序示意图

(6)预制混凝土桩凿桩头,按设计图示截桩面积乘以凿桩头长度以体积计算。凿桩头长度设计无明确的按桩体高 $40d$(d 为桩体主筋直径,主筋直径不同时取大者)计算。

3. 相关说明

(1)定额未包括钢筋混凝土桩身材料费,钢筋混凝土桩身的损耗率为 0.5%,不分现场预制或外购。

(2)定额已包括桩帽、送桩器、桩帽盖、活瓣桩尖、钢管、料斗等金属周转材料;锚杆静压桩定额已包括校正反力架垫铁的摊销量,未包括反力架用的螺栓螺帽,按铁件另计。

(3)采用机械快速连接打压预制管桩,相应打(压)桩定额的人工费乘以系数 1.07,接桩材料费另行计算。

(4)送预制方(管)桩套用相应打(压)桩定额,其人工、机械消耗乘以下表系数:

表 5.3.2　相应系数

送桩深度	系数
2 m 以内	1.05
4 m 以内	1.10
4 m 以外	1.15

（5）如因地质原因桩身露出自然地坪造成桩机不能移位，可另计砍除露明桩身费和桩机停滞台班费用，桩机停滞台班费按一个露明方桩 0.094 台班、一个露明管桩 0.063 台班计算。

（6）预制管桩设计要求填充的空心部分，混凝土、钢筋按实际计算套用混凝土柱、钢筋制安定额，其中底部的薄钢筋托板及固定托板用的钢筋按铁件计算。

（7）在旧建筑物场地上进行打（压）预制方（管）桩，设计或发包人要求用桩机送桩器进行探桩的，探桩套用打（压）桩定额乘以系数 0.5。

（8）设计的电焊接桩接头钢材用量与定额的用量不同时，按设计调整。

（9）锚杆静压桩封桩定额已综合砍、凿桩头费，不再另算。

（10）打实验桩的，相应定额人工、机械消耗量乘以系数 2.0；本条说明仅适用于打（压）桩、送桩、桩基成孔（包括空孔部分）定额。预制桩接桩、桩尖焊接、封桩、混凝土灌注、泥浆制作、埋设护筒以及钢筋笼制作等消耗量均不乘该系数。

（11）在桩间补桩或强夯后的地基上打桩的，相应定额人工、机械消耗量乘以系数 1.15。

（12）本章节定额以打直桩为准，如打斜桩斜度在 1∶6 以内者，相应定额人工、机械消耗量乘以系数 1.25，如斜度大于 1∶6 者，相应定额人工、机械消耗量乘以系数 1.43。

（13）本章节定额以平地（坡度小于 15°）打桩为准。如在堤坡上（坡度大于 15°）打桩的，相应定额人工、机械消耗量乘以系数 1.15；如在基坑内（基坑深度大于 1.5 m）打桩或地坪上打坑槽内（坑槽深度大于 1 m）的桩，相应定额人工、机械消耗量乘以系数 1.11。

（14）砍（凿）桩头定额已包括现场堆放费用，未包括外弃费用，如有发生按石方外运的规则另行计算。

5.3.1.4　举例应用

【例 5.2】某工程桩基础设计采用静压高强预应力混凝土管桩，预制桩明细表见表 5.3.3。桩身混凝土等级 C80，选用十字形钢桩尖桩，直径分 A、B 两种。工程勘察报告表明，从上到下①杂填土约 0.40 m，②粉质黏土约 3.8 m，③淤泥质土约 1.9 m，④中砂约 6.3 m，⑤淤泥质土约 3.40 m，⑥粉质黏土约 8.50 m，⑦淤泥质土约 0.8～2.7 m，⑧粉质黏土约 10.40 m，⑨中砂约 6.50 m，⑩彩砂卵石 0.00～6.10 m，卵石层＞6.7 m，尚未揭穿。桩设计资料如下表，桩 A 桩有 40 根，B 桩 12 根；自然地坪标高－0.5 m，设计桩顶标高－2.0 m。已知 Φ500 mm 管桩，一节 15 m；Φ400 mm 管桩，一节 12 m，采用电焊接桩。桩体主筋直径最大 20 mm。桩芯填充 C35 微膨胀混凝土，高度 2.0 m。暂不考虑截桩头，钢筋、钢托板暂不计算。试列出桩基础的工程量计算表。

[解]

表 5.3.3　预制桩明细表

桩编号	桩径(mm)	管桩型号	管桩壁厚 (mm)	有效桩长 (m)	单桩竖向承载力 特征值 QUK(kN)	桩端进入土层 (持力层)
A	Φ400	PHC400-95A	95	约 45	1300	卵石层
B	Φ500	PHC500-100A	100	约 45	1800	卵石层

表 5.3.4　工程量计算表

序号	项目编码	项目名称	计算式	计量单位	工程量
1	010301002001	预制钢筋混凝土管桩	45.0×40＝1800.00	m	1800.00
1.1	101BC001	预制管桩 Φ400 mm	45.0×40＝1800.00	m	1800.00
1.2	10103027	压预制管桩(桩直径 400 mm 以内 桩深 18 m 以外)	45.0×40＝1800.00	m	1800.00
1.3	10103033	电焊接桩(预制管桩)	40×3＝120	个	80
1.4	10103027 T	压预制管桩(桩直径 400 mm 以内 桩深 18 m 以外)(送桩 2 m 以内)	(2.0－0.5＋0.5)×40＝80.00	m	80.00
1.5	10103035	管桩桩尖焊接	45	个	45
2	010301002002	预制钢筋混凝土管桩	45.0×12＝540.00	m	540.00
2.1	101BC002	预制管桩 Φ500 mm	45.0×12＝540.00	m	540.00
2.2	10103029	压预制管桩(桩直径 500 mm 以内 桩深 30 m 以外)	45.0×12＝540.00	m	540.00
2.3	10103033	电焊接桩(预制管桩)	12×2＝24	个	24
2.4	10103029 T	压预制管桩(桩直径 500 mm 以内 桩深 30 m 以外) 送桩 深度 2 m 以内	(2.0－0.5＋0.5)×12＝24.00	m	24.00
2.5	10103035	管桩桩尖焊接	12	个	12
3	010502003001	异形柱	500 桩径: $(\frac{0.5-0.1\times 2}{2})^2\times\pi\times 2.0\times 40$ ＝0.14×40＝5.60 400 桩径: $(\frac{0.4-0.095\times 2}{2})^2\times\pi\times 2.0\times 12$ ＝0.069×12＝0.83	m³	6.43
3.1	10105012	C35 预拌泵送普通混凝土(独 立异形柱)	6.43	m³	6.43

5.3.2 灌注桩

5.3.2.1 《房屋建筑与装饰实施细则》清单项目设置

《房屋建筑与装饰实施细则》附录C.2灌注桩常用项目见表5.3.5。

表5.3.5 灌注桩(编号:010302)

项目编码	项目名称	项目特征	计量单位	工程量计算规则	工作内容
010302001	成孔灌注桩	1. 桩径 2. 成孔长度 3. 成孔方法 4. 混凝土种类、强度等级	m	按设计图示尺寸的桩长(包括桩尖)以米计算	1. 护筒埋设 2. 成孔、固壁 3. 混凝土制作、运输、灌注、养护 4. 土方、废泥浆外运 5. 打桩场地硬化及泥浆池、泥浆沟
010302002	沉管灌注桩	1. 沉管方法 2. 桩径 3. 沉管长度 4. 复打长度 5. 桩尖类型 6. 混凝土种类、强度等级			1. 成孔 2. 混凝土制作、运输、灌注、养护
010302005	人工挖孔灌注桩	1. 地层情况 2. 挖孔深度 3. 弃土(石)运距 4. 桩芯直径、桩芯长度 5. 扩底直径、扩底高度 6. 护壁厚度、高度 7. 护壁混凝土种类、强度等级 8. 桩芯混凝土种类、强度等级	m³	按设计图示桩(含护壁)截面积乘以桩长以立方米计算	1. 排地表水 2. 挖土、凿石 3. 基底钎探 4. 运输 5. 护壁制作 6. 混凝土制作、运输、灌注、振捣、养护
010302007	灌注桩后压浆	1. 注浆导管材料、规格 2. 注浆导管长度 3. 单孔注浆量 4. 水泥强度等级	孔	按设计图示的注浆孔数以孔计算	1. 注浆导管制作、安装 2. 浆液制作、运输、压浆
010302008	灌注桩岩层增加费	1. 桩径 2. 岩层及长度 3. 成孔方法	m	按设计图示尺寸的岩层部分的桩长(包括桩尖)以米计算。	成孔遇到岩层所产生的增加工作与费用
010302009	声测管	1. 材质 2. 规格型号	m	按设计图示尺寸以米计算	1. 检测管截断、封头 2. 套管制作、焊接 3. 定位、固定

5.3.2.2　计量规范相关说明

(1)项目特征中的桩长应包括桩尖,空桩长度＝孔深－桩长,孔深为自然地坪至设计桩底的深度。

(2)项目特征中的桩截面(桩径)、混凝土强度等级、桩类型等可直接用标准图代号或设计桩型进行描述。

(3)沉管灌注桩的沉管方法包括锤击沉管法、振动沉管法、振动冲击沉管法、内夯沉管法等。

(4)混凝土种类:指清水混凝土、彩色混凝土、水下混凝土等,如在同一地区既使用预拌(商品)混凝土,又允许现场搅拌混凝土时,也应注明(下同)。

(5)混凝土灌注桩的钢筋笼制作、安装,按《房屋建筑与装饰实施细则》附录 E 中相关项目编码列项。

(6)成孔灌注桩、沉管灌注桩,实际成孔、沉管长度与清单特征差异在 20 m 以内的,清单综合单价不作调整。人工挖孔灌注桩,实际挖孔深度与清单特征差异在 10 m 以内的,清单综合单价不作调整。

(7)成孔灌注桩、人工挖孔灌注桩,遇较软岩、较硬岩、坚硬岩类型土质时,应另列出岩层增加费清单。

5.3.2.3　相关预算定额项目及说明

1. 预算定额项目的工程量计算规则

(1)冲(钻)孔灌注混凝土桩。

①成孔按入土深度(包括岩层深度)计算。

②岩层增加费按入岩深度计算。

③护筒按施工组织设计的埋设深度以长度计算,施工组织设计未明确的,可按每根桩 1.5 m 计算。

④混凝土按设计桩长增加超灌长度乘以桩截面积以体积计算,若设计未明确超灌长度的,桩的超灌长度按桩直径的 0.5 且不小于 0.5 m 计算。

⑤泥浆制作按成孔体积除以循环次数计算。成孔体积按入土深度乘以桩截面积计算,循环次数根据施工组织设计确定,施工组织设计未明确的循环次数可按 5 次计算。

⑥泥浆直接外运的工程量按成孔体积计算套泥浆运输定额,经风干后外运的工程量按成孔体积套用土方外运定额。

⑦旋挖钻机钻孔,分干钻和湿钻两种施工方式,其土方(或泥浆)外运按下列规则计算。

a. 采用干钻的,按钻孔体积执行土方外运定额。

b. 采用湿钻的(干湿钻结合),干钻与湿钻的比例应当按照施工组织设计,干钻部分执行土方外运定额;湿钻部分若泥浆风干后外运的按湿钻体积执行土方外运定额,泥浆制作工程量按湿钻体积除以循环次数(循环次数未明确的可以按 5 次)计算;若废泥浆直接外运的按湿钻体积执行泥浆运输定额,泥浆制作工程量按湿钻体积计算。

c. 编制预算时难以判断干钻或湿钻以及比例的,一般按湿钻考虑,干钻与湿钻的比例按各占 50% 计算。实际采用干钻或湿钻以及比例不同,是否调整应当在合同中约定。

⑧注浆管、声测管埋设工程量按打桩前的自然地坪标高至设计桩底标高另加 0.5 m 以长度计算。

⑨桩底(侧)后注浆工程量按设计注入水泥用量以质量计算。水泥用量不同时可以调整。

(2)沉管灌注混凝土桩。

①成孔按入土深度计算。

②混凝土按设计桩顶至桩尖长度加超灌长度(设计没有明确的按 0.5 m)计算,不扣除桩尖虚体积。复打桩按单桩体积乘以(1+复打次数)计算,局部复打按单桩体积乘以(1+复打长度÷桩长)计算。

(3)人工挖孔灌注混凝土桩。

①混凝土圆形柱的按设计桩长度乘以桩外径(含护壁)截面积,圆台形的加上扩大头以体积计算。套用定额时,桩径按扩大头以上的各节桩上、下口(含护壁)的平均直径。

②空孔按设计桩顶至自然地坪高度乘以桩外径(含护壁)截面积计算。

③挖除土方外运工程量可参见表 5.3.6 的土方含量计算:

表 5.3.6　每立方米人工挖孔灌注混凝土桩的土方含量(单位:m³)

桩径	1.10 m 以内	1.50 m 以内	1.90 m 以内	2.30 m 以内	2.70 m 以内
土方含量	1.055	1.044	1.034	1.028	1.024

(4)夯扩混凝土桩。

①混凝土按设计桩体积加超灌体积计算。

②空孔按设计桩顶至自然地坪高度扣除超灌长度乘以设计桩截面积计算。

(5)灌注混凝土桩凿桩头,按设计超灌长度乘以桩身设计截面积以体积计算。

2. 相关说明

(1)冲(钻)孔灌注混凝土桩。

①遇软岩、较软岩、较硬岩、坚硬岩类型时,应计算岩层增加费。其中,遇软岩时套用岩石增加费定额乘以系数 0.35,冲孔桩、回旋桩遇坚硬岩套用岩层增加费定额乘以系数 1.2,旋挖桩遇坚硬岩时套用岩层增加费定额乘以系数 1.8。

②桩机及钻头的种类和型号按一般情况考虑,若有不同可以调整。

③成孔定额已包括场内泥浆清理及砌筑泥浆池。

④灌注桩后压浆注浆管、声测管埋设,注浆管、声测管材质、规格不同时可以换算,其余不变。

⑤注浆管埋设定额按桩底注浆考虑,设计采用侧向注浆的人工、机械乘以系数 1.2。

(2)沉管灌注混凝土桩定额的桩尖是按混凝土桩尖考虑,设计桩尖材料不同可以调整。

(3)人工挖孔灌注混凝土桩。

①已综合挖孔土方与护壁混凝土量。

②已综合 20%软岩及桩底 0.5 m 以内的岩石(较软岩、较硬岩)处理,超过部分可以另计岩石成孔增加费。

③施工中如遇流砂、淤泥的,按流砂、淤泥量定额人工乘以系数 1.2,增加的材料及措施费用另行计算;如遇孔内发生地下水渗透积水而需抽水处理的,另行计算。

④人工挖孔桩空孔部分凿除按凿除实际体积套用凿桩头定额。

(4)桩空孔部分,如需填充的,填充砂的套用砂垫层定额,填充混凝土的套用混凝土垫层定额。

(5)打实验桩的,桩基成孔(包括空孔部分)定额相应的人工、机械消耗量乘以系数 2.0。混凝土灌注、泥浆制作、埋设护筒以及钢筋笼制作等消耗量均不乘该系数。

（6）砍（凿）桩头定额已包括现场堆放费用，未包括外弃费用，如有发生按石方外运的规则另行计算。

5.3.2.4 举例应用

【例 5.3】某工程采用人工挖孔桩基础，设计情况如图 5.3.2 所示，桩数 10 根，桩端进入中风化泥岩不少于 1.5 m，护壁混凝土采用现场搅拌，强度等级为 C25，桩芯采用商品混凝土，强度等级为 C25，土方外运。

试列出该桩基础分部分项工程量计算表。

［解］

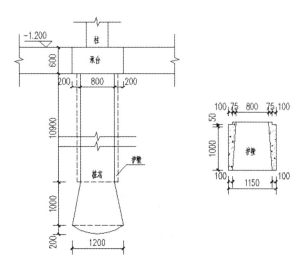

图 5.3.2 某工程人工挖孔桩基础示意图

表 5.3.7 工程量计算表

序号	项目编码	项目名称	计算式	工程量合计	计量单位
1	010302005001	人工挖孔灌注桩	(1)直芯 $V_1=\pi\times\left(\dfrac{1.150}{2}\right)^2\times10.9=11.32$ (2)扩大头 $V_2=\dfrac{1}{3}\times1\times(\pi\times0.4^2+\pi\times0.6^2+\pi\times0.4\times0.6)=\dfrac{1}{3}\times1\times3.14\times(0.4^2+0.6^2+0.4\times0.6)=0.80$ (3)$V_3=\pi\times0.2^2\times\left(R-\dfrac{0.2}{3}\right)$ $R=\dfrac{0.6^2+0.2^2}{2\times0.2}=1.0$ $V_3=3.14\times0.2^2\times\left(1.0-\dfrac{0.2}{3}\right)=0.12$ $V=V_1+V_2+V_3=(11.32+0.8+0.12)\times10=122.40$	122.40	m^3
2	010103002002	余方弃置	$122.40\times1.044=127.79$	127.79	m^3

【例 5.4】本工程采用静压振动 Φ400 沉管灌注桩，设计室外标高−0.450 m。桩身直径为 Φ400 mm。桩尖持力层为粉质黏土层（应保证桩尖至粉质黏土层底厚度＞0.2 m）。桩端全断面应进入持力层大于 0.5 m，桩长约为 14 m。

桩身混凝土强度为 C20，预制桩尖混凝土强度为 C25。桩身大样如图 5.3.3 所示。工程桩总数为 51 根，单桩竖向承载力设计值为 500 kN，现场施工的实际桩长应以最后实际终孔为准。打桩开始前请通知各部门有关人员到场试成桩 2 根，复核技术条件后再试打。

试列出桩基础的工程量计算表。

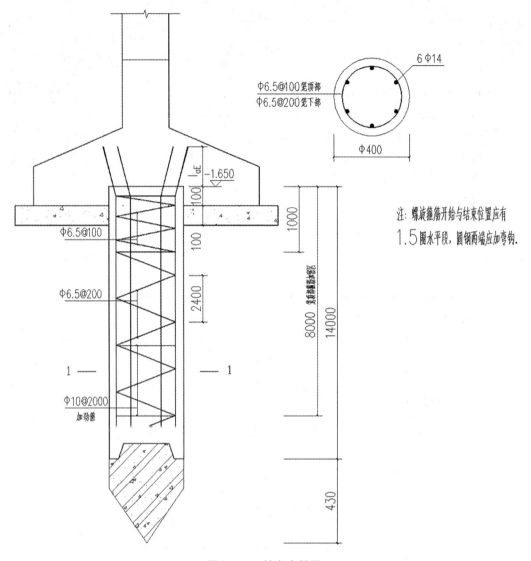

图 5.3.3　桩身大样图

[解]

表 5.3.8　工程量计算表

序号	项目编码	项目名称	计算式	工程量合计	计量单位
1	010302002001	沉管灌注桩	$(14.0＋0.43)×49＝14.43×49＝707.07$	707.07	m
1.1	10103076	沉管灌注混凝土桩（静压沉管 桩深15 m 以内 桩径50 cm 以内）	$(1.20＋14.0＋0.43)×49＝15.63×49＝765.87$	765.87	m

续表

序号	项目编码	项目名称	计算式	工程量合计	计量单位
1.2	10103081 T	C20 沉管灌注预拌泵送普通混凝土桩(泵送商品预拌泵送普通混凝土)	$(14.0+0.43+0.5) \times \pi \times 0.2^2 \times 49 = 1.88 \times 49 = 92.12$	92.12	m³
2	010302002002	沉管灌注桩	$(14.0+0.43) \times 2 = 14.43 \times 2 = 28.86$	28.86	m³
2.1	10103076	沉管灌注混凝土桩(静压沉管 桩深 15 m 以内 桩径 50 cm 以内)	$(1.20+14.0+0.43) \times 2 = 15.63 \times 2 = 31.26$	31.26	m³
2.2	10103081 T	C20 沉管灌注预拌泵送普通混凝土桩(泵送商品预拌泵送普通混凝土)	$(14.0+0.43+0.5) \times \pi \times 0.2^2 \times 2 = 1.88 \times 2 = 3.76$	3.76	m³
3	010301004004	截(凿)桩头	$0.5 \times \pi \times 0.2^2 \times 51 = 3.20$	3.20	m³
3.1	10103104	截桩、凿桩头(凿桩头 灌注钢筋混凝土桩)	$0.5 \times \pi \times 0.2^2 \times 51 = 3.20$	3.20	m³

5.4　砌筑工程

5.4.1　砖砌体

5.4.1.1　《房屋建筑与装饰实施细则》清单项目设置

《房屋建筑与装饰实施细则》附录 D.1 砖砌体常用项目见表 5.4.1。

表 5.4.1　砖砌体(编号:010401)

项目编码	项目名称	项目特征	计量单位	工程量计算规则	工作内容
010401003	实心砖墙	1. 砖品种、规格、强度等级 2. 墙体类型、砌筑高度 3. 砂浆强度等级、配合比	m^3	按设计图示尺寸以立方米计算,扣除门窗洞口、单个面积大于 0.3 m^2 的孔洞、嵌入墙内的钢筋混凝土柱、梁、圈梁、挑梁、过梁、反梁及凹进墙内的壁龛、管槽、消火栓箱所占体积。不扣除梁头、板头、砖墙内加固钢筋及单个面积 0.3 m^2 以内的孔洞所占体积。凸出墙面的砖垛并入墙体体积内计算。砌体厚度应按砖实际规格计算	1. 砂浆制作、运输 2. 砌砖 3. 刮缝 4. 砖压顶砌筑 5. 材料运输
010401004	多孔砖墙				
010401005	空心砖墙				
010401009	实心砖柱	1. 砖品种、规格、强度等级 2. 柱类型、砌筑高度 3. 砂浆强度等级、配合比	m^3	按设计图示尺寸以立方米计算。扣除混凝土及钢筋混凝土梁垫、梁头、板头所占体积	1. 砂浆制作、运输 2. 砌砖 3. 刮缝 4. 材料运输
010401010	多孔砖柱				
010401011	砖化粪池	1. 井截面、深度 2. 砖品种、规格、强度等级 3. 垫层材料种类 4. 井盖品种、规格 5. 混凝土强度等级 6. 砂浆强度等级 7. 防潮层材料种类	座	按设计图示以座计算	1. 砂浆制作、运输 2. 铺设垫层 3. 底板混凝土制作、运输、浇筑、振捣、养护 4. 砌砖 5. 刮缝 6. 井池底、壁抹灰 7. 抹防潮层 8. 材料运输

续表

项目编码	项目名称	项目特征	计量单位	工程量计算规则	工作内容
010401012	零星砌砖	1. 零星砌砖名称、部位 2. 砖品种、规格、强度等级 3. 砂浆强度等级、配合比	m³	按设计图示尺寸的截面积乘以长度以立方米计算	
010401013	砖散水、地坪	1. 砖品种、规格、强度等级 2. 垫层材料种类、厚度 3. 散水、地坪厚度 4. 面层种类、厚度 5. 砂浆强度等级	m²	按设计图示尺寸以平方米计算	1. 土方挖、运、填 2. 地基找平、夯实 3. 铺设垫层 4. 砖砌散水、地坪 5. 抹砂浆面层
010401014	砖地沟、明暗沟	1. 砖品种、规格、强度等级 2. 沟截面尺寸 3. 垫层材料种类、厚度 4. 混凝土强度等级 5. 砂浆强度等级 6. 盖板品种规格	m	按设计图示的中心线长度以米计算	1. 土方挖、运、填 2. 底板混凝土制作、运输、浇筑、振捣、养护 3. 砌砖 4. 刮缝、抹灰 5. 材料运输 6. 盖板制安

5.4.1.2　计量规范相关说明

(1)框架外表面的镶贴砖部分,按零星项目编码列项。

(2)附墙烟囱、通风道、垃圾道应按设计图示尺寸以体积(扣除孔洞所占体积)计算并入所依附的墙体体积内。当设计规定孔洞内需抹灰时,应按本规范附录 M 中零星抹灰项目编码列项。

(3)台阶、台阶挡墙、梯带、锅台、炉灶、蹲台、池槽、池槽腿、花台、花池、楼梯栏板、阳台栏板、地垄墙、≤0.3 m² 的孔洞墙塞等,应按零星砌砖项目编码列项。

(4)砖砌体内钢筋加固,应按《房屋建筑与装饰实施细则》附录 E 中相关项目编码列项。

(5)砖砌体勾缝按《房屋建筑与装饰实施细则》附录 M 中相关项目编码列项。

(6)如施工图设计标注做法见标准图集时,应在项目特征描述中注明标注图集的编码、页号及节点大样。

5.4.1.3　相关预算定额项目及说明

1. 预算定额项目的工程量计算规则

(1)实心砖墙、多孔砖墙、空心砖墙、砌块墙等砖砌块(砌体)按设计图示尺寸以体积计算。扣除门窗洞口、单个面积大于 0.3 m² 的孔洞、嵌入墙内的钢筋混凝土柱、梁、圈梁、挑梁、过梁、反梁及凹进墙内的壁龛、管槽、消火栓箱所占体积。不扣除梁头、板头、砖墙内加固钢筋及单个面积 0.3 m² 以内的孔洞所占体积。凸出墙面的砖垛并入墙体体积内计算。砌体厚度应按砖实际规格计算,见表 5.4.2 和表 5.4.3。

表 5.4.2　标准砖墙(240 mm×115 mm×53 mm)计算厚度

砖数(厚度)	1/4	1/2	3/4	1	$1\frac{1}{2}$	2	$2\frac{1}{2}$	3
计算厚度(mm)	53	115	180	240	365	490	615	740

表 5.4.3　空心墙、砌块墙计算厚度

砖型	规格	1/2 砖	1 砖
空心砖	190×190×190	—	190
	190×190×90	—	190
	190×90×90	90	—
多孔砖	240×115×90	—	240
	190×90×90	—	190
	190×90×90	90	—

(2)凸出墙面的腰线、挑檐、压顶、窗台线、虎头砖、门窗套按设计图示尺寸并入相应墙体以体积计算。

(3)实心砖柱、多孔砖柱按设计图示尺寸以体积计算,扣除混凝土及钢筋混凝土梁垫、梁头、板头所占体积。

(4)零星砌砖按设计图示尺寸截面积乘以长度以体积计算。

(5)砖散水、地坪平铺按设计图示尺寸以面积计算。

(6)砖地沟、砖模按设计图示尺寸以体积计算。

(7)附墙烟囱、通风道、垃圾道应按设计图示尺寸以体积(扣除孔洞所占体积)计算并入所依附的墙体体积内。当设计规定孔洞内需抹灰时,另按 5.11 节"墙、柱面装饰与隔断、幕墙工程"相应子目计算。

2. 相关说明

(1)砖墙不分框架和非框架,不分内、外墙,标准砖墙定额不分墙厚。

(2)砖墙定额已包括先立门窗框的调直用工以及腰线、窗台线、挑檐及构造柱马牙槎的砌筑等一般出线用工。

(3)多孔砖、空心砖定额中已综合考虑砌筑过程中所需实砌标准砖。多孔砖、空心砖及砌块砌筑有防水、防潮要求的墙体时,若以普通(实心)砖作为导墙砌筑的,导墙与上部墙身主体须分别计算,导墙部分套用零星砌体子目。

(4)零星砖砌体子目适用于台阶、台阶挡墙、梯带、锅台、炉灶、蹲台、池槽、池槽腿、花台、花池、楼梯栏板、阳台栏板、地垄墙、屋面隔热板下的砖墩、0.3 m² 以内的孔洞填塞。

(5)地下室外墙保护墙部位的贴砌砖套用相应砖砌体定额;框架外表面的镶贴砖部分,套用零星砌体子目。

(6)围墙套用墙相关定额。

（7）砖墙定额已考虑门窗洞口预埋的木砖,若设计使用混凝土预制块,按实体积套用相应定额计算;相应砖墙工程量扣除相应混凝土预制块所占体积。

（8）砖砌地沟不分墙基和墙身,按不同材质合并工程量套相应定额。

（9）加气混凝土砌块:

①定额中已综合考虑砌筑过程中砌块零星切割、改锯的费用和损耗,但未包含砌块墙体防潮处理费用,设计有要求时,另行计算。

②加气混凝土砖墙顶与混凝土梁或混凝土楼板之间的缝隙,若实际采用柔性材料嵌缝时,人工费不予以调整,新增加柔性材料按实计算,相应材料(砂浆、砌块)消耗量不予以扣除。

（10）本章节定额中各类砖、砌块及石砌体的砌筑均按直形砌筑编制,如为圆弧形砌筑者,按相应定额人工费乘以系数 1.1,砖、砌块及石砌体及砂浆(粘结剂)用量乘以系数 1.03 计算。

5.4.1.4 举例应用

【例 5.5】某工程墙体(含女儿墙)采用承重空心砖墙砌筑,墙厚 200 mm;底层墙下均有 C25 混凝土基础梁(基础梁顶面标高−0.050 m)。女儿墙高度 900 mm,顶部做高 150 mm、宽同墙厚的 C20 混凝土压顶。窗台高均为 1.0 m,窗底做 80 mm 厚 C20 细石混凝土窗台压梁,宽同墙厚,两端要求嵌入墙体 240 mm,墙垛均按 100 mm 计算,墙中混凝土构件体积共 1.54 m³(已含压顶、压梁、过梁等),试列出砌筑工程量计算表。

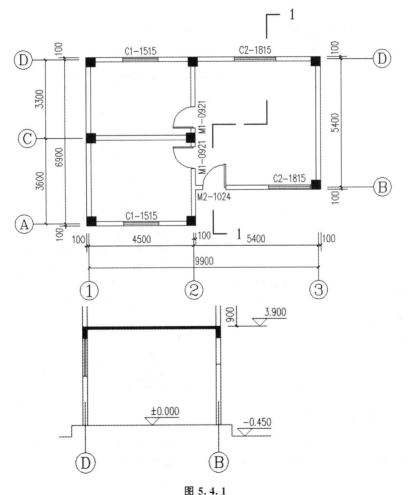

图 5.4.1

[解]

表 5.4.4　工程量计算表

项目编码	项目名称	计算式	工程量合计	计量单位
010401005001	空心砖墙	砌筑面积：$(3.95-0.45)\times[(4.5-0.6)\times2+(4.5-0.5)+(7.1-0.4\times3)\times2+5.4-0.4+5.4-0.5+5.4-0.6]=134.05$ m² 门窗洞口：$1.0\times2.4+0.9\times2.1\times2+1.8\times1.5\times2+1.5\times1.5\times2=-16.08$ m² 一层墙体：$(134.05-16.08)\times0.19=118.32\times0.19=22.41$ m³ 女儿墙：$(6.9+9.9)\times2\times0.9\times0.19=30.24\times0.19=5.746$ m³ 墙体合计：$22.41+5.746=28.23$ m³ 扣除砼的砌筑体积：$28.23-1.54=26.69$ m³	26.69	m³

5.4.2　砌块砌体

5.4.2.1　《房屋建筑与装饰实施细则》清单项目设置

《房屋建筑与装饰实施细则》附录 D.2 砌块砌体常用项目见表 5.4.5。

表 5.4.5　砌块砌体(编号：010402)

项目编码	项目名称	项目特征	计量单位	工程量计算规则	工作内容
010402001	砌块墙	1. 砌块品种、规格、强度等级 2. 墙体类型、砌筑高度 3. 砂浆强度等级	m³	按设计图示尺寸以立方米计算，扣除门窗洞口、单个面积大于 0.3 m² 的孔洞、嵌入墙内的钢筋混凝土柱、梁、圈梁、挑梁、过梁、反梁及凹进墙内的壁龛、管槽、消火栓箱所占体积，不扣除梁头、板头、砖墙内加固钢筋及单个面积 0.3 m² 以内的孔洞所占体积。凸出墙面的砖垛并入墙体体积内计算。砌体厚度应按砖实际规格计算	1. 砂浆制作、运输 2. 砌砖、砌块 3. 勾缝 4. 材料运输

5.4.2.2　计量规范相关说明

(1)砌体内加筋、墙体拉结的制作、安装,应按本规范附录 E 中相关项目编码列项。

(2)砌块排列应上、下错缝搭砌,如果搭错缝长度满足不了规定的压搭要求,应采取压砌钢筋网片的措施,具体构造要求按设计规定。若设计无规定时,应注明由投标人根据工程实际情况自行考虑;钢筋网片按《房屋建筑与装饰实施细则》附录 F 中相应项目编码列项。

(3)砌体垂直灰缝宽>30 mm 时,采用 C20 细石混凝土灌实。灌注的混凝土应按《房屋建筑与装饰实施细则》附录 E 相关项目编码列项。

5.4.2.3　相关预算定额项目及说明

同 5.4.1 节"砖砌体"。

5.4.3　石砌体

5.4.3.1　《房屋建筑与装饰实施细则》清单项目设置

《房屋建筑与装饰实施细则》附录 D.3 石砌体常用项目见表 5.4.4。

5.4.3.2　计量规范相关说明

(1)"石基础"项目适用于各种规格(粗料石、细料石等)、各种材质(砂石、青石等)和各种类型(柱基、墙基、直形、弧形等)的基础。

(2)"石柱"项目适用于各种规格、各种石质、各种类型的石柱。

(3)"石台阶"项目包括石梯带(垂带),不包括石梯膀,石梯膀应按《房屋建筑与装饰实施细则》附录 C 石挡土墙项目编码列项。

表 5.4.6　石砌体(编号:010403)

项目编码	项目名称	项目特征	计量单位	工程量计算规则	工作内容
010403001	石基础	1. 石料种类、规格 2. 基础类型 3. 砂浆强度等级	m³	按设计图示尺寸以立方米计算,包括附墙垛基础宽出部分体积,不扣除基础砂浆防潮层及单个面积≤0.3 m² 的孔洞所占体积,靠墙暖气沟的挑檐不增加体积	1. 砂浆制作、运输 2. 吊装 3. 砌石 4. 防潮层铺设 5. 材料运输
010403003	石墙	1. 石料种类、规格 2. 石表面加工要求 3. 勾缝要求 4. 砂浆强度等级、配合比	m³	石墙按设计图示尺寸以立方米计算,扣除门窗洞口、单个面积大于 0.3 m² 的孔洞、嵌入墙内的钢筋混凝土柱、梁、圈梁、挑梁、过梁、反梁及凹进墙内的壁龛、管槽、消火栓箱所占体积,不扣除梁头、板头、砖墙内加固钢筋及单个面积 0.3 m² 以内的孔洞所占体积。凸出墙面的垛并入墙体体积内计算	1. 砂浆制作、运输 2. 吊装 3. 砌石 4. 石表面加工 5. 勾缝 6. 材料运输
010403005	石柱			按设计图示尺寸以立方米计算	

续表

项目编码	项目名称	项目特征	计量单位	工程量计算规则	工作内容
010403008	石台阶	1. 垫层材料种类、厚度 2. 石料种类、规格 3. 护坡厚度、高度	m³	按设计图示尺寸以立方米计算	1. 铺设垫层 2. 石料加工 3. 砂浆制作、运输 4. 砌石 5. 石表面加工 6. 勾缝 7. 材料运输
010403009	石坡道	4. 石表面加工要求 5. 勾缝要求 6. 勾缝要求砂浆强度等级、配合比	m²	按设计图示以水平投影面积计算	
010403010	石地沟、明沟	1. 沟截面尺寸 2. 土壤类别、运距 3. 垫层材料种类、厚度 4. 石料种类、规格 5. 石表面加工要求 6. 勾缝要求 7. 砂浆强度等级、配合比	m	按设计图示的中心线长度以米计算	1. 土方挖、运 2. 砂浆制作、运输 3. 铺设垫层 4. 砌石 5. 石表面加工 6. 勾缝 7. 回填 8. 材料运输
010403011	其他石砌体	1. 零星石砌体名称、部位 2. 石砌体品种、规格、强度等级 3. 砂浆强度等级、配合比	1. m³ 2. 块 3. m²	1. 以体积计量的,按设计图示尺寸的截面积乘以长度以立方米计算 2. 以数量计量的,按设计图示数量以块计算 3. 以面积计量的,按设计图示尺寸的水平投影面积以平方米计算	1. 砂浆制作、运输 2. 砌砖 3. 刮缝 4. 材料运输

(4)如施工图设计标注做法见标准图集时,应在项目特征描述中注明标准图集的编码、页号及节点大样。

(5)"其他石砌体"项目适用于石楼梯、石廊沿、窗台、腰线、压顶、柱顶石过梁梁托石、门框(斗)、窗框(斗)、蓄水池、方整石垫石、磉石。

5.4.3.3 相关预算定额项目及说明

1. 预算定额项目的工程量计算规则

(1)石基础按设计图示尺寸以体积计算。包括附墙垛基础宽出部分体积,不扣除基础砂浆防潮层及单个面积 0.3 m² 以内的孔洞所占体积,靠墙暖气沟的挑檐不增加体积。

(2)石墙计算规则同砖砌体计算规则,石板围墙勾缝、隔缝按设计图示尺寸以长度计算。

(3)石柱:

①整毛石或方整石砌筑的石柱按设计图示尺寸以体积计算。

②整根石柱(含珠、柱、斗三部分)按根计算。

（4）石台阶按设计图示尺寸以体积计算。

（5）石坡道按设计图示以水平投影面积计算。

（6）石地沟按设计图示以体积计算。

（7）其他石砌体：

①零星石砌体按外形体积计算。

②石楼梯以水平投影面积计算，伸入墙内的体积，已包括在定额内，不另行计算。

③石廊沿、窗台、腰线、压顶、柱顶石过梁梁托石、门框（斗）、窗框（斗）、蓄水池，按设计图示尺寸以体积计算。

④方整石垫石、礓石按设计图示数量以块计算。

2. 相关说明

（1）石基础定额已综合水泥砂浆防潮层（不含垂直面防潮层）。

（2）定额中的乱毛石为堆体积，整毛石和方整石为实体积。

（3）混水墙和乱毛石清水墙定额已考虑叠切面加工。整毛石清水墙和柱定额未包括修边打荒，有发生的另行计算。

（4）整毛石墙、细石墙综合了单轨墙、双轨墙及单轨墙砌至窗台三种类型。整毛石墙中清水墙的灰缝为 21～30 mm，如设计要求≤20 mm，应按细石墙计算。

（5）竖砌石板围墙高度按地面以上 2 m、厚度按 120 mm 考虑，实际不同时，企石用量可以调整：高度每增减 100 mm，企石用量增减 4%；厚度每增减 10 mm，企石用量增减 8.5%。

（6）整毛石柱、细石柱定额是按整毛石或方整石砌筑的；整根石柱（含珠、柱、斗三部分）、门框（斗）、窗框（斗）石材均为半成品。

（7）石砌体定额中粗、细料石（砌体）墙按 400 mm×220 mm×200 mm 规格编制。

（8）毛料石护坡高度超高 4 m 时，定额人工乘以系数 1.15。

（9）石梯带按石台阶计算。

（10）零星石砌体适用于小型池槽，如污水池、洗衣池、洗菜池等。

（11）石基础与墙（柱）身的划分：

①基础与墙（柱）身使用同一材料的，以设计室内地坪为界（有地下室者，以地下室室内设计地面为界），以下为基础，以上为墙（柱）身。

②基础与墙身使用不同材料的，材料分界位于设计室内地坪±300 mm 以内的，以不同材料为界；材料分界超过设计室内地坪±300 mm 的，以设计室内地面为界；石围墙内、外地坪标高不同时，应以较低地坪标高为界。

③砖石围墙以设计室外地坪为界，以下为基础，以上为墙身。石围墙内外地坪标高不同时，应以较低地坪标高为界，以下为基础。

5.4.4　垫层

5.4.4.1　《房屋建筑与装饰实施细则》清单项目设置

《房屋建筑与装饰实施细则》附录 D.4 垫层常用项目见表 5.4.7。

表 5.4.7　垫层 (编号:010404)

项目编码	项目名称	项目特征	计量单位	工程量计算规则	工作内容
010404001	垫层	垫层材料种类、配合比、厚度	m³	按设计图示尺寸以立方米计算	1. 垫层材料的拌制 2. 垫层铺设 3. 材料运输

5.4.4.2　计量规范相关说明

混凝土垫层应按《房屋建筑与装饰实施细则》附录 E 中相关项目编码列项。

5.4.4.3　相关预算定额项目及说明

1. 预算定额项目的工程量计算规则

垫层按设计图示尺寸以体积计算。

2. 相关说明

人工级配砂石垫层是按中(粗)砂 15%(不含填充石子空隙)、砾石 85%(含填充砂)的级配比例编制的。

5.4.5　砌筑超高增加费

5.4.5.1　《房屋建筑与装饰实施细则》清单项目设置

《房屋建筑与装饰实施细则》附录 D.5 砌筑超高增加费常用项目见表 5.4.8。

表 5.4.8　砌筑超高增加费 (编号:010405)

项目编码	项目名称	项目特征	计量单位	工程量计算规则	工作内容
010405001	砌筑超高增加费	超高高度	m³	按设计图示尺寸以立方米计算	人工二次搬运砖、砂浆

5.4.5.2　相关预算定额项目及说明

1. 预算定额项目的工程量计算规则

定额中的墙体砌筑按墙体净高 3.6 m 编制,超高部分按设计图示尺寸以体积计算。

2. 相关说明

(1)定额中的墙体砌筑按墙体净高 3.6 m 编制,如砌筑高度超过 3.6 m 时,其超高部分按每超高 0.5 m 计算一个增加层,不足 0.5 m 的,按 0.5 m 计算。

(2)毛料石护坡高度超高 4 m 时,定额人工乘以系数 1.15。

5.5　混凝土及钢筋混凝土工程

1. 计量规范与计价规则的共性问题

《房屋建筑与装饰实施细则》附录 E 混凝土及钢筋混凝土工程包括现浇混凝土构件(基

础、柱、梁、墙、板、楼梯、其他构件、后浇带)、现场预制混凝土构件、钢筋工程、螺栓、铁件、装配式预制混凝土构件(柱、梁、墙板、板、楼梯、其他构件)、嵌缝打胶、非承重隔墙、成品风帽、烟道、通风道等子附录。其中,装配式预制混凝土构件按《福建省装配式建筑工程预算定额》(FJYD-103-2017)执行。

(1)预制混凝土构件或预制钢筋混凝土构件,如施工图设计标注做法见标准图集时,项目特征注明标准图集的编码、页号及节点大样即可。

(2)现浇或预制混凝土和钢筋混凝土构件,不扣除构件内钢筋、螺栓、预埋铁件、张拉孔道所占体积,但应扣除劲性骨架的型钢所占体积。

(3)预制混凝土构件或预制钢筋混凝土构件适用于现场预制的混凝土构件,工厂预制的按装配式工程相关项目编码列项。

(4)现浇混凝土及钢筋混凝土实体工程项目"工作内容"中未包含模板及支架的内容,综合单价中不包含模板及支架。

①基础现浇混凝土垫层项目,按本附录垫层项目编码列项。

②混凝土种类指清水混凝土、彩色混凝土等,若使用预拌(商品)混凝土或现场搅拌混凝土,在项目特征描述时,应注明。

③预制混凝土及钢筋混凝土构件,本规范按现场制作编制项目,工作内容中包括模板制作、安装、拆除,不再单列,钢筋按预制构件钢筋项目编码列项。若是成品构件,钢筋和模板工程均不再单列,综合单价中包括钢筋和模板的费用。

④现浇构件中固定位置的支撑钢筋,双层钢筋用的铁马以及螺栓、预埋铁件、机械连墙件工程数量,在编制工程清单时,如果设计未明确,其工程数量可为暂估量,实际工程量按现场签证数量计算。

(5)混凝土及钢筋混凝土构筑物项目,按构筑物工程相应项目编码列项。

2. 配套定额的共性问题

(1)混凝土与钢筋混凝土工程包括现浇混凝土、现场预制混凝土、钢筋工程、混凝土构配件。

(2)本章节定额混凝土养护按自然养护考虑,只包括表面浇水及塑料薄膜养护费用;混凝土结构物实体积最小几何尺寸大于1 m且按规定需进行温度控制的大体积混凝土,温度控制费用(包活测温、降温等)按照经批准的施工方案另行计算。

(3)现浇混凝土定额,除圈过梁、构造柱等定额按非泵送混凝土编制,其他按泵送混凝土编制,定额已综合考虑了因施工条件限制不能直接入模的因素。

①泵送混凝土是指在混凝土厂集中搅拌、用混凝土罐车运输到现场并入模的混凝土。

②采用非泵送混凝土时,执行相应的泵送混凝土子目,再执行"非泵送调整费"子目,其中泵送混凝土材料替换为非泵送混凝土。

③现场采用搅拌机拌制混凝土时,执行相应的混凝土子目,再执行"搅拌机拌制混凝土调整费"子目,其中混凝土材料替换为现场搅拌混凝土。

④现场建混凝土搅拌站集中拌制混凝土时,执行相应的混凝土子目,再执行"现场建搅拌站集中拌制混凝土调整费"子目,其中混凝土材料替换为现场搅拌混凝土。

(4)商品混凝土价格(包括泵送和非泵送)执行《福建省混凝土、砂浆等半成品配合比》的有关规定计算,价格中应当包括运输费、泵送费;混凝土泵送定额,适用于现场拌制后泵送,不适用于商品混凝土泵送。

①混凝土泵送费定额,根据不同檐口高度套用相应定额,定额已综合考虑现场采用固定泵及泵车结合施工的情况。

②混凝土泵车泵送费定额,适用于现场不满足固定施工条件情况下采用泵车施工的情况,适用《预算定额》应当办理现场签证手续。

③混凝土泵送定额已包括水平泵送距离150 m(按照建筑物水平中心距建筑物外围最短边),超过150 m时,该楼层的所有采用泵送混凝土构件计取"混凝土水平泵送增加费(超过150 m)"。

(5)混凝土按常用强度等级考虑,设计强度等级不同时应换算;设计要求在混凝土中掺外加剂的,费用另行计算,如有节约水泥用量应扣除。

5.5.1 现浇混凝土基础

5.5.1.1 《房屋建筑与装饰实施细则》清单项目设置

《房屋建筑与装饰实施细则》附录 E.1 现浇混凝土基础常用项目见表 5.5.1。

表 5.5.1 现浇混凝土基础(编号:010501)

项目编码	项目名称	项目特征	计量单位	工程量计算规则	工作内容
010501001	垫层	1. 混凝土种类(商品混凝土、现场拌制,泵送、非泵送) 2. 混凝土强度等级	m³	按设计图示尺寸以立方米计算,不扣除伸入承台基础的桩头所占体积,不扣除构件内钢筋、预埋铁件所占体积。型钢混凝土中型钢骨架所占体积按(密度)7850 kg/m³ 扣除	混凝土制作、运输、浇筑、振捣、养护
010501002	带形基础				
010501003	独立基础				
010501004	满堂基础				
010501005	桩承台基础				
010501006	设备基础	1. 混凝土种类(商品混凝土、现场拌制,泵送、非泵送) 2. 混凝土强度等级 3. 灌浆材料及其强度等级			
010501007	杯型基础	1. 混凝土种类(商品混凝土、现场拌制,泵送、非泵送) 2. 混凝土强度等级			

5.5.1.2 计量规范相关说明

(1)有肋带形基础、无肋带形基础应按表 5.5.1 中相关项目列项,并注明肋高。

(2)箱式满堂基础中柱、梁、墙、板按后续柱、梁、墙、板相关项目分别编码列项;箱式满堂基础底板按表5.5.1的满堂基础项目列项。

（3）框架式设备基础中柱、梁、墙、板分别按后续柱、梁、墙、板相关项目分别编码列项；基础部分按表5.5.1相关项目编码列项。

（4）如为毛石混凝土基础，项目特征应描述毛石所占的比例。

5.5.1.3 相关预算定额项目及说明

各类基础对应预算定额的项目有其相应的基础项目及细石混凝土灌浆。其中，独立基础和带形基础另有相应的毛石混凝土基础，满堂基础区分有梁式和无梁式，如图5.5.1。

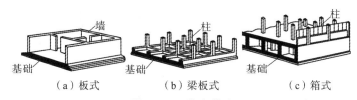

图5.5.1 满堂基础

1. 预算定额项目的工程量计算规则

基础（含带形基础、独立基础、满堂基础、设备基础、承台基础）：按设计图示尺寸以体积计算，不扣除构件内钢筋、预埋铁件和伸入承台基础的桩头所占体积。

（1）带形基础：不分有肋式与无肋式均按带形基础定额计算，有肋式带形基础，肋高（指基础扩大顶面至梁顶面的高）小于1.2 m时，合并计算；超过1.2 m时，扩大顶面以下的基础部分，按带形基础定额计算，扩大顶面以上部分，按墙定额计算。

（2）箱式基础分别按基础、梁、柱、板、墙等有关规定分解计算。

（3）设备基础：设备基础除块体（块体设备基础是指没有空间的实心混凝土形状）以外，其他类型设备基础分别按基础、梁、柱、板、墙等有关规定分解计算。

2. 相关说明

独立基础、满堂基础与带形基础的划分：长宽比在3倍以内且底面积在20 m²以内的为独立基础；底宽在3 m以上且底面积在20 m²以上的为满堂基础；其余为带形基础。独立桩承台执行独立基础定额，带形桩承台执行带形基础定额，与满堂基础相连的基础梁、桩承台执行满堂基础定额。

5.5.1.4 举例应用

【例5.6】某工程钢筋混凝土独立基础平面布置如图5.5.2所示，自然地坪标高为－0.600 m。基础采用泵送商品混凝土，混凝土强度等级C25；垫层采用非泵送商品混凝土，混凝土强度等级C15。试列出基础和垫层混凝土项目的分部分项工程量计算表。

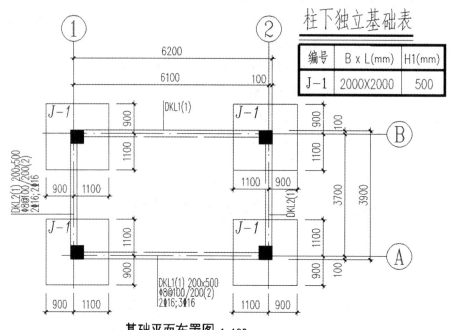

图 5.5.2 某工程钢筋混凝土独立基础平面布置图

[解]

表 5.5.2 工程量计算表

序号	项目编码	项目名称	计算式	工程量合计	计量单位
1	010501001002	垫层	$2.2×2.2×0.1×4+0.4×[(6.1-1.1×2)+(3.7-1.1×2)]×2×0.1=2.34$	2.34	m³
1.1	10105001 T	基础(C15 预拌泵送普通混凝土 垫层)	2.34	2.34	m³
2	010501003001	独立基础	$2.0×2.0×0.5×4=8.0$	8.0	m³
2.1	10105003 T	C25 预拌泵送普通混凝土(独立基础)	8.0	8.0	m³
3	010503001001	基础梁	$0.2×0.5×[(6.1-1.1×2)+(3.7-1.1×2)]×2=1.08$	1.08	m³
3.1	10105015	C20 泵送混凝土(基础梁)	1.08	1.08	m³

5.5.2　现浇混凝土柱

5.5.2.1　《房屋建筑与装饰实施细则》清单项目设置

《房屋建筑与装饰实施细则》附录 E.2 现浇混凝土柱常用项目见表 5.5.3。

表 5.5.3　现浇混凝土柱(编号:010502)

项目编码	项目名称	项目特征	计量单位	工程量计算规则	工作内容
010502001	矩形柱	1. 混凝土种类(商品混凝土、现场拌制,泵送、非泵送) 2. 混凝土强度等级	m³	按设计图示尺寸以立方米计算,不扣除构件内钢筋、预埋铁件所占体积。型钢混凝土中型钢骨架所占体积按(密度)7850 kg/m³ 扣除 柱高: 1. 有梁板的柱高,应自柱基上表面(或楼板上表面)至上一层楼板上表面之间的高度计算 2. 无梁板的柱高,应自柱基上表面(或楼板上表面)至柱帽下表面之间的高度计算 3. 框架柱的柱高,应自柱基上表面至柱顶高度计算 4. 构造柱按全高计算,嵌接墙体部分(马牙槎)并入柱身体积 5. 依附柱上的牛腿和升板的柱帽,并入柱身体积计算	混凝土制作、运输、浇筑、振捣、养护
010502002	构造柱				
010502003	异形柱	1. 柱形状 2. 混凝土种类(商品混凝土、现场拌制,泵送、非泵送) 3. 混凝土强度等级			
010502004	钢管混凝土柱	1. 混凝土种类(商品混凝土、现场拌制,泵送、非泵送) 2. 混凝土强度等级		按设计图示尺寸以钢管高度按照钢管内径计算混凝土体积	

5.5.2.2　计量规范相关说明

矩形柱、异形柱仅适用于独立柱。

5.5.2.3　相关预算定额项目及说明

各类柱对应预算定额的项目有其相应的柱项目,构造柱按非泵送混凝土编制。凡四边以内的独立柱,无论形状如何均套用独立矩形柱定额;四边以上者均套用独立异形柱定额,圆形柱执行独立异形柱定额;柱与墙构成一体的,柱执行墙相应定额。

1. 预算定额项目的工程量计算规则

柱:按设计图示尺寸以体积计算。不扣除构件内钢筋、预埋铁件所占体积。其中柱高的规定如图 5.5.3 所示。

(1)有梁板的柱高,应自柱基上表面(或楼板上表面)至上一层楼板上表面之间的高度计算。

（2）无梁板的柱高,应自柱基上表面（或楼板上表面）至柱帽下表面之间的高度计算。

（3）框架柱的柱高,应自柱基上表面至柱顶高度计算。

（4）构造柱按全高计算,嵌接墙体部分（马牙槎）并入柱身体积。

（5）依附柱上的牛腿和升板的柱帽,并入柱身体积计算。

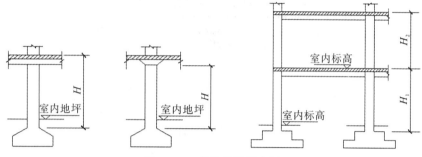

图 5.5.3　柱高计算示意图

2. 相关说明

（1）现浇混凝土柱、墙定额中均按规范要求考虑了底部灌水泥砂浆的消耗量。定额消耗量未包括柱、梁节点混凝土等级不同时所需的钢丝网,如有发生按实计算套用"挂钢丝网"相应定额子目,当材料与定额取定不同时,予以换算。

（2）独立现浇门框按构造柱定额执行。

（3）凸出混凝土柱、梁、墙的线条,并入相应构件内。

5.5.3　现浇混凝土梁

5.5.3.1　《房屋建筑与装饰实施细则》清单项目设置

《房屋建筑与装饰实施细则》附录 E.3 现浇混凝土梁常用项目见表 5.5.4。

表 5.5.4　现浇混凝土梁（编号:010503）

项目编码	项目名称	项目特征	计量单位	工程量计算规则	工作内容
010503001	基础梁	1. 混凝土种类（商品混凝土、现场拌制,泵送、非泵送） 2. 混凝土强度等级	m³	按设计图示尺寸以立方米计算,不扣除构件内钢筋、预埋铁件所占体积。伸入墙内的梁头、梁垫并入梁体积内。型钢混凝土中型钢骨架所占体积按（密度）7850 kg/m³ 扣除 梁长: 1. 梁与柱连接时,梁长算至柱侧面 2. 主梁与次梁连接时,次梁长算至主梁侧面	混凝土制作、运输、浇筑、振捣、养护
010503002	矩形梁				
010503003	异形梁				
010503004	圈梁				
010503005	过梁				
010503006	弧形、拱形梁				

5.5.3.2　相关预算定额项目及说明

1. 预算定额项目的工程量计算规则

同《房屋建筑与装饰实施细则》。

2. 相关说明

(1)凸出混凝土梁的线条,并入相应构件内。

(2)与主体结构不同时浇捣的厨房、卫生间等处墙体下部的现浇混凝土翻边执行圈梁定额。

(3)斜梁是按 10°＜坡度≤30°综合考虑的。坡度≤10°的执行梁定额,30°＜坡度≤45°的人工乘以系数 1.05,45°＜坡度≤60°的人工乘以系数 1.10,坡度＞60°的人工乘以系数 1.20。

5.5.3.3　举例应用

【例 5.7】某工程钢筋混凝土框架(KJ₁)2 根,尺寸如图 5.5.4 所示,混凝土强度等级柱为 C40,梁为 C30,混凝土采用泵送商品混凝土,根据招标文件要求,试列出该钢筋混凝土框架(KJ₁)柱、梁的分部分项工程量计算表。

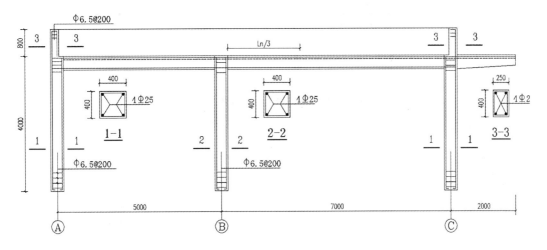

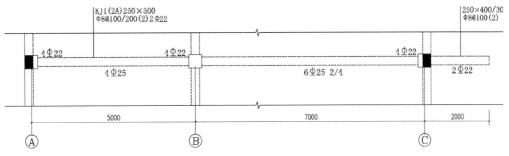

图 5.5.4　某工程钢筋混凝土框架示意图

[解]

表 5.5.5 工程量计算表

序号	项目编码	项目名称	计算式	工程量合计	计量单位
1	010502001001	矩形柱	$V=(0.4×0.4×4×3+0.4×0.25×0.8×2)×2=4.16$	4.16	m³
1.1	10105011 T	C40 预拌泵送普通混凝土(独立矩形柱)	4.16	4.16	m³
2	010503002001	矩形梁	$V_1=(4.6×0.25×0.5+6.6×0.25×0.50)×2=2.8$ $V_2=\frac{1}{3}×1.8×(0.4×0.25+0.25×0.3+\sqrt{0.4×0.25×0.25×0.3})×2=\frac{1}{3}×1.8×(0.1+0.075+0.087)×2=0.31$ $V=2.8+0.31=3.11$	3.11	m³
2.1	10105016 T	C30 预拌泵送普通混凝土(梁)	3.11	3.11	m³

5.5.4 现浇混凝土墙

5.5.4.1 《房屋建筑与装饰实施细则》清单项目设置

《房屋建筑与装饰实施细则》附录 E.4 现浇混凝土墙常用项目见表 5.5.6。

表 5.5.6 现浇混凝土墙(编号:010504)

项目编码	项目名称	项目特征	计量单位	工程量计算规则	工作内容
010504001	直形墙	1. 混凝土种类(商品混凝土、现场拌制,泵送、非泵送) 2. 混凝土强度等级	m³	按设计图示尺寸以立方米计算,不扣除构件内钢筋、预埋铁件所占体积。型钢混凝土中型钢骨架所占体积按(密度)7850 kg/m³扣除 扣除门窗洞口及单个面积>0.3 m²的孔洞所占体积 (1)附墙的暗柱、暗梁、墙垛及突出墙面部分并入墙体体积计算 (2)剪力墙的连梁,其混凝土并入剪力墙计算 (3)墙与梁连接时,墙算至梁底;墙与板连接时,板算至墙侧	混凝土制作、运输、浇筑、振捣、养护
010504002	弧形墙				
010504004	挡土墙				

5.5.4.2 计量规范相关说明

现浇混凝土柱与现浇混凝土墙构成一体的,柱混凝土并入墙,执行墙清单子目。

5.5.4.3　相关预算定额项目及说明

1. 工程量清单项目对应预算定额的主要项目

直形墙(以墙厚 100 mm 为界限分开列项)、弧形墙。

2. 预算定额项目的工程量计算规则

同《房屋建筑与装饰实施细则》。

3. 相关说明

(1)现浇混凝土墙定额中按规范要求考虑了底部灌水泥砂浆的消耗量。

(2)凸出混凝土墙的线条,并入相应构件内。

5.5.5　现浇混凝土板

5.5.5.1　《房屋建筑与装饰实施细则》清单项目设置

《房屋建筑与装饰实施细则》附录 E.5 现浇混凝土板常用项目见表 5.5.7。

表 5.5.7　现浇混凝土板(编号:010505)

项目编码	项目名称	项目特征	计量单位	工程量计算规则	工作内容
010505001	有梁板	1. 混凝土种类(商品混凝土、现场拌制,泵送、非泵送) 2. 混凝土强度等级	m³	按设计图示尺寸以立方米计算,不扣除单个面积≤0.3 m² 的柱、垛以及孔洞所占体积,不扣除构件内钢筋、预埋铁件所占体积。型钢混凝土中型钢骨架所占体积按(密度)7850 kg/m³ 扣除 压形钢板混凝土楼板扣除构件内压形钢板所占体积 有梁板(包括主、次梁与板)按梁、板体积之和计算,无梁板按板和柱帽体积之和计算,各类板伸入砌体墙内的板头并入板体积内,薄壳板的肋、基梁并入薄壳体积内计算	混凝土制作、运输、浇筑、振捣、养护
010505002	无梁板				
010505003	平板				
010505004	拱板				
010505005	薄壳板				
010505006	栏板				
010505007	天沟(檐沟)、挑檐板			按设计图示尺寸的墙外体积以立方米计算	
010505008	雨篷、悬挑板、阳台板			按设计图示尺寸的墙外体积以立方米计算。包括伸出墙外的牛腿和雨篷反挑檐的体积,不扣除构件内钢筋、预埋铁件及板中 0.3 m² 以内的孔洞所占体积。型钢混凝土中型钢骨架所占体积按(密度)7850 kg/m³ 扣除	

续表

项目编码	项目名称	项目特征	计量单位	工程量计算规则	工作内容
010505009	空心板	1. 混凝土种类（商品混凝土、现场拌制，泵送、非泵送） 2. 混凝土强度等级	m³	按设计图示尺寸以立方米计算。空心板（GBF高强薄壁蜂巢芯板等）应扣除空心部分体积，不扣除构件内钢筋、预埋铁件及板中 0.3 m² 以内的孔洞所占体积。型钢混凝土中型钢骨架所占体积按（密度）7850 kg/m³ 扣除	混凝土制作、运输、浇筑、振捣、养护
010505010	其他板			按设计图示尺寸以立方米计算，不扣除构件内钢筋、预埋铁件及板中 0.3 m² 以内的孔洞所占体积。型钢混凝土中型钢骨架所占体积按（密度）7850 kg/m³ 扣除	

5.5.5.2　计量规范相关说明

现浇挑檐、天沟板、雨篷、阳台与板（包括屋面板、楼板）连接时，以外墙外边线为分界线；与圈梁（包括其他梁）连接时，以梁外边线为分界线。外边线以外为挑檐、天沟、雨篷或阳台。

5.5.5.3　相关预算定额项目及说明

1. 工程量清单项目对应预算定额的主要项目

（1）有梁板，无梁板，平板，栏板，天沟、挑檐板对应预算定额的相同名称项目。

（2）雨篷对应预算定额的项目为雨篷或有梁板。

（3）阳台板对应预算定额的项目为有梁板。

2. 预算定额项目的工程量计算规则

（1）有梁板、无梁板、平板、拱板、薄壳板、栏板：按设计图示尺寸以体积计算。不扣除构件内钢筋、预埋铁件及单个面积 0.3 m² 以内的柱、垛及孔洞所占体积。有梁板（包括主、次梁与板）按梁、板体积之和计算，无梁板按板和柱帽体积之和计算，各类板伸入砌体墙内的板头并入板体积内计算，薄壳板的肋、基梁并入薄壳体积内计算。

（2）压型钢板混凝土楼板按图示设计尺寸以体积计算，不扣除构件内压型钢板所占体积。

（3）天沟、挑檐板：按设计图示尺寸以墙外部分体积计算。挑檐与板（包括屋面板）连接时，以外墙外边线为分界线；与梁（包括圈梁等）连接时，以梁外边线为分界线；外墙外边线以外为挑檐、天沟。

（4）雨篷、阳台板：按设计图示尺寸以墙外部分体积计算。包括伸出墙外的牛腿和雨篷反挑檐的体积。雨篷梁、板工程量合并,按雨篷以体积计算,高度≤400 mm 的栏板并入雨篷体积内计算,栏板高度>400 mm 时,其超过部分,按栏板计算。阳台板套有梁板定额。

(5)其他板:按设计图示尺寸以体积计算。

3. 相关说明

(1)现浇混凝土栏板定额适用于垂直高度小于 1.6 m、厚度小于 120 mm 的栏板或女儿墙,如设计的栏板或女儿墙的垂直高度大于 1.6 m 或厚度大于 120 mm 的,应分别套用墙、柱及压顶定额。现浇混凝土栏板定额已综合压顶、小柱。

(2)挑檐、天沟反口高度在 400 mm 以内时,执行挑檐定额;挑檐、天沟反口高度超过 400 mm 时,按全高执行栏板定额。

(3)压型钢板上浇捣混凝土,执行平板定额,人工费乘以系数 1.10。

(4)空调板套用平板定额。

(5)飘窗板上下及四周均套用飘窗板定额。

(6)板的划分:

①有梁板是指梁与板构成一体,包括板和梁。

②无梁板是指板无梁、直接用柱头支撑,包括板和柱帽。

③平板是指板无柱、无梁,由墙承重。

④屋面檐口斜板包括斜板、压顶、肋板或小柱,按栏板定额人工、机械乘以系数 1.15 计算。

⑤斜板是按 10°<坡度≤30°综合考虑的。坡度≤10°的执行板定额,30°<坡度≤45°的人工乘以系数 1.05,45°<坡度≤60°的人工乘以系数 1.10,坡度>60°的人工乘以系数 1.20。

5.5.5.4　举例应用

【例 5.8】某框架结构工程某层有梁板,板厚 90 mm,板底标高 3.79 m,四周梁与柱边对齐,梁中与轴线重合,采用预拌泵送普通混凝土,混凝土强度等级 C25。试编制有梁板的工程量清单。图 5.5.5 所示柱为 KZ400×400,除注明 LL 尺寸为 150 mm×300 mm 外,其他梁尺寸均为 200 mm×400 mm。

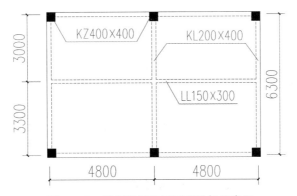

图 5.5.5　某框架结构工程有梁板示意图

[解]

表 5.5.8　工程量计算表

序号	项目编码	项目名称	计算式	工程量合计	计量单位
1	010505001001	有梁板	板:(9.60+0.2)×(6.30+0.2)×0.09=5.733 梁:0.2×(0.4−0.09)×[(9.8−0.4×3)×2+(6.5−0.4×2)×3]=2.127 0.15×(0.3−0.09)×(9.8−0.2×3)=0.29 有梁板工程量合计:5.733+2.127+0.29=8.15	8.15	m³
1.1	10105024 T	C25 预拌泵送普通混凝土(有梁板)	8.15	8.15	m³

5.5.6　现浇混凝土楼梯

5.5.6.1　《房屋建筑与装饰实施细则》清单项目设置

《房屋建筑与装饰实施细则》附录 E.6 现浇混凝土楼梯常用项目见表 5.5.9。

表 5.5.9　现浇混凝土楼梯(编号:010506)

项目编码	项目名称	项目特征	计量单位	工程量计算规则	工作内容
010506001	直形楼梯	1. 混凝土种类(商品混凝土、现场拌制,泵送、非泵送) 2. 混凝土强度等级 3. 楼梯类型(板式、梁式) 4. 梯板厚度(不含梯阶)	m²	按设计图示尺寸的水平投影面积以平方米计算,不扣除宽度≤500 mm 的楼梯井,伸入墙内部分不计算	混凝土制作、运输、浇筑、振捣、养护
010506002	弧形楼梯				

5.5.6.2　计量规范相关说明

(1)整体楼梯(包括直形楼梯、弧形楼梯)水平投影面积包括休息平台、平台梁、斜梁和楼梯的连接梁。当整体楼梯与现浇楼板无梯梁连接时,以楼梯的最后一个踏步边缘加 300 mm 为界。

①板式楼梯

板式楼梯一般由梯段板、平台梁、平台板组成。如图 5.5.6 所示。

②梁式楼梯

梁式楼梯一般由梯段板、斜梁、平台梁、平台板组成。如图 5.5.7 所示。

(2)室外整体楼梯按墙外的水平投影面积计算。楼梯与楼板分界线示意图如图 5.5.8 所示。

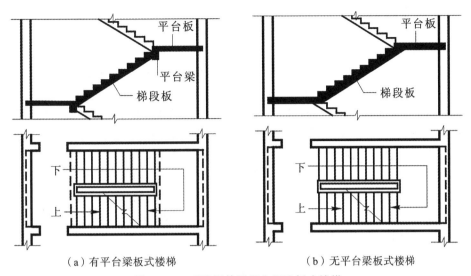

（a）有平台梁板式楼梯　　　　　（b）无平台梁板式楼梯

图 5.5.6　现浇钢筋混凝土双跑板式楼梯

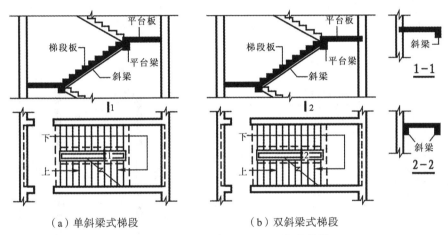

（a）单斜梁式梯段　　　　　（b）双斜梁式梯段

图 5.5.7　现浇钢筋混凝土双跑梁式楼梯

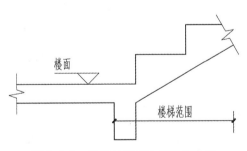

图 5.5.8　楼梯与楼板分界线示意图

5.5.6.3　相关预算定额项目及说明

1. 工程量清单项目对应预算定额的主要项目

整体楼梯(直形、圆(弧)形)对应预算定额的项目有其相应的楼梯项目。

2. 预算定额项目的工程量计算规则

同《房屋建筑与装饰实施细则》。

3. 相关说明

(1)现浇混凝土整体楼梯定额已包括楼梯段、楼梯梁(包括楼梯与休息平台连接梁、斜梁、休息平台四周的梁及楼梯与楼板连接的梁)、休息平台板,不分框架结构和混合结构。但未包括底层起步梯基础(或梁)、梯柱、栏板、栏杆。楼梯是按建筑物一个自然层双跑楼梯考虑,如单坡直行楼梯(即一个自然层无休息平台)按相应定额人工、材料、机械乘以系数 1.2;三跑楼梯(即一个自然层两个休息平台)按相应定额人工、材料、机械乘以系数 0.9;四跑楼梯(即一个自然层三个休息平台)按相应定额人工、材料、机械乘以系数 0.75。定额板式楼梯梯段底板(不含踏步三角部分)厚度取定 150 mm、梁式楼梯梯段底板(不含踏步三角部分)厚度取定 80 mm,设计与定额取定厚度不同时定额按相应比例调整。

(2)室外整体楼梯:按墙外的水平投影面积计算。

5.5.6.4 举例应用

【例 5.9】某建筑标准层楼梯设计图如图 5.5.9 所示,现浇混凝土板式整体楼梯,梯板厚 120 mm,楼梯踏步尺寸为 270 mm×155 mm,一层共 18 级,楼梯与楼层连接梁和平台梁断面尺寸均为 200 mm×400 mm。试开列楼梯混凝土工程量计算表。

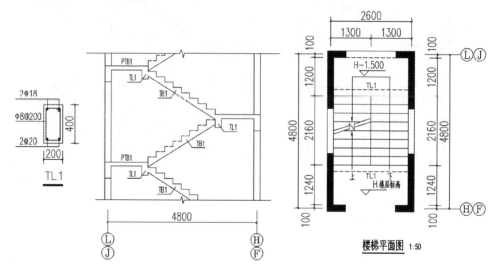

图 5.5.9 某建筑标准层楼梯设计图

[解]

表 5.5.10 工程量计算表

工程名称:某工程

序号	项目编码	项目名称	计算式	工程量合计	计量单位
1	010506001001	直形楼梯	$S = (0.1 + 1.20 + 2.16 + 0.2) \times (2.60 - 0.2)$ $= 3.66 \times 2.4 = 8.78$	8.78	m²

续表

序号	项目编码	项目名称	计算式	工程量合计	计量单位
1.1	10105037 T	C25 预拌泵送普通混凝土(整体楼梯直形)	$S = (0.1 + 1.20 + 2.16 + 0.2) \times (2.60 - 0.2)$ $= 3.66 \times 2.4 = 8.78$	8.78	m²

5.5.7　现浇混凝土其他构件

5.5.7.1　《房屋建筑与装饰实施细则》清单项目设置

《房屋建筑与装饰实施细则》附录 E.7 现浇混凝土其他构件常用项目见表 5.5.11。

表 5.5.11　现浇混凝土其他构件(编号:010507)

项目编码	项目名称	项目特征	计量单位	工程量计算规则	工作内容
010507001	散水、坡道	1. 垫层材料种类、厚度 2. 面层厚度 3. 混凝土种类(商品混凝土、现场拌制,泵送、非泵送) 4. 混凝土强度等级 5. 变形缝填塞材料种类	m²	按设计图示尺寸的水平投影面积以平方米计算,不扣除单个≤0.3 m²的孔洞所占面积	1. 地基夯实 2. 铺设垫层 3. 混凝土制作、运输、浇筑、振捣、养护 4. 变形缝填塞
010507002	室外地坪	1. 地坪厚度 2. 混凝土强度等级			
010507003	电缆沟、地沟、明暗沟	1. 土壤类别 2. 沟截面净空尺寸 3. 垫层材料种类、厚度 4. 混凝土种类(商品混凝土、现场拌制,泵送、非泵送) 5. 混凝土强度等级 6. 防护材料种类	m	按设计图示的中心线长度以米计算	1. 挖填、运土石方 2. 铺设垫层 3. 混凝土制作、运输、浇筑、振捣、养护 4. 刷防护材料
010507004	台阶	1. 踏步高、宽 2. 混凝土种类(商品混凝土、现场拌制,泵送、非泵送) 3. 混凝土强度等级	m³	按设计图示尺寸以立方米计算,不扣除构件内钢筋、预埋铁件所占体积	混凝土制作、运输、浇筑、振捣、养护

续表

项目编码	项目名称	项目特征	计量单位	工程量计算规则	工作内容
010507005	压顶	1. 断面尺寸 2. 混凝土种类（商品混凝土、现场拌制，泵送、非泵送） 3. 混凝土强度等级	m³	按设计图示尺寸以立方米计算，不扣除构件内钢筋、预埋铁件所占体积	混凝土制作、运输、浇筑、振捣、养护
010507006	化粪池	1. 土壤类别 2. 型号及有效容积 3. 垫层材料种类、厚度 4. 盖板安装 5. 防潮层材料种类 6. 面层厚度、砂浆配合比 7. 混凝土强度等级 8. 防水、抗渗要求 9. 混凝土种类（商品混凝土、现场拌制，泵送、非泵送）	座	按设计图示以座计算	1. 土方挖运填 2. 铺设垫层 3. 混凝土制作、运输、浇筑、振捣、养护 4. 模板及支撑制作、安装、拆除、堆放、运输及清理模内杂物、刷隔离剂等 5. 池底、壁抹灰 6. 抹防潮层 7. 盖板制作安装 8. 钢筋制作安装 9. 材料运输
010507007	其他构件	1. 构件的类型 2. 构件规格 3. 部位 4. 混凝土种类（商品混凝土、现场拌制，泵送、非泵送） 5. 混凝土强度等级	1. m³ 2. 座	1. 以体积计量的，按设计图示尺寸以立方米计算，不扣除构件内钢筋、预埋铁件所占体积 2. 以数量计量的，按设计图示以座计算	混凝土制作、运输、浇筑、振捣、养护
010507008	屋面水箱	1. 混凝土种类（商品混凝土、现场拌制，泵送、非泵送） 2. 混凝土强度等级 3. 面层厚度、砂浆配合比 4. 水箱型号及尺寸	座	按设计图示以座计算	1. 模板及支架（撑）制作、安装、拆除、堆放、运输及清理模内杂物、刷隔离剂等 2. 混凝土制作、运输、浇筑、振捣、养护 3. 钢筋制作、运输、安装、焊接（绑扎） 4. 抹面 5. 盖板、铁爬梯制作安装
010507009	钢结构基底灌浆	1. 部位 2. 灌浆料种类	m³	按设计图示尺寸以立方米计算，不扣除构件内钢筋、预埋铁件所占体积	灌浆料制作、运输、浇筑、振捣、养护

5.5.7.2　计量规范相关说明

(1)现浇混凝土小型池槽、垫块、门框等,应按表5.5.11其他构件项目编码列项。

(2)架空式混凝土台阶,按现浇楼梯计算。

(3)混凝土散水坡道、明暗沟、化粪池、屋面水箱采用标准图集设计的,可以在特征中直接标注标准图集,重复内容不再详述。

5.5.7.3　相关预算定额项目及说明

1. 预算定额项目的工程量计算规则

(1)台阶:按设计图示尺寸以体积计算。

(2)扶手、压顶:按设计图示尺寸以体积计算。

(3)场馆看台:按设计图示尺寸以体积计算。

(4)散水、坡道:按设计图示尺寸,以水平投影面积计算,不扣除单个 $0.3~\text{m}^2$ 以内的孔洞所占面积。

(5)地沟:按设计图示尺寸以体积计算。

2. 相关说明

(1)现浇混凝土台阶定额适用于无底模的混凝土台阶。有底模的混凝土台阶应按整体楼梯的有关规定计算。

(2)小型构件:指单个体积在 $0.1~\text{m}^3$ 以内且本节未列定额的小型构件。

(3)散水、坡道混凝土按厚度 60 mm 编制,设计厚度与定额取定不同时应换算;散水、坡道包括了混凝土浇筑、表面压实抹光及嵌缝内容,未包括基础夯实、垫层内容。

(4)室外化粪池、独立井池套用构筑物相应定额。

(5)细石混凝土灌浆定额灌注材料设计与定额取定不同时应换算;空心砖内灌注混凝土,执行小型构件定额。

5.5.8　现浇混凝土后浇带

5.5.8.1　《房屋建筑与装饰实施细则》清单项目设置

《房屋建筑与装饰实施细则》附录 E.8 现浇混凝土后浇带项目见表5.5.12。

表 5.5.12　现浇混凝土后浇带(编号:010508)

项目编码	项目名称	项目特征	计量单位	工程量计算规则	工作内容
010508001	后浇带	1. 混凝土种类(商品混凝土、现场拌制,泵送、非泵送) 2. 混凝土强度等级	m^3	按设计图示尺寸以立方米计算,不扣除构件内钢筋、预埋铁件及墙、板中 $0.3~\text{m}^2$ 以内的孔洞所占体积。型钢混凝土中型钢骨架所占体积按(密度)7850 kg/m^3 扣除	混凝土制作、运输、浇筑、振捣、养护及混凝土交接面、钢筋等的清理

5.5.8.2 相关预算定额项目及说明

预算定额项目的工程量计算规则同《房屋建筑与装饰实施细则》。

5.5.9 现场预制混凝土构件

5.5.9.1 《房屋建筑与装饰实施细则》清单项目设置

《房屋建筑与装饰实施细则》附录 E.12 现场预制混凝土构件包括沟盖板、井盖板、井圈和其他构件,共 2 个清单项目。

(1)预制混凝土构件或预制钢筋混凝土构件,如施工图设计标注做法见标准图集时,项目特征注明标准图集的编码、页号及节点大样即可。

(2)现浇或预制混凝土和钢筋混凝土构件,不扣除构件内钢筋、螺栓、预埋铁件、张拉孔道所占体积,但应扣除劲性骨架的型钢所占体积。

(3)预制混凝土构件或预制钢筋混凝土构件适用于现场预制的混凝土构件,工厂预制的按装配式工程相关项目编码列项。

现场预制混凝土构件常用项目见表 5.5.13。

表 5.5.13 现场预制混凝土构件(编号:010512、010514)

项目编码	项目名称	项目特征	计量单位	工程量计算规则	工作内容
010512008	沟盖板、井盖板、井圈	1. 单件体积 2. 混凝土强度等级 3. 砂浆强度等级、配合比	1. m³ 2. 块	1. 以体积计量的,按设计图示尺寸以立方米计算 2. 以数量计量的,按设计图示以块计算	1. 模板制作、安装、拆除、堆放、运输及清理模内杂物、刷隔离剂等 2. 混凝土制作、运输、浇筑、振捣、养护 3. 构件运输、安装 4. 砂浆制作、运输 5. 接头灌缝、养护
010514002	其他构件	1. 单件体积 2. 构件的类型 3. 混凝土强度等级 4. 砂浆强度等级	1. m³ 2. m²	1. 以体积计量的,按设计图示尺寸以立方米计算,不扣除单个面积≤300 mm×300 mm 的孔洞所占体积,扣除烟道、垃圾道、通风道的孔洞所占体积 2. 以面积计量的,按设计图示尺寸以平方米计算,不扣除单个面积≤300 mm×300 mm 的孔洞所占面积	1. 模板制作、安装、拆除、堆放、运输及清理模内杂物、刷隔离剂等 2. 混凝土制作、运输、浇筑、振捣、养护 3. 构件运输、安装 4. 砂浆制作、运输 5. 接头灌缝、养护

5.5.9.2　计量规范相关说明

(1)以块计量,必须描述单件体积。

(2)预制钢筋混凝土小型池槽、压顶、扶手、垫块、隔热板、花格等,按表 5.5.13 其他构件项目编码列项。

5.5.9.3　相关预算定额项目及说明

1. 工程量清单项目对应预算定额的主要项目

对应预算定额的项目有地沟盖板、井盖板。

2. 预算定额项目的工程量计算规则

按设计图示尺寸以体积计算。不扣除构件内钢筋、预埋铁件及单个尺寸 300 mm×300 mm 以内的孔洞所占体积。

3. 相关说明

(1)普通预制混凝土定额,按非泵送混凝土编制,若采用现场搅拌混凝土,套用相应调整费定额子目,混凝土材料替换为现场搅拌混凝土。

(2)定额已包括预制构件场内运输、混凝土浇筑、模板、钢筋制作安装、构件安装,均未包括水泥砂浆抹光,如设计要求抹光的另行计算。设计钢筋含量与定额取定不同时,钢筋主材按实调整,损耗率按 2% 计取。

5.5.10　钢筋工程

5.5.10.1　《房屋建筑与装饰实施细则》清单项目设置

《房屋建筑与装饰实施细则》附录 E.15 钢筋工程常用项目见表 5.5.14。

表 5.5.14　钢筋工程(编号:010515)

项目编码	项目名称	项目特征	计量单位	工程量计算规则	工作内容
010515001	现浇构件钢筋	钢筋种类、规格	t	按设计图示钢筋(网)长度(面积)乘单位理论质量以吨计算	1. 钢筋制作、运输 2. 钢筋安装 3. 焊接(绑扎)
010515003	钢筋网片				1. 钢筋网制作、运输 2. 钢筋网安装 3. 焊接(绑扎)
010515004	钢筋笼				1. 钢筋笼制作、运输 2. 钢筋笼安装 3. 焊接(绑扎)

续表

项目编码	项目名称	项目特征	计量单位	工程量计算规则	工作内容
010515005	先张法预应力钢筋	1. 钢筋种类、规格 2. 钢丝种类、规格 3. 钢铰线种类、规格 4. 锚具种类 5. 砂浆强度等级	t	按设计图示钢筋(丝束、绞线)长度乘单位理论质量以吨计算: 1. 低合金钢筋两端均采用螺杆锚具时,钢筋长度按孔道长度减0.35 m计算,螺杆另行计算 2. 低合金钢筋一端采用镦头插片、另一端采用螺杆锚具时,钢筋长度按孔道长度计算,螺杆另行计算 3. 低合金钢筋一端采用镦头插片、另一端采用帮条锚具时,钢筋长度按增加0.15 m计算;两端均采用帮条锚具时,钢筋长度按孔道长度增加0.3 m计算 4. 低合金钢筋采用后张混凝土自锚时,钢筋长度按孔道长度增加0.35 m计算 5. 低合金钢筋(钢绞线)采用JM、XM、QM型锚具,孔道增加长度按以下规定计算: ①孔道长度≤20 m,采用一端张拉时,钢筋长度按孔道长度增加1 m计算,采用两端张拉时,钢筋长度按孔道长度增加2 m计算 ②孔道长度>20 m,采用一端张拉时,钢筋长度按孔道长度增加1.8 m计算,采用两端张拉时,钢筋长度按孔道长度增加3.6 m计算 6. 碳素钢丝采用锥形锚具,孔道增加长度按以下规定计算: ①孔道长度≤20 m,采用一端张拉时,钢筋长度按孔道长度增加1 m计算,采用两端张拉时,钢筋长度按孔道长度增加2 m计算 ②孔道长度>20 m,采用一端张拉时,钢筋长度按孔道长度增加1.8 m计算,采用两端张拉时,钢筋长度按孔道长度增加3.6 m计算 7. 碳素钢丝采用镦头锚具时,钢丝束长度按孔道长度增加0.35 m计算	1. 钢筋、钢丝、钢绞线制作、运输 2. 钢筋、钢丝、钢绞线安装 3. 预埋管孔道铺设 4. 锚具安装 5. 砂浆制作、运输 6. 孔道压浆、养护
010515006	后张法预应力钢筋				
010515007	预应力钢丝	1. 钢筋种类、规格 2. 钢丝种类、规格 3. 钢铰线种类、规格 4. 锚具种类 5. 砂浆强度等级			
010515008	预应力钢绞线				
010515009	支撑钢筋(铁马)	1. 钢筋种类 2. 规格		按钢筋长度乘单位理论质量以吨计算	钢筋制作、焊接、安装

5.5.10.2　计量规范相关说明

(1)现浇构件中伸出构件的锚固钢筋应并入钢筋工程量内。除设计(设计未明确的按规范规定)标明的搭接外,其他施工搭接不计算在清单工程量中,在综合单价中综合考虑,实际施工做法不同不作调整。

(2)现浇构件中固定位置的支撑钢筋、双层钢筋用的"铁马"在编制工程量清单时,如果设计未明确,其工程数量可为暂估量,结算时按现场签证数量计算。

5.5.10.3　相关预算定额项目及说明

1. 预算定额项目的工程量计算规则

(1)现浇构件钢筋,按设计图示钢筋长度乘以单位理论质量以质量计算。

(2)定额未包括钢筋接头费用的,钢筋接头费用按以下规定另行计算:

①钢筋搭接长度应按设计图示、规范要求计算;设计图示、规范要求未标明搭接长度的,不另计算搭接长度。

②钢筋的搭接(接头)数量应按设计图示、规范要求计算;设计图示、规范要求未标明的,按以下规定考虑:①Φ10 以内的长钢筋按每 12 m 计算一个钢筋搭接(接头);②Φ10 以外的长钢筋按 9 m 计算一个搭接(接头)。

(3)钢筋工程中措施钢筋(包括现浇构件中固定位置的支撑钢筋、梁垫筋(铁)、梁板双层钢筋用的"铁马"、伸出构件的锚固钢筋、预制构件的吊钩等)按设计图纸规定要求、施工方案要求、现行规范要求计算。编制预算时应按现行规范计算措施钢筋。若施工方案采用《混凝土结构用钢筋间隔件应用技术规程》(JGJ/T219)规定施工的,则板铁马尺寸=450+(板厚-保护层-板上层钢筋直径)×2,材料采用一级 10;梁铁马尺寸=梁宽-保护层×2,材料采用三级 25。

(4)后张法预应力钢筋按设计图示钢筋(绞线、丝束)长度乘以单位理论质量计算。

①低合金钢筋两端均采用螺杆锚具时,钢筋长度按孔道长度减 0.35 m 计算,螺杆另行计算。

②低合金钢筋一端采用镦头插片,另一端采用螺杆锚具时,钢筋长度按孔道长度计算,螺杆另行计算。

③低合金钢筋一端采用镦头插片,另一端采用帮条锚具时,钢筋长度按增加 0.15 m 计算;两端均采用帮条锚具时,钢筋长度按孔道长度增加 0.3 m 计算。

④低合金钢筋采用后张混凝土自锚时,钢筋长度按孔道长度增加 0.35 m 计算。

⑤低合金钢筋(钢绞线)采用 JM、XM、QM 型锚具,孔道增加长度按以下规定计算:①孔道长度≤20 m,采用一端张拉时,钢筋长度按孔道长度增加 1 m 计算,采用两端张拉时,钢筋长度按孔道长度增加 2 m 计算;②孔道长度>20 m,采用一端张拉时,钢筋长度按孔道长度增加 1.8 m 计算,采用两端张拉时,钢筋长度按孔道长度增加 3.6 m 计算。

⑥碳素钢丝采用锥形锚具,孔道增加长度按以下规定计算:孔道长度≤20 m,采用一端张拉时,钢筋长度按孔道长度增加 1 m 计算,采用两端张拉时,钢筋长度按孔道长度增加 2 m 计算;孔道长度>20 m,采用一端张拉时,钢筋长度按孔道长度增加 1.8 m 计算,采用两端张拉时,钢筋长度按孔道长度增加 3.6 m 计算。

⑦碳素钢丝采用墩头锚具时,钢丝束长度按孔道长度增加 0.35 m 计算。

(5)混凝土构件预埋铁件、螺栓:按设计图示尺寸以质量计算。

(6)预应力钢丝束、钢绞线锚具安装按套数计算。

(7)当设计要求钢筋接头采用机械连接时,按数量计算,不再计算该处的钢筋搭接长度。

(8)植筋按数量计算,植入钢筋按长度乘以单位理论质量计算。

(9)钢筋笼、钢筋网片按设计图示钢筋长度乘以单位理论质量计算。

2. 相关说明

(1)钢筋工程按钢筋的不同品种和规格以现浇构件、预应力构件分别列项,钢筋的品种、规格比例按常规工程设计综合考虑。

(2)除定额规定单独列项计算以外,各类钢筋、铁件的制作成型、绑扎、安装、接头、固定所用人工、材料、机械消耗均已列入相应定额。设计未明确的,直径 22 mm 及以上的钢筋连接宜按机械连接考虑。

(3)预应力钢筋定额不包括人工时效处理,如设计要求做人工时效处理的,另行计算。

(4)无粘结预应力钢绞线的锚具用量与定额取定不同时,按设计进行调整;有粘结预应力钢绞线的锚具、水泥及波纹管用量与定额取定不同时,按设计进行调整。

(5)后张法钢筋锚固是按钢筋帮条焊、U 形插垫编制的,如采用其他方法锚固的,另行计算。

(6)预应力钢丝束、钢绞线综合考虑了一端、两端张拉;锚具按单锚、群锚分别列项,单锚按单孔锚具列入,群锚按 3 孔列入。预应力钢丝束、钢绞线长度大于 50 m 时,应采用分段张拉;用于地面预制构件时,应扣除定额中张拉平台摊销费。

(7)植筋定额应包括植入的钢筋材料费,钢筋材料按图示设计尺寸以理论质量计算计入定额,钢筋损耗率按 2% 计算。若设计未明确,钢筋植入混凝土深度按 15 d 考虑,钢筋植入深度 30 d 以内,每增减 1 d,其他材料、人工、机械相应增减 10%。

(8)钢筋工程中措施钢筋按设计图纸规定要求和施工验收规范要求计算,按品种、规格执行相应定额。如采用其他材料时,另行计算。

(9)型钢组合混凝土构件中,型钢骨架执行《福建省装配式建筑工程预算定额》金属结构工程的相应定额;钢筋执行《预算定额》,其中人工费乘以系数 1.50、机械乘以系数 1.15。

(10)斜板、坡屋面板:钢筋安装人工费乘以系数 1.20。

(11)地下连续墙钢筋笼安放,不包括钢筋笼制作,钢筋笼制作按现浇钢筋制安相应定额执行。

(12)现浇构件冷拔钢丝按"钢筋 HPB300Φ10 以内"制安定额执行。

(13)弧形构件钢筋执行钢筋相应定额,人工费乘以系数 1.05。

(14)混凝土空心楼板中钢筋网片,执行现浇构件钢筋相应定额,人工乘以系数 1.3、机械乘以系数 1.15。

(15)非预应力钢筋不包括冷加工,如设计要求冷加工时,应另行计算。

(16)固定预埋铁件(螺栓)所消耗的材料按实计算,执行相应定额。

(17)钢筋设计规格与定额取定不同时,钢筋主材按实调整套用相应定额。如"带肋钢筋 HRB400 直径 14"套用"带肋钢筋 HRB400 以内直径 12~18"定额,主材替换为"带肋钢筋 HRB400 直径 14"。

5.5.11　装配式预制混凝土

5.5.11.1　《房屋建筑与装饰实施细则》清单项目设置

《房屋建筑与装饰实施细则》附录 E.18～E.28 装配式预制混凝土常用项目见表5.5.15。

表 5.5.15　装配式预制混凝土柱(编码:010518～010522)

项目编码	项目名称	项目特征	计量单位	工程量计算规则	工程内容
010518001	装配式预制混凝土矩形柱	1. 单体体积 2. 柱高度 3. 截面尺寸 4. 混凝土强度等级 5. 钢筋种类、规格及含量 6. 其他预埋要求 7. 灌缝材料种类 8. 保温层种类 9. 保温层厚度 10. 运距	m³	按设计图示尺寸以构件体积计算,不扣除构件内钢筋、预埋铁件、配管、套管、线盒及单个面积 0.3 m² 以内的孔洞、线箱所占体积,依附于构件制作的各类保温层、饰面层体积并入相应的构件安装中计算,外露钢筋体积亦不再增加	1. 构件就位、安装 2. 支撑杆件搭、拆 3. 灌缝材料制作、运输 4. 接头灌缝、养护 5. 套筒注浆 6. 构件运输
010518002	装配式预制混凝土保温矩形柱				
010518003	装配式预制混凝土异形柱				
010518004	装配式预制混凝土保温异形柱				
010519001	装配式预制混凝土矩形梁	1. 单体体积 2. 梁长度 3. 截面尺寸 4. 混凝土强度等级 5. 钢筋种类、规格及含量 6. 其他预埋要求 7. 灌缝材料种类 8. 保温层种类 9. 保温层厚度 10. 运距	m³	按设计图示尺寸以构件体积计算,不扣除构件内钢筋、预埋铁件、配管、套管、线盒及单个面积 0.3 m² 以内的孔洞、线箱所占体积,依附于构件制作的各类保温层、饰面层体积并入相应的构件安装中计算,外露钢筋体积亦不再增加	1. 构件就位、安装 2. 支撑杆件搭、拆 3. 灌缝材料制作、运输 4. 接头灌缝、养护 5. 构件运输
010519002	装配式预制混凝土保温矩形梁				
010519003	装配式预制混凝土异形梁				
010519004	装配式预制混凝土保温异形梁				

续表

项目编码	项目名称	项目特征	计量单位	工程量计算规则	工程内容
010520001	装配式预制混凝土保温外墙板	1. 墙类型 2. 单体体积 3. 墙厚度 4. 墙尺寸	m³	按设计图示尺寸以构件体积计算,不扣除构件内钢筋、预埋铁件、配管、套管、线盒及单个面积0.3m² 以内的孔洞、线箱所占体积,依附于构件制作的各类保温层、饰面层体积并入相应的构件安装中计算,外露钢筋体积亦不再增加	1. 构件就位、安装 2. 支撑杆件搭、拆 3. 灌缝材料制作、运输 4. 接头灌缝、养护 5. 套筒注浆 6. 构件运输
010520002	装配式预制混凝土不保温外墙板	5. 混凝土强度等级 6. 钢筋种类、规格及含量 7. 其他预埋要求 8. 灌缝材料种类			
010520003	装配式预制混凝土内墙板	9. 套筒规格 10. 保温层种类 11. 保温层厚度 12. 运距			
010521001	装配式预制混凝土叠合楼板	1. 单体体积 2. 板厚度 3. 板尺寸 4. 混凝土强度等级 5. 钢筋种类、规格及含量 6. 其他预埋要求 7. 灌缝材料种类 8. 运距	m³	按设计图示尺寸以构件体积计算,不扣除构件内钢筋、预埋铁件、配管、套管、线盒及单个面积0.3m² 以内的孔洞、线箱所占体积,依附于构件制作的各类保温层、饰面层体积并入相应的构件安装中计算,外露钢筋体积亦不再增加	1. 构件就位、安装 2. 支撑杆件搭、拆 3. 灌缝材料制作、运输 4. 接头灌缝、养护 5. 构件运输
010521002	装配式预制混凝土阳台板				
010522001	装配式预制混凝土楼梯（含休息平台）	1. 单体体积 2. 楼梯类型 3. 混凝土强度等级 4. 钢筋种类、规格及含量 5. 其他预埋要求 6. 灌缝材料种类 7. 运距	m³	按设计图示尺寸以构件体积计算,不扣除构件内钢筋、预埋铁件、配管、套管、线盒及单个面积0.3m² 以内的孔洞、线箱所占体积,依附于构件制作的各类保温层、饰面层体积并入相应的构件安装中计算,外露钢筋体积亦不再增加	1. 构件就位、安装 2. 支撑杆件搭、拆 3. 灌缝材料制作、运输 4. 接头灌缝、养护 5. 构件运输
010522002	装配式预制混凝土楼梯（不含休息平台）				

5.5.11.2　计量规范相关说明

(1)装配式预制构件必须描述单体体积、长度(高度)、面积。

(2)装配式预制构件设计要求有套筒、结构连接用预埋件,以及水、电安装所需配管、线盒、线箱等,应在构件项目特征"其他预埋要求"中描述,其费用计入相应清单项目的综合单价内。

(3)装配式预制保温成品构件,构件的单体体积及按体积计量时的工程量应包含保温层体积。

(4)依附于装配式预制外墙板制作的飘窗,并入外墙板内计算;依附于阳台板制作的栏板、翻沿、空调板,并入阳台板内计算。

(5)装配式预制其他构件适用于未列项目。

5.5.11.3　相关预算定额项目及说明

相关内容可参考《福建省装配式建筑工程预算定额》(FJYD-103-2017)。

5.6　金属结构工程

金属结构也称"钢结构",它是由钢板和型钢等材料,用焊接、铆接、螺栓连接而成的结构构件。

钢结构重量轻、承载能力大、可靠性能好,并能承受较大的动力荷载。因此,常用在跨度大、荷重大、有动力荷载作用的承重结构构件,在工业建筑中应用较多。

金属结构是由许多钢杆件组装而成,钢杆件是采用钢板、角钢、槽钢、工字钢、方钢和圆钢等制作而成的。

钢杆件的连接方式有焊接、铆接和螺栓连接三种。

构造简单的金属结构(如钢平台、钢支架、钢爬梯等),一般在制作中一次成活;跨度大、杆件多的屋架、天窗架等,一般先在专业金属结构加工厂将杆件制作好,运输到施工现场后,再进行组(拼)装。

5.6.1　金属结构工程

5.6.1.1　《房屋建筑与装饰实施细则》清单项目设置

《房屋建筑与装饰实施细则》附录 F.1～F.8 金属结构工程常用项目见表 5.6.1。

表 5.6.1　金属结构工程(编号:010601～010605)

项目编码	项目名称	项目特征	计量单位	工程量计算规则	工作内容
010601001	钢网架	1. 钢材品种、规格 2. 网架节点形式、连接方式 3. 网架跨度、安装高度 4. 探伤要求 5. 防火要求	t	按设计图示尺寸以吨计算。不扣除孔眼的质量,焊条、铆钉等不另增加质量	1. 拼装 2. 安装 3. 探伤 4. 补刷油漆
010602001	钢屋架	1. 钢材品种、规格 2. 单榀质量 3. 安装高度 4. 螺栓种类 5. 探伤要求 6. 防火要求		按设计图示尺寸以吨计算。不扣除孔眼的质量,焊条、铆钉、螺栓等不另增加质量	
010602002	钢托架			按设计图示尺寸以吨计算。不扣除孔眼的质量,焊条、铆钉、螺栓等不另增加质量	
010602003	钢桁架				
010602004	钢架桥	1. 桥类型 2. 钢材品种、规格 3. 单榀质量 4. 安装高度 5. 螺栓种类 6. 防火要求		按设计图示尺寸以吨计算。不扣除孔眼的质量,焊条、铆钉、螺栓等不另增加质量	
010603001	实腹钢柱	1. 柱类型 2. 钢材品种、规格 3. 单根柱质量 4. 螺栓种类 5. 探伤要求 6. 防火要求		按设计图示尺寸以吨计算。不扣除孔眼的质量,焊条、铆钉、螺栓等不另增加质量,依附在钢柱上的牛腿及悬臂梁等并入钢柱工程量内	
010603002	空腹钢柱				
010603003	钢管柱	1. 钢材品种、规格 2. 单根柱质量 3. 螺栓种类 4. 探伤要求 5. 防火要求		按设计图示尺寸以吨计算。不扣除孔眼的质量,焊条、铆钉、螺栓等不另增加质量,钢管柱上的节点板、加强环、内衬管、牛腿等并入钢管柱工程量内	

续表

项目编码	项目名称	项目特征	计量单位	工程量计算规则	工作内容
010604001	钢梁	1. 梁类型 2. 钢材品种、规格 3. 单根质量 4. 螺栓种类 5. 安装高度 6. 探伤要求 7. 防火要求	t	按设计图示尺寸以吨计算。不扣除孔眼的质量,焊条、铆钉、螺栓等不另增加质量,制动梁、制动板、制动桁架、车挡并入钢吊车梁工程量内	1. 拼装 2. 安装 3. 探伤 4. 补刷油漆
010604002	钢吊车梁	1. 钢材品种、规格 2. 单根质量 3. 螺栓种类 4. 安装高度 5. 探伤要求 6. 防火要求			
010605001	钢板楼板	1. 钢材品种、规格 2. 钢板厚度 3. 螺栓种类 4. 防火要求	m²	按设计图示尺寸以铺设水平投影面积计算。不扣除单个面积≤0.3 m²柱、垛及孔洞所占面积	1. 拼装 2. 安装 3. 探伤 4. 补刷油漆
010605002	钢板墙板	1. 钢材品种、规格 2. 钢板厚度、复合板厚度 3. 螺栓种类 4. 复合板夹芯材料种类、层数、型号、规格 5. 防火要求		按设计图示尺寸以铺挂展开面积计算。不扣除单个面积≤0.3 m²的梁、孔洞所占面积,包角、包边、窗台泛水等不另加面积	

5.6.1.2　计量规范相关说明

1. 钢柱

(1)实腹钢柱类型指十字、T、L、H 形等。

(2)空腹钢柱类型指箱形、格构式等。

(3)型钢混凝土柱,其混凝土和钢筋应按《房屋建筑与装饰实施细则》附录 E 混凝土及钢筋混凝土工程中相关项目编码列项。

2. 钢梁

(1)梁类型指 H、L、T 形、箱形、格构式等。

(2)型钢混凝土梁,其混凝土和钢筋应按《房屋建筑与装饰实施细则》附录 E 混凝土及钢筋混凝土工程中相关项目编码列项。

3. 楼板

(1)钢板楼板上浇筑钢筋混凝土,其混凝土和钢筋应按《房屋建筑与装饰实施细则》附录E混凝土及钢筋混凝土工程中相关项目编码列项。

(2)压型钢楼板按表5.6.1中钢板楼板项目编码列项。

4. 相关问题及说明

(1)金属构件的切边,不规则及多边形钢板发生的损耗在综合单价中考虑。

(2)防火要求指耐火极限。

(3)金属结构工程量清单按成品构件安装(拼装)编制,实际不论采用工厂制作还是现场制作,自制或购买,以及运输装卸等费用,均在清单综合单价中考虑,实际做法不同不作调整。

5.6.1.3 相关预算定额项目及说明

1. 预算定额项目的工程量计算规则

(1)钢构件制作、安装工程量,按设计图示尺寸以质量计算。

(2)铁栅围墙制作、安装按设计图示尺寸以质量计算。阳台防盗网按设计图示尺寸以面积计算。

(3)金属面防锈按设计防锈面积计算。

2. 相关说明

(1)金属构件制作。

①本章节定额中的零星构件是指定额未列项目以外的结构性零散构件,单体质量在50kg以内的小型构件。

②零星钢构件制作设计使用的钢材强度等级、型材组成比例与定额取定不同时,可按设计图纸进行调整,配套焊材单价相应调整,消耗量不变。

(2)金属构件安装(拼装)。

①本章节定额未包括为安装工程所需搭设的临时性脚手架,实际发生时套用相关章定额另行计算。

②铁栅围墙定额不包括挖土、混凝土基础、立柱及基础回填。

③钢栏杆、铁栅围墙、阳台防盗铁栅若设计使用两种或两种以上不同型号的钢材,以占最大此例型号的钢材套用定额。

(3)工厂制作生产的成品金属构件安装详见《福建省装配式建筑工程预算定额》(FJYD-103-2017)。

5.7 门窗工程

5.7.1 门窗工程

5.7.1.1 《房屋建筑与装饰实施细则》清单项目设置

《房屋建筑与装饰实施细则》附录H.1～H.11门窗工程常用项目见表5.7.1。

表 5.7.1　门窗工程(编号:010801~010811)

项目编码	项目名称	项目特征	计量单位	工程量计算规则	工作内容
010801001	木质门	镶嵌玻璃品种、厚度	m²	按设计图示洞口尺寸以平方米计算	1. 门安装 2. 玻璃安装 3. 五金安装
010802001	金属(塑钢)门	1. 门框、扇材质 2. 玻璃品种、厚度		按设计图示洞口尺寸以平方米计算	1. 门安装 2. 五金安装 3. 玻璃安装
010802002	彩板门	门框、扇材质		按设计图示洞口尺寸以平方米计算	
010802003	钢质防火门				
010802004	防盗门				1. 门安装 2. 五金安装
010803001	金属卷帘(闸)门	1. 门代号及洞口尺寸 2. 门材质 3. 启动装置品种、规格	樘	按设计图示以樘计算	1. 门运输、安装 2. 启动装置、活动小门、五金安装
010803002	防火卷帘(闸)门				
010807001	金属(塑钢、断桥)窗	1. 框、扇材质 2. 玻璃品种、厚度	m²	按设计图示洞口尺寸以平方米计算,飘窗、阳台封闭窗按设计图示框型材外边线及展开面积计算	1. 窗安装 2. 五金、玻璃安装
010807002	金属防火窗				
010807003	金属百叶窗	1. 框、扇材质 2. 玻璃品种、厚度	m²	按设计图示洞口尺寸以平方米计算	
010807004	金属纱窗	1. 框材质 2. 窗纱材料品种、规格		按框外围尺寸以平方米计算	1. 窗安装 2. 五金安装
010807005	金属格栅窗	1. 框外围尺寸 2. 框、扇材质		按设计图示洞口尺寸以平方米计算	

续表

项目编码	项目名称	项目特征	计量单位	工程量计算规则	工作内容
010808001	木门窗套	1. 基层材料种类 2. 面层材料品种、规格 3. 线条品种、规格 4. 防护材料种类	m²	按设计图示尺寸的展开面积以平方米计算	1. 清理基层 2. 立筋制作、安装 3. 木龙骨制作安装 4. 基层板安装 5. 面层铺贴 6. 线条安装 7. 刷防护材料
010808004	金属门窗套	1. 基层材料种类 2. 面层材料品种、规格 3. 防护材料种类			1. 清理基层 2. 立筋制作、安装 3. 基层板安装 4. 面层铺贴 5. 刷防护材料
010808005	石材门窗套	1. 粘结层厚度、砂浆配合比 2. 面层材料品种、规格 3. 线条品种、规格	m²	按设计图示尺寸的展开面积以平方米计算	1. 清理基层 2. 立筋制作、安装 3. 基层抹灰 4. 面层铺贴 5. 线条安装
010809004	石材窗台板	1. 粘结层厚度、砂浆配合比 2. 窗台板材质、规格、颜色	m²	按设计图示尺寸的展开面积以平方米计算	1. 基层清理 2. 抹找平层 3. 窗台板制作、安装
010810002	木窗帘盒				
010810003	饰面夹板、塑料窗帘盒	1. 窗帘盒材质、规格 2. 防护材料种类	m	按设计图示尺寸以米计算	1. 制作、运输、安装 2. 刷防护材料
010810004	铝合金窗帘盒				
010810005	窗帘轨	1. 窗帘轨材质、规格 2. 轨的数量 3. 防护材料种类			

5.7.1.2　计量规范相关说明

1. 木门

（1）木质门应区分镶板木门、实木成品装饰门、胶合板门、木纱门等项目,分别编码列项。

（2）木门五金应包括:折页、插销、门碰珠、弓背拉手、搭机、木螺丝、弹簧折页（自动门）、管子拉手（自由门、地弹门）、地弹簧（地弹门）、角铁、门轴头（地弹门、自由门）等。

（3）单独制作安装木门框按木门框项目编码列项。

（4）木门窗套适用于单独门窗套的制作、安装。

2. 金属门

（1）金属门应区分金属平开门、金属推拉门、金属地弹门、彩钢板门、防火门、防盗门等项目,分别编码列项。

（2）铝合金门五金包括:执手、合页、门锁、锁芯、面板、插销、滑轮、锁钩、锁扣等。

（3）金属门五金包括 L 型执手插锁（双舌）、执手锁（单舌）、门轴头、地锁、防盗门机、门眼（猫眼）、门碰珠、电子锁（磁卡锁）、闭门器、装饰拉手等。

（4）以平方米计量的,无设计图示洞口尺寸的,按门框、扇外围以面积计算。

3. 金属窗

（1）金属窗应区分铝合金窗、隔热断桥、塑钢窗、钢制防火窗、防盗窗、金属纱窗等项目,分别编码列项。

（2）以平方米计量的,无设计图示洞口尺寸,按窗框外围以面积计算。

（3）金属窗五金包括:执手、滑撑、传动杆、锁块、滑轮、月牙锁、锁勾等。

5.7.1.3　相关预算定额项目及说明

1. 预算定额项目的工程量计算规则

（1）门窗工程,除另有规定外,均按设计图示门窗洞口面积计算。

（2）木门成品安装。

①成品木门扇安装、木质防火门安装,按设计图示尺寸以面积计算。

②成品木门框安装,按设计图示尺寸以中心线长度计算。

③带门套成品木门安装,按设计图示数量以樘计算。

④成品门（窗）套安装,按设计图示洞口尺寸以长度计算。

（3）金属门窗。

①门连窗分别计算门、窗面积,其中窗的宽度算至门框的外边线。

②纱门、纱窗扇按设计图示扇外围面积计算。

③飘窗、阳台封闭窗按设计图示框型材外边线及展开面积计算。

④防盗窗按设计图示窗框外围面积计算。

⑤彩板钢门窗附框按框中心线长度计算。

（4）金属卷帘（闸）门。

①金属卷帘（闸）门,若有设计图示,按设计图示卷帘门宽度乘以卷帘门高度（包括卷帘箱高度）以面积计算;无设计图示,卷帘门在门洞外侧或内侧安装时,洞口的高度和宽度分别加 50 cm 和 12 cm,按面积计算,卷帘门在门洞的墙中安装时,按洞口的面积（高度已包括卷帘箱高度）计算。

②电动装置安装依设计图示按套数计算。

(5)厂库房大门、特种门按设计图示门洞面积计算。

(6)其他门。

①无框玻璃门扇及测量现场制作安装按门扇外围面积计算。

②地弹门按图示洞口面积计算。

③全玻转门按设计图示数量计算。

④不锈钢伸缩门按设计图示以延长米计算。

⑤传感和电动装置按设计图示套数计算。

(7)门窗套。

①门窗套(筒子板)龙骨、面层、基层均按设计图示饰面外围尺寸展开面积计算。

②成品门窗套按设计图示饰面外围尺寸展开面积计算。

(8)窗台板、窗帘盒、轨。

①窗台板按设计图示长度乘以宽度以面积计算。图纸未注明尺寸的,窗台板长度可按窗框的外围宽度两边共加 100 mm 计算。窗台板凸出墙面的宽度按墙面外加 20 mm 计算。

②窗帘盒、窗帘轨按设计图示长度计算。

(9)五金配件、门窗配件安装分别按个、副、只、米计算。

2. 相关说明

(1)本章节定额包括木门成品安装,金属门,金属卷帘门,厂库房大门,特种门,其他门,金属窗,门窗套,窗台板,窗帘盒、轨、门窗五金,共 10 节。

(2)本章节定额包括了门窗安装时软填料塞缝和打密封膏工料、框边砂浆塞缝。

(3)本章节定额除了铝合金门窗(纱门窗除外)按制作安装分开编列外,其他门窗均按成品(半成品)安装编制。

(4)铝合金门窗实际为购买半成品(成品)安装的,也按本章节定额套用,制作定额中已考虑了成品(半成品)制作厂家费用利润税金,除材料外其他实际不同不调整;承发包双方如需调整,按合同或协议约定处理。

(5)成品套装木门安装定额。

①成品套装木门安装定额包括门框和门扇的安装,按不带门头考虑安装编制,若实际门带有门头,人工乘以系数 1.3。

②成品套装木门安装定额已含门锁、门碰、插销等大小五金的安装费用。

③成品木门扇安装以门的材质不同进行划分,适用于单独门扇的安装。

④成品木门安装定额以门的开启方式、安装方法不同进行划分,相应定额均已包括相配套的门套安装。

⑤成品木质门(窗)套安装定额按门(窗)套的展开宽度不同分别进行编制,适用于单独门(窗)套的安装。

⑥成品木门(带门套)及单独安装的成品木质门(窗)套定额中,已包括了相应的贴脸及装饰线条安装人工及材料消耗量,不另单独计算。

⑦成品套装木门安装定额中的五金件,设计规格和数量与定额不同时,应进行调整换算。

(6)金属门窗。

①铝合金平开门按 50 系列编制,铝合金推拉门按 90 系列编制,铝合金门采用型材壁厚 2.0 mm、粉末喷涂。铝合金平开窗按 50 系列编制,推拉窗按 868 系列编制,铝合金固定窗按 50 系列编制,铝合金窗采用型材壁厚 1.4 mm、粉末喷涂。实际使用时,铝合金门窗的型材种类、用量及玻璃种类不同时,可按实调整,人机不变。

②铝合金门窗制作安装定额按普通铝合金型材考虑,当设计为隔热断桥型材时,主材换算,人工费乘以系数 1.25。

③各铝合金门窗的五金配件定额按普通五金编制,实际五金含量或价格与定额取定不同时可以调整,见表 5.7.2～表 5.7.5。

表 5.7.2　每平方米门窗定额五金配件的数量及单价表(平开门)

五金配件	门执手	合页	门锁	锁芯	面板	插销
数量(个/m²)	0.3968	1.7857	0.3968	0.3968	0.3968	0.3968
单价(元/m²)	28	15	36	35	6	20

表 5.7.3　每平方米门窗定额五金配件的数量及单价表(推拉门)

五金配件	推拉锁	双滑轮	锁钩	锁扣
数量(个/m²)	0.641	1.282	0.641	0.641
单价(元/m²)	16	12	2.5	2.5

表 5.7.4　每平方米门窗定额五金配件的数量及单价表(平开窗)

五金配件	窗执手	滑撑	传动杆	锁块
数量(个/m²)	0.7168	1.4337	0.7168	1.4337
单价(元/m²)	25	20	12	2.5

表 5.7.5　每平方米门窗定额五金配件的数量及单价表(推拉窗)

五金配件	单滑轮	月牙锁	锁勾
数量(个/m²)	1.616	0.404	0.404
单价(元/m²)	6	5	7

④铝合金门窗纱扇安装定额按在附框上安装编制。

⑤遇到金属门连窗,门、窗应分别列项执行相应定额,人工费乘以系数 1.1。

⑥彩钢板窗附框安装,执行彩钢板门附框安装定额。

⑦钢制防火窗定额按甲级防火窗编制的,实际防火等级不同时,窗框料与玻璃相应调整,其他不变。

⑧塑钢门窗定额,玻璃按平板玻璃 5 厚考虑,若实际使用与定额不同时,单价按玻璃价差进行调整。

(7)金属卷帘(闸)门。

①金属卷帘(闸)门定额,按卷帘侧装(即安装在洞口内侧或外侧)考虑,当设计为中装

(即安装在洞口中)时,相应定额人工乘以系数 1.1。

②金属卷帘(闸)门定额,按不带活动小门考虑,当设计为带活动小门时,活动小门另按相应定额执行,卷帘门工程量扣除相应活动小门。

③活动小门定额,按铝合金活动小门 500 mm×1500 mm 编制,实际使用材质及规格不同时,材料按实调整,其他不变。

(8)厂库房大门、特种门。

①厂库房大门定额,是按一、二类木种考虑的,如采用三、四类木种时,制作相应定额人工和机械乘以系数 1.3,安装相应定额人工和机械乘以系数 1.35。木种的分类见表 5.7.6。

表 5.7.6 木种分类表

类别	木种名称
一类	红松、水桐木、樟子松
二类	白松(方衫、冷杉)、杉木、杨木、柳木、椴木
三类	清松、黄花松、秋子木、马尾松、东北榆木、柏木、梓木、黄菠萝、苦楝木、椿木、楠木、柚木、樟木
四类	栎木(柞木)、檀木、色木、槐木、荔木、麻栗木(麻栎、青刚)、桦木、荷木、水曲柳、华北榆木

②厂库房大门定额,已包括钢骨架,不再另算。

③厂库房大门定额,已包括门扇上所用铁件,门框周边预埋铁件按设计要求另行计算。

④冷藏库门、冷藏冻结间门、防辐射门安装定额,已包括筒子板制作安装。

(9)其他门。

①电子感应自动门传感装置、伸缩门电动装置安装已包括调试用工。

②电子感应自动门和转门的规格取定与定额不同时,可以调整。

③地弹门定额已含所需的五金配件,五金配件实际使用数量或价格不同时可以调整,其他不变。

(10)门窗套。

①门窗套、门窗筒子板执行门窗套(筒子板)定额。

②门窗套(筒子板)定额未包括封边线条,设计要求时,执行其他装饰工程相应定额。

③门窗套钢骨架执行墙、柱面装饰与隔断、幕墙工程钢骨架定额。

④不锈钢板门窗套执行墙、柱面装饰与隔断、幕墙工程不锈钢板墙面定额。

⑤异形门窗套执行门窗套定额,主材按实际成品单价计算,人工乘以系数 1.1。

(11)窗台板。

石材窗台板安装定额按成品窗台板考虑,实际为非成品需现场加工时,石材加工执行其他装饰工程相应定额。

(12)窗帘盒。

窗帘盒展开宽度按 420 mm 编制。宽度不同时,材料用量可以调整。

(13)门五金。

①成品木门(扇)安装定额中五金配件的安装仅包括合页安装人工和合页材料费,设计要求其他五金的套门特殊五金相应定额。

②铝合金门窗五金均已包含在相应制作定额内,其他成品金属门窗、金属卷帘(闸)门、

特种门、其他门安装定额包括五金安装人工,五金材料费包括在成品门窗价格中。

③厂库房大门定额均包括五金铁件安装人工费,五金铁件材料费另执行门特殊五金相应定额,当设计与定额取定不同时,按设计规定计算。

5.7.1.4　举例应用

【例 5.10】某工程一层平面图如图 5.7.1 所示,门窗表如下表 5.7.7 所示,计算该工程门窗工程量。

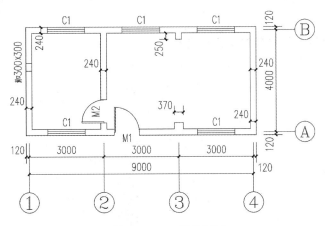

图 5.7.1　一层平面图

[解]

表 5.7.7　门窗表

编号	洞口尺寸(宽×高)	数量	材料
M1	1000 mm×2000 mm	1	防盗门
M2	900 mm×2000 mm	1	铝合金平开门
C1	1500 mm×1800 mm	5	铝合金推拉窗,5 mm 厚平板玻璃

表 5.7.8　工程量计算表

序号	项目编码	项目名称	计算式	工程量合计	计量单位
1	010802004001	防盗门	1.0×2.0×1=2.0	2.0	m²
1.1	10108029	钢质防火、防盗门(钢质防盗门)	2.0	2.0	m²
2	010802001001	金属(塑钢)门	0.9×2.0×1=1.8	1.8	m²
2.1	10108017	铝合金门(铝合金平开门制作)	1.8	1.8	m²
2.2	10108019	铝合金门(铝合金平开门安装)	1.8	1.8	m²
3	010807001001	金属(塑钢、断桥)窗	1.5×1.8×5=13.5	13.5	m²
3.1	10108071 T	铝合金窗(铝合金推拉窗制作)	13.5	13.5	m²
3.2	10108075	铝合金窗(铝合金推拉窗安装)	13.5	13.5	m²

5.8 屋面及防水工程

5.8.1 瓦、型材及其他屋面

5.8.1.1 《房屋建筑与装饰实施细则》清单项目设置

《房屋建筑与装饰实施细则》附录 J.1 瓦、型材及其他屋面常用项目见表 5.8.1。

表 5.8.1 瓦、型材及其他屋面(编号:010901)

项目编码	项目名称	项目特征	计量单位	工程量计算规则	工作内容
010901001	瓦屋面	1. 瓦品种、规格 2. 粘结层砂浆的配合比	m²	按设计图示尺寸的斜面积以平方米计算,不扣除房上烟囱、风帽底座、风道、小气窗、斜沟等所占面积。小气窗的出檐部分不增加面积	1. 砂浆制作、运输、摊铺、养护 2. 安瓦、作瓦脊
010901002	型材屋面	1. 型材品种、规格 2. 金属檩条材料品种、规格 3. 接缝、嵌缝材料种类			1. 檩条制作、运输、安装 2. 屋面型材安装 3. 接缝、嵌缝
010901003	阳光板屋面	1. 阳光板品种、规格 2. 骨架材料品种、规格 3. 接缝、嵌缝材料种类 4. 油漆品种、刷漆遍数		按设计图示尺寸的斜面积以平方米计算,不扣除屋面面积≤0.3 m² 孔洞所占面积	1. 骨架制作、运输、安装,刷防护材料、油漆 2. 阳光板安装 3. 接缝、嵌缝
010901004	玻璃钢屋面	1. 玻璃钢品种、规格 2. 骨架材料品种、规格 3. 玻璃钢固定方式 4. 接缝、嵌缝材料种类 5. 油漆品种、刷漆遍数			1. 骨架制作、运输、安装,刷防护材料、油漆 2. 玻璃钢制作、安装 3. 接缝、嵌缝
010901005	膜结构屋面	1. 膜布品种、规格 2. 支柱(网架)钢材品种、规格 3. 钢丝绳品种、规格 4. 锚固基座做法 5. 油漆品种、刷漆遍数		按设计图示尺寸以需要覆盖的水平投影面积计算	1. 膜布热压胶接 2. 支柱(网架)制作、安装 3. 膜布安装 4. 穿钢丝绳、锚头锚固 5. 锚固基座挖土、回填 6. 刷防护材料、油漆
010901006	种植屋面	1. 过滤层、排(蓄)水层做法 2. 防水层数、做法		按设计图示尺寸以平方米计算,不扣除屋面面积≤0.3 m² 孔洞所占面积	1. 过滤层、排(蓄)水层铺设 2. 防水层铺设

5.8.1.2　计量规范相关说明

(1)瓦屋面若是在木基层上铺瓦,项目特征不必描述粘结层砂浆的配合比,瓦屋面铺防水层,按表5.8.1屋面防水及其他中相关项目编码列项。

(2)型材屋面、阳光板屋面、玻璃钢屋面的柱、梁、屋架,按《房屋建筑与装饰实施细则》附录F金属结构工程、附录G木结构工程中相关项目编码列项。

5.8.1.3　相关预算定额项目及说明

1.预算定额项目的工程量计算规则

(1)各种屋面和型材屋面(包括挑檐部分)按设计图示尺寸以面积计算(斜屋面按斜面面积计算)。不扣除房上烟囱、风帽底座、风道、小气窗、斜沟等所占面积,小气窗的出檐部分不增加面积。计算公式:

$$S_斜 = S_水 \times C$$

其中 C 为屋面延尺系数,延尺系数又称为屋面系数,是指屋面斜长度或斜面积与水平宽度或面积的比例系数。

隅延尺系数又称屋脊系数,是指斜脊长度与水平宽度的比例系数。

各种屋面和型材屋面面积按表5.8.2屋面坡度相关系数换算。

5.8.2　屋面坡度系数表

坡度 B (A=1)	坡度 B/2A	坡度角度(α)	延尺系数 C (A=1)	隅延尺系数 D (A=1)
1	1/2	45°	1.4142	1.7321
0.75		36°52′	1.2500	1.6008
0.70		35°	1.2207	1.5779
0.666	1/3	33°40′	1.2015	1.5620
0.65		33°01′	1.1926	1.5564
0.60		30°58′	1.1622	1.5362
0.577		30°	1.1547	1.5270
0.55		28°29′	1.1413	1.5170
0.50	1/4	26°34′	1.1180	1.5000
0.45		24°14′	1.0966	1.4839
0.40	1/5	21°48′	1.0770	1.4697
0.35		19°17′	1.0594	1.4569
0.30		16°42′	1.0440	1.4457
0.25		14°02′	1.0308	1.4362
0.20	1/10	11°19′	1.0198	1.4283
0.15		8°32′	1.0112	1.4221
0.125		7°08′	1.0078	1.4191
0.100	1/20	5°42′	1.0050	1.4177
0.083		4°45′	1.0035	1.4166
0.066	1/30	3°49′	1.0022	1.4157

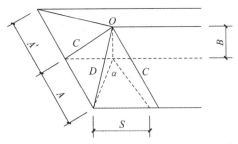

注:①两坡排水屋面面积为屋面水平投影面积乘以延尺系数 C

②四坡排水屋面斜脊长度 $= A \times D$(当 $S = A$ 时)

③沿山墙泛水长度 $= A \times C$

（2）屋脊线按设计图示尺寸扣除屋脊头水平长度计算；斜沟、檐口滴水线、滴水、泛水、钢丝网封沿板等按设计图示尺寸以延长米长度计算。

（3）镶贴琉璃件等按设计图示数量计算。

（4）阳光板屋面和玻璃采光顶屋面按设计图示尺寸以面积计算（斜屋面按斜面面积计算），不扣除面积≤0.3 m² 孔洞所占面积。

（5）膜结构屋面按设计图示尺寸以需要覆盖的水平投影面积计算，膜材料可以调整含量。

2. 相关说明

（1）瓦屋面定额按直接铺在椽条上考虑，瓦屋面未包括椽条、木基层封檐板及檐口天栅，如有发生套用其他专业定额。

（2）水泥瓦或粘土瓦如果穿铁丝、钉铁钉，每 1 m² 檐瓦人工费乘以系数 1.05、镀锌铁丝 20♯ 每 1 m² 增加 0.007 kg、铁钉每 1 m² 增加 0.0049 kg。

（3）型材屋面定额中镀锌钢板的咬口和搭接的工料已包括在相应定额内。

（4）阳光板、玻璃采光顶屋面预埋件按实际用量计算，套用相应定额。

（5）阳光板屋面如设计为滑动式采光顶，可以按设计增加 U 形滑动盖帽等材料、部件，定额人工费乘以系数 1.05。

（6）膜结构屋面的钢支柱、锚固支座混凝土基础等执行其他章节相应定额。

（7）25°<坡度≤45°及弧形、锯齿形、人字形等不规则瓦屋面，人工费乘以系数 1.1；坡度 >45°的，人工费乘以系数 1.3。

5.8.2 屋面防水及其他

5.8.2.1 《房屋建筑与装饰实施细则》清单项目设置

《房屋建筑与装饰实施细则》附录 J.2 屋面防水及其他常用项目见表 5.8.3。

5.8.2.2 计量规范相关说明

（1）屋面刚性层无钢筋的，其钢筋项目特征不必描述。

（2）屋面找平层按《房屋建筑与装饰实施细则》附录 L 楼地面装饰工程相应项目编码列项。

（3）屋面防水搭接及附加层用量不另行计算。

（4）屋面保温找坡层按《房屋建筑与装饰实施细则》附录 K 保温、隔热、防腐工程中"保温、隔热屋面"项目编码列项。

5.8.2.3　相关预算定额项目及说明

表 5.8.3　屋面防水及其他(编号:010902)

项目编码	项目名称	项目特征	计量单位	工程量计算规则	工作内容
010902001	屋面卷材防水	1. 卷材品种、规格、厚度 2. 防水层数 3. 防水层做法	m²	按设计图示尺寸以平方米计算: 1. 斜屋顶(不包括平屋顶找坡)按斜面积计算,平屋顶按水平投影面积计算 2. 不扣除房上烟囱、风帽底座、风道、屋面小气窗和斜沟所占面积 3. 屋面的女儿墙、伸缩缝和天窗等处的弯起部分≤300 mm 时,按展开面积并入平面工程量内	1. 基层处理 2. 刷底油 3. 铺油毡卷材、接缝
010902002	屋面涂膜防水	1. 防水膜品种 2. 涂膜厚度、遍数 3. 增强材料种类			1. 基层处理 2. 刷基层处理剂 3. 铺布、喷涂防水层
010902003	屋面刚性防水	1. 刚性层厚度 2. 混凝土种类 3. 混凝土强度等级 4. 嵌缝材料种类 5. 钢筋规格、型号		按设计图示尺寸以平方米计算,不扣除房上烟囱、风帽底座、风道等所占面积	1. 基层处理 2. 混凝土制作、运输、铺筑、养护 3. 钢筋制安
010902005	屋面排(透)气管	1. 排(透)气管品种、规格 2. 接缝、嵌缝材料种类 3. 油漆品种、刷漆遍数	1. m 2. 个	1. 以长度计量的,按设计图示尺寸以米计算 2. 以数量计量的,按设计图示以个计算	1. 排(透)气管及配件安装、固定 2. 铁件制作、安装 3. 接缝、嵌缝 4. 刷漆
010902007	屋面天沟、檐沟防水	1. 材料品种、规格 2. 接缝、嵌缝材料种类	1. m² 2. m	1. 以面积计量的,按设计图示尺寸的展开面积以平方米计算 2. 以长度计量的,按设计图示尺寸以米计算	1. 天沟材料铺设 2. 天沟配件安装 3. 接缝、嵌缝 4. 刷防护材料
010902008	屋面变形缝	1. 嵌缝材料种类 2. 止水带材料种类 3. 盖缝材料 4. 防护材料种类	m	按设计图示以米计算	1. 清缝 2. 填塞防水材料 3. 止水带安装 4. 盖缝制作、安装 5. 刷防护材料

续表

项目编码	项目名称	项目特征	计量单位	工程量计算规则	工作内容
010902009	铁爬梯	1. 钢材种类 2. 规格 3. 铁件尺寸	步	按设计图示以步计算	铁爬梯制作、运输、安装
010902010	上人孔盖板	1. 面层厚度、砂浆配合比 2. 嵌缝材料种类 3. 卷材品种、规格、厚度 4. 防水层数及作法 5. 盖板安装 6. 油漆品种、刷漆遍数	座	按设计图示以座计算	1. 预埋螺栓 2. 钉封口线 3. 抹灰 4. 铺防水卷材 5. 清缝 6. 填塞防水材料 7. 盖板制作与安装 8. 刷油漆 9. 五金安装
010902011	屋面小型构件	1. 类型 2. 材质 3. 规格	个(座)	按设计图示以个或座计算	制作安装

1. 预算定额项目的工程量计算规则

(1)屋面卷材防水按设计图示尺寸以面积计算(斜屋面按斜面面积计算,不包括平屋顶找坡)。不扣除房上烟囱、风帽底座、风道、屋面小气窗和斜沟等所占面积,上翻部分也不另计算。屋面的女儿墙、伸缩缝和天窗等处的弯起部分,按设计图示尺寸计算;设计无规定的,伸缩缝、女儿墙、天窗的弯起部分按 500 mm 并入立面工程量内计算。

(2)屋面檐沟卷材防水、涂料防水按设计图示尺寸展开面积并入屋面计算;屋面檐沟防水砂浆按设计图示尺寸展开面积计算;镀锌铁皮天沟按设计图示尺寸长度计算。

2. 相关说明

(1)防水卷材、防水涂料及防水砂浆定额,以平面和立面列项。

(2)25°<坡度≤45°及弧形、锯齿形、人字形等不规则屋面或平面,人工费乘以系数 1.1;坡度>45°的,人工费乘以系数 1.3。

(3)冷粘法是以满铺为依据编制的,点、条铺粘者按其相应定额的人工费乘以系数 0.91,粘合剂乘以系数 0.7。

(4)规范规定的卷材屋面和防水卷材的附加层、加强层、搭接、拼缝、压边、留搓用量、接缝收头找平层的嵌缝、冷底子油已计入相应定额内,不另行计算。

(5)防水工程中卷材、涂料、砂浆找平层、面层的种类、厚度与定额不同时,可以调整。

5.8.3　墙面防水、防潮

5.8.3.1　《房屋建筑与装饰实施细则》清单项目设置

《房屋建筑与装饰实施细则》附录 J.3 墙面防水、防潮常用项目见表 5.8.4。

表 5.8.4　墙面防水、防潮(编号:010903)

项目编码	项目名称	项目特征	计量单位	工程量计算规则	工作内容
010903001	墙面卷材防水	1. 卷材品种、规格、厚度 2. 防水层数 3. 防水层做法	m²	按设计图示尺寸以平方米计算	1. 基层处理 2. 刷粘结剂 3. 铺防水卷材 4. 接缝、嵌缝
010903002	墙面涂膜防水	1. 防水膜品种 2. 涂膜厚度、遍数 3. 增强材料种类			1. 基层处理 2. 刷基层处理剂 3. 铺布、喷涂防水层
010903003	墙面砂浆防水(防潮)	1. 防水层做法 2. 砂浆厚度、配合比 3. 钢丝网规格			1. 基层处理 2. 挂钢丝网片 3. 设置分格缝 4. 砂浆制作、运输、摊铺、养护
010903004	墙面变形缝	1. 嵌缝材料种类 2. 止水带材料种类 3. 盖缝材料 4. 防护材料种类	m	按设计图示以米计算	1. 清缝 2. 填塞防水材料 3. 止水带安装 4. 盖缝制作、安装 5. 刷防护材料

5.8.3.2　计量规范相关说明

(1)墙面防水搭接及附加层用量不另行计算。

(2)墙面变形缝,若做双面,工程量乘系数 2。

(3)墙面找平层按本规范附录 M 墙、柱面装饰与隔断、幕墙工程相应项目编码列项。

5.8.3.3　相关预算定额项目及说明

1. 预算定额项目的工程量计算规则

(1)楼地面防水、防潮层按设计图示尺寸以墙间净空面积计算,扣除凸出地面的构筑物、设备基础等所占面积,不扣除间壁墙及单个面积≤0.3 m² 的柱、垛、烟囱和孔洞所占面积,平面与立面交接处,上翻高度≤300 mm 时,按展开面积并入平面工程量内计算,高度＞300 mm 时,按立面防水层计算。

(2)墙基防水、防潮层外墙按中心线,内墙按净长乘以宽度,以面积计算。

(3)墙立面防水、防潮层,不论内、外墙,均按设计图示尺寸以面积计算。

2. 相关说明

立面是以直形为依据编制的,如为弧形,相应定额的人工费乘以系数 1.15,材料、机械乘以 1.05。

5.8.4 楼(地)防水、防潮

5.8.4.1 《房屋建筑与装饰实施细则》清单项目设置

《房屋建筑与装饰实施细则》附录 J.4 楼(地)防水、防潮常用项目见表 5.8.5。

表 5.8.5 楼(地)防水、防潮(编号:010904)

项目编码	项目名称	项目特征	计量单位	工程量计算规则	工作内容
010904001	楼(地)面卷材防水	1. 卷材品种、规格、厚度 2. 防水层数 3. 防水层做法 4. 反边高度	m²	按设计图示尺寸以平方米计算: 1. 楼(地)面防水:按墙间净空面积计算,扣除凸出地面的构筑物、设备基础等所占面积,不扣除间壁墙及单个面积≤0.3 m²柱、垛、烟囱和孔洞所占面积 2. 楼(地)面防水反边高度≤300 mm 算作平面防水,反边高度＞300 mm 时按立面防水计算	1. 基层处理 2. 刷粘结剂 3. 铺防水卷材 4. 接缝、嵌缝
010904002	楼(地)面涂膜防水	1. 防水膜品种 2. 涂膜厚度、遍数 3. 增强材料种类 4. 反边高度			1. 基层处理 2. 刷基层处理剂 3. 铺布、喷涂防水层
010904003	楼(地)面砂浆防水(防潮)	1. 防水层做法 2. 砂浆厚度、配合比 3. 反边高度			1. 基层处理 2. 砂浆制作、运输、摊铺、养护
010904004	楼(地)面变形缝	1. 嵌缝材料种类 2. 止水带材料种类 3. 盖缝材料 4. 防护材料种类	m	按设计图示尺寸以米计算	1. 清缝 2. 填塞防水材料 3. 止水带安装 4. 盖缝制作、安装 5. 刷防护材料

5.8.4.2 计量规范相关说明

(1)楼(地)面防水找平层按《房屋建筑与装饰实施细则》附录 L 楼地面装饰工程相应项目编码列项。

(2)楼(地)面防水搭接及附加层用量不另行计算。

5.8.4.3 相关预算定额项目及说明

1. 预算定额项目的工程量计算规则

　　楼地面防水、防潮层按设计图示尺寸以墙间净空面积计算,扣除凸出地面的构筑物、设备基础等所占面积,不扣除间壁墙及单个面积≤0.3 m² 的柱、垛、烟囱和孔洞所占面积,平面与立面交接处,上翻高度≤300 mm 时,按展开面积并入平面工程量内计算,高度＞300 mm 时,按立面防水层计算。

　　2. 相关说明

　　(1)止水带、变形缝定额,设计的主要材料与定额不同可以换算,其他不变。

　　(2)屋面变形缝和出屋面排气(管)道定额,不含保温层和细石砼保护层,其保温层和细石砼保护层另按其他章节的规定计算。

　　(3)屋面泛水定额,含附加防水层一道,立墙反上部分的防水层按本节相应定额计算。

5.8.5　基础防水

5.8.5.1　《房屋建筑与装饰实施细则》清单项目设置

　　《房屋建筑与装饰实施细则》附录 J.5 基础防水常用项目见表 5.8.6。

表 5.8.6　基础防水(编号:010905)

项目编码	项目名称	项目特征	计量单位	工程量计算规则	工作内容
010905001	地下室底板、承台、基础梁卷材防水	1. 卷材品种、规格、厚度 2. 防水层数 3. 防水层做法	m²	按设计图示尺寸以平方米计算: 1. 基础底板、地下室底板的防水、防潮层按设计图示尺寸以面积计算,不扣除桩头所占面积	1. 基层处理 2. 刷粘结剂 3. 铺防水卷材 4. 接缝、嵌缝
010905002	地下室底板、承台、基础梁涂膜防水	1. 防水膜品种 2. 涂膜厚度、遍数 3. 增强材料种类		2. 桩头处外包防水按桩头投影外扩 300 mm 以面积计算,地沟处防水按展开面积计算,均计入平面工程量 3. 承台、基础梁高度＞300 mm 的按立面防水计算	1. 基层处理 2. 刷基层处理剂 3. 铺布、喷涂防水层

5.8.5.2　相关预算定额项目及说明

　　1. 预算定额项目的工程量计算规则

　　基础底板、地下室底板的防水、防潮层按设计图示尺寸以面积计算,不扣除桩头所占面积。桩头处外包防水按桩头投影外扩 300 mm 以面积计算,地沟处防水按展开面积计算,均计入平面工程量,套用相应定额。承台、基础梁高度＞300 mm 时,按立面防水计算,套用相应定额。

　　2. 相关说明

　　规范规定的卷材屋面和防水卷材的附加层、加强层、搭接、拼缝、压边、留搓用量、接缝收头找平层的嵌缝、冷底子油已计入相应定额内,不另行计算。地下室底板防水卷材材料消耗量乘以系数 1.18,地下室墙面防水卷材材料消耗量乘以系数 1.05。

5.9 防腐、隔热、保温工程

5.9.1 保温、隔热

5.9.1.1 《房屋建筑与装饰实施细则》清单项目设置

《房屋建筑与装饰实施细则》附录 K.1 保温、隔热常用项目见表 5.9.1。

表 5.9.1 保温、隔热(编号:011001)

项目编码	项目名称	项目特征	计量单位	工程量计算规则	工作内容
011001001	保温隔热屋面	1. 保温隔热材料品种、规格、厚度 2. 隔气层材料品种、厚度 3. 粘结材料种类、做法 4. 防护材料种类、做法		按设计图示尺寸以平方米计算,扣除面积>0.3 m²孔洞及占位面积	1. 基层清理 2. 刷粘结材料 3. 铺粘保温层 4. 铺、刷(喷)防护材料
011001002	保温隔热天棚	1. 保温隔热面层材料品种、规格、性能 2. 保温隔热材料品种、规格及厚度 3. 粘结材料种类及做法 4. 防护材料种类及做法		按设计图示尺寸以平方米计算,扣除面积>0.3 m²上柱、垛、孔洞所占面积,与天棚相连的梁按展开面积计算,并入天棚工程量内	
011001003	保温隔热墙面	1. 保温隔热部位 2. 保温隔热方式 3. 踢脚线、勒脚线保温做法	m²	按设计图示尺寸以平方米计算,扣除门窗洞口以及面积>0.3 m²梁、孔洞所占面积;门窗洞口侧壁以及与墙相连的柱,并入保温墙体工程量内	1. 基层清理 2. 刷界面剂 3. 安装龙骨 4. 填贴保温材料 5. 保温板安装 6. 粘贴面层 7. 铺设增强格网,抹抗裂、防水砂浆面层 8. 嵌缝 9. 铺、刷(喷)防护材料
011001004	保温柱、梁	4. 龙骨材料品种、规格 5. 保温隔热面层材料品种、规格、性能 6. 保温隔热材料品种、规格及厚度 7. 增强网及抗裂防水砂浆种类 8. 粘结材料种类及做法 9. 防护材料种类及做法		按设计图示尺寸以平方米计算: 1. 柱按设计图示柱断面保温层中心线展开长度乘保温层高度以面积计算,扣除面积>0.3 m²梁所占面积 2. 梁按设计图示梁断面保温层中心线展开长度乘保温层长度以面积计算	

续表

项目编码	项目名称	项目特征	计量单位	工程量计算规则	工作内容
011001005	保温隔热楼地面	1. 保温隔热部位 2. 保温隔热材料品种、规格、厚度 3. 隔气层材料品种、厚度 4. 粘结材料种类、做法 5. 防护材料种类、做法	m²	按设计图示尺寸以平方米计算，扣除面积＞0.3 m²柱、垛、孔洞等所占面积。门洞、空圈、暖气包槽、壁龛的开口部分不增加面积	1. 基层清理 2. 刷粘结材料 3. 铺粘保温层 4. 铺、刷（喷）防护材料
011001006	其他保温隔热	1. 保温隔热部位 2. 保温隔热方式 3. 隔气层材料品种、厚度 4. 保温隔热面层材料品种、规格、性能 5. 保温隔热材料品种、规格及厚度 6. 粘结材料种类及做法 7. 增强网及抗裂防水砂浆种类 8. 防护材料种类及做法		按设计图示尺寸的展开面积以平方米计算，扣除面积＞0.3 m²孔洞及占位面积	1. 基层清理 2. 刷界面剂 3. 安装龙骨 4. 填贴保温材料 5. 保温板安装 6. 粘贴面层 7. 铺设增强格网、抹抗裂防水砂浆面层 8. 嵌缝 9. 铺、刷（喷）防护材料

5.9.1.2　计量规范相关说明

(1)保温隔热装饰面层,按《房屋建筑与装饰实施细则》附录 L、M、N、P、Q 中相关项目编码列项;仅做找平层按《房屋建筑与装饰实施细则》附录 L 楼地面装饰工程"平面砂浆找平层"或附录 M 墙、柱面装饰与隔断、幕墙工程"立面砂浆找平层"项目编码列项。

(2)柱帽保温隔热应并入天棚保温隔热工程量内。

(3)池槽保温隔热应按其他保温隔热项目编码列项。

(4)保温柱、梁适用于不与墙、天棚相连的独立柱、梁。

5.9.1.3　相关预算定额项目及说明

1. 预算定额项目的工程量计算规则

(1)屋面、天棚保温隔热按设计图示尺寸以面积计算。扣除面积＞0.3 m²上柱、垛、孔洞所占面积;与天棚相连的梁按展开面积计算,并入天棚工程量内。

(2)墙面保温隔热按设计图示尺寸以面积计算。扣除门窗洞口所占面积;门窗洞口侧壁以及与墙相连的柱需做保温时,并入保温墙体工程量内。

(3)保温柱按设计图示以保温层中心线展开长度乘以保温层高度以面积计算,扣除面积＞0.3 m²梁所占面积。梁按设计图示梁断面保温层中心线展开长度乘保温层长度以面积计算。

(4)隔热楼地面屋面按设计图示尺寸以面积计算。扣除面积＞0.3 m²柱、垛、孔洞等所占面积。门洞、空圈、暖气包槽、壁龛的开口部分不增加面积。

（5）其他保温隔热按设计图示尺寸以展开面积计算。扣除面积＞0.3 m² 孔洞及占位面积。

（6）专用砂浆抹灰、加气混凝土专用界面剂和墙面保温砂浆、抗裂砂浆、聚氨酯喷涂的工程量计算规则同墙柱面抹灰。

（7）柱帽保温隔热应并入天棚保温隔热工程量内，保温柱、梁适用于不与墙、天棚相连的独立柱、梁。

（8）保温层排气管按照设计图示尺寸以长度计算，不扣除管件所占长度，保温层排气孔以数量计算。

（9）防火隔离带工程量按设计图示尺寸以面积计算。

2. 相关说明

（1）本章节定额适用于中温、低温及恒温的工业厂（库）房隔热工程，以及一般保温工程。

（2）本章节定额包括保温隔热材料的铺贴，未包括隔气防潮、保温层或衬墙等。

（3）设计厚度与定额不同，除另有规定外，可按比例调整换算。

（4）天棚保温（带木龙骨）定额中的木龙骨，不是指基层木龙骨，是指保温材料铺贴在混凝土板下时中间要夹带固定的软件（吊筋）龙骨压条。

（5）隔热层铺贴，除松散稻壳、玻璃棉为散装外，其他保温材料均以石油沥青 30♯ 做胶结材料。

（6）稻壳已包括装前的筛选、除尘工序，稻壳中如需增加药物防虫的，材料另行计算，人工不变。

（7）玻璃棉包装材料和人工均已包含在定额内。

（8）墙体铺贴块体定额包括基层涂刷沥青一遍。

（9）专用砂浆抹灰（加气混凝土砌块墙）定额中木包含聚丙烯短纤维，如涉及有要求，另行计算。

（10）保温砂浆、抗裂砂浆的种类、配合比，抹灰砂浆厚度以及玻璃的类型和型材的消耗量等设计与定额不同时，可做相应调整。

（11）无机类保温砂浆执行玻化微珠保温砂浆定额，主材进行换算。

（12）墙体保温砂浆子目按外墙外保温考虑，如实际为外墙内保温，人工乘以系数 0.46，其余不变。

（13）抗裂防护层网格布及钢丝网之间的搭接及门窗洞口周边加固，定额中已综合考虑，不另行计算。

（14）本章节定额未包括基层界面剂涂刷，发生时另行计算。

（15）圆弧形墙面专用砂浆、保温砂浆、抗裂砂浆抹灰按相应定额人工乘以系数 1.15，材料、机械乘以系数 1.05。

（16）架空隔热层定额内的垫砖高度（包括四角、梅花型）按 3 皮砖（12 cm×12 cm×18 cm）考虑，砖用量设计不同时可以调整。

（17）屋面混凝土架空隔热层定额中的混凝土板按外购半成品考虑。

5.9.1.4 举例应用

【例 5.11】某工程建筑示意图如图 5.9.1 所示，该工程外墙保温做法：①基层表面清理；②刷界面砂浆 5 mm；③刷 30 mm 厚胶粉聚苯颗粒；④门窗边做保温宽度为 120 mm。

试列出该工程外墙外保温的分部分项工程量清单。

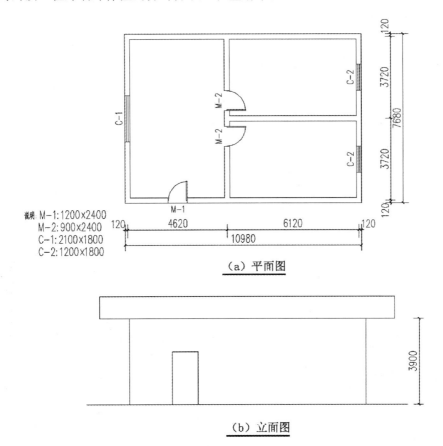

（a）平面图

（b）立面图

图 5.9.1　某工程建筑示意图

[解]

表 5.9.2　工程量计算表

工程名称：某库房

序号	项目编码	项目名称	计算式	工程量合计	计量单位
1	011001003001	保温隔热墙面	墙面：$S_1 = (10.98 + 7.68) \times 2 \times 3.90 - (1.2 \times 2.4 + 2.1 \times 1.8 + 1.2 \times 1.8 \times 2) = 134.57$ 门窗侧边： $S_2 = [(2.1 + 1.8) \times 2 + (1.2 + 1.8) \times 4 + (2.4 \times 2 + 1.2)] \times 0.12 = 3.10$	137.67	m²
1.1	10110045 T	其他隔热（胶粉聚苯颗粒保温砂浆 墙面保温 30 mm 厚保温层）	137.67	137.67	m²

5.9.2 防腐面层、其他防腐

5.9.2.1 《房屋建筑与装饰实施细则》清单项目设置

《房屋建筑与装饰实施细则》附录 K.2 防腐面层和其他防腐常用项目见表 5.9.3。

表 5.9.3 防腐面层和其他防腐(编号:011002～011003)

项目编码	项目名称	项目特征	计量单位	工程量计算规则	工作内容
011002001	防腐混凝土面层	1. 防腐部位 2. 面层厚度 3. 混凝土种类 4. 胶泥种类、配合比			1. 基层清理 2. 基层刷稀胶泥 3. 混凝土制作、运输、摊铺、养护
011002002	防腐砂浆面层	1. 防腐部位 2. 面层厚度 3. 砂浆、胶泥种类、配合比		按设计图示尺寸以平方米计算: 1. 平面防腐:扣除凸出地面的构筑物、设备基础等以及面积>0.3 m² 孔洞、柱、垛等所占面积,门洞、空圈、暖气包槽、壁龛的开口部分不增加面积 2. 立面防腐:扣除门、窗、洞口以及面积>0.3 m² 孔洞、梁所占面积,门、窗、洞口侧壁、垛突出部分按展开面积并入墙面积内	1. 基层清理 2. 基层刷稀胶泥 3. 砂浆制作、运输、摊铺、养护
011002003	防腐胶泥面层	1. 防腐部位 2. 面层厚度 3. 胶泥种类、配合比			1. 基层清理 2. 胶泥调制、摊铺
011002004	玻璃钢防腐面层	1. 防腐部位 2. 玻璃钢种类 3. 贴布材料的种类、层数 4. 面层材料品种	m²		1. 基层清理 2. 刷底漆、刮腻子 3. 胶浆配制、涂刷 4. 粘布、涂刷面层
011002005	聚氯乙烯板面层	1. 防腐部位 2. 面层材料品种、厚度 3. 粘结材料种类			1. 基层清理 2. 配料、涂胶 3. 聚氯乙烯板铺设
011002006	块料防腐面层	1. 防腐部位 2. 块料品种、规格 3. 粘结材料种类 4. 勾缝材料种类			1. 基层清理 2. 铺贴块料 3. 胶泥调制、勾缝
011002007	池、槽块料防腐面层	1. 防腐池、槽名称、代号 2. 块料品种、规格 3. 粘结材料种类 4. 勾缝材料种类		按设计图示尺寸的展开面积以平方米计算	1. 基层清理 2. 铺贴块料 3. 胶泥调制、勾缝

续表

项目编码	项目名称	项目特征	计量单位	工程量计算规则	工作内容
011003001	隔离层	1. 隔离层部位 2. 隔离层材料品种 3. 隔离层做法 4. 粘贴材料种类	m^2	按设计图示尺寸以平方米计算： 1. 平面防腐:扣除凸出地面的构筑物、设备基础等以及面积>0.3 m^2孔洞、柱、垛等所占面积,门洞、空圈、暖气包槽、壁龛的开口部分不增加面积 2. 立面防腐:扣除门、窗、洞口以及面积>0.3 m^2孔洞、梁所占面积,门、窗、洞口侧壁、垛突出部分按展开面积并入墙面积内	1. 基层清理、刷油 2. 煮沥青 3. 胶泥调制 4. 隔离层铺设
011003002	砌筑沥青浸渍砖	1. 砌筑部位 2. 浸渍砖规格 3. 胶泥种类 4. 浸渍砖砌法	m^3	按设计图示尺寸以立方米计算	1. 基层清理 2. 胶泥调制 3. 浸渍砖铺砌
011003003	防腐涂料	1. 涂刷部位 2. 基层材料类型 3. 刮腻子的种类、遍数 4. 涂料品种、刷涂遍数	m^2	按设计图示尺寸以平方米计算： 1. 平面防腐:扣除凸出地面的构筑物、设备基础等以及面积>0.3 m^2孔洞、柱、垛等所占面积,门洞、空圈、暖气包槽、壁龛的开口部分不增加面积 2. 立面防腐:扣除门、窗、洞口以及面积>0.3 m^2孔洞、梁所占面积,门、窗、洞口侧壁、垛突出部分按展开面积并入墙面积内	1. 基层清理 2. 刮腻子 3. 刷涂料

5.9.2.2　计量规范相关说明

(1)防腐踢脚线,应按《房屋建筑与装饰实施细则》附录 L 楼地面装饰工程"踢脚线"项目编码列项。

（2）浸渍砖砌法指平砌、立砌。

5.9.2.3 相关预算定额项目及说明

1. 预算定额项目的工程量计算规则

（1）防腐混凝土面层、防腐砂浆面层、防腐胶泥面层、玻璃钢防腐面层按设计图示尺寸以面积计算。

①平面防腐：扣除凸出地面的构筑物、设备基础等以及面积＞0.3 m² 孔洞、柱、垛等所占面积，门洞、空圈、暖气槽、壁龛的开口部分不增加面积。

②立面防腐：扣除门、窗、洞口以及面积＞0.3 m² 孔洞、梁所占面积，门、窗、洞口侧壁、垛等突出部分按展开面积并入墙面积内。

（2）聚氯乙烯板面层、块料防腐面层、其他材料防腐面层按设计图示尺寸以面积计算。

①平面防腐：扣除凸出地面的构筑物、设备基础等以及面积＞0.3 m² 孔洞、柱、垛等所占面积，门洞、空圈、暖气包槽、壁龛的开口部分不增加面积。

②立面防腐：扣除门、窗、洞口以及面积＞0.3 m² 孔洞、梁所占面积，门、窗、洞口侧壁、垛等突出部分按展开面积并入墙面积内。

③踢脚板防腐：扣除门洞所占面积并相应增加门洞侧壁面积。

④池、槽块料防腐面层：按设计图示尺寸以展开面积计算。

（3）其他防腐。隔离层、防腐涂料按设计图示尺寸以面积计算。

①平面防腐：扣除凸出地面的构筑物、设备基础等以及面积＞0.3 m² 孔洞、柱、垛等所占面积，门洞、空圈、暖气包槽、壁龛的开口部分不增加面积。

②立面防腐：扣除门、窗、洞口以及面积＞0.3 m² 孔洞、梁所占面积，门、窗、洞口侧壁、垛等突出部分按展开面积并入墙面积内。

③砌筑沥青浸渍砖按设计图示尺寸以体积计算。

2. 相关说明

（1）耐酸防腐工程适用于选用具有防腐性质的防腐材料、胶泥砂浆或耐酸块料的工程。

（2）本章节定额除耐酸防腐整体面层子目中的混凝土搅拌按搅拌机考虑外，其他定额均按人工操作考虑。

（3）防腐隔离层定额已综合卷材（指玻璃丝布以及沥青油毡）接缝、附加层（指卷材接头处另加垫层卷材）、收头等的人工、材料。

（4）整体面层、隔离层定额适用于平面和立面，包括沟、坑、槽。

（5）各种砂浆、胶泥、混凝土材料的种类、配合比及各种整体面层的厚度，如设计与定额取定不同时，可以调整。

（6）各种面层定额除软聚氯乙烯塑料地面外，均不包括踢脚板。

（7）花岗岩板定额按六面剁斧板材考虑，如底面为毛面的，水玻璃砂浆增加 0.0038 m³，耐酸沥青砂浆增加 0.0044 m³。

（8）平面砌筑双层耐酸块料时，按单层面积乘以系数 2.0。

5.10 楼地面装饰工程

5.10.1 整体面层及找平层

5.10.1.1 《房屋建筑与装饰实施细则》清单项目设置

《房屋建筑与装饰实施细则》附录 L.1 整体面层及找平层常用项目见表 5.10.1。

表 5.10.1 整体面层及找平层（编号:011101）

项目编码	项目名称	项目特征	计量单位	工程量计算规则	工作内容
011101001	水泥砂浆楼地面	1. 找平层厚度、砂浆配合比 2. 素水泥浆遍数 3. 面层厚度、砂浆配合比 4. 面层做法要求	m²	按设计图示尺寸以平方米计算,扣除凸出地面构筑物、设备基础、室内铁道、地沟等所占面积,不扣除间壁墙及≤0.3 m²柱、垛、附墙烟囱及孔洞所占面积。门洞、空圈、壁龛的开口部分并入相应的工程量内	1. 基层清理 2. 抹找平层 3. 抹面层 4. 材料运输
011101002	现浇水磨石楼地面	1. 找平层厚度、砂浆配合比 2. 面层厚度、水泥石子浆配合比 3. 嵌条材料种类、规格 4. 石子种类、规格、颜色 5. 颜料种类、颜色 6. 图案要求 7. 磨光、酸洗、打蜡要求			1. 基层清理 2. 抹找平层 3. 面层铺设 4. 嵌缝条安装 5. 磨光、酸洗打蜡 6. 材料运输
011101003	细石混凝土楼地面	1. 找平层厚度、砂浆配合比 2. 面层厚度、混凝土强度等级			1. 基层清理 2. 抹找平层 3. 面层铺设 4. 材料运输
011101004	菱苦土楼地面	1. 找平层厚度、砂浆配合比 2. 面层厚度 3. 打蜡要求			1. 基层清理 2. 抹找平层 3. 面层铺设 4. 打蜡 5. 材料运输

续表

项目编码	项目名称	项目特征	计量单位	工程量计算规则	工作内容
011101005	自流坪楼地面	1. 找平层砂浆配合比、厚度 2. 界面剂材料种类 3. 中层漆材料种类、厚度 4. 面漆材料种类、厚度 5. 面层材料种类	m²	按设计图示尺寸以平方米计算，扣除凸出地面构筑物、设备基础、室内铁道、地沟等所占面积，不扣除间壁墙及≤0.3 m²柱、垛、附墙烟囱及孔洞所占面积。门洞、空圈、壁龛的开口部分并入相应的工程量内	1. 基层处理 2. 抹找平层 3. 涂界面剂 4. 涂刷中层漆 5. 打磨、吸尘 6. 镘自流平面漆（浆） 7. 拌合自流平浆料 8. 铺面层
011101006	平面砂浆找平层	找平层砂浆配合比、厚度		按设计图示尺寸以平方米计算，扣除凸出地面构筑物、设备基础、室内管道、地沟等所占面积，不扣除间壁墙和0.3 m²以内的柱、垛、附墙烟囱及孔洞所占面积。门洞、空圈、壁龛的开口部分并入相应的工程量内。	1. 基层清理 2. 抹找平层 3. 材料运输
011101007	金刚砂楼地面	1. 找平层砂浆配合比、厚度 2. 界面剂材料种类 3. 中层材料种类、厚度 4. 面层材料种类、厚度	m²	按设计图示尺寸以平方米计算，扣除凸出地面构筑物、设备基础、室内管道、地沟等所占面积，不扣除间壁墙和0.3 m²以内的柱、垛、附墙烟囱及孔洞所占面积。门洞、空圈、壁龛的开口部分并入相应的工程量	1. 基层处理 2. 抹找平层 3. 涂界面剂 4. 镘自流平面浆 5. 拌合自流平浆料 6. 打磨、吸尘 7. 铺面层

5.10.1.2　计量规范相关说明

（1）水泥砂浆面层处理是拉毛还是提浆压光，应在面层做法要求中描述。

（2）间壁墙指墙厚≤120 mm的墙。

（3）楼地面混凝土垫层另按《房屋建筑与装饰实施细则》附录 E.1 垫层项目编码列项，除混凝土外的其他材料垫层按《房屋建筑与装饰实施细则》表 D.4 垫层项目编码列项。

5.10.1.3　相关预算定额项目及说明

1. 预算定额项目的工程量计算规则

（1）楼地面整体面层、找平层、楼地面块料面层、橡塑面层、其他材料面层均按设计图示尺寸以面积计算。扣除凸出地面构筑物、设备基础、室内管道、地沟等所占面积，不扣除间壁墙和单个面积 0.3 m² 以内的柱、垛、附墙烟囱及孔洞所占面积。门洞、空圈、壁龛的开口部分并入相应工程量内。

(2)混凝土楼地面随捣随抹:按混凝土结构水平投影面积计算,扣除凸出地面构筑物、设备基础、室内管道,地沟等所占面积,不扣除单个面积 0.3 m² 以内的柱、垛及孔洞所占面积。

2. 相关说明

(1)各种砂浆的种类、配合比和粘结剂与定额取定不同时,可以换算。

(2)砂浆找平层设计厚度与定额取定不同时,按每增减定额调整。砂浆结合层、水泥砂浆整体面层设计厚度与定额取定不同时,砂浆、机械按比例调整,其他不变。砂浆结合层是按照现行图集(13J502-3、12J304)进行编制,结合层具体采用砂浆种类见表 5.10.2。

表 5.10.2　结合层具体采用砂浆种类

材料名称	结合层	图集	页码
石板材(地面)	30 厚 1:3 干硬性水泥砂浆表面撒水泥粉+水泥浆一道	13J502-3	P17
石板材(楼面)	30 厚 1:3 干硬性水泥砂浆表面撒水泥粉	13J502-3	P17
陶瓷地砖(地面)	25 厚 1:3 干硬性水泥砂浆表面撒水泥粉+水泥浆一道	13J502-3	P22
陶瓷地砖(楼面)	25 厚 1:3 干硬性水泥砂浆表面撒水泥粉	13J502-3	P22
陶瓷锦砖(地面)	25 厚 1:3 干硬性水泥砂浆表面撒水泥粉+水泥浆一道	13J502-3	P22
陶瓷锦砖(楼面)	25 厚 1:3 干硬性水泥砂浆表面撒水泥粉	13J502-3	P22
石板材踢脚线	厚 1:2 水泥砂浆	12J304	
陶瓷锦砖踢脚线	10 厚 1:2 水泥砂浆	12J304	

(3)细石混凝土楼地面。

①楼地面(含屋面)细石砼厚度超过 60 mm 的,面层 30 mm 部分根据做法套用细石砼找平层或细石砼整体面层定额,余下套用混凝土垫层定额。

②楼地面(含屋面)细石砼厚度在 60 mm 及以内的,全部厚度根据做法套用细石砼找平层或细石砼整体面层定额。

③细石混凝土整体面层,设计厚度与定额取定不同时,按细石混凝土找平层每增减定额调整。

(4)水磨石地面包含酸洗打蜡,其他块料项目如需做酸洗打蜡者,单独执行相应定额。

5.10.2　块料面层

5.10.2.1　《房屋建筑与装饰实施细则》清单项目设置

《房屋建筑与装饰实施细则》附录 L.2 块料面层常用项目见表 5.10.3。

表 5.10.3　块料面层(编号:011102)

项目编码	项目名称	项目特征	计量单位	工程量计算规则	工作内容
011102001	石材楼地面	1. 结合层厚度、砂浆配合比 2. 面层材料品种、规格、颜色 3. 嵌缝材料种类 4. 防护层材料种类 5. 酸洗、打蜡要求	m²	按设计图示尺寸以平方米计算,扣除凸出地面构筑物、设备基础、室内管道、地沟等所占面积,不扣除间壁墙和 0.3 m² 以内的柱、垛、附墙烟囱及孔洞所占面积。门洞、空圈、壁龛的开口部分并入相应的工程量内	1. 基层清理 2. 抹结合层 3. 面层铺设、磨边 4. 嵌缝 5. 刷防护材料 6. 酸洗、打蜡 7. 材料运输
011102002	碎石材楼地面				
011102003	块料楼地面				

5.10.2.2　计量规范相关说明

(1)在描述碎石材项目的面层材料特征时可不用描述规格、颜色。

(2)石材、块料与粘结材料的结合面刷防渗材料的种类在防护层材料种类中描述。

(3)表 5.10.3 工作内容中的磨边指施工现场磨边,后面章节工作内容中涉及的磨边也均指施工现场磨边。

5.10.2.3　相关预算定额项目及说明

1. 预算定额项目的工程量计算规则

(1)楼地面铺贴成品拼花石材块料面层,按铺贴图案部分的实面积计算。楼地面铺贴不扣除点缀所占的面积(点缀是指在大面积铺贴石板材中均匀散贴 0.015 m² 以内的小块料),点缀面积按实计算,套相应定额。楼地面铺贴应扣除圈边所占的面积,圈边面积按实计算,套相应定额。

(2)楼地面整体面层、找平层、楼地面块料面层、橡塑面层、其他材料面层均按设计图示尺寸以面积计算。扣除凸出地面构筑物、设备基础、室内管道,地沟等所占面积,不扣除间壁墙和单个面积 0.3 m² 以内的柱、垛、附墙烟囱及孔洞所占面积。门洞、空圈、壁龛的开口部分并入相应工程量内。

2. 相关说明

(1)面层规格与定额取定不同时,块料用量应换算,其他不变。

(2)石板材厚度超过 30 mm(含 30 mm),套用相应石板材楼地面定额,人工乘以系数 1.15。

(3)块料材拼花楼地面按成品考虑,地面与拼花接缝处为弧形的,可另行计算弧形增加费。

(4)除定额有特别注明外,块料面层有勾缝者按不勾缝的相应定额人工乘以 1.2,增加 1:1 水泥砂浆 0.006 m³/m²,块料数量按实调整。

(5)楼地面整体面层、块料面层定额,包括同材质的挡水线,不包括踢脚板;楼梯面装饰包括踏步、休息平台板、同材质的挡水线、滴水线,不包括踢脚板、防滑条、梯井侧面及板底抹灰,发生时套相应定额。

5.10.3　橡塑面层

5.10.3.1　《房屋建筑与装饰实施细则》清单项目设置

《房屋建筑与装饰实施细则》附录 L.3 橡塑面层常用项目见表 5.10.4。

表 5.10.4　橡塑面层(编号:011103)

项目编码	项目名称	项目特征	计量单位	工程量计算规则	工作内容
011103001	橡胶板楼地面	1. 粘结层厚度、材料种类 2. 面层材料品种、规格、颜色 3. 压线条种类	m²	按设计图示尺寸以平方米计算,扣除凸出地面构筑物、设备基础、室内管道、地沟等所占面积,不扣除间壁墙和 0.3 m² 以内的柱、垛、附墙烟囱及孔洞所占面积。门洞、空圈、壁龛的开口部分并入相应的工程量内	1. 基层清理 2. 面层铺贴 3. 压缝条装钉 4. 材料运输
011103002	橡胶板卷材楼地面				
011103003	塑料板楼地面				
011103004	塑料卷材楼地面				

5.10.3.2　计量规范相关说明

本表项目中如有找平层的,另按《房屋建筑与装饰实施细则》附录表 L.1 找平层项目编码列项。

5.10.3.3　相关预算定额项目及说明

1. 预算定额项目的工程量计算规则

同《房屋建筑与装饰实施细则》。

2. 相关说明

卷材塑胶墙边上反的,反边高度 300 mm 以内并入楼地面计算,反边高度超过 300 mm 按墙面卷材塑胶计算。

5.10.4　踢脚线

5.10.4.1　《房屋建筑与装饰实施细则》清单项目设置

《房屋建筑与装饰实施细则》附录 L.5 踢脚线常用项目见表 5.10.6。

表 5.10.6　踢脚线（编号:011105）

项目编码	项目名称	项目特征	计量单位	工程量计算规则	工作内容
011105001	水泥砂浆踢脚线	1. 踢脚线高度 2. 底层厚度、砂浆配合比 3. 面层厚度、砂浆配合比	m²	按设计图示长度乘以高度以平方米计算	1. 基层清理 2. 底层和面层抹灰 3. 材料运输
011105002	石材踢脚线	1. 踢脚线高度 2. 粘贴层厚度、材料种类 3. 面层材料品种、规格、颜色 4. 防护材料种类	m²	按设计图示长度乘以高度以平方米计算	1. 基层清理 2. 底层抹灰 3. 面层铺贴、磨边 4. 擦缝 5. 磨光、酸洗、打蜡 6. 刷防护材料 7. 材料运输
011105003	块料踢脚线				
011105004	塑料板踢脚线	1. 踢脚线高度 2. 粘贴层厚度、材料种类 3. 面层材料种类、规格、颜色	m	按延长米计算	1. 基层清理 2. 基层铺贴 3. 面层铺贴 4. 材料运输
011105005	木质踢脚线	1. 踢脚线高度 2. 基层材料种类、规格 3. 面层材料品种、规格、颜色			
011105006	金属踢脚线				

5.10.4.2　计量规范相关说明

(1)石材、块料与粘结材料的结合面刷防渗材料的种类在防护材料种类中描述。

(2)以延长米计算的踢脚线清单项目,适用于成品踢脚线。

5.10.4.3　相关预算定额项目及说明

1. 预算定额项目的工程量计算规则

楼地面踢脚板按设计图示长度乘以高度以面积计算,楼地面成品踢脚板按设计图示长度计算。楼梯踢脚板按设计图示尺寸以面积计算。

2. 相关说明

(1)踢脚板高度在 300 mm 以内的套踢脚板定额,高度超过 300 mm 时,套相应墙裙定额。

(2)除定额有特别注明外,弧形水泥砂浆踢脚板、弧形块料面层踢脚板、弧形整体面层、弧形块料面层套用相应定额,人工、机械乘以系数 1.15,材料乘以系数 1.05。

(3)楼梯段踢脚线按楼地面相应定额人工乘以 1.4,材料及机械乘以 1.05。

5.10.4.4　举例应用

【例 5.12】根据所给的图纸和条件,计算墙体及地面项目的工程量。

①室内地面标高±0.000 mm,室外地坪标高−0.450 mm。

②地面:素土垫层,70 mm 厚碎石垫层,80 mm 厚 C15 砼垫层,15 mm 厚 1∶2 水泥砂浆结合层,400 mm×400 mm×5 mm 陶瓷面砖面层。

③踢脚线:120 mm 高釉面砖,1∶2 水泥砂浆结合层。

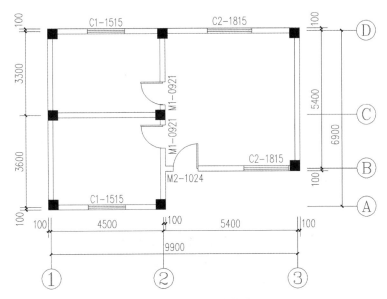

图 5.10.1　一层平面图

表 5.10.5　工程量计算表

序号	项目编码	项目名称	计算式	工程量合计	计量单位
1	011102003001	块料楼地面	$(4.5-0.2)\times(6.9-0.4)+(5.4-0.2)$ $\times(5.4-0.2)+0.2\times0.9\times2+0.2\times1.0$ $=55.55$	55.55	m²
1.1	10111045 T	(地砖楼地面 水泥砂浆结合层 不勾缝 周长 1600mm 以内)	55.55	55.55	m²
2	010501001001	垫层	$[(4.5-0.2)\times(6.9-0.4)+(5.4-0.2)$ $\times(5.4-0.2)]\times0.08=4.40$	4.40	m³
2.1	10105001 T	基础(C15 预拌泵送普通混凝土 垫层)	4.40	4.40	m³
3	010404001001	垫层	$[(4.5-0.2)\times(6.9-0.4)+(5.4-0.2)$ $\times(5.4-0.2)]\times0.07=3.85$	3.85	m³

续表

序号	项目编码	项目名称	计算式	工程量合计	计量单位
3.1	10104076	碎石垫层(干铺)	3.85	3.85	m³
4	010103001002	回填方	$[(4.5-0.2)\times(6.9-0.4)+(5.4-0.2)\times(5.4-0.2)]\times(0.45-0.07-0.08-0.015-0.005)=15.40$	15.40	m³
4.1	10101101	回填工程(填土人工夯实 槽坑)	15.40	15.40	m³
5	011105003001	块料踢脚线	$[(4.5-0.2)\times4+(3.6-0.2)\times2+(3.3-0.2)\times2+(5.4-0.2)\times4-(0.9\times2\times2+1.0)]\times0.12=(51-4.6)\times0.12=5.57$	5.57	m²
5.1	10111098	楼地面地砖踢脚板(10厚水泥砂浆结合层)	5.57	5.57	m²

5.10.5 楼梯面层

5.10.5.1 《房屋建筑与装饰实施细则》清单项目设置

《房屋建筑与装饰实施细则》附录 L.6 楼梯面层常用项目见表 5.10.7。

表 5.10.7 楼梯面层(编号:011106)

项目编码	项目名称	项目特征	计量单位	工程量计算规则	工作内容
011106001	石材楼梯面层	1. 粘结层厚度、材料种类 2. 面层材料品种、规格、颜色 3. 防滑条材料种类、规格 4. 勾缝材料种类 5. 防护材料种类 6. 酸洗、打蜡要求	m²	按设计图示尺寸以楼梯(包括踏步、休息平台及≤500mm 的楼梯井)水平投影面积计算。楼梯与楼地面相连时,算至梯口梁内侧边沿;无梯口梁者,算至最上一层踏步边沿加 300 mm	1. 基层清理 2. 抹结合层 3. 面层铺贴、磨边 4. 贴嵌防滑条 5. 勾缝 6. 刷防护材料 7. 酸洗、打蜡 8. 材料运输
011106002	块料楼梯面层				
011106003	拼碎块料面层				
011106004	水泥砂浆楼梯面层	1. 找平层厚度、砂浆配合比 2. 面层厚度、砂浆配合比 3. 防滑条材料种类、规格			1. 基层清理 2. 抹找平层 3. 抹面层 4. 抹防滑条 5. 材料运输

续表

项目编码	项目名称	项目特征	计量单位	工程量计算规则	工作内容
011106005	现浇水磨石楼梯面层	1. 找平层厚度、砂浆配合比 2. 面层厚度、水泥石子浆配合比 3. 防滑条材料种类、规格 4. 石子种类、规格、颜色 5. 颜料种类、颜色 6. 磨光、酸洗打蜡要求	m²	按设计图示尺寸以楼梯(包括踏步、休息平台及≤500mm 的楼梯井)水平投影面积计算。楼梯与楼地面相连时,算至梯口梁内侧边沿;无梯口梁者,算至最上一层踏步边沿加 300 mm	1. 基层清理 2. 抹找平层 3. 抹面层 4. 贴嵌防滑条 5. 磨光、酸洗、打蜡 6. 材料运输
011106006	地毯楼梯面层	1. 基层种类 2. 面层材料品种、规格、颜色 3. 防护材料种类 4. 粘结材料种类 5. 固定配件材料种类、规格			1. 基层清理 2. 铺贴面层 3. 固定配件安装 4. 刷防护材料 5. 材料运输
011106007	木板楼梯面层	1. 基层材料种类、规格 2. 面层材料品种、规格、颜色 3. 粘结材料种类 4. 防护材料种类			1. 基层清理 2. 基层铺贴 3. 面层铺贴 4. 刷防护材料 5. 材料运输
011106008	橡胶板楼梯面层	1. 粘结层厚度、材料种类 2. 面层材料品种、规格、颜色 3. 压线条种类			1. 基层清理 2. 面层铺贴 3. 压缝条装钉 4. 材料运输
011106009	塑料板楼梯面层				

5.10.5.2　计量规范相关说明

(1)在描述碎石材项目的面层材料特征时可不用描述规格、颜色。

(2)石材、块料与粘结材料的结合面刷防渗材料的种类在防护材料种类中描述。

5.10.5.3　相关预算定额项目及说明

1. 预算定额项目的工程量计算规则

楼梯装饰面层按设计图示尺寸以楼梯(包括踏步、休息平台及 500 mm 以内的楼梯井)水平投影面积计算。楼梯与楼地面相连时,算至梯口梁内侧边沿;无梯口梁者,算至最上一层踏步边沿加 300 mm。

2. 相关说明

旋转楼梯套用弧形楼梯定额乘以系数 1.2。

5.10.6 台阶装饰

5.10.6.1 《房屋建筑与装饰实施细则》清单项目设置

《房屋建筑与装饰实施细则》附录 L.7 台阶装饰常用项目见表 5.10.8。

表 5.10.8 台阶装饰(编号:011107)

项目编码	项目名称	项目特征	计量单位	工程量计算规则	工作内容
011107001	石材台阶面	1. 结合层材料种类 2. 面层材料品种、规格、颜色 3. 勾缝材料种类 4. 防滑条材料种类、规格 5. 防护材料种类	m²	按设计图示尺寸以台阶(包括最上层踏步边沿加 300 mm)水平投影面积计算	1. 基层清理 2. 抹结合层 3. 面层铺贴 4. 贴嵌防滑条 5. 勾缝 6. 刷防护材料 7. 材料运输
011107002	块料台阶面				
011107003	拼碎块料台阶面				
011107004	水泥砂浆台阶面	1. 找平层厚度、砂浆配合比 2. 面层厚度、砂浆配合比 3. 防滑条材料种类			1. 基层清理 2. 抹找平层 3. 抹面层 4. 抹防滑条 5. 材料运输
011107005	现浇水磨石台阶面	1. 找平层厚度、砂浆配合比 2. 面层厚度、水泥石子浆配合比 3. 防滑条材料种类、规格 4. 石子种类、规格、颜色 5. 颜料种类、颜色 6. 磨光、酸洗、打蜡要求			1. 清理基层 2. 抹找平层 3. 抹面层 4. 贴嵌防滑条 5. 打磨、酸洗、打蜡材料运输
011107006	剁假石台阶面	1. 找平层厚度、砂浆配合比 2. 面层厚度、砂浆配合比 3. 剁假石要求			1. 清理基层 2. 抹找平层 3. 抹面层 4. 剁假石 5. 材料运输

5.10.6.2 计量规范相关说明

(1)在描述碎石材项目的面层材料特征时可不用描述规格、颜色。

(2)石材、块料与粘结材料的结合面刷防渗材料的种类在防护材料种类中描述。

5.10.6.3 相关预算定额项目及说明

1. 预算定额项目的工程量计算规则

同《房屋建筑与装饰实施细则》。

2. 相关说明

台阶面层不包括牵边、侧面装饰,发生时另行计算。

5.10.7　零星装饰项目

5.10.7.1　《房屋建筑与装饰实施细则》清单项目设置

《房屋建筑与装饰实施细则》附录 L.7 零星装饰项目常用项目见表 5.10.9。

表 5.10.9　零星装饰项目（编号:011108）

项目编码	项目名称	项目特征	计量单位	工程量计算规则	工作内容
011108001	石材零星项目	1. 工程部位 2. 结合层厚度、材料种类 3. 面层材料品种、规格、颜色 4. 勾缝材料种类 5. 防护材料种类 6. 酸洗、打蜡要求	m²	按设计图示尺寸以平方米计算	1. 清理基层 2. 抹结合层 3. 面层铺贴、磨边 4. 勾缝 5. 刷防护材料 6. 酸洗、打蜡 7. 材料运输
011108002	拼碎石材零星项目				
011108003	块料零星项目				
011108004	水泥砂浆零星项目	1. 工程部位 2. 找平层厚度、砂浆配合比 3. 面层厚度、砂浆厚度			1. 清理基层 2. 抹找平层 3. 抹面层 4. 材料运输

5.10.7.2　计量规范相关说明

(1)楼梯、台阶牵边和侧面镶贴块料面层,不大于 0.5 m² 的少量分散的楼地面镶贴块料面层,应按表 5.10.9 执行。

(2)石材、块料与粘结材料的结合面刷防渗材料的种类在防护材料种类中描述。

5.10.7.3　相关预算定额项目及说明

1. 预算定额项目的工程量计算规则

同《房屋建筑与装饰实施细则》。

2. 相关说明

(1)零星项目适用楼梯、台阶牵边和侧面及 0.5 m² 以内少量分散的楼地面装修。

5.10.7.4　举例应用

【例 5.13】某建筑标准层楼梯设计图,现浇混凝土板式整体楼梯,梯板厚 120 mm,楼梯踏步尺寸为 270 mm×155 mm,一层共 18 级,楼梯与楼层连接梁和平台梁断面尺寸均为 200 mm×400 mm,墙厚为 200 mm。楼梯面层为缸砖面层,2 厚粘结剂结合层,楼梯踢脚线为 150 mm 高缸砖踢脚线,梯井(宽 100 mm)内侧为水泥砂浆面层。试开列项目,计算一个标准层楼梯部分(不含楼层部分)的楼面、梯井内侧、踢脚线的工程量。

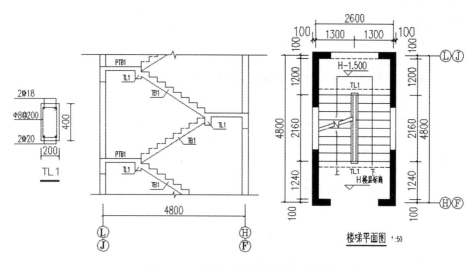

图 5.10.2 某建筑标准层楼梯设计图

[解]

表 5.10.10 工程量计算表

序号	项目编码	项目名称	计算式	工程量合计	计量单位
1	011106002001	块料楼梯面层	$S=(1.20+2.16+0.2)\times(2.60-0.2)=3.56\times2.4=8.54$	8.54	m²
1.1	10111109	地砖整体楼梯(水泥砂浆结合层 不勾缝)	8.54	8.54	m²
2	011105003002	块料踢脚线	$[1.2\times2+(2.6-0.1\times2)+0.2\times2]\times0.15=0.78$	0.78	m²
2.1	10111099	楼地面地砖踢脚板(粘结剂结合层)	0.78	0.78	m²
3	011105003003	块料踢脚线	$(2\times\sqrt{2.16^2+(8\times0.155)^2}\times0.15+\frac{1}{2}\times0.155\times0.27\times16)=1.08$	1.08	m²
3.1	10111099 T	楼地面地砖踢脚板(粘结剂结合层)	1.08	1.08	m²
3	011108004001	水泥砂浆零星项目	$2\times\sqrt{2.16^2+(8\times0.155)^2}\times0.12+0.5\times0.155\times0.27\times16=0.93$	0.93	m²
3.1	10111120	零星项目水泥砂浆面层	0.93	0.93	m²

5.11　墙、柱面装饰与隔断、幕墙工程

5.11.1　抹灰

5.11.1.1　《房屋建筑与装饰实施细则》清单项目设置

《房屋建筑与装饰实施细则》附录 M.1～M.3 墙面抹灰、柱(梁)面抹灰和零星抹灰常用项目见表 5.11.1。

表 5.11.1　墙面抹灰、柱(梁)面抹灰、零星抹灰(编号:011201～011203)

项目编码	项目名称	项目特征	计量单位	工程量计算规则	工作内容
011201001	墙面一般抹灰	1. 墙体类型 2. 界面剂类型 3. 底层厚度、砂浆配合比 4. 面层厚度、砂浆配合比 5. 装饰面材料种类 6. 分格缝宽度、材料种类	m²	1. 外墙抹灰面积按外墙垂直投影面积计算,应扣除门窗洞口和单个面积>0.3 m²的孔洞所占面积,不扣除单个面积≤0.3 m²的孔洞所占面积,门窗洞口和孔洞侧壁、顶面及底面面积按图示设计尺寸并入外墙以面积计算。附墙柱、梁、垛、烟囱侧壁并入相应的墙面面积内 2. 外墙裙抹灰面积按其长度乘以高度计算 3. 内墙面抹灰按设计图示尺寸以面积计算。扣除墙裙、门窗洞口及单个面积>0.3 m²的孔洞面积,不扣除踢脚线、挂镜线及单个面积≤0.3 m²的孔洞和墙与构件交接处的面积,且门窗洞口和孔洞的侧壁及顶面不增加面积。附墙柱、梁、垛、烟囱侧壁并入相应的墙面面积内 内墙抹灰面积按墙间的净长乘以高度计算:	1. 基层清理 2. 砂浆制作、运输 3. 刷界面剂 4. 底层抹灰 5. 抹面层 6. 抹装饰面 7. 勾分格缝
011201002	墙面装饰抹灰				
011201003	墙面勾缝	1. 勾缝类型 2. 勾缝材料种类			1. 基层清理 2. 砂浆制作、运输 3. 勾缝
011201004	立面砂浆找平层	1. 基层类型 2. 界面剂类型 3. 找平层砂浆厚度、配合比		(1)无墙裙的,高度按室内楼地面至天棚底面计算 (2)有墙裙的,高度按墙裙顶至天棚底面计算 (3)有吊顶天棚抹灰,抹灰高度按设计图示尺寸计算,设计图纸未明确高度按吊顶面层高度加 10 cm 计算 4. 内墙裙抹灰面按内墙净长乘以高度计算	1. 基层清理 2. 刷界面剂 3. 砂浆制作、运输 4. 抹灰找平

续表

项目编码	项目名称	项目特征	计量单位	工程量计算规则	工作内容
011202001	柱、梁面一般抹灰	1. 柱(梁)体类型 2. 底层厚度、砂浆配合比 3. 面层厚度、砂浆配合比 4. 装饰面材料种类 5. 分格缝宽度、材料种类	m²	1. 柱面抹灰及勾缝:按设计图示柱断面周长乘以高度以平方米计算 2. 梁面抹灰及勾缝:按设计图示梁断面周长乘以长度以平方米计算	1. 基层清理 2. 砂浆制作、运输 3. 底层抹灰 4. 抹面层 5. 勾分格缝
011202002	柱、梁面装饰抹灰				
011202003	柱、梁面砂浆找平	1. 柱(梁)体类型 2. 找平的砂浆厚度、配合比			1. 基层清理 2. 砂浆制作、运输 3. 抹灰找平
011202004	柱、梁面勾缝	1. 勾缝类型 2. 勾缝材料种类			1. 基层清理 2. 砂浆制作、运输 3. 勾缝
011203001	零星项目一般抹灰	1. 基层类型、部位 2. 底层厚度、砂浆配合比 3. 面层厚度、砂浆配合比 4. 装饰面材料种类 5. 分格缝宽度、材料种类 6. 界面剂类型	m²	按设计图示尺寸以平方米计算	1. 基层清理 2. 砂浆制作、运输 3. 底层抹灰 4. 抹面层 5. 抹装饰面 6. 勾分格缝
011203002	零星项目装饰抹灰				
011203003	零星项目砂浆找平	1. 基层类型、部位 2. 界面剂类型 3. 找平的砂浆厚度、配合比			1. 基层清理 2. 砂浆制作、运输 3. 抹灰找平
011203004	小型构件项目一般抹灰	1. 基层类型、部位 3. 界面剂类型 3. 底层厚度、砂浆配合比 4. 面层厚度、砂浆配合比 5. 装饰面材料种类 6. 分格缝宽度、材料种类			1. 基层清理 2. 砂浆制作、运输 3. 底层抹灰 4. 抹面层 5. 抹装饰面 6. 勾分格缝
011203005	小型构件项目找平抹灰	1. 基层类型、部位 2. 界面剂类型 3. 找平的砂浆厚度、配合比			1. 基层清理 2. 砂浆制作、运输 3. 抹灰找平

5.11.1.2　计量规范相关说明

1. 墙面抹灰

(1)一般抹灰项目,适用于墙面抹灰压光后可以直接喷刷油漆、涂料的抹灰项目;其他抹灰执行立面砂浆找平项目。

(2)墙面抹石灰砂浆、水泥砂浆、混合砂浆、聚合物水泥砂浆、麻刀石灰浆、石膏灰浆等按表 5.11.1 中墙面一般抹灰列项;墙面水刷石、斩假石、干粘石、假面砖等按表 5.11.1 中墙面装饰抹灰列项。

(3)飘窗凸出外墙面增加的抹灰并入外墙工程量内。

2. 柱(梁)面抹灰

(1)砂浆找平项目适用于仅做找平层的柱(梁)面抹灰。

(2)柱(梁)面抹石灰砂浆、水泥砂浆、混合砂浆、聚合物水泥砂浆、麻刀石灰浆、石膏灰浆等按表 5.11.1 中柱(梁)面一般抹灰编码列项;柱(梁)面水刷石、斩假石、干粘石、假面砖等按表 5.11.1 中柱(梁)面装饰抹灰项目编码列项。

3. 零星抹灰

(1)零星项目抹石灰砂浆、水泥砂浆、混合砂浆、聚合物水泥砂浆、麻刀石灰浆、石膏灰浆等按本表中零星项目一般抹灰编码列项,水刷石、斩假石、干粘石、假面砖等按表 5.11.1 中零星项目装饰抹灰编码列项。

(2)墙、柱(梁)面≤0.5 m² 的少量分散的抹灰按表 5.11.1 中零星抹灰项目编码列项。

(3)挑檐、腰线、窗台板、空调板、遮阳板、门窗套、压顶、扶手、花池、栏杆基座的抹灰按表 5.11.1 中小型构件项目抹灰编码列项。

5.11.1.3　相关预算定额项目及说明

1. 预算定额项目的工程量计算规则

(1)内墙面抹灰:按设计图示尺寸以面积计算。扣除墙裙、门窗洞口及单个面积>0.3 m² 的孔洞面积,不扣除踢脚线、挂镜线及单个面积≤0.3 m² 的孔洞和墙与构件交接处的面积,且门窗洞口和孔洞的侧壁四周面积不增加。附墙柱、梁、垛、烟囱侧壁并入相应的墙面面积内。

①内墙抹灰面积按墙间的净长乘以高度计算。

②无墙裙的,高度按室内楼地面至天棚底面计算。

③有墙裙的,高度按墙裙顶至天棚底面计算。

④有吊顶天棚的墙面抹灰,抹灰高度按设计图示尺寸计算,设计图纸未明确高度按吊顶底面的高度加 10 cm 计算。

⑤内墙裙抹灰面按内墙净长乘以高度计算。

(2)外墙抹灰面积按外墙垂直投影面积计算,应扣除门窗洞口和单个面积>0.3 m² 的孔洞所占面积,不扣除单个面积≤0.3 m² 的孔洞所占面积,门窗洞口和孔洞侧壁四周面积按图示设计尺寸并入外墙以面积计算。附墙柱、梁、垛、烟囱侧壁并入相应的墙面面积内。

(3)墙柱面勾缝、涂刷界面处理剂、聚合物水泥砂浆修补,计算规则同墙、柱面抹灰。

(4)独立柱面抹灰及勾缝、单梁面抹灰及勾缝:

①独立柱面抹灰及勾缝按设计图示柱断面周长乘以高度以面积计算。

②单梁面抹灰及勾缝按设计图示梁断面周长乘以长度以面积计算。

（5）零星抹灰、小型构件抹灰：按设计图示尺寸以展开面积计算。

（6）装饰线条抹灰：按设计图示尺寸以展开面积计算。

（7）墙面抹灰分格：按设计图示尺寸以延长米长度计算。

（8）墙面抹灰嵌缝：按设计图示尺寸以面积计算。

（9）贴玻纤网格布、挂钢丝网、挂钢板网：按设计图示尺寸以面积计算。

（10）女儿墙（包括泛水、挑砖）内侧、阳台拦板（不扣除花格所占孔洞面积）内侧与阳台栏板外侧（满足线条定义，扣除线条所在面积，线条按线条相应规定计算）抹灰工程量按其投影面积计算，块料按镶贴表面积计算。

（11）砖模抹灰：按设计图示尺寸以展开面积计算。

（12）外墙面垂直高度超过 70 m 时，外墙抹灰厚度增加为：90 m 内增加厚度 7.5 mm，90 m 以上增加厚度 10 mm，增加厚度按抹灰面全高计算。

2. 相关说明

（1）抹灰厚度按同类砂浆列总厚度、不同砂浆分列厚度，如：定额中 12 mm＋6 mm 即表示两种不同砂浆的各自厚度。砂浆配合比与设计不同时，按设计要求进行换算。除毛石墙面抹灰外，若设计厚度与定额取定厚度不同时，厚度在 25 mm 以内，人工费不变，材料及机械按同比例调整；厚度超过 25 mm，人工费乘以系数 1.2，材料及机械按同比例调整。毛石墙面抹灰厚度超过 30 mm，人工费不变，材料及机械按同比例调整。

（2）除素水泥浆外，其余水泥砂浆中均未包括建筑胶用量，如设计要求时，消耗量按设计计算的用量计算。

（3）内外附墙柱、梁面的抹灰和块料镶贴，不论柱、梁面与墙相平或凸出，均按墙面计算。

（4）当设计不做踢脚线，踢脚线位置按内墙抹灰处理时，该内墙抹灰面积，人工费、材料、机械消耗量乘以系数 1.04。

（5）墙面采用拉条、甩毛做法的，除套用相应抹灰定额外，还需套用墙、柱面拉条、甩毛增加费定额。

（6）当设计采用加气混凝土砌块专用界面剂、刷砼界面处理剂时应套用相应定额，加气混凝土砌块墙抹灰采用专用砂浆的，套用专用砂浆抹灰定额，采用其他砂浆的，套用砖墙面抹灰相应定额。

（7）聚合物砂浆修补墙面定额适用于无设计厚度时，若有厚度要求，按屋面及防水工程相关规定计算并套用相应定额。

（8）零星抹灰定额适用于 0.5 m² 以内的抹灰。

（9）小型构件抹灰定额适用于挑檐、腰线、窗台板、空调板、遮阳板、门窗套、压顶、扶手、花池、栏杆基座。

（10）砖模找平抹灰定额适用于砖模粉刷。

（11）一般抹灰定额子目，适用于墙面抹灰压光后可以直接喷刷油漆、涂料的抹灰项目；其他抹灰套用找平抹灰定额子目。

5.11.2　块料

5.11.2.1　《房屋建筑与装饰实施细则》清单项目设置

《房屋建筑与装饰实施细则》附录 M.4～M.6 墙面块料面层、柱(梁)面镶贴块料和镶贴零星块料常用项目见表 5.11.2。

表 5.11.2　墙面块料面层、柱(梁)面镶贴块料、镶贴零星块料(编号:011204～011206)

项目编码	项目名称	项目特征	计量单位	工程量计算规则	工作内容
011204001	石材墙面	1. 墙体类型 2. 安装方式 3. 面层材料品种、规格、颜色 4. 缝宽、嵌缝材料种类 5. 防护材料种类 6. 磨光、酸洗、打蜡要求	m²	按镶贴表面积计算	1. 基层清理 2. 砂浆制作、运输 3. 粘结层铺贴 4. 面层安装 5. 嵌缝 6. 刷防护材料 7. 磨光、酸洗、打蜡
011204002	拼碎石材墙面				
011204003	块料墙面				
011204004	干挂石材钢骨架	1. 骨架种类、规格 2. 防锈漆品种遍数	t	按设计图示以质量计算	1. 骨架制作、运输、安装 2. 刷漆
011205001	石材柱面	1. 柱截面类型、尺寸 2. 安装方式 3. 面层材料品种、规格、颜色 4. 缝宽、嵌缝材料种类 5. 防护材料种类 6. 磨光、酸洗、打蜡要求	m²	按镶贴表面积计算	1. 基层清理 2. 砂浆制作、运输 3. 粘结层铺贴 4. 面层安装 5. 嵌缝 6. 刷防护材料 7. 磨光、酸洗、打蜡
011205002	块料柱面				
011205003	拼碎块柱面				
011205004	石材梁面	1. 安装方式 2. 面层材料品种、规格、颜色 3. 缝宽、嵌缝材料种类 4. 防护材料种类 5. 磨光、酸洗、打蜡要求			
011205005	块料梁面				
011206001	石材零星项目	1. 基层类型、部位 2. 安装方式 3. 面层材料品种、规格、颜色 4. 缝宽、嵌缝材料种类 5. 防护材料种类 6. 磨光、酸洗、打蜡要求	m²	按镶贴表面积计算	1. 基层清理 2. 砂浆制作、运输 3. 面层安装 4. 嵌缝 5. 刷防护材料 6. 磨光、酸洗、打蜡
011206002	块料零星项目				
011206003	拼碎块零星项目				

5.11.2.2 计量规范相关说明

(1)在描述碎块项目的面层材料特征时可不用描述规格、颜色。

(2)石材、块料与粘结材料的结合面刷防渗材料的种类在防护层材料种类中描述。

(3)安装方式可描述为砂浆或粘结剂粘贴、挂贴、干挂等,不论哪种安装方式,都要详细描述与组价相关的内容。

(4)柱梁面干挂石材的钢骨架按表 5.11.2 相应项目编码列项。

(5)零星项目干挂石材的钢骨架按表 5.11.2 相应项目编码列项。

(6)墙柱面≤0.5 m² 的少量分散的镶贴块料面层按表 5.11.2 中零星项目执行。

5.11.2.3 相关预算定额项目及说明

1. 预算定额项目的工程量计算规则

(1)墙面、柱(梁)面、零星镶贴块料面层均按块料面层的镶贴表面积计算。

(2)钢骨架按设计图示以质量计算。

(3)后置件、槽式预埋件按设计图示以数量计算。

2. 相关说明

(1)块料面层定额仅包括结合层做法,找平层另行计算。

(2)玻化砖、干挂玻化砖或玻岩板,执行面砖相应定额,材料进行换算。面砖的切边、倒角费用未包含在内,如有发生,按其他装饰工程相关规定计算并套用相应定额。

(3)墙面贴块料、饰面高度在 300 mm 以内者,按踢脚线定额执行。

(4)勾缝镶贴面砖定额,面砖消耗量分别按缝宽 5 mm、10 mm、20 mm 考虑。不同者,块料及灰缝材料(水泥砂浆 1:1)用量应调整。设计采用专业勾缝剂或益胶泥时,勾缝剂或益胶泥的材料用量另行计算。设计磁砖面层采用加浆勾缝的,套用加浆勾缝定额时,相应扣减面砖定额人工费 4.5 元/m²。

(5)外墙面小面积勾缝(包括 3 m² 内的窗间墙),人工费乘以系数 1.20。

(6)砖外墙面水泥砂浆勾缝适用于清水砖墙水泥砂浆勾缝。

(7)镶贴块料定额仅适用于平面装饰,当采用曲线拼花时按相应定额人工费乘以系数 1.15,采用复杂拼花时按相应定额人工费乘以系数 1.37;如做立体造型时按相应定额人工费乘以系数 1.50,材料用量可以换算。

(8)花岗岩、大理石块料面层,均不包括阳角处的磨边、倒角,设计要求磨边等现场加工的按相应定额另行计算。若成品材料价格已考虑磨边费用的,则不另行计算。

(9)柱帽按线条定额执行,柱墩按零星定额执行。

(10)镶贴石材定额按单块石材面积 0.64 m² 以内编制,若单块石板面积大于 0.64 m²,人工费乘以系数 1.15。粘贴及挂贴石材厚度定额按 15 mm 考虑,干挂及背栓石材厚度定额按 25 mm 考虑,若粘贴及挂贴石材厚度超过 15 mm,干挂及背栓石材超过 25 mm,每超过 5 mm,人工费乘以系数 1.10。

(11)石材线条宽度 200 mm 以内,套用其他装饰工程相应定额;线条宽度 200 mm 以外、500 mm 以内的,套用零星定额;线条宽度 500 mm 以外的,套用墙面相应定额。

(12)零星镶贴块料定额适用于挑檐、腰线、窗台板、空调板、遮阳板、门窗套、压顶、扶手、花池、栏杆基座及 0.5 m² 以内的镶贴块料面层。

(13)石材养护费用执行楼地面装饰工程石材养护相应定额。

(14)后置件定额按 4 根化学锚栓进行编制,若实际化学锚栓数量与定额取定不同时,材料费按实调整,人工费按每增(减)3 元/个。

5.11.3　饰面

5.11.3.1　《房屋建筑与装饰实施细则》清单项目设置

《房屋建筑与装饰实施细则》附录 M.7～M.8 墙饰面和柱(梁)饰面常用项目见表 5.11.3。

表 5.11.3　墙饰面和柱(梁)饰面(编号:011207～011208)

项目编码	项目名称	项目特征	计量单位	工程量计算规则	工作内容
011207001	墙面装饰板	1. 龙骨材料种类、规格、中距 2. 隔离层材料种类、规格 3. 基层材料种类、规格 4. 面层材料品种、规格、颜色 5. 压条材料种类、规格	m²	按设计图示墙净长乘以净高以平方米计算。扣除门窗洞口及单个>0.3 m² 的孔洞所占面积	1. 基层清理 2. 龙骨制作、运输、安装 3. 钉隔离层 4. 基层铺钉 5. 面层铺贴
011207002	墙面装饰浮雕	1. 基层类型 2. 浮雕材料种类 3. 浮雕样式		按设计图示尺寸以平方米计算	1. 基层清理 2. 材料制作、运输 3. 安装成型
011208001	柱(梁)面装饰	1. 龙骨材料种类、规格、中距 2. 隔离层材料种类、规格 3. 基层材料种类、规格 4. 面层材料品种、规格、颜色 5. 压条材料种类、规格		按设计图示饰面外围尺寸以平方米计算。柱帽、柱墩并入相应柱饰面工程量内	1. 清理基层 2. 龙骨制作、运输、安装 3. 钉隔离层 4. 基层铺钉 5. 面层铺贴
011208002	成品装饰柱	1. 柱截面、高度尺寸 2. 柱材质	1. 根 2. m	1. 以数量计量的,按设计图示以根计算 2. 以高度计量的,按设计图示以米计算	柱运输、固定、安装

5.11.3.2　相关预算定额项目及说明

1. 预算定额项目的工程量计算规则

(1)墙饰面龙骨、基层、面层按设计图示饰面尺寸以面积计算,扣除门窗洞口及单个面积

＞0.3 m² 的空圈所占面积,不扣除单个面积≤0.3 m² 的孔洞所占面积,门窗洞口及孔洞侧面面积亦不增加。

(2)柱(梁)饰面的龙骨、基层、面层按设计图示饰面尺寸以面积计算,柱帽、柱墩并入相应柱饰面工程量中。

(3)石膏装饰柱按设计图示以数量计算。

2. 相关说明

(1)墙面拼花木饰面仅适用于平面装饰,当平面装饰中采用曲线拼花时,人工费乘以系数 1.15,采用复杂拼花时,人工费乘以系数 1.37;如做立体造型时,按墙面拼花木饰面人工费乘以系数 1.50,材料用量可以换算。

(2)墙面装饰木龙骨按"木龙骨断面 24 cm² 双向中距 300 mm",若实际断面及中距不同时,材料按实调整;若为单向木龙骨,人工费乘以系数 0.55,材料按实调整。

5.11.4　幕墙工程

5.11.4.1　《房屋建筑与装饰实施细则》清单项目设置

《房屋建筑与装饰实施细则》附录 M.9 幕墙工程常用项目见表 5.11.4。

表 5.11.4　幕墙工程(编号:011209)

项目编码	项目名称	项目特征	计量单位	工程量计算规则	工作内容
011209001	带骨架幕墙	1. 骨架材料种类、规格、中距 2. 面层材料品种、规格、颜色 3. 面层固定方式 4. 隔离带、框边封闭材料品种、规格 5. 嵌缝、塞口材料种类	m²	按设计图示尺寸以平方米计算。与幕墙同种材质的窗所占面积不扣除	1. 骨架制作、运输、安装 2. 面层安装 3. 隔离带、框边封闭 4. 嵌缝、塞口 5. 清洗
011209002	全玻(无框玻璃)幕墙	1. 玻璃品种、规格、颜色 2. 粘结塞口材料种类 3. 固定方式		按设计图示尺寸以平方米计算。带肋全玻幕墙按展开面积计算	1. 幕墙安装 2. 嵌缝、塞口 3. 清洗

注:幕墙钢骨架按表 5.11.3 干挂石材钢骨架编码列项。

5.11.4.2　相关预算定额项目及说明

1. 预算定额项目的工程量计算规则

(1)玻璃幕墙、铝板幕墙按设计图示尺寸以面积计算,不扣除明框所占的面积;玻璃隔断、玻璃幕墙如有加强肋者,工程量按其展开面积并入相应幕墙面积计算;如设计外加装饰线条,装饰线条按相应定额另行计算。

（2）幕墙防火隔离带,按其设计图示尺寸以延长米长度计算。

（3）幕墙、门窗铝型材龙骨弧形拉弯按其设计图示尺寸以延长米长度计算。幕墙钢型材弧形拉弯按质量以吨计算。

（4）幕墙收边、收口按设计图示尺寸以面积计算。

2．相关说明

（1）幕墙定额已包含面层、龙骨、避雷装置,不含封边、封顶、防火隔离带、背衬板、防火层、保温层、防水层等,若设计有要求时按设计套用相应定额计算。幕墙封边、封顶定额面板材料与定额取定不同时应换算。

（2）幕墙型材、面板、挂件、结构胶、耐候胶等设计用量与定额取定用量不同时应调整,结构胶与耐候胶消耗量按设计用量加 15％ 施工损耗计算。

（3）玻璃幕墙开启窗面积并入幕墙计算,增加的人工费及五金配件套用相应定额计算,增加的型材用量并入相应幕墙定额中。

（4）玻璃幕墙的单片玻璃单边超过 3.6 m,相应定额人工费乘以系数 1.2,玻璃按特殊玻璃计算。玻璃幕墙型钢骨架套用镀锌钢骨架定额计算。

（5）幕墙定额中型材含量与定额取定不同时,型材含量按实调整。损耗率按 8％ 计算,预埋铁件按相应定额执行。

（6）点支式玻璃幕墙钢结构桁架,套用钢结构章节中相应定额计算。

（7）型材弧形拉弯增加费按照型材弧形部分长度或重量套用相应定额计算,若型材材料价格已考虑拉弯费用的,则不另行计算。型材弧形拉弯增加费定额只考虑人工、机械增加费用,弯弧部分的型材消耗量套用相应定额消耗量按增加 15％ 计算。

（8）每套不锈钢玻璃爪挂件包括驳接头、转接件、钢底座。玻璃爪挂件设计规格、用量与定额取定不同时应换算。

（9）本章节未列明的槽形埋件、T 型转接螺栓套用《福建省装配式建筑工程预算定额》相应子目。

5.11.5　隔断

5.11.5.1　《房屋建筑与装饰实施细则》清单项目设置

《房屋建筑与装饰实施细则》附录 M.10 幕墙工程常用项目见表 5.11.5。

5.11.5.2　相关预算定额项目及说明

1．预算定额项目的工程量计算规则

（1）隔断:按设计图示框外围尺寸以面积计算。扣除单个 0.3 m² 以上的孔洞所占面积。

成品隔断浴厕门的材质与隔断相同时,门的面积并入隔断面积内(面积含脚所占面积,五金件含在半成品材料中)。木隔断、金属隔断浴厕门的材质与隔断相同时,门的面积并入隔断面积内,五金另行计算;隔断的不锈钢边框,按延长米长度计算,材料按实调整。

（2）防火玻璃挡烟垂壁按防火玻璃设计图示尺寸以面积计算。

表 5.11.5　隔断(编号:011210)

项目编码	项目名称	项目特征	计量单位	工程量计算规则	工作内容
011210001	木隔断	1. 骨架、边框材料种类、规格 2. 隔板材料品种、规格、颜色 3. 嵌缝、塞口材料品种 4. 压条材料种类	m²	设计图示框外围尺寸以平方米计算,不扣除单个≤0.3 m²的孔洞所占面积;浴厕门的材质与隔断相同时,门的面积并入隔断面积内	1. 骨架及边框制作、运输、安装 2. 隔板制作、运输、安装 3. 嵌缝、塞口 4. 装钉压条
011210002	金属隔断	1. 骨架、边框材料种类、规格 2. 隔板材料品种、规格、颜色 3. 嵌缝、塞口材料品种			1. 骨架及边框制作、运输、安装 2. 隔板制作、运输、安装 3. 嵌缝、塞口
011210003	玻璃隔断	1. 边框材料种类、规格 2. 玻璃品种、规格、颜色 3. 嵌缝、塞口材料品种	m²	按设计图示框外围尺寸以平方米计算,不扣除单个≤0.3 m²的孔洞所占面积	1. 边框制作、运输、安装 2. 玻璃制作、运输、安装 3. 嵌缝、塞口
011210004	塑料隔断	1. 边框材料种类、规格 2. 隔板材料品种、规格、颜色 3. 嵌缝、塞口材料品种			1. 骨架及边框制作、运输、安装 2. 隔板制作、运输、安装 3. 嵌缝、塞口
011210005	成品隔断	1. 隔板材料品种、规格、颜色 2. 配件品种、规格	1. m² 2. 间	1. 以面积计量的,按设计图示框外围尺寸以平方米计算 2. 以数量计量的,按设计图示以间计算	1. 隔断运输、安装 2. 嵌缝、塞口
011210006	其他隔断	1. 骨架、边框材料种类、规格 2. 隔板材料品种、规格、颜色 3. 嵌缝、塞口材料品种	m²	按设计图示框外围尺寸以平方米计算,不扣除单个≤0.3 m²的孔洞所占面积	1. 骨架及边框安装 2. 隔板安装 3. 嵌缝、塞口

2. 相关说明

(1)隔断、隔墙定额内均未包括装饰线(板),如设计要求时套用其他装饰工程相应定额另行计算。

(2)面板、木龙骨、木基层未包括刷防火涂料,实际发生时套相应定额另行计算。

(3)硬木条板隔断墙、细木工板隔断墙定额按双面进行编制,若为单面的,面板主材乘以系数 0.5,人工费乘以系数 0.75;轻钢龙骨贯通骨间距按 3 m 一根编制,间距不同时材料按实调整;填充材料与定额取定不同时按实调整。

(4)防火玻璃挡烟垂壁定额吊杆间距按 500 mm 考虑,设计要求与定额取定不同时应换算;防火胶竖向间距按 1000 mm 考虑,设计要求与定额取定不同时应换算;防火玻璃规格、种类设计要求与定额取定不同时应换算。

(5)石膏装饰柱高度和直径设计与定额取定不同时应换算。

(6)当室内墙(柱)面装饰、隔断设计做法与幕墙一致时,套用幕墙定额计算。

5.12 天棚工程

5.12.1 天棚抹灰

5.12.1.1 《房屋建筑与装饰实施细则》清单项目设置

《房屋建筑与装饰实施细则》附录 N.1 天棚抹灰项目见表 5.12.1。

表 5.12.1 天棚抹灰(编号:011301)

项目编码	项目名称	项目特征	计量单位	工程量计算规则	工作内容
011301001	天棚抹灰	1. 基层类型 2. 抹灰厚度、材料种类 3. 砂浆配合比	m²	按设计图示尺寸的水平投影面积以平方米计算,不扣除间壁墙、垛、柱、附墙烟囱、检查口和管道所占的面积,带梁天棚的梁两侧(与板相同抹灰材料时)抹灰面积并入天棚面积内,板式楼梯底面抹灰按斜面积计算,锯齿形楼梯底板抹灰按展开面积计算	1. 基层清理 2. 底层抹灰 3. 抹面层

5.12.1.2 计量规范相关说明

天棚的梁板抹灰材料不同时应当分开列项。

5.12.1.3 相关预算定额项目及说明

1. 预算定额项目的工程量计算规则

同《房屋建筑与装饰实施细则》。

2. 相关说明

(1)抹灰定额中砂浆配合比与设计不同时,可按设计要求进行换算。如设计厚度与定额取定厚度不同时,厚度在 20 mm 以内,人工费不变,材料费及机械费按同比例调整;厚度超过 20 mm,人工费乘以系数 1.2,材料费及机械费按同比例调整。

(2)楼梯底板抹灰按本章相应定额执行,其中锯齿形楼梯按相应定额人工费乘以系数 1.35。

5.12.2 天棚吊顶

5.12.2.1 《房屋建筑与装饰实施细则》清单项目设置

《房屋建筑与装饰实施细则》附录 N.2 天棚吊顶及天棚其他装饰项目见表 5.12.2。

表 5.12.2 天棚吊顶及天棚其他装饰(编号:011302、011304)

项目编码	项目名称	项目特征	计量单位	工程量计算规则	工作内容
011302001	天棚吊顶	1. 吊顶形式、吊杆规格、高度 2. 龙骨材料种类、规格、中距 3. 基层材料种类、规格 4. 面层材料品种、规格 5. 压条材料种类、规格 6. 嵌缝材料种类 7. 防护材料种类	m²	按设计图示尺寸的水平投影面积以平方米计算。天棚面中的灯槽及跌级、阶梯式、锯齿形、吊挂式、藻井式天棚面积不展开计算。不扣除间壁墙、检查口、附墙烟囱、柱垛和管道所占面积,扣除单个>0.3 m² 的孔洞、独立柱及与天棚相连的窗帘盒所占的面积	1. 基层清理、吊杆安装 2. 龙骨安装 3. 基层板铺贴 4. 面层铺贴 5. 嵌缝 6. 刷防护材料
011304001	灯带槽	1. 灯带型式、尺寸 2. 格栅片材料品种、规格 3. 安装固定方式		按设计图示尺寸以框外围水平面积计算	安装、固定
011304002	风口	1. 风口材料品种、规格 2. 安装固定方式 3. 防护材料种类	个	按设计图示以个计算	1. 安装、固定 2. 刷防护材料
011304003	天棚开孔	天棚面层开孔	个 m	1. 灯光孔、风口开孔按设计图示以个计算 2. 格栅灯带开孔按设计图示尺寸的中心线长度以米计算	天棚面层开孔

5.12.2.2　相关预算定额项目及说明

1. 预算定额项目的工程量计算规则

(1)天棚龙骨按图示设计尺寸以水平投影面积计算,不扣除间壁墙、检查口、附墙烟囱、柱垛和管道所占面积,扣除单个>0.3 m² 的孔洞、独立柱及与天棚相连的窗帘盒所占的面积;斜面龙骨按斜面积计算。

(2)天棚吊顶的基层和面层均按设计图示尺寸以展开面积计算。天棚面中的灯槽及跌级、阶梯式、锯齿形、吊挂式、藻井式天棚面积按展开计算。不扣除间壁墙、检查口、附墙烟囱、柱垛和管道所占面积,扣除单个>0.3 m² 的孔洞、独立柱及与天棚相连的窗帘盒所占的面积。

(3)格栅吊顶、藤条造型悬挂吊顶、织物软雕吊顶、装饰网架吊顶,按设计图示尺寸以水平投影面积计算。吊筒吊顶以最大外围水平投影尺寸的外接矩形面积计算。

(4)烤漆龙骨天棚吊顶、H 形矿棉吸音轻钢吊顶、铝骨架铝条吊顶,计算规则同第(1)条。

(5)灯带槽按设计图示尺寸以框外围水平面积计算。

(6)风口和灯光孔按设计图示数量计算。

(7)格栅灯带开孔按设计图示尺寸以中心线长度计算

2. 相关说明

(1)除其他天棚吊顶为龙骨、面层合并列项外,其余均为天棚龙骨、基层、面层分别列项编制。

(2)本章节定额龙骨的种类、间距、规格和基层、面层材料的型号、规格是按常用材料和常用做法考虑的,如设计要求不同时,材料可以调整,但人工、机械不变。

(3)天棚面层在同一标高者为平面天棚,天棚面层不在同一标高者为跌级天棚,跌级天棚其面层按相应定额人工费乘以系数 1.1。

(4)轻钢龙骨、铝合金龙骨定额中龙骨按双层结构考虑,即中、小龙骨紧贴大龙骨底面吊挂,如为单层结构时,即大、中龙骨底面在同一水平上者,人工乘以系数 0.85。

(5)轻钢龙骨、铝合金龙骨定额中,如面层规格与定额不同时,按相近面积的定额执行。

(6)轻钢龙骨和铝合金龙骨不上人型吊杆长度为 0.6 m,上人型吊杆长度为 1.4 m,设计吊杆长度与定额取定不同时按实调整,人工费不变。设计需增加反向支撑的另行计算。

(7)平面天棚和跌级天棚指一般直线型天棚,不包括灯光槽的制作安装。灯槽制作安装应按本章相应定额执行。艺术造型天棚定额中包括灯带槽的制作安装。

(8)天棚面层不在同一标高,高差在 400 mm 以下,跌级三级以内且必须满足不同标高的少数面积占该间面积的 15% 以上的一般直线型平面天棚,按跌级天棚相应定额执行;高差在 400 mm 以上或跌级超过三级以及圆弧形、拱形等造型天棚,按吊顶天棚中的艺术造型天棚相应定额执行。

(9)天棚检查孔的工料已包括在定额内,不另计算;若采用成品检查孔,可另行计算;风口和灯光孔可另行计算。

(10)灯带槽定额不另行计算天棚开孔。

(11)龙骨、基层、面层的防火处理及天棚龙骨的刷防腐油,石膏板刮嵌缝膏、贴绷带,按油漆、涂料、裱糊工程相应定额执行。

(12)天棚压条、装饰线条按其他装饰工程相应定额执行。

5.13 油漆、涂料、裱糊工程

5.13.1 门油漆

5.13.1.1 《房屋建筑与装饰实施细则》清单项目设置

《房屋建筑与装饰实施细则》附录 P.1 门油漆项目见表 5.13.1。

表 5.13.1 门油漆(编号:011401)

项目编码	项目名称	项目特征	计量单位	工程量计算规则	工作内容
011401001	木门油漆	1. 门类型 2. 门代号及洞口尺寸 3. 腻子种类、遍数 4. 防护材料种类 5. 油漆品种、遍数	m²	按设计图示洞口尺寸以平方米计算	1. 基层清理 2. 刮腻子 3. 刷防护材料、油漆
011401002	金属门油漆				1. 除锈、基层清理 2. 刮腻子 3. 刷防护材料、油漆

5.13.1.2 计量规范相关说明

(1)木门油漆应区分木大门、单层木门、双层(一玻一纱)木门、双层(单载口)木门、全玻自由门、半玻自由门、装饰门及有框门或无框门等项目,分别编码列项。

(2)金属门油漆应区分平开门、推拉门、钢制防火门等项目,分别编码列项。

(3)以平方米计量,项目特征可不必描述洞口尺寸。

5.13.1.3 相关预算定额项目及说明

1. 预算定额项目的工程量计算规则

执行单层木门油漆的定额,其工程量计算规则及相应系数见表 5.13.2。

表 5.13.2　工程量计算规则和系数表

	项目	系数	工程量计算规则 （设计图示尺寸）
1	单层木门	1.00	门洞口面积
2	单层半玻门	0.85	
3	单层全玻门	0.75	
4	半截百叶门	1.50	
5	全百叶门	1.70	
6	车库房大门	1.10	
7	纱门扇	0.80	
8	特种门(包括冷藏门)	1.00	
9	装饰门扇	0.90	扇外围尺寸面积
10	间壁、隔断	1.00	单面外围面积
11	玻璃间壁露明墙筋	0.80	
12	木栅栏、木栏杆(带扶手)	0.90	

注:多面涂刷按单面计算工程量。

2. 相关说明

(1)当设计与定额取定的喷、涂、刷遍数不同时,可按本节相应每增加一遍定额进行调整。

(2)木门窗油漆项目,其面积若为"框(扇)外围面积"时应转换为"洞口尺寸面积",洞口尺寸面积可按框(扇)外围面积乘以系数 1.04 计算。

5.13.2　窗油漆

5.13.2.1　《房屋建筑与装饰实施细则》清单项目设置

《房屋建筑与装饰实施细则》附录 P.2 窗油漆项目见表 5.13.3。

表 5.13.3　窗油漆(编号:011402)

项目编码	项目名称	项目特征	计量单位	工程量计算规则	工作内容
011402002	金属窗油漆	1. 窗类型 2. 窗代号及洞口尺寸 3. 腻子种类、遍数 4. 防护材料种类 5. 油漆品种、遍数	m²	按设计图示洞口尺寸以平方米计算	1. 基层清理 2. 刮腻子 3. 刷防护材料、油漆

注:以平方米计量,项目特征可不必描述洞口尺寸。

5.13.2.2　相关预算定额项目及说明

1. 预算定额项目的工程量计算规则

钢门窗油漆按门窗洞口面积计算。详见表 5.13.4。

表 5.13.4　单层钢门窗工程量系数表

	项目名称	系数	工程量计算方法
1	单层钢门窗	1	按单面洞口面积计算
2	双层(一玻一纱)钢门窗	1.48	
3	百叶钢门	2.74	
4	半截百叶钢门	2.22	
5	满钢门或包铁皮门	1.63	
6	钢折叠门	2.3	
7	射线防护门	2.96	按框(扇)外围面积
8	厂房库平开、推拉门	1.7	
9	铁丝网大门	0.81	
10	间壁	1.85	长×宽
11	平板屋面	0.74	斜长×宽
12	瓦垄板屋面	0.89	
13	排水、伸缩缝盖板	0.78	按展开面积
14	吸气罩	1.63	按水平投影面积

2. 相关说明

(1)木门窗油漆项目,其面积若为"框(扇)外围面积"时应转换为"洞口尺寸面积",洞口尺寸面积可按框(扇)外围面积乘以系数 1.04 计算。

(2)门窗油漆定额按双面刷油编制,如采用单面刷油定额乘以系数 0.49。

5.13.3　木扶手及其他板条、线条油漆

5.13.3.1　《房屋建筑与装饰实施细则》清单项目设置

《房屋建筑与装饰实施细则》附录 P.3 木扶手及其他板条、线条油漆项目见表 5.13.5。

表 5.13.5　木扶手及其他板条、线条油漆(编号:011403)

项目编码	项目名称	项目特征	计量单位	工程量计算规则	工作内容
011403001	木扶手油漆	1. 断面尺寸 2. 腻子种类、遍数 3. 防护材料种类 4. 油漆品种、遍数	m	按设计图示尺寸以米计算	1. 基层清理 2. 刮腻子 3. 刷防护材料、油漆
011403002	窗帘盒油漆				
011403003	封檐板、顺水板油漆				
011403004	挂衣板、黑板框油漆				
011403005	挂镜线、窗帘棍、单独木线油漆				

注:木扶手应区分带托板与不带托板,分别编码列项,若是木栏杆带扶手,木扶手不应单独列项,应包含在木栏杆油漆中。

5.13.3.2　相关预算定额项目及说明

1. 预算定额项目的工程量计算规则

木扶手及其他板条、线条油漆工程。执行木扶手(不带托板)油漆的项目,其工程量计算规则及相应系数见表 5.13.6。

表 5.13.6　木扶手及其他板条工程量计算规则及相应系数

	项目	系数	工程量计算规则(设计图示尺寸)
1	木扶手(不带托板)	1	延长米
2	木扶手(带托板)	2.5	
3	封檐板、博风板	1.7	
4	黑板框、生活园地框	0.5	
5	木线条(宽度)≤50 mm	0.47	
6	木线条(宽度)≤100 mm	0.8	
7	木线条(宽度)≤150 mm	1.51	

2. 相关说明

附着安装在同材质装饰面上的木线条、石膏线条等油漆、涂料,与装饰面同色者,并入装饰面计算;与装饰面分色者,单独计算。

5.13.4　木材面油漆

5.13.4.1　《房屋建筑与装饰实施细则》清单项目设置

《房屋建筑与装饰实施细则》附录 P.4 木材面油漆项目见表 5.13.7。

表 5.13.7　木材面油漆(编号:011404)

项目编码	项目名称	项目特征	计量单位	工程量计算规则	工作内容
011404001	木护墙、木墙裙油漆	1. 腻子种类、遍数 2. 防护材料种类 3. 油漆品种、遍数	m²	按设计图示尺寸以平方米计算	1. 基层清理 2. 刮腻子 3. 刷防护材料、油漆
011404002	窗台板、筒子板、盖板、门窗套、踢脚线油漆				
011404003	清水板条天棚、檐口油漆				
011404004	木方格吊顶天棚油漆				
011404005	吸音板墙面、天棚面油漆				
011404006	暖气罩油漆				
011404007	其他木材面				
011404008	木间壁、木隔断油漆			按设计图示尺寸的单面外围面积以平方米计算	
011404009	玻璃间壁露明墙筋油漆				
011404010	木栅栏、木栏杆(带扶手)油漆				
011404011	衣柜、壁柜油漆			按设计图示尺寸的油漆部分展开面积以平方米计算	
011404012	梁柱饰面油漆				
011404013	零星木装修油漆				
011404014	木地板油漆			按设计图示尺寸以平方米计算。空洞、空圈、暖气包槽、壁龛的开口部分并入相应的工程量内	
011404015	木地板烫硬蜡面				1. 基层清理 2. 烫蜡

5.13.4.2　相关预算定额项目及说明

1. 预算定额项目的工程量计算规则

(1)执行其他木材面油漆的定额,其工程量计算规则及相应系数见表5.13.8。

214

表 5.13.8　木材面油漆工程量计算规则及相应系数

	项目	系数	工程量计算规则 (设计图示尺寸)
1	木板、胶合板天棚	1	长×宽
2	屋面板带檩条	1.1	斜长×宽
3	清水板条檐口天棚	1.1	
4	吸音板(墙面或天棚)	0.87	
5	鱼鳞板墙	2.4	长×宽
6	木护墙、木墙裙、木踢脚	0.83	
7	窗台板、窗帘盒	0.83	
8	出入口盖板、检查口	0.87	
9	壁橱	0.83	展开面积
10	木屋架	1.77	跨度(长)×中高×1/2
11	以上未包括的其余木材面油漆	0.83	展开面积

(2)木地板油漆按设计图示尺寸以面积计算,空洞、空圈、暖气包槽、壁龛的开口部分并入相应的工程量内。

(3)木楼梯(不包括底面)油漆,按水平投影面积乘以系数 2.3,执行木地板相应定额。

(4)木龙骨刷防火、防腐涂料按设计图示尺寸以龙骨架投影面积计算。

(5)基层板刷防火、防腐涂料按实际涂刷面积计算。

(6)油漆面抛光打蜡按相应刷油部位油漆工程量计算规则计算。

2. 相关说明

纸面石膏板等装饰板材面刮腻子刷油漆、涂料按抹灰面刮腻子刷油漆、涂料相应定额执行。

5.13.5　金属面油漆

5.13.5.1　《房屋建筑与装饰实施细则》清单项目设置

《房屋建筑与装饰实施细则》附录 P.5 金属面油漆项目见表 5.13.9。

表 5.13.9　金属面油漆(编号:011405)

项目编码	项目名称	项目特征	计量单位	工程量计算规则	工作内容
011405001	金属面油漆	1. 构件名称 2. 腻子种类、遍数 3. 防护材料种类 4. 油漆品种、遍数	1. t 2. m²	1. 以质量计量的,按设计图示以吨计算 2. 以面积计量的,按设计图示的展开面积以平方米计算	1. 基层清理 2. 刮腻子 3. 刷防护材料、油漆

5.13.5.2　相关预算定额项目及说明

1. 预算定额项目的工程量计算规则

（1）执行金属面油漆、涂料定额，其工程量按设计图示尺寸以展开面积计算。质量在500 kg 以内的单个金属构件，可参考表 5.13.10 中相应的系数，将质量(t)折算为面积。

表 5.13.10　金属面油漆工程量计算相应系数

	项目	系数
1	钢栅栏门、栏杆、窗栅	64.98
2	钢爬梯	44.84
3	踏步式钢扶梯	39.9
4	轻型屋架	53.2
5	零星铁件	58

（2）执行金属平板屋面、镀锌铁皮面(涂刷磷化、锌黄底漆)油漆的项目，其工程量计算规则及相应的系数见表 5.13.11。

表 5.13.11　金属平板屋面工程量计算规则及相应系数

	项目	系数	工程量计算规则（设计图示尺寸）
1	平板屋面	1	斜长×宽
2	瓦垄板屋面	1.2	斜长×宽
3	排水、伸缩缝盖板	1.05	展开面积
4	吸气罩	2.2	水平投影面积
5	包镀锌薄钢板门	2.2	门窗洞口面积

注：多面涂刷按单面计算工程量。

2. 相关说明

详见 5.13.6.2 相关定额说明

5.13.6　抹灰面油漆涂料

5.13.6.1　《房屋建筑与装饰实施细则》清单项目设置

《房屋建筑与装饰实施细则》附录 P.6 抹灰面油漆涂料项目见表 5.13.12。

表 5.13.12　抹灰面油漆涂料(编号:011406)

项目编码	项目名称	项目特征	计量单位	工程量计算规则	工作内容
011406001	抹灰面油漆涂料	1. 部位 2. 基层类型 3. 腻子种类、遍数 4. 防护材料种类 5. 油漆涂料品种、遍数(或厚度)	m²	同相应抹灰面计算规则	1. 基层清理 2. 刮腻子 3. 刷防护材料 4. 喷刷油漆涂料
011406002	抹灰线条油漆涂料	1. 线条宽度、道数 2. 腻子种类、遍数 3. 防护材料种类 4. 油漆涂料品种、遍数(或厚度)	m	按设计图示尺寸以米计算	
011406003	满刮腻子	1. 部位 2. 基层类型 3. 腻子种类、遍数	m²	同相应抹灰面计算规则	1. 基层清理 2. 刮腻子

5.13.6.2　相关预算定额项目及说明

1. 预算定额项目的工程量计算规则

(1)外墙抹灰面油漆、涂料(另做说明的除外)按设计图示尺寸以面积计算。

(2)内墙面油漆、涂料按抹灰面积工程量计算规则。

(3)线条油漆、涂料按设计图示尺寸以长度计算。

(4)踢脚线刷耐磨漆按设计图示尺寸长度计算。

(5)槽形底板、混凝土折瓦板、有梁板底、密肋梁板底、井字梁板底刷油漆、涂料按设计图示尺寸展开面积计算。

(6)墙面及天棚面刷石灰油浆、白水泥、石灰浆、石灰大白浆、普通水泥浆、大白浆等涂料工程量按抹灰面积工程量计算规则。

(7)混凝土花格窗、栏杆花饰刷(喷)油漆、涂料按设计图示洞口面积计算。

(8)天棚、墙、柱面基层板缝粘贴胶带纸按设计图示尺寸以长度计算。

2. 相关说明

(1)油漆浅、中、深各种颜色已在定额中综合考虑,颜色不同时,不另行调整。

(2)定额综合考虑了在同一平面上分色,但美术图案需另外计算。

(3)木材面硝基清漆定额中每增加刷理漆片一遍定额和每增加硝基清漆一遍定额均适用于三遍以内。

(4)木材面聚酯清漆、聚酯色漆定额,当设计与定额取定的底漆遍数不同时,可按每增加聚酯清漆(或聚酯色漆)一遍定额进行调整,其中聚酯清漆(或聚酯色漆)调整为聚酯底漆,消耗量不变。

(5)木材面刷底油一遍、清油一遍可按相应底油一遍、熟桐油一遍定额执行,其中熟桐油调整为清油,消耗量不变。

(6)木门、木扶手、其他木材面等刷漆,按熟桐油、底油、生漆二遍定额执行。

(7)当设计要求金属面刷二遍防锈漆时,按金属面防锈漆一遍定额执行,其中人工乘以系数1.74,材料均乘以系数1.9。

(8)金属面油漆定额均考虑了手工除锈,如实际为机械除锈,另按金属结构工程相应定额执行,油漆定额中的除锈用工亦不扣除。

(9)喷塑(一塑三油):底油、装饰漆、面油,其规格划分如下:

①大压花:喷点压平,点面积在 1.2 cm² 以上。

②中压花:喷点压平,点面积在 1~1.2 cm²。

③喷中点、幼点:喷点面积 1 cm² 以下。

(10)线条油漆定额适用于线条单独油漆,直线、曲线已综合考虑;若线条与基面同时油漆,则基面油漆相应定额乘以系数1.05,但线条油漆不再重算。

(11)墙面真石漆、氟碳漆定额不包括分格嵌缝,当设计要求做分格嵌缝时,分格缝工程量按设计图示尺寸计算,单价套用"墙、柱面装饰与隔断、幕墙工程"相应定额。

(12)附墙柱抹灰面喷刷油漆、涂料、裱糊,按墙面相应定额执行;独立柱抹灰面刷喷油漆、涂料、裱糊,按墙面相应定额执行,其中人工乘以系数1.2。

(13)抹灰面油漆、喷刷涂料设计与定额取定的刮腻子遍数不同时,可按本章喷刷涂料一节中刮腻子每增减一遍定额进行调整。

(14)刮腻子定额仅适用于单独刮腻子工程。

(15)门窗套、窗台板、腰线、压顶、扶手(栏板上扶手)等抹灰面刷油漆、涂料,与整体墙面同色者,并入墙面计算;与整体墙面分色者,单独计算,按墙面相应定额执行,其中人工乘以系数1.43。

5.13.7 喷刷涂料

5.13.7.1 《房屋建筑与装饰实施细则》清单项目设置

《房屋建筑与装饰实施细则》附录 P.7 喷刷涂料项目见表 5.13.13。

5.13.7.2 相关预算定额项目及说明

1. 预算定额项目的工程量计算规则

详见 5.13.6.2 抹灰面油漆、涂料工程。

2. 相关说明

(1)木龙骨刷防火涂料按四面涂刷考虑,木龙骨刷防腐涂料按一面(接触结构面基层)涂刷考虑。

(2)隔墙、护壁、柱、天棚面层及木地板刷防火涂料,可套用其他木材面刷防火涂料定额。

表 5.13.13　喷刷涂料(编号:011407)

项目编码	项目名称	项目特征	计量单位	工程量计算规则	工作内容
011407003	空花格、栏杆刷涂料	1. 腻子种类、遍数 2. 涂料品种、遍数(或厚度)	m²	按设计图示尺寸的单面外围面积以平方米计算	1. 基层清理 2. 刮腻子 3. 喷刷涂料
011407005	金属构件刷防火涂料	1. 喷刷防火涂料构件名称 2. 防护材料种类 3. 防火等级要求 4. 防火涂料品种、遍数(或厚度)	1. m² 2. t	1. 以面积计量的,按设计图示的展开面积以平方米计算 2. 以质量计量的,按设计图示以吨计算	1. 基层清理 2. 刷防护材料 3. 刷防火材料
011407006	木材构件喷刷防火涂料	1. 喷刷防火涂料构件名称 2. 防火等级要求 3. 防火涂料品种、遍数(或厚度)	m²	按设计图示尺寸以平方米计算	1. 基层清理 2. 刷防火材料

(3)金属面防火涂料定额按涂料密度 500 kg/m³ 和项目中注明的涂刷厚度计算,当设计与定额取定的涂料密度、涂刷厚度不同时,防火涂料消耗量可作调整。

(4)艺术造型天棚吊顶、墙面装饰的基层板缝粘贴胶带,按本章节相应定额执行,人工乘以系数 1.2。

5.13.8　裱糊

5.13.8.1　《房屋建筑与装饰实施细则》清单项目设置

《房屋建筑与装饰实施细则》附录 P.8 裱糊项目见表 5.13.14。

表 5.13.14　裱糊(编号:011408)

项目编码	项目名称	项目特征	计量单位	工程量计算规则	工作内容
011408001	墙纸裱糊	1. 基层类型 2. 裱糊部位 3. 腻子种类 4. 刮腻子遍数 5. 粘结材料种类 6. 防护材料种类 7. 面层材料品种、规格、颜色	m²	按设计图示尺寸以平方米计算	1. 基层清理 2. 刮腻子 3. 面层铺粘 4. 刷防护材料
011408002	织锦缎裱糊				

5.13.8.2 相关预算定额项目及说明

预算定额项目的工程量计算规则:墙面、天棚面裱糊按设计图示尺寸以面积计算。

5.14 其他装饰工程

5.14.1 柜类、货架

5.14.1.1 《房屋建筑与装饰实施细则》清单项目设置

《房屋建筑与装饰实施细则》附录 Q.1 柜类、货架常用项目见表 5.14.1。

表 5.14.1 柜类、货架(编号:011501)

项目编码	项目名称	项目特征	计量单位	工程量计算规则	工作内容
011501001	柜台	1. 台柜规格 2. 材料种类、规格 3. 五金种类、规格 4. 防护材料种类 5. 油漆品种、刷漆遍数	1. 个 2. m 3. m²	1. 以数量计量的,按设计图示以个计算 2. 以长度计量的,按设计图示尺寸的延长米以米计算 3. 以面积计量的,按立面投影面积以平方米计算	1. 台柜制作、运输、安装(安放) 2. 刷防护材料、油漆 3. 五金件安装
011501002	酒柜				
011501003	衣柜				
011501005	鞋柜				
011501006	书柜				
011501007	厨房壁柜				
011501008	木壁柜				
011501009	厨房低柜				
011501010	厨房吊柜				
011501011	矮柜				
011501012	吧台背柜				
011501013	酒吧吊柜				
011501014	酒吧台				
011501018	货架				
011501020	服务台				
011501021	展示柜				
011501022	办公台				

5.14.1.2　相关预算定额项目及说明

1. 预算定额项目的工程量计算规则

(1)柜类、货架工程量按各项目计算单位计算。其中以"m²"为计算单位的项目,其工程量均按正立面的高度(包括踢脚的高度在内)乘以延长米计算。

(2)服务台按正立面投影面积计算。

2. 相关说明

(1)柜、台、架以现场加工、手工制作为主,按常用规格编制。当设计做法和使用材料规格不同时,材料用量可以调整。

(2)柜、台、架定额包括五金配件(如设计有特殊要求者除外),未考虑压板拼花及饰面板上贴其他材料的花饰、造型艺术品。

(3)木质柜、台、架定额中板材按胶合板考虑,如设计为生态板(三聚氰胺板)等其他板材时,材料按实换算,人机不变。

(4)柜类外表面油漆按附表所列套用"油漆、涂料、裱糊工程"相应定额计算。

(5)当遇到下列情况时,人工可做调整:

①弧形面柜,人工工日乘以系数 1.15。

②柜类不设内饰面板时,人工工日乘以系数 0.9。

③按平方米计量的柜类,当单个柜类正面投影面积小于 1 m² 时,人工工日乘以系数1.1;按米计量的柜类正面投影长度小于 1 m 时,人工工日乘以系数 1.1。

5.14.2　压条、装饰线

5.14.2.1　《房屋建筑与装饰实施细则》清单项目设置

《房屋建筑与装饰实施细则》附录 Q.2 压条、装饰线常用项目见表 5.14.2。

表 5.14.2　压条、装饰线(编号:011502)

项目编码	项目名称	项目特征	计量单位	工程量计算规则	工作内容
011502001	金属装饰线	1. 基层类型 2. 线条材料品种、规格、颜色 3. 防护材料种类	m	按设计图示长度以米计算	1. 线条制作、安装 2. 刷防护材料
011502002	木质装饰线				
011502003	石材装饰线				
011502004	石膏装饰线				
011502005	镜面玻璃线	1. 基层类型 2. 线条材料品种、规格、颜色 3. 防护材料种类			
011502006	铝塑装饰线				
011502007	塑料装饰线				
011502008	GRC 装饰线条	1. 基层类型 2. 线条规格 3. 线条安装部位 4. 填充材料种类			线条制作安装

5.14.2.2　相关预算定额项目及说明

1. 预算定额项目的工程量计算规则

(1)压条、装饰线条按线条中心线长度计算,带45°割角时,按线条外边线长度计算。

(2)石膏角花、灯盘按设计图示数量计算。

2. 相关说明

(1)压条、装饰线均按成品安装考虑。

(2)装饰线条(顶角装饰线除外)按直线型在墙面安装考虑。墙面安装圆弧形装饰线条、天棚面安装直线形、圆弧形装饰线条,按相应定额乘以系数执行:

①墙面安装圆弧形装饰线条,人工乘以系数1.2,材料乘以系数1.1。

②天棚面安装直线形装饰线条,人工乘以系数1.34。

③天棚面安装圆弧形装饰线条,人工乘以系数1.6,材料乘以系数1.1。

④装饰线条直接安装在天棚金属龙骨上,人工乘以系数1.68。

5.14.3　扶手、栏杆、栏板装饰

5.14.3.1　《房屋建筑与装饰实施细则》清单项目设置

《房屋建筑与装饰实施细则》附录 Q.3 扶手、栏杆、栏板装饰常用项目见表 5.14.3。

表 5.14.3　扶手、栏杆、栏板装饰(编号:011503)

项目编码	项目名称	项目特征	计量单位	工程量计算规则	工作内容
011503001	金属扶手、栏杆、栏板	1. 扶手材料种类、规格 2. 栏杆材料种类、规格 3. 栏板材料种类、规格、颜色 4. 固定配件种类 5. 防护材料种类	m	按设计图示扶手中心线长度(包括弯头长度)以米计算	1. 制作 2. 运输 3. 安装 4. 刷防护材料
011503002	硬木扶手、栏杆、栏板				
011503003	塑料扶手、栏杆、栏板				
011503005	金属靠墙扶手	1. 扶手材料种类、规格 2. 固定配件种类 3. 防护材料种类			
011503006	硬木靠墙扶手				
011503007	塑料靠墙扶手				
011503008	玻璃栏板	1. 栏杆玻璃的种类、规格、颜色 2. 固定方式 3. 固定配件种类			
011503009	石材栏杆、扶手	1. 栏杆的规格 2. 安装间距 3. 扶手类型规格	1. m 2. 只 3. 个	1. 以长度计量的,按设计图示扶手中心线长度(包括弯头长度)以米计算 2. 以数量计量的,按设计图示以只或个计算	

5.14.3.2　相关预算定额项目及说明

1. 预算定额项目的工程量计算规则

(1)扶手、栏杆、栏板、成品栏杆(带扶手)均按其中心线长度计算,不扣除弯头长度。如遇木扶手、大理石扶手为整体弯头时,扶手消耗量需扣除整体弯头的长度。设计不明确时,每只整体弯头按 400 mm 扣除。

(2)整体弯头按设计图数量单独计算。

2. 相关说明

(1)扶手、栏杆、栏板定额(护窗栏杆除外)适用楼梯、走廊、回廊及其他装饰性扶手、栏杆、栏板。

(2)扶手、栏杆、栏板定额已综合考虑扶手弯头(非整体弯头)的费用。如遇木扶手、大理石扶手为整体弯头时,弯头另按本章相应定额执行。

(3)当设计栏板、栏杆的主材消耗量与定额不同时,其消耗量可以调整。

(4)弧形扶手、栏杆、栏板套用相应定额时,人工、机械乘以系数 1.5。

5.14.4　浴厕配件

5.14.4.1　《房屋建筑与装饰实施细则》清单项目设置

《房屋建筑与装饰实施细则》附录 Q.4 浴厕配件常用项目见表 5.14.4。

表 5.14.4　浴厕配件(编号:011505)

项目编码	项目名称	项目特征	计量单位	工程量计算规则	工作内容
011505001	洗漱台	1. 材料品种、规格、颜色 2. 支架、配件品种、规格	1. m² 2. 个 3. 套	1. 以面积计量的,按设计图示尺寸以台面外接矩形面积以平方米计算,不扣除孔洞、挖弯、削角所占面积,挡板、吊沿板面积并入台面面积内 2. 以数量计量的,按设计图示以个或套计算	1. 台面及支架运输、安装 2. 杆、环、盒、配件安装 3. 刷油漆
011505002	晒衣架	1. 材料品种、规格、颜色 2. 支架、配件品种、规格	个	按设计图示以个或套或副计算	1. 台面及支架运输、安装 2. 杆、环、盒、配件安装 3. 刷油漆
011505003	帘子杆				
011505004	浴缸拉手				
011505005	卫生间扶手				
011505006	毛巾杆(架)		套		1. 台面及支架制作、运输、安装 2. 杆、环、盒、配件安装 3. 刷油漆
011505007	毛巾环		副		
011505008	卫生纸盒		个		
011505009	肥皂盒				

续表

项目编码	项目名称	项目特征	计量单位	工程量计算规则	工作内容
011505010	镜面玻璃	1. 镜面玻璃品种、规格 2. 框材质、断面尺寸 3. 基层材料种类 4. 防护材料种类	m²	按设计图示尺寸的边框外围面积以平方米计算	1. 基层安装 2. 玻璃及框制作、运输、安装
011505011	镜箱	1. 箱体材质、规格 2. 玻璃品种、规格 3. 基层材料种类 4. 防护材料种类 5. 油漆品种、刷漆遍数	个	按设计图示以个计算	1. 基层安装 2. 箱体制作、运输、安装 3. 玻璃安装 4. 刷防护材料、油漆
011505012	小便槽	1. 砖品种、规格 2. 砂浆强度等级 3. 防水层做法 4. 面层材料、品种、规格、颜色 5. 防护材料种类	m	按设计图示长度以米计算	1. 砂浆制作、运输 2. 砌砖 3. 防水层铺设 4. 面层铺设 5. 刷防护材料 6. 酸洗、打蜡 7. 材料运输
011505013	厕所	1. 混凝土种类 2. 混凝土强度等级 3. 砖品种、规格 4. 砂浆强度等级 5. 找平层厚度、砂浆、配合比 6. 防水层做法 7. 垫层材料种类、厚度 8. 面层材料、品种、规格、颜色 9. 防护材料种类 10. 隔板材料、品种、规格、颜色	1. M 2. 间	1. 以长度计量的，按设计图示长度以米计算 2. 以数量计量的，按设计图示以间计算	1. 模板及支架(撑)制作、安装、拆除、堆放、运输及清理模内杂物、刷隔离剂等 2. 混凝土制作、运输、浇筑、振捣、养护 3. 砂浆制作、运输 4. 砌砖 5. 抹找平层 6. 防水层铺设 7. 面层铺设 8. 隔板运输、安装
011505014	淋浴间	隔板材料、品种、规格、颜色	间	按设计图示以间计算	1. 隔板运输、安装

5.14.4.2 相关预算定额项目及说明

1. 预算定额项目的工程量计算规则

(1)大理石洗漱台按设计图示尺寸以展开面积计算,挡板、吊沿板面积并入其中,不扣孔洞、挖弯、削角所占面积。大理石台面按定制品安装考虑,不再计算面盆开孔、磨边。

(2)盥洗室台镜(带框)、盥洗室木镜箱按边框外围面积计算。

(3)盥洗室塑料镜箱、毛巾杆、毛巾环、浴帘杆、浴缸拉手、肥皂盒、卫生纸盒、晒衣架、晾衣绳等按设计图示数量计算。

（4）小便槽、水冲槽式厕所,按长度计算。

（5）水冲蹲式厕所、淋浴间,按间计算。

2. 相关说明

（1）大理石洗漱台板按定制品考虑,主材单价已包括石材磨边、倒角及面盆口开孔费用。

（2）浴厕配件按成品安装考虑。

（3）厕所及淋浴间。定额已包括隔板安装连接用的连接件,厕所、淋浴间隔板按防潮板考虑;实际材质不同允许换算。厕所的墙面装饰、蹲位的踏脚及瓷盖、淋浴间的墙面和地面的装饰及排水沟未包括在定额中。

5.14.5　雨篷、旗杆

5.14.5.1　《房屋建筑与装饰实施细则》清单项目设置

《房屋建筑与装饰实施细则》附录 Q.6 雨篷、旗杆常用项目见表 5.14.5。

表 5.14.5　雨篷、旗杆(编号:011506)

项目编码	项目名称	项目特征	计量单位	工程量计算规则	工作内容
011506001	雨篷吊挂饰面	1. 基层类型 2. 龙骨材料种类、规格、中距 3. 面层材料品种、规格 4. 吊顶(天棚)材料品种、规格 5. 嵌缝材料种类 6. 防护材料种类	m²	按设计图示尺寸的水平投影面积以平方米计算	1. 底层抹灰 2. 龙骨基层安装 3. 面层安装 4. 刷防护材料、油漆
011506002	金属旗杆	1. 旗杆材料、种类、规格 2. 旗杆高度 3. 基础材料种类 4. 基座材料种类 5. 基座面层材料、种类、规格	根	按设计图示以根计算	1. 土石挖、填、运 2. 基础混凝土浇筑 3. 旗杆制作、安装 4. 旗杆台座制作、饰面
011506003	玻璃雨篷	1. 玻璃雨篷固定方式 2. 龙骨材料种类、规格、中距 3. 玻璃材料品种、规格 4. 嵌缝材料种类 5. 防护材料种类	m²	按设计图示尺寸的水平投影面积以平方米计算	1. 龙骨基层安装 2. 面层安装 3. 刷防护材料、油漆

5.14.5.2　相关预算定额项目及说明

1. 预算定额项目的工程量计算规则

（1）雨篷按设计图示尺寸水平投影面积计算。

(2)不锈钢旗杆按设计图示数量计算。

(3)电动升降系统和风动系统按套数计算。

2. 相关说明

(1)点支式、托架式雨篷的型钢、爪件的规格、数量是按常用做法考虑的,当设计要求与定额不同时,材料消耗量可以调整,人工、机械不变。托架式雨篷的斜拉杆费用另计。

(2)铝塑板、不锈钢面层雨篷定额按平面雨篷考虑,不包括雨篷侧面。

(3)旗杆定额按常用做法考虑,未包括旗杆基础、旗杆台座及其饰面。

5.14.6 招牌、灯箱

5.14.6.1 《房屋建筑与装饰实施细则》清单项目设置

《房屋建筑与装饰实施细则》附录 Q.7 招牌、灯箱常用项目见表 5.14.6。

表 5.14.6　招牌、灯箱(编号:011507)

项目编码	项目名称	项目特征	计量单位	工程量计算规则	工作内容
011507001	平面、箱式招牌	1. 箱体规格 2. 基层材料种类 3. 面层材料种类 4. 防护材料种类	m²	按设计图示尺寸的正立面边框外围面积以平方米计算。复杂形的凸凹造型部分不增加面积	1. 基层安装 2. 箱体及支架制作、运输、安装 3. 面层制作、安装 4. 刷防护材料、油漆
011507002	竖式标箱				
011507003	灯箱				
011507004	信报箱	1. 箱体规格 2. 基层材料种类 3. 面层材料种类 4. 保护材料种类 5. 户数	个	按设计图示以个计算	

5.14.6.2 相关预算定额项目及说明

1. 预算定额项目的工程量计算规则

(1)柱面、墙面的灯箱基层,按设计图示尺寸以展开面积计算。

(2)一般平面广告牌基层,按设计图示尺寸以正立面边框外围面积计算。复杂平面广告牌基层,按设计图示尺寸以展开面积计算。

(3)箱(竖)式广告牌基层,按设计图示尺寸以结构外围体积计算。

(4)广告牌面层,按设计图示尺寸以展开面积计算。

2. 相关说明

(1)招牌、灯箱定额,当设计与定额考虑的材料品种、规格不同时,材料可以换算。

(2)一般平面广告牌是指正立面平整无凹凸面,复杂平面广告牌是指正立面有凹凸面造型的,箱(竖)式广告牌是指具有多面体的广告牌。

(3)广告牌基层以附墙方式考虑,设计为独立式的,按相应定额执行,人工乘以系数1.1。

5.14.7　美术字

5.14.7.1　《房屋建筑与装饰实施细则》清单项目设置

《房屋建筑与装饰实施细则》附录 Q.8 美术字常用项目见表 5.14.7。

表 5.14.7　美术字(编号:011508)

项目编码	项目名称	项目特征	计量单位	工程量计算规则	工作内容
011508001	泡沫塑料字	1. 基层类型 2. 镌字材料品种、颜色 3. 字体规格 4. 固定方式 5. 油漆品种、刷漆遍数	1. 个 2. 套	按设计图示个或套计算	1. 字制作、运输、安装 2. 刷油漆
011508002	有机玻璃字				
011508003	木质字				
011508004	金属字				
011508005	吸塑字				

5.14.7.2　相关预算定额项目及说明

1. 预算定额项目的工程量计算规则

(1)美术字按字的最大外围面积区分规格,以"个"计算。

(2)石材、瓷砖倒角按块料设计倒角长度计算。

(3)石材磨边按成型圆边长度计算。

(4)石材开槽按块料成型开槽长度计算。

(5)石材、瓷砖开孔按成型孔洞数量计算。

2. 相关说明

(1)美术字定额均按成品安装考虑。

(2)美术字按最大外接矩形面积分规格,按相应定额执行。

(3)石材、瓷砖倒角、磨边、开槽、开孔等定额均按现场加工考虑,若为外购品且已包括开孔、磨边、开槽,则不能套用本章节定额。

5.15 拆除工程

5.15.1 砖(石)砌体拆除

5.15.1.1 《房屋建筑与装饰实施细则》清单项目设置

《房屋建筑与装饰实施细则》附录 R.1 砖(石)砌体拆除常用项目见表 5.15.1。

表 5.15.1 砖(石)砌体拆除(编号:011601)

项目编码	项目名称	项目特征	计量单位	工程量计算规则	工作内容
011601001	砖(石)砌体拆除	1. 构件名称 2. 砌体种类 3. 墙体凿门窗洞口面积	m^3	按拆除的体积以立方米计算	1. 拆除 2. 控制扬尘 3. 清理 4. 废渣废料清理归堆

注:墙体凿门窗洞口面积指洞口面积 0.5 m^2 以内、1 m^2 以内、1 m^2 以外。

5.15.1.2 相关预算定额项目及说明

1. 定额项目的工程量计算规则

(1)砖(石)砌体拆除按实拆体积计算,不扣除单个面积 0.3 m^2 以内的孔洞所占体积。墙体凿门窗洞口按所开门窗洞口尺寸乘以墙厚以体积计算,现场所凿洞口大于门窗洞口部分体积不增加。砌体表面装饰层并入构件体积计算,装饰层拆除不再另行计算,砌体表面有装、挂装饰物,且装饰物须单独拆除时,则装饰物拆除应另行计算。

2. 相关说明

(1)砌体及各种砂浆装饰层的拆除用工,已综合考虑了不同强度等级砂浆的影响因素。

(2)墙体凿门窗洞口者套用相应墙体拆除定额,洞口面积在 0.5 m^2 以内者,相应定额的人工乘以系数 3.0;洞口面积在 1.0 m^2 以内者,相应定额人工乘以系数 2.4;洞口面积大于 1.0 m^2 者,相应定额人工乘以系数 2.0。

5.15.2 混凝土及钢筋混凝土构件拆除

5.15.2.1 《房屋建筑与装饰实施细则》清单项目设置

《房屋建筑与装饰实施细则》附录 R.2 混凝土及钢筋混凝土构件拆除常用项目见表 5.15.2。

表 5.15.2　混凝土及钢筋混凝土构件拆除(编号:011602)

项目编码	项目名称	项目特征	计量单位	工程量计算规则	工作内容
011602001	混凝土构件拆除	1. 构件名称 2. 混凝土种类	1. m³ 2. m²	1. 以体积计量的,按拆除构件的混凝土体积以立方米计算 2. 以面积计量的,按拆除部位的水平投影面积以平方米计算	1. 拆除 2. 控制扬尘 3. 清理 4. 废渣废料清理归堆
011602002	钢筋混凝土构件拆除				

注:混凝土种类指现浇钢筋混凝土、预制钢筋混凝土。

5.15.2.2　相关预算定额项目及说明

1. 定额项目的工程量计算规则

(1)混凝土及钢筋混凝土构件拆除按实拆体积计算,如果装饰面层与构件、砌体同时拆除时,装饰面层拆除不得另行计算,但构件、砌体工程量计算厚度应包括装饰面层的厚度;构件、砌体表面有装、挂装饰物,且装饰物须单独拆除时,装饰物拆除应另行计算。

(2)混凝土楼梯拆除按水平投影面积计算,定额已综合考虑了装饰面层,装饰面层不再另行计算。

(3)钢筋、模板安装好尚未浇捣混凝土时需单独拆除钢筋、模板的,按钢筋、模板制安人工费用乘以系数 0.3 计算。

(4)基础素砼垫层与基础同时拆除时,按实际体积并入基础体积计算。

2. 相关说明

(1)混凝土构件拆除定额机械按风炮机编制。

(2)拆除现浇、预制钢筋混凝土楼板定额,包含有梁楼板和无梁楼板的拆除。

(3)拆除现浇、预制钢筋混凝土楼梯定额,包含梯段、梯梁、休息平台的拆除,不分框架和混合结构,未包括底层起步梯基础(或梁)、梯柱、栏板、栏杆。

5.15.3　木构件拆除

5.15.3.1　《房屋建筑与装饰实施细则》清单项目设置

《房屋建筑与装饰实施细则》附录 R.3 木构件拆除常用项目见表 5.15.3。

表 5.15.3　木构件拆除(编号:011603)

项目编码	项目名称	项目特征	计量单位	工程量计算规则	工作内容
011603001	木构件拆除	1. 构件名称 2. 跨度	1. m³ 2. m² 3. 榀 4. 根	1. 以体积计量的,按拆除构件的体积以立方米计算 2. 以面积计量的,按拆除面积以平方米计算 3. 以数量计量的,按拆除的数量以榀或根计算	1. 拆除 2. 控制扬尘 3. 清理 4. 废渣废料清理归堆

注:拆除屋架时,跨度按屋架的跨度进行描述;拆除其他构件时跨度不描述。

5.15.3.2 相关预算定额项目及说明

定额项目的工程量计算规则。木构件拆除:屋架、半屋架拆除按屋架跨度及屋架形式按榀计算,檩、椽拆除不分长短按实拆根数计算。屋面板、油毡、椽子、挂瓦条、各种瓦拆除按实拆屋面面积计算。木柱、木梁按实拆体积计算。

5.15.4 抹灰层拆除

5.15.4.1 《房屋建筑与装饰实施细则》清单项目设置

《房屋建筑与装饰实施细则》附录 R.4 抹灰层拆除常用项目见表 5.15.4。

表 5.15.4 抹灰层拆除(编号:011604)

项目编码	项目名称	项目特征	计量单位	工程量计算规则	工作内容
011604001	平面抹灰层拆除				1. 拆除
011604002	立面抹灰层拆除	1. 拆除部位 2. 抹灰层种类	m²	按拆除部位的面积以平方米计算	2. 控制扬尘 3. 清理
011604003	天棚抹灰面拆除				4. 废渣废料清理归堆

注:①单独拆除抹灰层应按本表中的项目编码列项。
②抹灰层种类可描述为一般抹灰或装饰抹灰。

5.15.4.2 相关预算定额项目及说明

定额项目的工程量计算规则:

(1)抹灰层铲除:楼地面面层按水平投影面积计算,楼梯面装饰面层按展开面积套用楼地面装饰相应定额乘以系数 1.05 计算。

(2)各种墙、柱面面层的拆除或铲除均按实拆面积计算。

5.15.5 块料面层拆除

5.15.5.1 《房屋建筑与装饰实施细则》清单项目设置

《房屋建筑与装饰实施细则》附录 R.5 块料面层拆除常用项目见表 5.15.5。

表 5.15.5　块料面层拆除(编号:011605)

项目编码	项目名称	项目特征	计量单位	工程量计算规则	工作内容
011605001	平面块料拆除	1. 拆除的基层类型 2. 饰面材料种类	m²	按拆除的面积以平方米计算	1. 拆除 2. 控制扬尘 3. 清理 4. 废渣废料清理归堆
011605002	立面块料拆除				

注:①如仅拆除块料层,拆除的基层类型不用描述。

　　②拆除的基层类型的描述指砂浆层、防水层、干挂或挂贴所采用的钢骨架层等。

5.15.5.2　相关预算定额项目及说明

1. 定额项目的工程量计算规则

块料面层铲除:各种块料面层铲除均按实际铲除面积计算。

2. 相关说明

(1)各类地面面层的拆除不包括地面垫层的拆除,实际发生时,另行计算。

(2)地面抹灰层与块料面层铲除不包括找平层,如需铲除找平层,每平米增加人工费1.18 元。

(3)拆除带支架防静电地板套用拆除带龙骨木地板定额,同时人工乘以系数 1.3。

(4)整体水磨石面层拆除适用于整体现浇水磨石面层的拆除。预制水磨石板装饰面层拆除套用块料面层(含结合层)定额。

5.15.6　龙骨及饰面拆除

5.15.6.1　《房屋建筑与装饰实施细则》清单项目设置

《房屋建筑与装饰实施细则》附录 R.6 龙骨及饰面拆除常用项目见表 5.15.6。

表 5.15.6　龙骨及饰面拆除(编号:011606)

项目编码	项目名称	项目特征	计量单位	工程量计算规则	工作内容
011606001	楼地面龙骨及饰面拆除	1. 拆除的基层类型 2. 龙骨及饰面种类	m²	按拆除的面积以平方米计算	1. 拆除 2. 控制扬尘 3. 清理 4. 废渣废料清理归堆
011606002	墙柱面龙骨及饰面拆除				
011606003	天棚面龙骨及饰面拆除				

注:①基层类型的描述指砂浆层、防水层等。

　　②如仅拆除龙骨及饰面,拆除的基层类型不用描述。

　　③如只拆除饰面,不用描述龙骨材料种类。

5.15.6.2 相关预算定额项目及说明

1. 定额项目的工程量计算规则

龙骨及饰面拆除:各种龙骨及饰面拆除均按实拆投影面积计算。

2. 相关说明

吊顶龙骨面板拆除包括基层与面层的拆除,如果实际只拆除面层时,套用单拆各式吊顶板面定额。

5.15.7 屋面拆除

5.15.7.1 《房屋建筑与装饰实施细则》清单项目设置

《房屋建筑与装饰实施细则》附录 R.7 屋面拆除常用项目见表 5.15.7。

表 5.15.7 屋面拆除(编号:011607)

项目编码	项目名称	项目特征	计量单位	工程量计算规则	工作内容
011607003	屋面附着层拆除	附着层种类	m²	按拆除部位的面积以平方米计算	1. 拆除 2. 控制扬尘 3. 清理 4. 废渣废料清理归堆

注:附着层种类指屋面刚性层、屋面防水层、屋面保温层、瓦屋面、架空隔热层。

5.15.7.2 相关预算定额项目及说明

定额项目的工程量计算规则:屋面拆除按屋面的实拆面积计算;屋面整体拆除按保护层、防水层、保温屋、找平层拆除面积分别套用相应定额。

5.15.8 铲除油漆涂料裱糊面

5.15.8.1 《房屋建筑与装饰实施细则》清单项目设置

《房屋建筑与装饰实施细则》附录 R.8 铲除油漆涂料裱糊层常用项目见表 5.15.8。

表 5.15.8 铲除油漆涂料裱糊面(编号:011608)

项目编码	项目名称	项目特征	计量单位	工程量计算规则	工作内容
011608001	铲除油漆涂料面	铲除部位名称	m²	按铲除部位的面积以平方米计算	1. 铲除 2. 控制扬尘 3. 清理 4. 废渣废料清理归堆
011608003	铲除裱糊面				

注:单独铲除油漆涂料裱糊面的工程按本表中的项目编码列项。

5.15.8.2　相关预算定额项目及说明

1. 定额项目的工程量计算规则

铲除油漆涂料裱糊面:油漆涂料裱糊面层铲除均按实际铲除面积计算。旧木(钢)门窗铲油灰皮按门窗框外围面积计算。

2. 相关说明

铲除涂料、油漆、墙纸定额不包括其抹灰层拆除,抹灰层拆除另行计算;如果与抹灰层同时拆除时,则只按抹灰层拆除计算。

5.15.9　栏杆栏板、轻质隔断隔墙拆除

5.15.9.1　《房屋建筑与装饰实施细则》清单项目设置

《房屋建筑与装饰实施细则》附录 R.9 栏杆栏板、轻质隔断隔墙拆除常用项目见表5.15.9。

表 5.15.9　栏杆栏板、轻质隔断隔墙拆除(编号:011609)

项目编码	项目名称	项目特征	计量单位	工程量计算规则	工作内容
011609001	栏杆、栏板拆除	栏杆、栏板种类和高度	m	按拆除的长度以米计算	1. 拆除 2. 控制扬尘 3. 清理 4. 废渣废料清理归堆
011609002	隔断隔墙拆除	1. 拆除隔墙的骨架种类 2. 拆除隔墙的饰面种类	m²	按拆除部位的面积以平方米计算	

5.15.9.2　相关预算定额项目及说明

定额项目的工程量计算规则:

(1)栏杆扶手拆除均按实拆长度计算。

(2)隔墙及隔断的拆除按实拆面积计算。

5.15.10　门窗拆除

5.15.10.1　《房屋建筑与装饰实施细则》清单项目设置

《房屋建筑与装饰实施细则》附录 R.10 门窗拆除常用项目见表 5.15.10。

表 5.15.10　门窗拆除(编号:011610)

项目编码	项目名称	项目特征	计量单位	工程量计算规则	工作内容
011610001	门窗拆除	1. 构件名称 2. 材质 3. 门窗面积	1. 樘 2. 扇	1. 整樘门窗拆除的,按樘计算 2. 门窗扇拆除的,按扇计算	1. 拆除 2. 控制扬尘 3. 清理 4. 废渣废料清理归堆
011610003	卷帘门拆除	构件名称	m²	按门洞面积以平方米计算	1. 拆除 2. 控制扬尘 3. 清理 4. 废渣废料清理归堆
011610004	门窗套拆除	1. 构件名称 2. 门窗套材质		按展开面积以平方米计算	
011610005	防盗网拆除				

注:①门窗拆除以平方米计量,不用描述门窗的洞口尺寸。

②门窗面积适用于整樘门窗的拆除,按 2.5 m² 以内、4 m² 以内、4 m² 以外填写,单独拆除门窗扇时,此项特征不填写。

5.15.10.2　相关预算定额项目及说明

1. 定额项目的工程量计算规则

(1)门窗拆除:拆整樘门、窗均按樘计算,拆门、窗扇以"扇"计算。门窗套分材质按门窗套展开面积计算。防盗网(综合各种材质)按展开面积计算。

(2)卷帘门拆除:卷帘门在门洞外侧安装时,洞口的高度和宽度分别加 50 cm 和 12 cm,按其面积计算;卷帘门在门洞的墙中安装,按洞口的面积计算。

2. 相关说明

(1)拆除整樘门窗、门窗框及钢门窗定额,按每樘面积 2.5 m² 以内考虑,面积在 4 m² 以内的,人工乘以系数 1.3;面积超过 4 m² 的,人工乘以系数 1.5。

(2)拆除门窗定额,按拆除单层门窗考虑的,如果拆除双层门窗,人工乘以系数 1.4。

5.15.11　金属构件拆除

5.15.11.1　《房屋建筑与装饰实施细则》清单项目设置

《房屋建筑与装饰实施细则》附录 R.11 金属构件拆除常用项目见表 5.15.11。

表 5.15.11　金属构件拆除(编号:011611)

项目编码	项目名称	项目特征	计量单位	工程量计算规则	工作内容
011611001	钢梁拆除	构件名称	t	按拆除构件的质量以吨计算	1. 拆除 2. 控制扬尘 3. 清理 4. 废渣废料清理归堆
011611002	钢柱拆除				
011611003	钢网架拆除				
011611004	钢支撑、钢墙架拆除				
011611005	其他金属构件拆除				

5.15.11.2　相关预算定额项目及说明

定额项目的工程量计算规则:各种金属构件拆除均按实拆构件质量计算。

5.15.12　其他构件拆除

5.15.12.1　《房屋建筑与装饰实施细则》清单项目设置

《房屋建筑与装饰实施细则》附录 R.14 其他构件拆除常用项目见表 5.15.12。

5.15.12.2　相关预算定额项目及说明

1. 定额项目的工程量计算规则

(1)其他构配件拆除:柜体拆除按正立面边框外围尺寸垂直投影面积计算,窗台板拆除按实拆长度计算,窗帘盒、窗帘轨拆除按实拆长度计算,双轨窗帘轨拆除按双轨长度分别计算工程量,拆除块料(石材)台池槽按池槽长度(侧面长度不加,拐角处重叠长度不加)计算,防火隔离带按实拆长度计算,踢脚线按实拆长度计算。

表 5.15.12　其他构件拆除(编号:011614)

项目编码	项目名称	项目特征	计量单位	工程量计算规则	工作内容
011614002	柜体拆除	构件名称	m²	按正立面边框外围尺寸面积以平方米计算	1. 拆除 2. 控制扬尘 3. 清理 4. 废渣废料清理归堆
011614003	窗台板拆除	1. 窗台板材质 2. 窗台板平面尺寸	m	按拆除的长度以米计算	
011614005	窗帘盒拆除	窗帘盒的平面尺寸	m	按拆除的长度以米计算	
011614006	窗帘轨拆除	窗帘轨的材质			
011614007	踢脚线拆除	踢脚线材质	m	按拆除的长度以米计算	1. 拆除 2. 控制扬尘 3. 清理 4. 废渣废料清理归堆
011614008	块料、石材台池槽拆除	构件名称			
011614009	招牌、灯箱拆除	构件名称	m	按拆除物外型尺寸长方向的长度以米计算	

注:①双轨窗帘轨拆除按双轨长度分别计算工程量。

②块料、石材台池槽拆除侧面长度不加,拐角处重叠长度不加。

③构件名称指平面招牌、平面灯箱、立面招牌、立面灯箱。

（2）垃圾装车、外运工程量按自然堆积方以体积计算,若难以按现场签证确认工程量的,在编制预算时可按拆除工程量乘以表5.15.13所示转换系数计算。

表5.15.13 拆除材料转换系数

拆除材料	系数	拆除材料	系数
砖(石)砌体、混凝土构件	$1.5 \text{ m}^3/\text{m}^3$	门窗	$0.12 \text{ m}^3/\text{m}^2$
木构件	$1.3 \text{ m}^3/\text{m}^3$	柜体	$0.105 \text{ m}^3/\text{m}^2$
装饰抹灰层	$0.045 \text{ m}^3/\text{m}^2$	装饰块料层	$0.038 \text{ m}^3/\text{m}^2$
装饰石材层	$0.06 \text{ m}^3/\text{m}^2$	防水卷材	$0.009 \text{ m}^3/\text{m}^2$

5.16 措施项目

5.16.1 脚手架工程

5.16.1.1 《房屋建筑与装饰实施细则》清单项目设置

《房屋建筑与装饰实施细则》附录S.1脚手架工程常用项目见表5.16.1。

表5.16.1 脚手架工程(编号:011701)

项目编码	项目名称	项目特征	计量单位	工程量计算规则	工作内容
011701002	外脚手架及垂直封闭安全网	1. 服务对象 2. 搭设方式 3. 服务高度 4. 脚手架材质 5. 安全网材质	m²	按所服务对象的垂直投影面积以平方米计算	1. 场内、场外材料搬运 2. 搭、拆脚手架、斜道、上料平台 3. 安全网的铺设 4. 拆除脚手架后材料的堆放
011701003	砌筑脚手架	1. 服务对象 2. 搭设高度			
011701006	满堂装饰脚手架	1. 服务对象(天棚和墙面或天棚) 2. 服务高度	m²	按搭设的水平投影面积以平方米计算	
011701008	外装饰吊篮	1. 升降方式及启动装置 2. 搭设高度及吊篮型号	m²	按所服务对象的垂直投影面积以平方米计算	1. 场内、场外材料搬运 2. 吊篮的安装 3. 测试电动装置、安全锁、平衡控制器等 4. 吊篮的拆卸

续表

项目编码	项目名称	项目特征	计量单位	工程量计算规则	工作内容
011701009	内墙面独立装饰脚手架	1. 搭设方式 2. 搭设高度 3. 脚手架材质	m²	按所服务对象的垂直投影面积以平方米计算	1. 场内、场外材料搬运 2. 搭、拆脚手架、斜道、上料平台 3. 安全网的铺设 4. 拆除脚手架后材料的堆放
011701010	电梯井脚手架	1. 搭设方式 2. 构筑物几何尺寸、高度	座	按设计图示以座计算	
011701011	满堂承重脚手架	1. 搭设方式 2. 搭设空间几何尺寸、高度	m³	按搭设空间以立方米计算	
011701012	室外架空管道脚手架	1. 搭设方式 2. 搭设高度 3. 脚手架材质	m	按管道的水平延长米长度以米计算	
011701013	斜道	1. 搭设方式 2. 搭设高度 3. 脚手架材质	座	按设计图示以座计算	
011701014	其他防护措施	1. 搭设方式 2. 搭设高度 3. 脚手架材质	m²	按所服务对象的水平、垂直投影面积以平方米计算	

5.16.1.2　计量规范相关说明

(1)脚手架工程量具体计算规则按《福建省房屋建筑与装饰工程预算定额》(2017 版)规定。

(2)同一建筑物有不同檐高时,依建筑物竖向切面分别按不同檐高编列清单项目。

(3)脚手架材质可以不描述,但应注明由投标人根据工程实际情况按照国家现行标准《建筑施工扣件式钢管脚手架安全描述规范》(JGJ130-2011)、《建筑施工附着升降脚手架管理暂行规定》(建建〔2000〕230 号)等规范自行确定。

5.16.1.3　相关预算定额项目及说明

1. 预算定额项目的工程量计算规则

(1)建筑物脚手架,分别按单项脚手架计算;计算脚手架时,不扣除门窗洞口、空圈洞口等所占面积。

(2)建筑物脚手架根据施工组织设计的搭设计算,未明确时按本规定计算。

(3)外脚手架。

①建筑物凸出(或凹进)部分应根据实际搭设长度并入外脚手架工程量。突出墙外宽度在 24 cm 以内的墙垛、附墙烟囱等不计算脚手架,宽度在 24 cm 以外的,两侧突出墙外部分

面积并入外脚手架内。

②无地下室的建筑物外脚手架(悬挑不翻转架除外)按外墙结构外围长度乘以设计室外地坪至女儿墙顶面(或挑檐反口顶面)以面积计算。

③有地下室的建筑物外脚手架(悬挑不翻转架除外),地上部分从地下室顶板顶面结构标高或设计室外地坪至女儿墙顶面(或挑檐反口顶面)以面积计算。地下室外脚手架按地下室外墙结构外围长度乘以地下室底板底标高至地下室顶板顶面结构标高的高度以面积计算。

④建筑物的外墙悬挑不翻转钢管脚手架按建筑物外墙结构外围长度乘以建筑物二层楼面结构标高至女儿墙顶面(或挑檐反口顶面)以面积计算;底层脚手架按建筑物外墙结构外围长度乘以设计室外地坪至建筑物二层楼面结构标高以面积计算。

⑤外挑阳台侧面脚手架按外挑宽度并计入外墙外围长度计算面积。

⑥外墙采光井计算:当井壁两侧(长向)外墙面的净间距≤1.2 m时,按单边长度计入外墙外围长度计算;当井壁两侧(长向)外墙面的净间距大于1.2 m且小于等于2.4 m时,按单边长度的1.5倍计入外墙外围长度计算。

⑦坡屋面山尖(屋脊)脚手架面积按山尖高度(指檐口至屋脊的垂直高度)的1/2计算。

⑧套用定额时,高出檐口高度的女儿墙、屋面构件、梯间、设备操作间等可计脚手架的工程量并入以建筑檐高所套外脚手架定额的工程量中。

⑨深度超过3 m的框架式深基础,按框架梁结构净长度乘以支座至梁底的净高以面积计算,套用地下室外脚手架定额,与之相连的框架柱不再计算脚手架费用。

(4)建筑物垂直封闭安全网的工程量按外脚手架的工程量计算。

(5)与钢筋混凝土楼板整体浇注的柱、墙、梁一般不计算脚手架。独立的柱和钢筋混凝土墙、悬空的单梁和连续梁,高度超过1.2 m时,按以下方法计算脚手架:

①独立的砖、石、钢筋混凝土柱,按柱结构外围周长加3.6 m乘以柱高以面积计算。高度在3.6 m以下的,套用砌筑双排脚手架定额;高度在3.6 m以上的,套用相应高度的外脚手架定额。

②独立的现浇钢筋混凝土墙,按墙结构外围长度乘以高度以面积计算,套用相应高度的外脚手架定额。

③独立的现浇钢筋混凝土单梁或连续梁,按梁结构长度乘以设计室外地坪面(或楼板面)至梁顶面的高度以双面面积计算,套用相应高度的外脚手架定额,与之相关联的框架柱不再计算脚手架。梁间距较密的(净间距≤2.4 m),可按搭设的水平投影面积套用装修满堂脚手架定额乘以系数0.6。

(6)砌筑脚手架。按砌筑墙体垂直投影面积计算,不包括框架柱、梁。围墙砌筑脚手架,砌筑高度按室外地坪至围墙顶面计算。屋顶烟囱砌筑脚手架,按烟囱外围周长另加3.6 m乘以烟囱出屋顶高度以面积计算。

(7)装饰脚手架。

①满堂脚手架按搭设的水平投影面积计算,水平面不扣除0.3 m²以内的空洞、柱、垛所占面积。天棚高度大于3.6 m以上的套用基本层;超过5.2 m时,按每增高1.2 m计算一个增加层,增加层的高度小于0.6 m时不计。

②独立内墙装饰脚手架按需装饰墙面的净长乘以净高以面积计算,不扣除门窗洞口所占面积,附墙柱、垛不增加。独立柱面装饰,按柱装饰面外围周长加3.6 m乘以柱装饰高以面积计算;独立单梁装饰,按梁装饰长度乘以设计地面至梁顶面的高度以面积双面计算。

③吊篮脚手架按外墙垂直投影面积计算,不扣除门窗洞口所占面积。吊篮的安拆费、移位费按台次计算。

(8)其他脚手架。

①电梯井脚手架:与建筑物主体一起施工的电梯井套用电梯井脚手架定额,按电梯井内围的体积计算。

②满堂承重脚手架以支撑承重结构的净空间体积计算,或按专项施工组织设计方案承重支撑节点的空间体积计算。

③室外架空管道脚手架按管道的水平长度计算,高度从自然地坪算到管道下皮(多层排列管道的,按最上一层管道下皮)。

④钢管斜道按座计算,不足 6 m 的直接套用;超过 6 m 的按每增 3 m 分次递加;每增加层次不足 1.5 m 不计,超过 1.5 m 不足 3 m 按每增 3 m 计算。

⑤垂直防护架按实际垂直投影面积计算,水平防护架按实际水平投影面积计算。

2. 相关说明

(1)本章节定额包括外脚手架、砌筑脚手架、装修脚手架、承重满堂脚手架、吊篮、电梯井脚手架、架空管道脚手架、建筑物垂直封闭、斜道、防护架等。

(2)本章节定额包括了搭设脚手架所需周转性材料、卸料平台、护卫栏杆、金属架油漆、垂直运输和场外运输费用等,不包括属于安全措施费中的其他防护安全网、临边、洞口防护;随外脚手架高度一起搭设的垂直密闭网另外列项计算。

①定额包括了施工需要的脚手架搭、拆、运输及脚手架摊销的工料消耗或租赁使用费,脚手架均按钢管式脚手架编制,钢管规格按 $\Phi 48.3$ mm×3.6 mm 考虑。

②定额未包括脚手架基础加固。基础加固是指脚手架立杆下端以下或脚手架底座以下的一切做法。

(3)外脚手架。

①同一建筑物高度不同时,应按不同竖向高度分别套用不同高度的脚手架定额,定额高度以建筑檐高套用。

②外墙脚手架的钢管使用费、扣件、底座使用费按租赁费编制,租赁费价格包含材料的使用、维护及损耗;钢管、扣件、底座的租赁费按租赁量(钢管按 t・月、扣件底座按个・月)乘以租赁单价(钢管按元/t・月、扣件底座按元/个・月)计算,租赁量=使用量(t 或个)×租赁期(月);定额考虑的租赁期是为了直观体现定额消耗量,套用定额时应根据工程实际租赁期进行计算;工程实际的钢管、扣件与底座使用量、悬挑梁材料型号及规格与定额取定不同时,按经批准施工组织设计安全专项施工方案可以调整。

③不作装饰时,外脚手架定额脚手板材料消耗量乘以系数 0.8,钢管、扣件、底座租赁费根据工程实际租赁期进行调整,其他不变。单独装饰工程,需搭设外脚手架时,按外脚手架相应规则计算,钢管、扣件、底座使用费根据工程实际租赁期进行调整;未明确租赁时间,定额材料消耗量乘以系数 0.45,其他不变。

④旧建筑物加层,外脚手架套用相应高度的双排脚手架定额,旧建筑物面积部分的外脚手架定额脚手板材料消耗量按乘以系数 0.25 计算。

⑤独立柱、现浇混凝土梁执行双排架手架定额,材料消耗量乘以系数 0.35,其他不变。

⑥外墙脚手架定额已包括所需的预埋件费用。若因现场施工条件限制,工字钢型钢等周转材料无法拆卸的,按现场实际留置在混凝土中用量另行增加预埋费用。

⑦地下室外脚手架以两层地下室综合编制,三层及以上的地下室外脚手架其人工费、机械费每增加一层分别递增 15%。

⑧外脚手架搭设要同时满足结构主体及外墙幕墙施工需要,使得主架体距离外墙结构面大于 20 cm 且小于等于 60 cm 时,该范围外脚手架套用相应定额时乘以系数 1.2。

⑨外脚手架已综合考虑超主体高度 1.2 m 的安全防护。

(4)外脚手架(落地式钢管)。

①本章节定额适用于主体(或主体含装饰)、单独装饰及旧建筑物加层搭设的落地式(底撑式)双排扣件式钢管脚手架工程。

②本章节定额未考虑搭设高度超过 24 m 的分层卸载,实际搭设的分层卸载措施应根据施工组织设计的搭设方案另行计算。

③本章节定额中钢管、扣件、底座的使用量和租赁期见表 5.16.2 所示租赁费,其中:

a. 使用量为每平方米外墙垂直投影面积的材料用量;

b. 主体(或主体含装饰)工程租赁期=使用期(月)−(层数÷8);

c. 单独装饰工程租赁期=使用期(月);

d. 使用期:从开始搭设底层脚手架到拆架完毕的全部时间。

表 5.16.2　外脚手架(落地式钢管)钢管、扣件、底座使用量和租赁期取定表

建筑檐高	30 m 以内	50 m 以内	70 m 以内
钢管使用量(t/m²)	0.0209	0.0209	0.0246
扣件、底座使用量(个/m²)	3.24	3.24	3.77
租赁期(月)	7	9	12

(5)外脚手架(悬挑式不翻转钢管)。

①本章节定额中的悬挑架体从二层楼面起挑,每六层设一道 16♯ 工字钢,底层外墙装饰高度超过 3.6 m 时,需要另行搭设外墙脚手架的,按底层架定额计算。

②定额中钢管、扣件、底座的使用量和租赁期见表 5.16.3,其中:

a. 使用量:每平方米外墙垂直投影面积的材料用量;

b. 主体(或主体含装饰)工程租赁期=使用期(月)−(层数÷8);

c. 单独装饰工程租赁期=使用期(月);

d. 使用期:从开始搭设脚手架到拆架完毕的全部时间。

表 5.16.3　外脚手架(悬挑式不翻转钢管)钢管、扣件与底座使用量和租赁期取定表

建筑檐高	90 m 以内	110 m 以内	130 m 以内
钢管使用量(t/m²)	0.0117	0.0096	0.0083
扣件、底座使用量(个/m²)	1.7842	1.4631	1.2469
租赁期(月)	15	18	21

③底层脚手架定额钢管、扣件与底座按租赁费编制,已综合考虑施工现场使用时间与市场最低租赁期要求(按 3 个月使用期考虑)。

(6)外脚手架(悬挑式翻转钢管)。

①定额中的架体按每六层整体翻转一次、悬挑梁按 16♯工字钢每六层一道编制。

②定额中钢管使用费、扣件、底座的使用量和租赁期见表 5.16.4,其中:

a. 使用量=悬挑式翻转钢管脚手架按搭设的垂直投影面积每平方米用量×悬挑架投入层数/建筑物层数;

b. 租赁期:从开始搭设脚手架到拆架完毕的全部时间。

表 5.16.4　外脚手架(悬挑式翻转钢管)钢管、扣件与底座使用量和使用时间取定表

建筑檐高	90 m 以内	110 m 以内	130 m 以内	150 m 以内
钢管使用量(t/m²)	0.0117	0.0096	0.0083	0.0071
扣件、底座使用量(个/m²)	1.7842	1.4631	1.2469	1.0818
租赁期(月)	15	18	21	24

(7)建筑物垂直封闭安全网随外脚手架(悬挑式翻转钢管)一起搭设时,安全网定额中的安全网消耗量乘以系数 0.33、人工费乘以系数 1.5。

(8)砌筑脚手架。

①建筑物墙体(不分内外墙)砌筑脚手架,砌筑高度在 1.2 m 以内的不计算脚手架。

②砖、砌块砌体(含围墙、管沟墙及砖基础),砌筑高度超过 1.2 m 且在 3.6 m 以内的套用里脚手架定额,超过 3.6 m 的套用砌筑双排脚手架定额。

③石砌墙体、护坡,砌筑高度在 1.2 m 以外时,执行砌筑双排脚手架定额。

④砌筑高度超过 6 米的,执行外脚手架(落地架)定额乘以系数 0.75,并对钢管扣件底座的租赁时间(按 1 个月)进行调整。

(9)装饰脚手架。

①高度 3.6 m 以内的墙柱面及天棚装饰所需的简易脚手架费用已考虑在工具用具使用费中。

②内墙柱面及天棚均装饰且天棚高度超过 3.6 m 的,计算装饰满堂脚手架费用,墙柱面装饰所需脚手架不再另算。天棚高度是指上层板底与本层板面的结构标高(或设计地面标高)高差,有做吊顶的也按板底算。

③墙柱面不装饰,天棚装饰且天棚高度超过 3.6 m 的,计算装饰满堂脚手架费用并乘以系数 0.80。

④天棚不装饰,墙面装饰且高度超过 3.6 m 的,计算墙面装饰脚手架费用,高度 6 m 以内的套用砌筑双排脚手架定额,超过 6 m 的套用相应高度的墙面装饰脚手架定额;砌体墙面装饰时利用砌筑脚手架的,只能再计算一面装饰脚手架费用。

⑤外墙面装饰时利用外架的,不能再计算装饰脚手架费用。

(10)其他脚手架。

①满堂承重脚手架定额,适用于空间结构架设及承重构件支撑情形,如空间网架结构、钢桁梁结构等,定额以架体面承载力 10 t/m²、架高 15 m、租赁使用期 3 个月考虑,实际不同的,按经批准或论证的施工组织设计专项搭设方案调整。

②电梯井脚手架适用于建筑物内电梯井内架。

③斜道:按实际搭设要求计算。

④防护架适用于安全文明施工费已包括的防护架之外的需要单独搭设的情形。实际防护结构不同,材料消耗量可调整。

5.16.1.4 举例应用

【例 5.14】根据图 5.16.1 列项计算脚手架工程量。

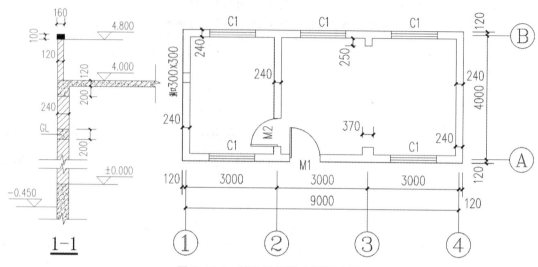

图 5.16.1 某工程平面、剖面示意图

[解]

表 5.16.5 工程量计算表

序号	项目编码	项目名称	计算式	工程量合计	计量单位
1	011701002001	外脚手架及垂直封闭安全网	$(9.0+0.12\times2)\times(4.0+0.12\times2)$ $\times2\times(4.8+0.45)=141.54$	141.54	m²
1.1	10117001	外脚手架(落地式钢管)(外墙扣件式钢管脚手架 双排 建筑物高度 30m 以内)	141.54	141.54	m²
1.2	10117015	建筑物垂直封闭(阻燃安全网 檐高 30m 以内)	141.54	141.54	m²
2	011701003001	砌筑脚手架	$(9.0+4.0)\times2\times(4.0-0.12-0.2)$ $+(4.0-0.12\times2)\times(4-0.12)=$ 110.27	110.27	m²
2.1	10117018	砌筑脚手架(砌筑双排脚手架)	110.27	110.27	m²
3	011701006001	满堂装饰脚手架	$(9.0-0.12\times2-0.24)\times(4.0-0.12\times2)=32.04$	32.04	m²
3.1	10117019	装修脚手架(装修满堂脚手架 基本层 3.6~5.2m)	32.04	32.04	m²

【例 5.15】某建筑物有两个高度,屋顶平面图如图 5.16.2 所示,已知室外地坪标高 −0.5 m,外墙墙厚 200 mm,标高 20.000 m 处女儿墙高 1.6 m,标高 36.000 m 处女儿墙高 0.5 m,轴线与墙中心线重合,外墙脚手架采用扣件式钢管双排脚手架。试计算外脚手架工程量。

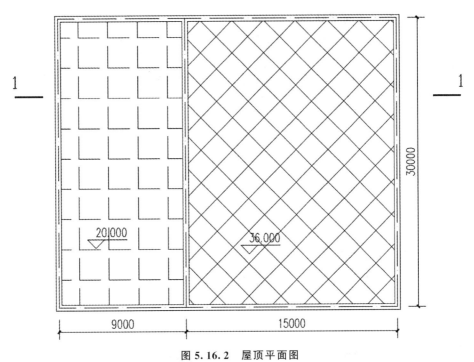

图 5.16.2　屋顶平面图

[解]

表 5.16.6　工程量计算表

序号	项目编码	项目名称	计算式	工程量合计	计量单位
1	011701002002	外脚手架及垂直封闭安全网	$(30.2+9×2)×(20+0.5+1.6)=1065.22$	1065.22	m²
1.1	10117001	外脚手架(落地式钢管)(外墙扣件式钢管脚手架 双排 建筑物高度 30 m 以内)	$(30.2+9×2)×(20+0.5+1.6)=1065.22$	1065.22	m²
2	011701002003	外脚手架及垂直封闭安全网	$(30.2+15.2×2)×(36.0+0.5+0.5)+(30.0+0.2)×(36.0−20.0)=2725.40$	2725.40	m²
2.1	10117002	外脚手架(落地式钢管)(外墙扣件式钢管脚手架 双排 建筑物高度 50 m 以内)	2725.40	2725.40	m²

5.16.2　混凝土模板及支架(撑)

5.16.2.1　《房屋建筑与装饰实施细则》清单项目设置

《房屋建筑与装饰实施细则》附录 S.2 混凝土模板及支架(撑)常用项目见表 5.16.7。

表 5.16.7　混凝土模板及支架(撑)(编号:011702)

项目编码	项目名称	项目特征	计量单位	工程量计算规则	工作内容
011702001	基础模板	基础类型	m²	按模板与现浇混凝土构件的接触面积以平方米计算	1. 模板及支架制作 2. 模板及支架安装、拆除、整理堆放及场内外运输 3. 清理模板粘结物及模内杂物、刷隔离剂等
011702002	柱模板	1. 支撑高度 2. 构件形状 3. 止水措施			
011702003	构造柱模板	支撑高度			
011702005	基础梁模板	1. 支撑高度 2. 构件形状			
011702006	梁模板	1. 支撑高度 2. 构件形状 3. 止水措施			
011702008	圈梁模板	支撑高度			
011702009	过梁模板				
011702011	墙模板	1. 支撑高度 2. 止水措施			
011702013	电梯井壁模板	1. 支撑高度 2. 止水措施			
011702014	有梁板模板	1. 支撑高度 2. 止水措施			
011702015	无梁板模板	支撑高度			
011702016	平板模板	支撑高度			
011702021	栏板模板	构件形状			
011702022	天沟、檐沟模板	1. 构件类型 2. 反口高度			
011702023	雨篷、悬挑构件模板	1. 构件类型 2. 支撑高度		按图示外挑部分尺寸的水平投影面积以平方米计算,挑出墙外的悬臂梁及板边不另计算	

续表

项目编码	项目名称	项目特征	计量单位	工程量计算规则	工作内容
011702024	楼梯模板	1. 楼梯类型 2. 支撑高度 3. 构件形状	m²	按楼梯(包括休息平台、平台梁、斜梁和楼层板的连接梁)的水平投影面积以平方米计算,不扣除宽度≤500mm的楼梯井所占面积,楼梯踏步、踏步板、平台梁等侧面模板不另计算,伸入墙内部分亦不增加	1. 模板及支架制作 2. 模板及支架安装、拆除、整理堆放及场内外运输 3. 清理模板粘结物及模内杂物、刷隔离剂等
011702025	其他现浇构件模板	构件类型		按模板与现浇混凝土构件的接触面积以平方米计算	
011702027	台阶模板	台阶踏步宽		按图示台阶水平投影面积以平方米计算	
011702030	后浇带模板	1. 后浇带部位 2. 支撑高度		按模板与后浇带的接触面积以平方米计算	
011702033	垫层模板				
011702034	高大模板	1. 构件类型 2. 支撑高度			
011702035	看台模板	1. 构件类型 2. 支撑高度		按模板与混凝土接触面积以平方米计算	
011702036	小型构件模板	1. 构件类型 2. 支撑高度			
011702037	装配式混凝土结构工程后浇筑混凝土模板	1. 构件类型 2. 支撑高度			

5.16.2.2　计量规范相关说明

(1)各个构件模板工程量计算规则具体详见《福建省房屋建筑与装饰工程预算定额》(2017 版)、《福建省装配式建筑工程预算定额》(2017 版)的规定,采用何种模板和支撑方式在报价中考虑。

（2）原槽浇灌的混凝土基础,不计算模板。

（3）采用清水模板时,应在特征中注明。

（4）若现浇混凝土柱、墙、梁、板等支撑高度超过 3.6 m 时,项目特征应描述支撑高度,支撑高度可以描述一个范围,如 3.6～4.1 m。超高支撑增加费在相应构件模板综合单价中考虑。

（5）现浇混凝土柱与现浇混凝土墙构成一体的,柱模板并入墙,执行墙清单子目。

（6）若现浇混凝土柱、梁、板、墙为斜柱、斜梁、斜板、斜墙时,项目特征应描述设计斜度。

（7）基础类型:按带形基础、独立基础、满堂基础（桩承台有梁式）、满堂基础（桩承台无梁式）、设备基础分别列明。

（8）止水措施:若现浇混凝土构件采用止水措施时,项目特征应描述是否采用止水螺杆、对拉螺栓堵眼。

5.16.2.3 相关预算定额项目及说明

1. 预算定额项目的工程量计算规则

（1）现浇混凝土模板除另有规定者外,按混凝土与模板接触面以面积计算,其中:

①不扣除墙、板单孔面积≤0.3 m² 的孔洞面积,洞侧壁模板也不增加;扣除单孔面积>0.3 m² 的孔洞面积,洞侧壁模板面积并入相应构件模板计算。

②柱、梁、墙、板相互连接的重叠部分,均不计算模板面积。

③基础、墙、梁、板、其他构件模板均扣除后浇带模板所占面积。

（2）基础。

①带形基础、桩承台外墙按基础中心线计算,内墙按基础上口净长度计算;带形基础、桩承台内外墙交接部分面积应扣除,基础端头的模板并入计算;带形基础与独立基础连接时,带形基础的长度按其两端独立基础上口的净长度计算。

②独立基础与带形基础连接部分的面积应扣除。

③满堂基础按底板与梁模板接触面积之和计算;外墙基础梁长度按中心线长度计算,内墙基础梁长度按净长度计算;基础梁交接部分面积应扣除,基础梁端头的模板并入计算。

④基础梁的长度按基础或柱之间的净长度计算;梁与梁交接部分的面积应扣除;梁端头的模板并入计算。

⑤设备基础螺栓套按不同长度以个计算。

（3）柱墙梁板。

①柱:

a. 有梁板的柱高应自柱基上表面（或楼板上表面）至上一层楼板下表面之间的高度计算;无梁板的柱高应自柱基上表面（或楼板上表面）至柱帽下表面之间的高度计算;框架柱的柱高应自柱基上表面（或楼板上表面）至上一层楼板下表面之间的高度计算;构造柱的柱高应自柱底至柱顶（梁底）的高度计算。

b. 依附柱上牛腿、升板柱帽的模板面积并入柱工程量中。

c. 先砌墙的构造柱模板的工程量按图示外露部分计算。

②墙:

a. 高度:由墙柱基上表面（或楼板上表面）算至上一层楼板（或梁）下表面。

b. 长度:墙柱均按净长计算。墙与墙交接部分的长度应扣除,墙端头的模板面积应增加。

　　c. 对拉螺栓堵眼增加费按墙面、柱面、梁面模板接触面积分别计算工程量。

　　③梁：

　　a. 长度：梁与柱连接时，梁长算至柱侧面；次梁与主梁交接时，梁长算至主梁侧面。圈梁外墙按中心线、内墙按净长线计算。

　　b. 梁交接部分的面积应扣除，梁头的面积并入计算。

　　c. 梁垫的模板面积并入梁计算。

　　d. 圆弧形梁增加费按底模与侧模面积之和计算。

　　④板：

　　a. 有梁板按梁、板模板面积之和计算。

　　b. 有梁板梁高：按扣除板厚的净高计算。

　　c. 有梁板梁长：梁与柱连接时，梁长算至柱侧面；次梁与主梁交接时，梁长算至主梁侧面。

　　d. 无梁板按板、柱帽模板面积之和计算。

　　e. 梁交接部分的面积应扣除，梁头的面积并入计算。

　　f. 板周边的侧模并入相应板定额计算。

　　g. 圆弧形板增加费按弧形边以长度计算。

　　h. 板中暗梁并入板内计算。

　　⑤楼梯：整体楼梯包括休息平台、平台四周的梁、斜梁、楼梯与楼板连接的梁，不分框架结构和混合结构，均按墙内皮的水平投影面积计算，伸入墙内部分不另增加，宽度≤500 mm 的楼梯井不扣除；室外整体楼梯按墙外的水平投影面积计算；当整体楼梯与现浇楼板无梯梁连接时，以楼梯的最后一个踏步边缘加 300 mm 为界。

　　(4)其他构件。

　　①雨篷按图示外挑部分的水平投影面积计算，板边模板不另增加，雨篷反口模板按反口的净高计算。

　　②天沟、挑檐按混凝土与模板的接触面以面积计算。

　　③栏板按混凝土与模板的接触面以面积计算，其压顶模板并入计算。

　　④台阶不包括梯带，按图示尺寸的水平投影面积计算，台阶端头两侧模板不另计算，台阶两侧的挡墙另行计算。架空式混凝土台阶，按现浇楼梯计算。

　　⑤压顶按混凝土与模板的接触面以面积计算。

　　⑥线条按混凝土与模板的接触面以面积计算。

　　(5)后浇带模板，按模板与混凝土的接触面积计算。

　　(6)模板超高支撑增加费，按超过部分模板接触面积计算。支撑高度按每增加高 0.5 m 计算一个增加层，不足 0.5 m 的，按 0.5 m 计算。

　　(7)悬挑构件模板支撑增加费，按图示外挑部分的水平投影面积计算。

　　(8)高大模板。

　　①其支撑，按搭设的水平投影面积乘以搭设高度以体积计算，扣除墙、柱混凝土所占体积；搭设高度应自楼板上表面至上一层楼板下表面之间的高度计算。若仅梁满足高大模板定义的，应满足《扣件式钢管支撑高大模板工程安全技术规程》(DBJ/T13-181-2013)第 33

页5.0.7"支架高度比不宜大3"要求,其支撑按搭设的水平投影面积乘以搭设高度以体积计算;搭设高度应自楼板上表面至上一层梁底之间的高度计算。

②其模板(不含支撑)按混凝土与模板的接触面以面积计算。

(9)场馆看台依设计图示尺寸,按模板与混凝土的接触面积计算。

2. 相关说明

(1)本章节定额包括了模板及支架支撑的制作、安装、拆除、场外运输、安装模板使用简易脚手架的费用,适用于现浇混凝土构件。

(2)本章节定额区分不同构件进行分列。基础部分按胶合板模板、木支撑,其他按胶合板模板、扣件式钢管支撑编制。

(3)基础模板。

①独立基础(独立桩承台)、满堂基础(满堂桩承台)与带形基础(带形桩承台)的划分:长宽比在3倍以内且底面积在20 m²以内的为独立基础(独立桩承台);底宽在3 m以上且底面积在20 m²以上的为满堂基础(满堂桩承台);其余为带形基础(带形桩承台)。

②独立桩承台执行独立基础定额;带形桩承台执行带形基础定额;与满堂基础相连的桩承台并入满堂基础定额计算。高杯基础杯口高度大于杯口大边长度3倍以上时,杯口高度部分执行独立柱定额,杯型基础执行独立基础定额。如图5.16.3所示。

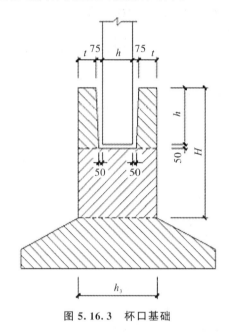

图5.16.3　杯口基础

③箱形基础应分别按无梁式满堂基础、柱、墙、梁、板相应定额计算。

④地下室底板下所需的砖模,套用砌筑工程的砖模定额,并按砌体规定计算相应的脚手架费用,砖模粉刷套用砖模水泥砂浆找平抹灰定额,均并计入措施项目费用。

⑤满堂基础中集水坑模板面积并入基础工程量中。

⑥框架设备基础分别按基础、柱、梁、板、墙柱定额计算。

(4)柱、墙、梁、板模板。

①凡四边以内的独立柱,无论形状如何均套用独立矩形柱定额;四边以上者均套用独立

异形柱定额;圆形或带有弧形的独立柱按圆弧形接触面积计算,套用圆(弧)形独立柱定额。

②柱与墙构成一体的柱模板,剪力墙的连梁模板、附墙的暗柱、暗梁模板,均执行墙定额。

③有防水要求的墙体或按经批准的施工方案或设计墙模板采用止水螺栓,可另行计算,并扣除定额中的拉杆螺栓含量;有防水要求的墙体或按经批准的施工方案或设计要求墙模板的拉杆螺栓不能回收,定额中拉杆螺栓的含量乘以系数 20,并增加其他材料费 0.1 元$/\text{m}^2$,其他机械费 0.4 元$/\text{m}^2$。

④柱、墙的模板定额,以柱、墙的设计斜度(斜面与垂直面的夹角)为依据。对于设计斜度≤15°的柱、墙模板,人工费乘以系数 1.1;对于 15°<设计斜度<25°的柱、墙模板,人工费乘以系数 1.3;对于 25°≤设计斜度≤60°的柱、墙模板,人工费乘以系数 1.5;对于设计斜度>60°的柱、墙模板,人工费乘以系数 1.3;由此产生钢管支撑及模板摊销按经审批的施工方案套用相应定额子目计算。

⑤柱、梁面对拉螺栓堵眼增加费,执行墙面螺栓堵眼增加费定额,柱面螺栓堵眼人工、机械乘以系数 0.3,梁面螺栓堵眼人工、机械乘以系数 0.35。

⑥电梯井外侧模板、洞口侧壁模板按直形墙模板计算。

⑦板:

a. 有梁板是指梁与板构成一体的板。

b. 无梁板是指不带梁直接由柱承重的板。

c. 平板是指无柱、无梁由墙承重的板。

d. 各类板的划分按照"混凝土与钢筋混凝土工程"定额相关规定执行。

⑧有梁板或平板与圈梁相连者,应分别按有梁板、平板和圈梁定额计算。有梁板或平板与圈梁的划分以板底为界。

⑨斜屋面有梁板模板,以屋面的设计斜度(斜面与水平面的夹角)为依据。对于设计斜度≤15°的坡屋面,按有梁板定额计算;对于 15°<设计斜度<25°的斜屋面,按底面支模计算,套用有梁板模板定额乘以系数 1.05;对于 25°≤设计斜度≤60°的斜屋面,按上下双面支模计算,套用斜屋面有梁板模板定额;对于设计斜度>60°的坡屋面,按上下双面支模计算,套用墙模板定额。

⑩整体楼梯休息平台为圆(弧)形时,应按圆(弧)形梁、板增加费定额计算圆(弧)形增加费,不得按圆(弧)形楼梯定额计算。休息平台为悬挑时,应按墙外的水平投影面面积计算。

⑪楼梯是按建筑物一个自然层双跑楼梯考虑,如单坡直行楼梯(即一个自然层无休息平台)按相应子目人工、材料、机械乘以系数 1.2;三跑楼梯(即一个自然层两个休息平台)按相应子目人工、材料、机械乘以系数 0.9;四跑楼梯(即一个自然层三个休息平台)按相应子目人工、材料、机械乘以系数 0.75。剪刀楼梯执行单坡直行楼梯相应系数。

⑫地下室柱、墙、梁板模板套用相应的定额,人工费乘以系数 1.1;单独地下室(无上部结构)模板套用相应的定额并乘以系数 1.25;三层及以下的居住建筑模板套用相应的定额并乘以系数 1.3,三层及以下的其他类建筑模板套用相应的定额并乘以系数 1.2。

⑬预应力混凝土模板套用相应定额,其中钢管、扣件、固定底座、可调托座的消耗量乘以系数 1.33。

⑭当设计要求为清水混凝土模板时,执行相应模板子目,并作如下调整:人工费乘以系

数1.2,胶合板模板材料消耗量乘以系数1.6。

(5)其他构件模板。

①雨篷与圈梁或梁的划分以梁外侧为界。

②挑出墙面的板每级宽度≤20 cm者按线条计算。有梁式的雨篷按有梁板定额计算。宽度＞20 cm者按雨篷计算。

③栏板模板定额适用于高度小于1.6 m且厚度小于120 mm的栏板和女儿墙。如栏板和女儿墙设计高度大于1.6 m或厚度大于120 mm,应分别按墙、压顶相应定额计算。

④屋面檐口斜板包括斜板、压顶、肋板或小柱,按栏板定额乘以系数1.15计算。

⑤天沟、挑檐与圈梁或有梁板的划分以梁外侧为界,天沟包括底板和反口。

⑥与主体结构不同时浇捣的厨房、卫生间等处墙体下部现浇混凝土翻边的模板执行圈梁相应子目。

⑦压顶定额适用于突出一道线的压顶,突出二道线的压顶按线条定额计算。

⑧台阶模板定额适用于无底模的台阶,台阶两端的模板已综合在定额内。有底模的台阶按整体楼梯定额计算。

⑨小型构件是指单个体积或单个外形体积≤0.1 m³ 且本节未列出子目的小型构件。

⑩天沟、挑檐反口高度在400 mm以内时,执行挑檐子目;天沟、挑檐反口高度超过400 mm时,按全高执行栏板子目。

⑪散水模板执行垫层定额。

(6)现浇混凝土梁、板、柱、墙、楼梯是按支撑高度3.6 m以内编制的,如遇斜面结构时,柱分别按各柱中心高度为准;墙按分段墙的平均高度为准;框架梁按每跨两端的支座平均高度为准;板(含梁板合计的梁)按高点与低点的平均高度为准。大于3.6 m时,另按超过部分模板接触面积套用相应模板超高支撑增加费定额;超过6 m的按6 m以内与超过6 m的工程量分开套用相应定额。支撑高度按每增加0.5 m计算一个增加层,不足0.5 m按0.5 m计算。

(7)挑出墙面的有梁板支撑高度超过8 m且宽度小于2 m时,执行有梁板模板定额,另按水平投影面积计算悬挑构件支撑增加费,不再计算模板超高支撑增加费。

(8)水平混凝土构件模板支撑高度超过8 m,或跨度超过18 m,或梁断面面积大于0.6 m²,或板厚超过0.35 m,或施工总荷载15 kN/m²及以上,或集中线荷载大于20 kN/m的执行高大模板支撑及高大模板(不含支撑)定额。高大模板支撑实际工期与定额取定不同时,按实调整;钢管及扣件与定额取定不同时,按实际搭设方案予以调整。

(9)当有梁板、高大模板为井字梁结构时,相应有梁板、高大模板(不含支撑)定额子目乘以系数1.1。

(10)关于支撑高度。

①柱支撑高度:自基础面或结构层板面至上层有梁板板底或无梁板柱帽底的高度。

②构造柱支撑高度:自基础面或结构层板面至上层梁底的高度。

③墙支撑高度:自基础面或结构层板面至上层板底的高度;墙顶有梁且梁宽大于墙厚时,支撑高度为自基础面或结构层板面至上层梁底的高度。

④有梁板、无梁板、平板支撑高度:自设计室外地坪或结构层板面至上层板底的高度,计算模板超高支撑增加费时应包括肋梁或柱帽的模板面积。

⑤单梁支撑高度:自设计室外地坪或结构层板面至上层梁底的高度。

⑥楼梯模板支撑高度为板底垂直高度。支撑高度超过 3.6 m 时,板式楼梯按超过部分的水平投影面积乘以系数 1.15,梁式楼梯按超过部分的水平投影面积乘以系数 1.5,套有梁板模板超高支撑增加费定额。

⑦电梯井壁模板支撑高度按建筑物的自然层进行判断,自然层层高超过 3.6 m 时,按超过部分模板接触面积计算模板超高支撑增加费。

5.16.2.4　举例应用

【例 5.16】某工程有梁板结构平面如图所示,已知有梁板板厚 90 mm,除图中所示 LL 外其余梁均为 KL200×400,试计算有梁板模板工程量。

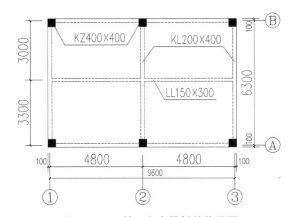

图 5.16.4　某工程有梁板结构平面

[解]

表 5.16.8　工程量计算表

序号	项目编码	项目名称	计算式	工程量合计	计量单位
1	011702014001	有梁板模板	板模板: (9.6+0.2)×(6.3+0.2)+((9.6+0.2)+(6.3+0.2))×2×0.0−0.4×0.4×6=65.67 梁 KL 模板: 2×(0.4−0.09)×((9.8−0.4×3)×2+(6.5−0.4×2)×3)−0.15×(0.3−0.09)×4=42.41 梁 LL 模板: 2×(0.3−0.09)×(9.8−0.2×3)=3.86 有梁板模板合计: 65.67+42.41+3.86=111.94	111.94	m²
1.1	10117053	现浇混凝土胶合板模板(板 有梁板)	111.94	111.94	m²

5.16.3 垂直运输

5.16.3.1 《房屋建筑与装饰实施细则》清单项目设置

《房屋建筑与装饰实施细则》附录 S.3 垂直运输常用项目见表 5.16.9。

表 5.16.9 垂直运输(编号:011703)

项目编码	项目名称	项目特征	计量单位	工程量计算规则	工作内容
011703001	垂直运输	1. 建筑物建筑类型及结构形式 2. 地下室建筑面积 3. 建筑物檐口高度、层数	项	一个单体工程列一项	1. 垂直运输机械的使用费 2. 垂直运输人工费用

5.16.3.2 计量规范相关说明

(1)建筑物的檐口高度是指设计室外地坪至檐口滴水的高度(平层顶是指屋面板底高度),突出主体建筑物屋顶的电梯机房、楼梯出口间、水箱间、瞭望塔、排烟机房等不计入檐口高度。

(2)垂直运输指施工工程在合同工期内所需垂直运输机械或人工。

(3)同一建筑物有不同檐高时,以建筑物的最高檐高编码列项。

5.16.3.3 相关预算定额项目及说明

1. 预算定额项目的工程量计算规则

(1)垂直运输机械使用费应根据建筑物高度和外形尺寸、施工组织设计配置的机械种类、数量以及甲乙双方确认的实际使用时间计算。编制预算时,施工组织设计未明确的,可参考以下一般配置和使用时间计算:

①采用塔吊施工的,一个单位工程配置 1 台塔吊,施工至 6 层时加设 1 部施工电梯。檐口高度 24 m 以内或层数六层以内的建筑物,塔吊一般从土方开挖起至屋面完成时间;檐口高度超过 24 m 或层数超过六层的建筑物,塔吊一般从土方开挖起至外墙面装饰完成时间(按要求高层建筑塔式起重机须待脚手架拆除完毕时方可报停并组织拆除),即总工期扣除桩基工程工期减去 30 d 计算。施工电梯按照合同工期的正负零以上工期减去 60 d 计算。地下室、裙楼、群体工程及特殊工程塔吊的配置按臂长覆盖范围综合考虑布置台数。

②采用施工电梯施工的,一个单位工程配置至少 1 部施工电梯(其中住宅、教室、宿舍等建筑单层面积 800 m² 以内布置一台,超过 800 m² 应考虑布置台数的增加;其他建筑单层面积 1500 m² 以内布置一台,超过 1500 m² 应考虑布置台数的增加)。施工电梯按照合同工期的正负零以上工期计算。

③别墅群工程,可考虑单独配置塔吊,装饰材料搬运套用人工搬运相应定额。

(2)地下室材料运输费及单层,二、三层建筑垂直运输费,按建筑面积计算。

(3)人工上下搬运材料(垃圾),按定额中的计量单位计算。

2. 相关说明

(1)本章节定额包括垂直运输机械、人工上下搬运。

(2)建筑物檐高在 3.6 m 以内的,不计算垂直运输费用。

（3）同一建筑物有多种檐高时，以建筑物的最高檐高套用定额。

（4）垂直运输机械。

①垂直运输机械定额未包括塔吊和施工电梯的进出场及安拆费用，基础以及路基铺垫和轨道铺拆等费用，实际有发生时可另行计算。

②垂直运输机械定额考虑了一般情况下所需要的机械性能，实际不同时可以调整。编制预算时，可根据工程实际情况参考选用塔吊类型：普通劲性钢柱（梁）结构工程，可选用起重力矩为 1600 kN·m 的塔吊；钢管混凝土结构工程、普通钢结构工程，可选用起重力矩为 2500 kN·m 的塔吊；大型场馆类及特殊结构工程，可选用起重力矩为 4800 kN·m 的塔吊。

③垂直运输机械定额的主体结构混凝土施工按泵送混凝土考虑，如主体结构采用非泵送（及现场搅拌），垂直运输费按以下方法调整：采用塔吊施工的，塔吊定额乘以 1.1，配置的施工电梯定额不变；未配置塔吊，采用施工电梯施工的，施工电梯定额乘以 1.15。

④高层及超高层建筑屋面结构完成后到外墙脚手架拆除，该时间段内使用塔吊，塔吊定额乘以系数 0.8。

⑤自升式塔式起重机消耗量中，其他材料费是指定额取定高度超过独立高度之外的标准节租赁费用，当自升式塔式起重机采用独立高度使用时，应扣减其他材料费。

（5）单栋单层建筑，二、三层建筑垂直运输费定额，适用于不采用塔吊、施工电梯施工的独立的三层以下建筑的垂直运输费用（影剧院、火车站、汽车站、博物馆、文体中心、展览馆、体育馆等大型公共建筑除外）；若施工单位仅完成单位工程主体结构的施工任务，套用单层、二、三层建筑定额时，相应的定额乘以系数 0.6。

（6）不能利用垂直运输机械搬运的地下室室内的砌体、装饰等工程材料的垂直运输费用，按地下室垂直运输定额计算；地下一层不计算垂直运输费用。

（7）人工搬运。

①适用于单独装饰装修工程中不允许利用室内电梯等垂直运输机械而发生的人工搬运费用。不适用使用货梯或其他垂直运输机械设备运输材料或垃圾。

②人工搬运定额已考虑包装袋的摊销费用。

③人工搬运定额层高按 4 m 以内考虑，层高超过 4 m 的，相应定额按高度比例换算。

④其他问题说明：

a. 石板材厚度按 20 mm 考虑，当石板材厚度不同时，人工费可按厚度比系数调整。

b. 各种胶合板材、石膏板材等各类板材按厚度 9 mm 考虑，当板材厚度不同时，人工费可按厚度比系数调整。

c. 玻璃厚度按 5 mm 考虑，当玻璃厚度不同时，人工费可按厚度比系数调整；特大面积、特大厚度的单块玻璃的搬运，需采用特殊措施的，其搬运费用可另行计算。

d. 瓷砖、各种金属面板厚度已综合考虑。

5.16.4　超高施工加压水泵费

5.16.4.1　《房屋建筑与装饰实施细则》清单项目设置

《房屋建筑与装饰实施细则》附录 S.4 超高施工加压水泵费常用项目见表 5.16.10。

表 5.16.10　超高施工加压水泵费等(编号:011704)

项目编码	项目名称	项目特征	计量单位	工程量计算规则	工作内容
011704001	超高施工加压水泵费	1. 建筑物建筑类型及结构形式 2. 建筑物檐口高度、层数	项	一个单体工程列一项	高层施工用水加压水泵的安装、拆除及工作台班

注:建筑物檐口高度超过 20 m 时,可计算超高施工加压水泵费。

5.16.4.2　计量规范相关说明

建筑物檐口高度超过 20 m 时,可计算超高施工加压水泵费。

5.16.4.3　相关预算定额项目及说明

1. 预算定额项目的工程量计算规则

加压水泵台班增加费按建筑物的地上建筑面积计算。

2. 相关说明

(1)当建筑物檐高超过 20 m 时,按本规定另行计算加压水泵台班费用,按建筑物檐高套用加压水泵台班增加费相应定额。

(2)同一建筑物有不同檐高时,按建筑物的不同檐高做纵向分割,分别计算建筑面积,以不同檐高分别套用相应定额。建筑檐高与定额取定不同时按插入法计算。

(3)电动多级离心清水泵的设计规格与定额取定不同时可以换算,机械台班消耗量不调整。

5.16.5　大型机械设备进出场及安拆

5.16.5.1　《房屋建筑与装饰实施细则》清单项目设置

《房屋建筑与装饰实施细则》附录 S.5 大型机械设备进出场及安拆常用项目见表 5.16.11。

表 5.16.11　大型机械设备进出场及安拆(编号:011705)

项目编码	项目名称	项目特征	计量单位	工程量计算规则	工作内容
011705001	大型机械设备进出场及安拆	(无需描述)	项	一个单体工程列一项	1. 安拆费包括施工机械、设备在现场进行安装拆卸所需人工、材料、机械和试运转费用以及机械辅助设施的折旧、搭设、拆除等费用 2. 进出场费包括施工机械、设备整体或分体自停放地点运至施工现场(或由一施工地点运至另一施工地点)、运离施工现场所发生的运输、装卸、辅助材料等费用 3. 大型机械设备基础 4. 大型机械检测费

5.16.5.2　相关预算定额项目及说明

1. 预算定额项目的工程量计算规则

(1)场外运输费,根据施工组织设计的机械数量和进出场次数计算。

(2)安装、拆卸费,根据施工组织设计的机械数量和安装拆卸次数计算。

(3)基础、轨道铺拆费:塔吊、施工电梯固定式基础按座计算,塔式起重机轨道式基础按轨道长度计算。

(4)大型机械设备检测费,每台检测费按检测次数乘以检测单价计算,检测次数详见表5.16.12,检测单价:塔吊 2000 元/台·次、施工电梯 1500 元/台·次。

表 5.16.12　大型机械设备检测次数取定表

建筑檐高	40 m 以内	40～70 m	70～100 m	100～130 m	130～160 m
塔吊检测次数(次)	2	2	3	3	4
施工电梯检测次数(次)	2	3	4	5	6

(5)塔吊检测次数在套用建筑檐高(建筑檐高是指设计室外地坪至檐口滴水的高度)时,高于建筑檐口的结构高度和塔吊基础顶面低于室外地坪的高度并入建筑檐高计算。(例:建筑檐高 65 m,高出屋面的结构高度为 3.5 m,塔吊基础顶面位于地下室底板标高处为-5.0 m,建筑室内外高差 0.5 m,65+3.5+5-0.5=73 m,则塔吊检测次数按 70～100 m 檐高套用,即检测 3 次。)

2. 相关说明

(1)本章节定额包括了进出场费、安拆费、基础和检测费定额。

(2)进出场费用是指不能或不允许自行行走的施工机械或施工设备,整体或分体自停放地点运至施工现场(或由一施工地点运至另一施工地点)、运离施工现场的运输、装卸、辅助材料及架线等费用。

①进出场费用定额已包括机械的回程费,未包括以下费用:机械非正常的解体和组装费;运输途中发生的桥梁、涵洞和道路的加固费;机械进场后行驶的场地加固费;穿过铁路费用,电车托线、电力及通信线路费。

②进出场费用运输运距是按 50 km 以内考虑,超过 50 km 以外部分另行计算。

(3)安拆费定额,包括指施工机械在现场进行安装与拆卸所需的人工、材料、机械和试运转费用及机械辅助设施费用(包括安装机械的基础、底座、固定锚桩、行走轨道枕木等的折旧、搭设、拆除费用)。

①安拆费用定额已包括机械安装完毕后 0.5 台班的试运转费用。

②未包括自升式塔式起重机行走轨道、不带配重的自升式塔式起重机固定式基础、施工电梯、高速井架和混凝土搅拌站的基础,有发生时另行计算。

③未包括大型垂直运输机械(包括塔式起重机)附着所需预埋在建筑物中的铁件,有发生时另行计算;因施工现场条件限制,自升式塔式起重机需要另行加工型钢附着件的,可根据施工组织设计另行计算附着件,套用铁件安装定额。

(4)轨道式柴油打桩机、走管式柴油打桩机、走管式自由落锤打桩机的机械进出场及安拆费,套用柴油打桩机定额,打桩机械台班替换为本机型号。

（5）大型机械在同一工地的工号之间的转移，可计算本机 0.5 台班费用（《预算定额》中采用"台·天""部·天"的机械可计算本机 0.17 台·天（部·天）租赁费用）。机械需要重新安拆、搬运或需要铺设轨道和转弯设备的，有发生时另行计算。部分定额中机械综合了不同类型，但其大型机械进出场及安拆费，应按实际进场的机械计算。

（6）塔式起重机基础及轨道铺设定额，按直线形考虑，如为弧线的，定额乘以系数 1.15。塔式起重机基础及轨道铺设定额未包括轨道和枕木之间增加其他型钢或钢板的轨道，有发生时另行计算。

（7）塔吊与施工电梯基础，应按实际施工工程量套用有关定额计算，编制预算时可套用《预算定额》：

①塔吊固定基础定额考虑的混凝土基础尺寸为：自升式塔式起重机（起重力矩 800 kN·m、1600 kN·m）按 5 m×5 m×1.5 m 编制，自升式塔式起重机（起重力矩 2500 kN·m、4800 kN·m）按 6 m×6 m×1.8 m 编制。

②塔吊固定基础定额包含了基础垫层、混凝土、模板、钢筋、高强螺栓（起重力矩 800 kN·m、1600 kN·m）、支腿（起重力矩 2500 kN·m、4800 kN·m）等费用。

③施工电梯固定式基础包含了基础垫层、混凝土、模板、钢筋等费用。

④塔吊与施工电梯基础定额均未包括打桩费用及因基础埋置在地面以下所发生的土方工程费用，以及基础拆除、外运费用，有发生时另行签证计算。

（8）工程实际采用的塔吊与施工电梯型号与其进出场费及安拆费定额取定不同时应调整。

5.16.6 施工排水、降水

5.16.6.1 《房屋建筑与装饰实施细则》清单项目设置

《房屋建筑与装饰实施细则》附录 S.6 施工排水、降水常用项目见表 5.16.13。

表 5.16.13 施工排水、降水（编号：011706）

项目编码	项目名称	项目特征	计量单位	工程量计算规则	工作内容
011706001	成井	1. 成井方式 2. 地层情况 3. 成井直径 4. 井（滤）管类型、直径	1. m 2. 根	1. 以长度计量的，按设计图示尺寸以钻孔深度以米计算 2. 以数量计量的，按设计图示以根计算	1. 准备钻孔机械、埋设护筒、钻机就位；泥浆制作、固壁、成孔、出渣、清孔等 2. 对接上、下井管（滤管），焊接、安放、下滤料、洗井、连接试抽等
011706002	排水、降水	1. 机械规格型号 2. 降排水管规格	1. 昼夜 2. 台班	1. 以昼夜计量的，按排水、降水日历天数计算 2. 以台班计量的，按实际签证以台班计算	1. 管道安装、拆除、场内搬运等 2. 抽水、值班、降水设备维修等

5.16.6.2 计量规范相关说明

相应专项设计不具备时，可按暂估量计算。

5.16.6.3　相关预算定额项目及说明

1. 预算定额项目的工程量计算规则

（1）成井：轻型井点、喷射井点的井管安装、拆除以"根"为单位计算；管井井点按设计图示尺寸以管井深度计算；施工过程中遇卵石层、碎石层、砾石层另按石层深度计算成井增加费。

（2）排水、降水：轻型井点、喷射井点排水的使用以"套·天"计算；管井井点使用以"座·天"使用。

（3）使用天数应按施工组织设计规定的使用天数计算。一天按每昼夜 24 小时计算。

（4）抽水机抽水按台班签证计算。

2. 相关说明

（1）本章节定额包括井点降水、抽水机抽水。

（2）管井井点定额。

①已综合考虑各土壤类别，若施工过程中遇卵石层、碎石层或砾石层，执行相应增加费定额。

②焊接钢管设计与定额取定不同时应换算。

③电动多级离心清水泵台班费用为成孔后清孔抽水费用，降水所用电动多级离心清水泵规格与台班数量根据施工组织设计或按实际计算。

④打试验井人工、机械乘以系数 2.0。

⑤管井井点降水按座·天进行编制，轻型井点、喷射井点按套·天进行编制，每天抽水台班按 10 小时考虑，实际抽水机械型号及台班数量与定额取定不同时予以换算。

（3）降水方法的选择应当依据设计方案或施工组织设计确定，未明确时，编制预算时可参考以下方法确定：

①降水深度 6 m 以内套用轻型井点，降水深度超过 6 m 套用管井井点。

②轻型井点以 50 根为一套，喷射井点以 30 根为一套；使用时总数不足一套按一套计；使用时累计根数轻型井点少于 25 根，喷射井点少于 15 根，使用费按相应定额乘以系数 0.7。

③井管间距可按轻型井点管距 1.2 m，喷射井点管距 2.5 m 确定。

（4）地下室排水费用适用于施工过程中混凝土养护用水造成的排水费用，区分层数以地下室全面积计算，建筑物无地下室不计取该项费用。具体费用见表 5.16.14。

表 5.16.14　费用标准

地下室层数	费用标准
一层	2 元/m²
两层	3 元/m²
三层	4 元/m²
四层及以上	5 元/m²

5.16.7 总价措施项目

5.16.7.1 《房屋建筑与装饰实施细则》清单项目设置

《房屋建筑与装饰实施细则》附录 S.7 总价措施项目常用项目见表 5.16.15。

表 5.16.15 总价措施项目(编号:011707)

项目编码	项目名称	项目特征	计量单位	工程量计算规则	工作内容
011707001	安全文明施工费	(无需描述)	项	一个单体工程列一项	1. 环境保护费 2. 安全施工费 3. 文明施工费 4. 临时设施费
011707008	其他总价措施费	(无需描述)	项	一个单体工程列一项	1. 夜间施工增加费 2. 已完工程及设备保护费 3. 风雨季施工增加费 4. 冬季施工增加费 5. 工程定位复测费

5.16.7.2 计量规范相关说明

(1)安全文明施工费包括环境保护费、安全施工费、文明施工费和临时设施费,具体工作内容按照《福建省建筑安装工程费用定额》(2017 版)规定执行。

(2)其他总价措施费包括夜间施工增加费、已完工程及设备保护费、风雨季施工增加费、冬季施工增加费和工程定位复测费,具体工作内容按照《福建省建筑安装工程费用定额》(2017 版)规定执行。

5.16.7.3 相关预算定额项目及说明

1. 预算定额项目的工程量计算规则

(1)地面成品保护按被保护构件的展开面积计算。

(2)楼梯成品保护按水平投影面积计算。

(3)墙柱面成品按被保护构件的展开面积计算。

2. 相关说明

(1)成品保护定额适用于施工完毕后,需要对装饰面进行特殊要求的保护,定额已包括成品保护所需的周转材料,不包括装饰面的清理、清洁。施工过程中对材料采取的保护措施不计算成品保护费用。

(2)成品保护材料与定额取定不同时材料予以换算,人工费不变。

5.16.8 二次搬运

5.16.8.1 《房屋建筑与装饰实施细则》清单项目设置

《房屋建筑与装饰实施细则》附录 S.8 二次搬运常用项目见表 5.16.16。

表 5.16.16　二次搬运(编号:011704)

项目编码	项目名称	项目特征	计量单位	工程量计算规则	工作内容
011708001	二次搬运	1. 搬运内容 2. 搬运距离	项(或其他计量单位)	按需要搬运的材料、成品、半成品计量单位或项计算	由于施工场地条件限制而发生的材料(含设备)、成品、半成品等一次运输不能到达堆放地点,必须进行的二次或多次装、运、卸、堆放

第6章　工程量清单计价

国家住建部于 2012 年 12 月 25 日发布了新的《建设工程工程量清单计价规范》(GB 50500-2013)(《计价规范》)和九个相关专业工程工程量计算规范(以下简称《计量规范》),并于 2013 年 7 月 1 日开始实施。为此,本章主要根据 2013 版《计价规范》,介绍了工程量清单计价的概念、方法等,使读者对工程量清单计价方法有较全面的认知与理解,懂得工程量清单的作用及其与工程量清单计量、计费、计价的关系,能较全面地掌握工程量清单计价的编制方法。同时,对新规范能较全面地解读与理解。但由于行业、地区的一些特殊情况,在《计价规范》的基础上应按各省、自治区、直辖市或行业建设行政主管部门的相关规定实施,如《房屋建筑与装饰工程工程量计算规范》(GB 50854-2013)福建省实施细则中,工程量清单主要包括三部分内容:一是分部分项工程量清单;二是措施项目清单;三是其他项目清单。《福建省建筑安装工程费用定额》(2017 版)中综合单价以全费用综合单价计价,包含人工费、材料费、施工机具使用费、企业管理费、利润、规费、税金。本章以福建省相关规范为依据;相关福建省工程量清单计价表格(2017 版),详见附件 1。

6.1　工程量清单计价概述

6.1.1　工程量清单计价的基本概念

1. 工程量清单计价方法:建设工程招标投标中,招标人按照国家统一的工程量计算规则或委托有相应资质的工程造价咨询人员编制,反映工程实体消耗和措施消耗的工程量清单,并作为招标文件的一部分提供给投标人,由投标人依据工程量清单自主报价的计价方式。

2. 工程量清单:表现拟建工程的分部分项工程项目、措施项目、其他项目的名称和相应数量的明细清单。工程量清单由招标人按照《计价规范》附录中统一的项目编码、项目名称、项目特征、计量单位和工程量计算规则进行编制。

3. 工程量清单计价:指投标人完成由招标人提供的工程量清单所需的全部费用,包括分部分项工程费、措施项目费、其他项目费。

4. 综合单价:工程量清单计价采用综合单价计价。综合单价是指完成一个规定的分部分项工程量清单项目或措施清单项目所需的人工费、材料费、施工机具使用费、企业管理费、利润、规费、税金。

6.1.2　实行工程量清单计价的意义

1. 实行工程量清单计价,是我国工程造价管理深化改革与发展的需要。实行工程量清单计价,将改变以工程预算定额为计价依据的计价模式,适应工程招标投标和由市场竞争形成工程造价的需要,推进我国工程造价事业的发展。

2. 实行工程量清单计价,是整顿和规范建设市场秩序,适应社会主义市场经济发展的需要。工程造价是工程建设的核心内容,也是建设市场运行的核心内容。实行工程量清单计价,是由市场竞争形成工程造价。工程量清单计价反映工程的个别成本,有利于企业自主报价和公平竞争,实现由政府定价到市场定价的转变;有利于规范业主在招标中的行为,有效纠正招标单位在招标中盲目压价的行为,避免工程招标中弄虚作假、暗箱操作等不规范行为,促进其提高管理水平,从而真正体现公开、公平、公正的原则,反映市场经济规律;有利于规范建设市场计价行为,从源头上遏制工程招投标中滋生的腐败,整顿建设市场的秩序,促进建设市场的有序竞争。

3. 实行工程量清单计价,是适应我国社会主义市场经济发展的需要。市场经济的主要特点是竞争,建设工程领域的竞争主要体现在价格和质量上,工程量清单计价的本质是价格市场化实行工程量清单计价,对于在全国建立一个统一、开放、健康、有序的建设市场,促进建设市场有序竞争和企业健康发展,都具有重要的作用。

4. 实行工程量清单计价,是适应我国工程造价管理政府职能转变的需求。按照政府部门真正履行"经济调节、市场监管、社会管理和公共服务"的职能要求,政府对工程造价的管理,将推行政府宏观调控、企业自主报价、市场形成价格、社会全面监督的工程造价管理体制。实行工程量清单计价,有利于我国工程造价管理政府职能的转变,由过去行政直接干预转变为对工程造价依法监管,有效地强化政府对工程造价的宏观调控,以适应建设市场发展的需要。

5. 实行工程量清单计价,是我国建筑业发展适应国际惯例与国际接轨,融入世界大市场的需要。在我国实行工程量清单计价,会为我国建设市场主体创造一个与国际惯例接轨的市场竞争环境,有利于进一步对外开放交流,有利于提高国内建设各方主体参与国际竞争的能力,有利于提高我国工程建设的管理水平。

6.1.3　工程量清单计价的作用

1. 提供一个平等的竞争条件

采用施工图预算来投标报价,由于设计图纸的缺陷,不同施工企业的人员理解不一,计算出的工程量也不同,报价就更相去甚远,也容易产生纠纷。而工程量清单报价就为投标者提供了一个平等竞争的条件,相同的工程量,由企业根据自身的实力来填报不同的单价。投标人的这种自主报价,使得企业的优势体现到投标报价中,可在一定程度上规范建筑市场秩序,确保工程质量。

2. 满足市场经济条件下竞争的需要

招投标过程就是竞争的过程,招标人提供工程量清单,投标人根据自身情况确定综合单价,利用单价与工程量逐项计算每个项目的合价,再分别填入工程量清单计价表内,计算出投标总价。单价成了决定性的因素,定高了不能中标,定低了又要承担过大的风险。单价的高低直接取决于企业管理水平和技术水平的高低,这种局面促成了企业整体实力的竞争,有利于我国建设市场的快速发展。

3. 有利于提高工程计价效率,能真正实现快速报价

采用工程量清单计价方式,避免了传统计价方式下招标人与投标人之间的在工程量计算上的重复工作,各投标人以招标人提供的工程量清单为统一平台,结合自身的管理水平和施工方案进行报价,促进了各投标人企业定额的完善和工程造价信息的积累和整理,体现了现代工程建设中快速报价的要求。

4. 有利于工程款的拨付和工程造价的最终结算

中标后,建设单位要与中标单位签订施工合同,中标价就是确定合同价的基础,投标清单上的单价就成了拨付工程款的依据。建设单位根据施工企业完成的工程量,可以很容易地确定进度款的拨付额。工程竣工后,根据设计变更、工程量增减等,建设单位也很容易确定工程的最终造价,可在某种程度上减少建设单位与施工单位之间的纠纷。

5. 有利于建设单位对投资的控制

采用现在的施工图预算形式,建设单位对因设计变更、工程量的增减所引起的工程造价变化不敏感。而采用工程量清单报价的方式则可对投资变化一目了然,在要进行设计变更时,能马上清楚它对工程造价的影响,建设单位就能根据投资情况来衡量是否变更或进行方案比较,以决定最恰当的处理方法。

6.1.4 工程量清单计价的一般规定

1. 工程量清单计价活动的内容

工程量清单计价活动包括:工程量清单、招标控制价、投标报价的编制,工程合同价款的约定,竣工结算的办理以及施工过程中的工程计量、工程价款支付、索赔与现场签证、工程价款调整和工程计价争议处理等活动。

2. 工程量清单计价的适用范围

清单计价规范适用于建设工程发承包及其实施阶段的计价活动。使用国有资金投资的建设工程发承包,必须采用工程量清单计价;非国有资金投资的建设工程,宜采用工程量清单计价;不采用工程量清单计价的建设工程,应执行计价规范中除工程量清单等专门性规定外的其他规定。

国有资金投资的项目包括全部使用国有资金(含国家融资资金)投资或以国有资金投资为主的工程建设项目。

(1)国有资金投资的工程建设项目包括:

①使用各级财政预算资金的项目;

②使用纳入财政管理的各种政府性专项建设资金的项目;

③使用国有企事业单位自有资金,并且国有资产投资者实际拥有控制权的项目。

(2)国家融资资金投资的工程建设项目包括:

①使用国家发行债券所筹资金的项目;

②使用国家对外借款或者担保所筹资金的项目；

③使用国家政策性贷款的项目；

④使用国家授权投资主体融资的项目；

⑤国家特许的融资项目。

（3）国有资金（含国家融资资金）为主的工程建设项目是指国有资金占投资总额 50% 以上，或虽不足 50% 但国有投资者实质上拥有控股权的工程建设项目。

3. 建设工程工程量清单计价活动的原则

建设工程工程量清单计价活动应遵循客观、公正、公平的原则。建设工程计价活动的结果既是工程建设投资的价值表现，同时又是工程建设交易活动的价值表现。因此，建设工程造价计价活动不仅要客观反映工程建设的投资，还应体现工程建设交易活动的公正、公平性。

4.《建设工程工程量清单计价规范》的特点

（1）强制性。一是由建设行政主管部门按照强制性国家标准的要求批准发布，规定全部使用国有资金或国有资金投资为主的建设工程必须采用工程量清单计价。二是明确工程量清单是招标文件的组成部分，规定了招标人在编制工程量清单时必须遵守的规则即"五统一"，并明确工程量清单应作为编制招标控制价、投标报价、计算工程量、支付工程款、调整合同价款、办理竣工结算以及工程索赔等的依据之一，为建立全国统一的建设市场和规范计价行为提供了依据。

（2）竞争性。《计价规范》中由政策性规定到一般内容的具体规定，都充分体现了工程造价由市场竞争形成价格的原则。一是《计价规范》中的措施项目，在工程量清单中只列"措施项目"一栏，具体采用什么措施，由投标人根据企业的施工组织设计，视具体情况报价。二是《计价规范》中人工、材料和施工机械没有具体的消耗量，为企业报价提供了自主的空间，投标企业可以依据企业的定额和市场价格信息，也可以参照建设行政主管部门发布的社会平均消耗量定额，按照《计价规范》规定的原则和方法进行投标报价，将报价权交给了企业，必然促使企业提高管理水平，引导企业学会编制自己的企业定额，以适应市场竞争投标报价的需要。

（3）通用性。我国采用的工程量清单计价是与国际惯例接轨的，符合工程量计算方法标准化、工程量计算规则统一化和工程造价确定市场化的要求。《计价规范》与国际通行的工程量清单计价和计算规则是基本一致的。

（4）实用性。新规范修订了原规范中不尽合理、可操作性不强的条款及表格格式，补充完善了采用工程量清单计价如何编制工程量清单和招标控制价、合同价款约定以及工程计量与价款支付、工程价款调整、索赔、竣工结算、工程计价争议处理等内容。新规范可操作性强，方便使用。

5. 实行工程量清单计价对编制人员的要求

工程量清单、招标控制价、投标报价、工程价款结算等工程造价文件的编制与核对应由具有相应资质的工程造价专业人员承担。

6.2 工程量清单编制内容

6.2.1 工程量清单

工程量清单应由招标人填写。其核心内容主要包括清单编制说明和清单表两部分。工程量清单说明主要是招标人解释拟招标工程的清单编制依据以及重要作用等,提示投标申请人重视清单。工程量清单表作为清单项目和工程数量的载体,是工程量清单的重要组成部分。合理的清单项目设置和准确的工程数量,是清单计价的前提和基础,工程量清单表编制的质量直接影响到工程建设的最终结果。

1. 清单编制的主体

工程量清单是招标文件的组成部分,招标人应负责编制工程量清单,若招标人不具有编制工程量清单的能力时,根据规定,可委托具有工程造价咨询资质的工程造价咨询企业编制。

2. 清单编制的条件及招标人的责任

招标人或由其委托的代理机构按照招标要求和施工设计图纸规定将拟建招标工程的全部项目和内容,依据《计价规范》中统一项目编码、项目名称、计量单位和工程量计算规则进行编制,作为承包商进行投标报价的主要参考依据之一。工程量清单是一套注有拟建工程各实物项目编码、项目名称、项目特征、计量单位、工程量及措施项目、其他项目等相关表格组成的文件。在性质上,工程量清单是招标文件的组成部分,是招投标活动的重要依据,一经中标且签订合同,即成为合同的组成部分。因此,无论是招标人还是投标人都应该认真对待。采用工程量清单方式招标,工程量清单必须作为招标文件的组成部分,其准确性和完整性由招标人负责。

工程施工招标发包可采用多种方式,但采用工程量清单方式招标发包,招标人必须将工程量清单作为招标文件的组成部分,连同招标文件一并发(或售)给投标人。招标人对编制的工程量清单的准确性和完善性负责,投标人依据工程量清单进行投标报价。

3. 工程量清单的作用

工程量清单是工程量清单计价的基础,应作为编制招标控制价、投标报价、计算工程量、支付工程款、调整合同价款、办理竣工结算以及工程索赔等的依据之一。

4. 工程量清单的组成

工程量清单由分部分项工程量清单、措施项目清单、其他项目清单组成。

5. 工程量清单编制依据

工程量清单是建设工程招标的主要文件,应由具有编制能力的招标人或受其委托具有相应资质的工程造价咨询机构进行编制。

工程量清单的编制依据主要有《建设工程工程量清单计价规范》、工程招标文件、施工图等。

(1)建设工程工程量清单计价规范。

根据《计价规范》及附录 A、B、C、D、E、F、G、H、J、K、L、M、N、P、Q、R、S,确定拟建工程的分部分项工程项目、措施项目、其他项目的项目名称和相应的数量。

（2）工程招标文件。

根据拟建工程特定工艺要求,确定措施项目;根据工程承包、分包的要求,确定总承包服务费项目;根据对施工图范围外的其他要求,确定零星工作项目费等项目。

（3）施工图。

施工图是计算分部分项工程量的主要依据,依据《计价规范》中对项目名称、工程内容、计量单位、工程量计算规则的要求和拟建工程施工图计算分部分项工程量。

6.2.2　编制工程量清单

工程量清单作为招标人所编制的招标文件的一部分,是投标人进行投标报价的重要依据,因此,作为一个合格的计价依据,工程量清单中必须具有完整详细的信息披露,为了达到这一要求,招标人编制的工程量清单应该包括以下内容:

1. 明确的项目设置

工程计价是一个分部组合计价的过程,不同的计价模式对项目的设置规则和结果都是不尽相同的。在建设单位提供的工程量清单计价中必须明确清单项目的设置情况,除明确说明各个清单项目的名称,还应阐释各个清单项目的特征和工程内容,以保证清单项目设置的特征描述和工程内容,没有遗漏,也没有重叠。当然,这种项目设置可以通过统一的规范编制来解决。

2. 清单项目的工程数量

在招标人提供的工程量清单中必须列出各个清单项目的工程数量,这是工程量清单招标的重要特点。

采用定额方式和由投标人自行计算工程量的投标报价,由于设计或图纸的缺陷,不同投标人员理解不一,计算出的工程量也不同,报价相去甚远,容易产生纠纷。而工程量清单报价就为投标者提供一个平等竞争的条件,相同的工程量,由企业根据自身的实力来填报不同的单价,符合商品交换的一般性原则。因为对于每一个投标人来说,计价所依赖的工程数量都是一样的,使得投标人之间的竞争完全属于价格的竞争,其投标报价反映出自身的技术能力和管理能力,也使得招标人的评标标准更加简单明确。

同时,在招标人提供的工程量清单中提供工程数量,还可以实现承发包双方合同风险的合理分担。采用工程量清单报价方式后,投标人只对自己所报的成本、单价等负责,而对工程量的变更或计算错误等不负责任;相应的,对于这一部分风险则应由业主承担,这种格局符合风险合理分担与责权利关系对等的一般原则。

3. 提供基本的表格格式

工程量清单的表格格式是附属于项目设置和工程量计算的,它为投标报价提供了一个合适的计价平台,投标人可以根据表格之间的逻辑联系和从属关系,在其指导下完成分部组合计价的过程。从严格意义上说,工程量清单的表格格式可以多种多样,只要能够满足计价的需要就可以了。

6.2.3 分部分项工程量清单

分部分项工程量清单是表明拟建工程的全部分项实体工程名称和相应工程数量的清单。分部分项工程量清单的项目设置规则是为了统一工程量清单项目名称、项目编码、计量单位和工程量计算而制定的,是编制工程量清单的依据。在《计价规范》中,对工程量清单项目的设置作了明确的规定。

1. 项目编码

分部分项工程量清单项目编码以五级编码设置,用十二位阿拉伯数字表示。1~9位按附录规定统一设置,不得擅自改动。10~12位根据拟建工程的工程量清单项目名称,由编制人设置,从001顺序编制。

(1)第一级即第1、2位,为专业工程代码;01—房屋建筑与装饰工程;02—仿古建筑工程;03—通用安装工程;04—市政工程;05—园林绿化工程;06—矿山工程;07—构筑物工程;08—城市轨道交通工程;09—爆破工程。

(2)第二级即第3、4位,为附录分类顺序码。

(3)第三级即第5、6位,为分部工程顺序码。

(4)第四级即第7、8、9位,为分项工程项目名称顺序码。

(5)第五级即第10、11、12位,为清单项目名称顺序码。

工程量清单项目编码如图6.2.1所示。

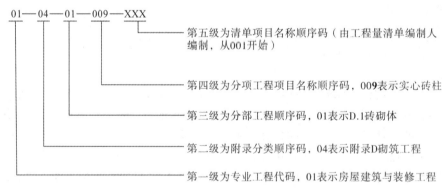

图 6.2.1 工程量清单项目编码示

2. 项目名称

《计价规范》附录表中的"项目名称"为分项工程项目名称,是形成分部分项工程量清单项目名称的基础,在此基础上增填相应项目特征,即为清单项目名称。分项工程项目名称一般以工程实体命名,项目名称如有缺项,招标人可按相应的原则进行补充,并报当地工程造价管理部门备案。

3. 项目特征

项目特征是对项目的准确描述,是影响价格的因素,是设置工程量清单项目的依据。项目特征按不同的工程部位、施工工艺或材料品种、规格等分别列项。凡项目特征中未描述到的其他独有特征,由清单编制人视项目具体情况确定,以准确描述清单项目为准。

4. 计量单位

计量单位应采用基本单位,除各专业另有特殊规定外均按以下单位计量:

(1)以重量计算的项目——吨或千克(t 或 kg)。

(2)以体积计算的项目——立方米(m^3)。

(3)以面积计算的项目——平方米(m^2)。

(4)以长度计算的项目——米(m)。

(5)以自然计量单位计算的项目——个、套、块、樘、组、台……

(6)没有具体数量的项目——宗、项……

各专业有特殊计量单位的,再另外加以说明

以"t"为单位,应保留三位小数,第四位小数四舍五入;以"m^3""m^2""m""kg"为单位,应保留二位小数,第三位小数四舍五入;以"个""项"等为单位,应取整数。

5. 工程量计算

工程量的计算主要通过工程量计算规则计算得到。工程量计算规则是指对清单项目工程量的计算规定。除另有说明外,所有清单项目的工程量应以实体工程量为准,并以完成后的净量计算;投标人投标报价时,应在单价中考虑施工中的各种损耗和需要增加的工程量。

工程量的计算规则按主要专业划分。包括房屋建筑与装饰工程、仿古建筑工程、通用安装工程、市政工程、园林绿化工程、矿山工程、构筑物工程、城市轨道交通工程、爆破工程,共 9 个专业。

6. 工程内容

工程内容是指完成该清单项目可能发生的具体工程,可供招标人确定清单项目和投标人投标报价参考。以建筑工程的场地平整为例,可能发生的有具体工程挖填、找平、运输等。

凡工程内容中未列全的其他具体工程,由投标人按招标文件或图纸要求编制,以完成清单项目为准,综合考虑到报价中。

6.2.4　措施项目清单

措施项目清单指为完成工程项目施工,发生于该工程施工准备和施工过程中的技术、生活、安全、环境保护等方面的项目。措施项目清单应根据拟建工程的实际情况列项。单价措施项目、总价措施项目可按附录中规定的项目选择列项。单价措施项目为可以计算工程量的项目清单,宜采用分部分项工程量清单的方式编制,列出项目编码、项目名称、项目特征、计量单位和工程量。

措施项目清单的编制应考虑多种因素,除了工程本身的因素外,还要考虑水文、气象、环境、安全和施工企业的实际情况。若出现工程量计算规范中未列的项目,可根据工程实际情况补充。

6.2.5　其他项目清单

其他项目清单是指分部分项工程量清单、措施项目清单所包含的内容以外,该工程项目施工中可能发生的其他费用项目和相应数量的清单。其他项目清单包括暂列金额、专业工程暂估价、总承包服务费、优质工程增加费、缩短定额工期增加费、远程监控系统租赁费、发包人检测费、工程噪音超标排污费、渣土收纳费。

1. 暂列金额

暂列金额是指发包人招标时在工程量清单中暂定并包括在工程合同价款中的一笔款项,用于施工合同签订时尚未确定或者不可预见的所需材料、服务的采购,施工中可能发生的工程变更、合同约定调整因素出现时的工程价款调整以及发生的索赔、现场签证确认等的费用。

2. 专业工程暂估价

专业工程暂估价是指招标阶段已经确认的专业工程项目由于设计未详尽或者标准未明确等原因造成无法当时确定准确价格,由招标人在招标工程量清单中给定一个暂估价。

3. 总承包服务费

总承包服务费是指总承包人为配合、协调发包人进行的专业工程发包,对发包人自行采购的材料(不含工程设备)等进行保管以及施工现场管理、竣工资料汇总整理等服务所需的费用,包括专业工程总承包服务费和甲供材料总承包服务费。

4. 优质工程增加费

优质工程增加费是指发包方要求发包工程的质量达到优良等级的,在合格工程造价基础上增加的费用。

5. 缩短定额工期增加费

缩短定额工期增加费是指合同工期较住建部颁发的《建筑安装工程工期定额》(TY01-89-2016)规定的定额工期缩短,承包人为此而增加投入的费用,包括:增加的周转材料投入、资金投入、劳动力集中投入费用,夜间施工所发生的夜班补助费、夜间施工降效、夜间施工照明设备摊销及照明用电等费用。

6. 远程监控系统租赁费

远程监控系统租赁费是指根据《福建省住建厅发布施工现场远程监控租赁服务指导价的通知》(闽建筑〔2017〕5 号)规定,对施工现场进行远程监控而发生的租赁费用。

7. 发包人检测费

发包人检测费是指《预算定额》未包括、但发包人将其列入招标范围和合同内容的各类检测费。

8. 工程噪声超标排污费

按有关规定,工程噪声超标排污费是应由承包人缴纳的费用。

9. 渣土收纳费

按有关规定,渣土收纳费是应由承包人缴纳的费用。

6.3　工程量清单计价的方法

6.3.1　工程量清单计价的基本过程

工程量清单计价的过程可以分为两个阶段:工程量清单编制和工程量清单应用两个阶段。工程量清单编制程序如图 6.3.1 所示,工程量清单应用过程如图 6.3.2 所示。

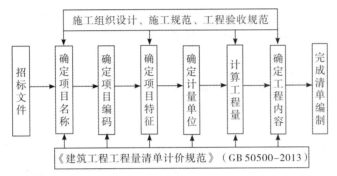

图 6.3.1　工程量清单编制程序

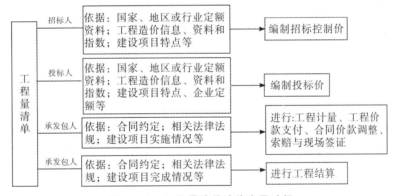

图 6.3.2　工程量清单计价应用过程

6.3.2　工程量清单计价的一般程序

1. 熟悉施工图纸及相关资料,了解现场情况

在编制工程量清单之前,要先熟悉施工图纸,以及图纸答疑、地质勘探报告,到工程建设地点了解现场实际情况,以便正确编制工程量清单。熟悉施工图纸及相关资料便于编制分部分项工程项目名称,了解现场便于编制施工措施项目名称。

2. 编制工程量清单

工程量清单包括分部分项工程量清单、措施项目清单、其他项目清单。

工程量清单是由招标人或其委托人,根据施工图纸、招标文件、计价规范,以及现场实际情况,经过精心计算编制而成的。

3. 组合综合单价(简称组价)

组合综合单价是标底编制人(指招标人或其委托人)或标价编制人(指投标人)根据工程量清单、招标文件、预算定额、施工组织设计、施工图纸、材料预算价格等资料,计算组合的分项工程单价。

4. 计算分部分项工程费

在组合综合单价完成之后,根据工程量清单及综合单价,按单位工程计算分部分项工程费用。

$$计算分部分项工程费 = \sum(工程量 \times 综合单价) \qquad (6.3.1)$$

某分部分项清单分项计价费用=某项清单分项综合单价×某项清单分项工程数量

$$(6.3.2)$$

$$分部分项工程量清单合计费用 = \sum 分部分项工程量清单各分项计价费用 \qquad (6.3.3)$$

5. 计算措施项目费

措施项目费是指为完成建设工程施工,发生于该工程施工前和施工过程中的技术、生活、安全、环境保护等方面的费用,分为总价措施项目费和单价措施项目费,其中,总价措施项目费包括安全文明施工费(安全施工、文明施工、临时设施、环境保护)和其他总价措施费(夜间施工增加费、已完工程及设备保护费、风雨季施工增加费、冬季施工增加费、工程定位复测费),单价措施项目包括二次搬运费、大型机械设备进出场及安拆费、脚手架工程费、现行国家各专业工程工程量清单计算规范及其福建省规定的其他各项措施费。

6. 计算其他项目费

其他项目费由暂列金额、专业工程暂估价、总承包服务费、优质工程增加费、缩短定额工期增加费、远程监控系统租赁费、发包人检测费、工程噪音超标排污费、渣土收纳费等内容组成。根据工程量清单列出的内容计算。

7. 计算单位工程费

前面各项内容计算完成之后,将整个单位工程费包括的内容汇总起来,形成整个单位工程费。

8. 计算单项工程费

在各单位工程费计算完成之后,将属同一单项工程的各单位工程费汇总,形成该单项工程的总费用。

9. 计算工程项目总价

各单项工程费计算完成之后,将各单项工程费汇总,形成整个项目的总价。

6.3.3 工程量清单计价的方法

6.3.3.1 工程造价的计算

采用工程量清单计价,建设工程造价由分部分项工程费、措施项目费、其他项目费组成。在工程量清单计价中,如按分部分项工程单价组成来分,工程量清单计价主要有三种形式:

(1)工料单价法;(2)综合单价法;(3)全费用综合单价法。

$$工料单价 = 人工费 + 材料费 + 施工机械使用费 \tag{6.3.4}$$

$$综合单价 = 人工费 + 材料费 + 施工机具使用费 + 企业管理费 + 利润 \tag{6.3.5}$$

$$全费用综合单价 = 人工费 + 材料费 + 施工机械使用费 + 企业管理费 + 规费 + 利润 + 税金 \tag{6.3.6}$$

《计价规范》规定,分部分项工程量清单应采用综合单价计价。利用综合单价法计价,需分项计算清单项目,再汇总得到工程总造价。

$$分部分项工程费 = \sum(分部分项工程量 \times 综合单价) \tag{6.3.7}$$

$$措施项目费 = 总价措施项目费 + 单价措施项目费 \tag{6.3.8}$$

其中:单价措施项目费 $= \sum$(单价措施项目工程量 $\times$ 综合单价);

总价措施项目费 $= \sum$(分部分项工程费 $+$ 单价措施项目费)$\times$ 取费费率。

$$其他项目费 = \sum(暂列金额 + 专业工程暂估价 + 总承包服务费) \tag{6.3.9}$$

公式(6.3.9)适用于编制施工图预算、工程量清单、招标控制价(最高投标限价)、投标报价时;

其他项目费 $= \sum$(总承包服务费 $+$ 优质工程增加费 $+$ 缩短定额工期增加费 $+$ 远程监控系统租赁费 $+$ 发包人检测费 $+$ 工程噪音超标排污费 $+$ 渣土收纳费)　　(6.3.10)

公式(6.3.10)适用于编制结算时;

$$单位工程造价 = 分部分项工程费 + 措施项目费 + 其他项目费 \tag{6.3.11}$$

$$单项工程造价 = \sum 单位工程造价 \tag{6.3.12}$$

$$建设项目总造价 - \sum 单项工程造价 \tag{6.3.13}$$

6.3.3.2　分部分项工程费计算

根据公式(6.3.4),利用综合单价法计算分部分项工程费需要解决两个核心问题,即确定各分部分项工程的工程量及其综合单价。

1. 分部分项工程量的确定

招标文件中的工程量清单标明的工程量是招标人编制招标控制价和投标人投标报价的共同基础,它是工程量清单编制人按施工图图示尺寸和清单工程量计算规则计算得到的工程净量。但该工程量不能作为承包人在履行合同义务中应予完成的实际和准确的工程量,发承包双方进行工程竣工结算时的工程量应按发、承包双方在合同中约定应予计量且实际完成的工程量确定,当然该工程量的计算也应严格遵照清单工程量计算规则,以实体工程量为准。

2. 综合单价的编制

《计价规范》中的工程量清单综合单价是指完成一个规定计量单位的分部分项工程量清单项目或措施清单项目所需的人工费、材料费、施工机具使用费、企业管理费、利润、规费、税金。

综合单价的计算通常采用定额组价的方法,即以计价定额为基础进行组合计算。由于"计价规范"与"定额"中的工程量计算规则、计量单位、工程内容不尽相同,综合单价的计算不是简单地将其所含的各项费用进行汇总,而是要通过具体计算后综合而成。

6.3.4 招标控制价与投标价

6.3.4.1 招标控制价的概念

招标控制价是招标人根据国家或省级建设行政主管部门颁发的有关计价依据和办法,依据拟定的招标文件和招标工程量清单,结合工程具体情况发布的招标工程的最高投标限价。

招标控制价使用的表格见附录1。

6.3.4.2 编制招标控制价的规定

(1)国有资金投资的工程建设项目应实行工程量清单招标,招标人应编制招标控制价,并应当拒绝高于招标控制价的投标报价,即投标人的投标报价若超过公布的招标控制价,则其投标应被否决。

(2)招标控制价应由具有编制能力的招标人或受其委托,具有相应资质的工程造价咨询人编制。工程造价咨询人不得同时接受招标人和投标人对同一工程的招标控制价和投标报价的编制。

(3)招标控制价应当依据工程量清单、工程计价有关规定和市场价格信息等编制。招标控制价应在招标文件中公布,对所编制的招标控制价不得进行上浮或下调。招标人应当在招标时公布招标控制价的总价,以及各单位工程的分部分项工程费、措施项目费、其他项目费。

(4)招标控制价超过批准的概算时,招标人应将其报原概算审批部门审核。这是由于我国对国有资金投资项目的投资控制实行的是设计概算审批制度,国有资金投资的工程项目原则上不能超过批准的设计概算。

(5)投标人经复核认为招标人公布的招标价未按照《计价规范》的规定进行编制的,应在招标控制价公布后5天内向招标投标监督机构和工程造价管理机构投诉。工程造价管理机构受理投诉后,应立即对招标控制价进行复查,组织投诉人、被投诉人或其委托的招标控制价编制人等单位人员对投诉问题逐一核对。工程造价管理机构应当在受理投诉的10天内完成复查,特殊情况下可适当延长,并做出书面结论通知投诉人、被投诉人及负责该工程招投标监督的招投标管理机构。当招标控制价复查结论与原公布的招标控制价误差大于±3%时,应责成招标人改正。当重新公布招标控制价时,若重新公布之日起至原投标截止日期不足15天的应当延长投标截止日期。

(6)招标人应当将招标控制价及有关资料报送工程所在地或有该工程管辖权的行业管理部门工程造价管理机构备查。

6.3.4.3 招标控制价的计价依据

招标控制价应按下列依据编制:

(1)《计价规范》以及各专业工程量;

(2)国家或省级、行业建设主管部门颁发的计价定额和计价办法;

(3)建设工程设计文件及相关资料;

（4）拟定的招标文件及招标工程量清单；

（5）与建设项目相关的标准、规范、技术资料；

（6）施工现场情况、工程特点及常规施工方案；

（7）工程造价管理机构发布的工程造价信息，但工程造价信息没有发布的，参照市场价；

（8）其他的相关资料。

6.3.4.4　编制招标控制价应注意的问题

（1）招标控制价编制的表格格式等应执行《计价规范》的有关规定。

（2）采用的材料价格应是工程造价管理机构通过工程造价信息发布的材料价格，工程造价信息未发布材料单价的材料，其材料价格应通过市场调查确定。另外，未采用工程造价管理机构发布的工程造价信息时，需在招标文件或答疑补充文件中对招标控制价采用的与造价信息不一致的市场价格予以说明，采用的市场价格则应通过调查、分析确定，有可靠的信息来源。

（3）施工机械设备的选型直接关系到综合单价水平，应根据工程项目特点和施工条件，本着经济实用、先进高效的原则确定。

（4）应该正确、全面地使用行业和地方的计价定额以及相关文件。

（5）不可竞争的措施项目和规费、税金等费用的计算均属于强制性的条款，编制招标控制价时应该按国家有关规定计算。

（6）不同工程项目、不同施工单位会有不同的施工组织方法，所发生的措施费也会有所不同。因此，对于竞争性的措施费用的编制，应该首先编制施工组织设计或施工方案，然后依据经过专家论证后的施工方案，合理地确定措施项目与费用。

6.3.4.5　招标控制价的编制程序

编制招标控制价时应当遵循如下程序：

（1）了解编制要求与范围；

（2）熟悉工程图纸及有关设计文件；

（3）熟悉与建设工程项目有关的标准、规范、技术资料；

（4）熟悉拟订的招标文件及其补充通知、答疑纪要等；

（5）了解施工现场情况、工程特点；

（6）熟悉工程量清单；

（7）掌握工程量清单涉及计价要素的信息价格和市场价格，依据招标文件确定其价格；

（8）进行分部分项工程量清单计价；

（9）论证并拟定常规的施工组织设计或施工方案；

（10）进行措施项目工程量清单计价；

（11）进行其他项目清单计价；

（12）工程造价汇总、分析、审核；

（13）成果文件签认、盖章；

（14）提交成果文件。

6.3.4.6　投标报价的概念

《计价规范》规定，投标价是投标人参与工程项目投标时报出的工程造价。即投标价是指在工程招标发包过程中,由投标人或受其委托具有相应资质的工程造价咨询人按照招标文件的要求以及有关计价规定,依据发包人提供的工程量清单、施工设计图纸,结合工程项目特点、施工现场情况及企业自身的施工技术、装备和管理水平等,自主确定的工程造价。

投标价是投标人希望达成工程承包交易的期望价格,但不能高于招标人设定的招标控制价。投标报价的编制是指投标人对拟承建工程项目所要发生的各种费用的计算过程。作为投标计算的必要条件,应预先确定施工方案和施工进度,此外,投标计算还必须与采用的合同形式相一致。

6.3.4.7 投标价的编制原则

报价是投标的关键性工作,报价是否合理直接关系到投标工作的成败。工程量清单计价下编制投标报价的原则如下:

(1)投标报价由投标人自主确定,但必须执行《计价规范》的强制性规定。投标价应由投标人或受其委托,具有相应资质的工程造价咨询人编制。

(2)投标人的投标报价不得低于成本。《中华人民共和国招标投标法》中规定:"中标人的投标应当符合下列条件……(二)能够满足招标文件的实质性要求,并且经评审的投标价格最低;但是投标价格低于成本的除外。"《评标委员会和评标方法暂行规定》中规定:"在评标过程中,评标委员会发现投标人的报价明显低于其他投标报价或者在设有标底时明显低于标底的,使得其投标报价可能低于其个别成本的,应当要求该投标人做出书面说明并提供相关证明材料。投标人不能合理说明或者不能提供相关证明材料的,由评标委员会认定该投标人以低于成本报价竞标,其投标应作为废标处理。"上述法律法规的规定,特别要求投标人的投标报价不得低于成本。

(3)按招标人提供的工程量清单填报价格。实行工程量清单招标,招标人在招标文件中提供工程量清单,其目的是使各投标人在投标报价中具有共同的竞争平台。因此,为避免出现差错,要求投标人应按招标人提供的工程量清单填报投标价格,填写的项目编码、项目名称、项目特征、计量单位、工程量必须与招标人提供的一致。

(4)投标报价要以招标文件中设定的承发包双方责任划分,作为设定投标报价费用项目和费用计算的基础。承发包双方的责任划分不同,会导致合同风险分摊不同,从而导致投标人报价不同;不同的工程承发包模式会直接影响工程项目投标报价的费用内容和计算深度。

(5)应该以施工方案、技术措施等作为投标报价计算的基本条件。企业定额反映企业技术和管理水平,是计算人工、材料和机械台班消耗量的基本依据,更要充分利用现场考察、调研成果、市场价格信息和行情资料等编制基础标价。

(6)报价计算方法要科学严谨,简明适用。

6.3.4.8 投标价编制依据

投标报价应根据下列依据编制:

(1)《计价规范》;

(2)国家或省级、行业建设主管部门颁发的计价办法;

(3)企业定额,国家或省级、行业建设主管部门颁发的计价定额;

(4)招标文件、工程量清单及其补充通知、答疑纪要;

(5)建设工程项目的设计文件及相关资料;

(6)施工现场情况、工程项目特点及拟定投标文件的施工组织设计或施工方案；

(7)与建设项目相关的标准、规范等技术资料；

(8)市场价格信息或工程造价管理机构发布的工程造价信息；

(9)其他的相关资料。

6.3.4.9 投标价的编制内容

在编制投标报价之前，需要先对工程量清单进行复核。因为工程量清单中的各分部分项工程量并不十分准确，若设计深度不够则可能有较大的误差，而工程量的多少是选择施工方法、安排人力和机械、准备材料必须考虑的因素，自然也影响分项工程的单价，因此一定要对工程量清单进行复核。

投标报价的编制过程，应首先根据招标人提供的工程量清单编制分部分项工程量清单计价表，措施项目清单计价表，其他项目清单计价表，计算完毕后汇总而得到单位工程投标报价汇总表，再层层汇总，分别得出单项工程投标报价汇总表和工程项目投标总价汇总表。工程项目投标报价的编制过程，如图6.3.3所示。

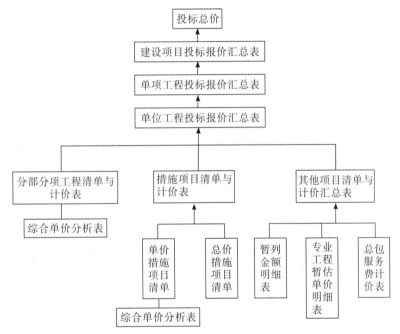

图 6.3.3　工程项目工程量清单投标报价流程图

1. 分部分项工程费报价

投标人应按招标人提供的工程量清单填报价格，填写的项目编码、项目名称、项目特征、计量单位、工程量必须与招标人提供的一致。编制分部分项工程量清单与计价表的核心是确定综合单价。综合单价的确定方法与招标控制价中综合单价的确定方法相同，但确定的依据有所差异，主要体现在：

(1)工程量清单项目特征描述。

工程量清单中项目特征的描述决定了清单项目的实质，直接决定了工程的价值，是投标人确定综合单价最重要的依据。在招投标过程中，若出现招标文件中分部分项工程量清单特征描述与设计图纸不符时,投标人应以分部分项工程量清单的项目特征描述为准,确定投标报价的综合单价;若施工中施工图纸或设计变更与工程量清单项目特征描述不一致,发、承包双方应按实际施工的项目特征,依据合同约定重新确定综合单价。

(2)企业定额。

企业定额是施工企业根据本企业具有的管理水平、拥有的施工技术和施工机械装备水平而编制的,完成一个规定计量单位的工程项目所需的人工、材料、施工机械台班的消耗标准,是施工企业内部进行施工管理的标准,也是施工企业投标报价确定综合单价的依据之一。投标企业没有企业定额时,可根据企业自身情况参照消耗量定额进行调整。

(3)资源可获取价格。

综合单价中的人工费、材料费、机械费是以企业定额的人、料、机消耗量乘以人、料、机的实际价格得出的,因此投标人拟投入的人、料、机等资源的可获取价格直接影响综合单价的高低。

(4)企业管理费费率、利润率。

企业管理费费率可由投标人根据本企业近年的企业管理费核算数据自行测定,当然也可以参照当地造价管理部门发布的平均参考值。

利润率可由投标人根据本企业当前盈利情况、施工水平、拟投标工程的竞争情况以及企业当前经营策略自主确定。

2. 措施项目费报价

投标人可根据工程项目实际情况以及施工组织设计或施工方案,自主确定措施项目费。招标人在招标文件中列出的措施项目清单是根据一般情况确定的,没有考虑不同投标人的具体情况。因此,投标人投标报价时应根据自身拥有的施工装备、技术水平和采用的施工方法确定措施项目,对招标人所列的措施项目进行调整。

3. 其他项目费报价

投标报价时,投标人对其他项目费应遵循以下原则:

(1)暂列金额应按照其他项目清单中列出的金额填写,不得变动。

(2)暂估价不得变动和更改。专业工程暂估价必须按照招标人提供的其他项目清单中列出的金额填写。

(3)总承包服务费应根据招标人在招标文件中列出的分包专业工程内容、供应材料和设备情况,由投标人按照招标人提出的协调、配合与服务要求以及施工现场管理需要自主确定。

4. 投标价的汇总

投标人的投标总价应当与组成工程量清单的分部分项工程费、措施项目费、其他项目费的合计金额相一致,即投标人在进行工程项目工程量清单招标的投标报价时,不能进行投标总价优惠(或降价、让利),投标人对投标报价的任何优惠(或降价、让利)均应反映在相应清单项目的综合单价中。

6.3.5　工程合同价款的约定与价款支付

6.3.5.1　工程合同类型的选择

建设工程施工合同根据合同计价方式的不同,一般可以划分为总价合同、单价合同和成本加酬金合同三种类型。根据价款是否可以调整,总价合同可以分为固定总价合同和可调总价合同两种不同形式;单价合同也可以分为固定单价合同和可调单价合同。

具体工程项目选择何种合同计价形式,主要依据设计图纸深度、工期长短、工程规模和复杂程度进行确定。《计价规范》中规定,对使用工程量清单计价的工程,宜采用单价合同,但并不排斥总价合同。工程量清单计价的适用性不受合同形式的影响。实践中常见的单价合同和总价合同两种主要合同形式,均可以采用工程量清单计价,区别仅在于工程量清单中所填写的工程量的合同约束力。采用单价合同形式时,工程量清单是合同文件必不可少的组成内容,其中的工程量一般具备合同约束力(量可调),工程款结算时按照合同中约定应予计量并按实际完成的工程量计算进行调整。而对总价合同形式,工程量清单中的工程量不具备合同约束力(量不可调),工程量以合同图纸的标示内容为准,工程量以外的其他内容一般均赋予合同约束力,以方便合同变更的计量和计价。

总体上来说,采用单价合同符合工程量清单计价模式的基本要求,并且单价合同在合同管理中具有便于处理工程变更及索赔的特点,在工程量清单计价模式下,宜采用单价合同。在实践中最常用的是固定单价合同,即合同约定的工程价款中所包含的工程量清单项目综合单价在约定条件内是固定的,不予调整,工程量允许调整;工程量清单项目综合单价在约定的条件外,允许调整,但调整的方式、方法应在合同中约定。

6.3.5.2　工程合同价款的约定和内容

工程合同价款的约定是建设工程合同的主要内容。实行招标的工程合同价款应在中标通知书发出之日起 30 天内,由承发包双方依据招标文件和中标人的投标文件在书面合同中约定;合同约定不得违背招、投标文件中关于工期、造价、质量等方面的实质性内容;招标文件与中标人投标文件不一致的地方,以投标文件为准。不实行招标的工程合同价款,在承发包双方认可的工程价款的基础上,由承发包双方在合同中约定。承发包双方认可的工程价款的形式可以是承包方或设计人编制的施工图预算,也可以是承发包双方认可的其他形式。

承发包双方应在合同条款中,对下列事项进行约定:

(1)预付工程款的数额、支付时间及抵扣方式。

(2)工程计量与支付工程进度款的方式、数额及时间。

(3)工程价款的调整因素、方法、程序、支付及时间。

(4)索赔与现场签证的程序、金额确定与支付时间。

约定索赔与现场签证的程序:如由承包人提出、发包人现场代表或授权的监理工程师核对等;约定索赔提出时间:如知道索赔事件发生后的 28 天内等;约定核对时间:收到索赔报告后 7 天以内、10 天以内等;约定支付时间:原则上与工程进度款同期支付等。

(5)发生工程价款争议的解决方法及时间。

(6)承担风险的内容、范围以及超出约定内容、范围的调整办法。

（7）工程竣工价款结算的编制与核对、支付及时间。

（8）工程质量保证（保修）金的数额、预扣方式及时间。

（9）与履行合同、支付价款有关的其他事项。

6.3.5.3　工程款的主要结算方式

工程款结算，是指发包人在工程实施过程中，依据合同中相关付款条款的规定和已完成的工程量，按照规定的程序向承包人支付工程款的一项经济活动。工程款的结算主要有以下几种方式：

（1）按月结算。即先预付部分工程款，在施工过程中按月结算工程进度款，竣工后进行清算的办法。单价合同常采用按月结算的方式。

（2）分段结算。即按照工程的形象进度，划分不同阶段进行结算。形象进度一般划分为：基础、±0.000 以上的主体结构、装修、室外及收尾等。分段结算可以按月预支工程款。

（3）竣工后一次结算。建设项目或单项工程全部建筑安装工程建设期在 12 个月以内，或者工程承包合同价值在 100 万元以下的，可以实行开工前预付一定的预付款或加上工程款每月预支，竣工后一次结算的方式。

（4）结算双方约定的其他结算方式。

6.3.5.4　工程预付款的支付与抵扣

1. 工程预付款的支付

工程预付款是发包人为帮助承包人解决施工准备阶段的资金周转问题而提前支付的一笔款项，用于承包人为合同工程施工购置材料、机械设备，修建临时设施以及施工队伍进场等。工程是否实行预付款，取决于工程性质、承包工程量的大小及发包人在招标文件中的规定。工程实行预付款的，发包人应按合同约定的时间和比例（或金额）向承包人支付工程预付款。

（1）工程预付款的额度：包工包料工程的预付款的支付比例不得低于签约合同价（扣除暂列金额）的 10%，不宜高于签约合同价（扣除暂列金额）的 30%。

（2）工程预付款的支付时间：发包人应在收到支付申请的 7 天内进行核实，向承包人发出预付款支付证书，并在签发支付证后的 7 天内向承包人支付预付款。若发包人没有按合同约定按时支付预付款，承包人可催告发包人支付；发包人在预付款期满后的 7 天内仍未支付的，承包人可在付款期满后的第 8 天起暂停施工。发包人应承担由此增加的费用和延误的工期，并应向承包人支付合理利润。

2. 工程预付款的抵扣

预付款应从每一个支付期应支付给承包人的工程进度款中扣回，直到扣回的金额达到合同约定的预付款金额为止。承包人的预付款保函的担保金额根据预付款扣回的数额相应递减，但在预付款全部扣回之前一直保持有效。发包人应在预付款扣完后的 14 天内将预付款保函退还给承包人。

6.3.5.5　工程计量与进度款支付

1. 工程计量

工程量的正确计量是发包人向承包人支付工程进度款的前提和依据。

（1）工程计量的原则

①按合同文件中约定的方法进行计量；

②按承包人在履行合同义务过程中实际完成的工程量计算；

③对于不符合合同文件要求的工程，承包人超出施工图纸范围或因承包人原因造成返工的工程量，不予计量；

④若发现工程量清单中出现漏项、工程量计算偏差，以及工程变更引起工程量的增减变化，应据实调整，正确计量。

（2）工程量的确认

承包人应按照合同约定，向发包人递交已完工程量报告；发包人应在接到报告后按合同约定进行核对。当承发包双方在合同中对工程量的计量时间、程序、方法和要求未作约定时，按以下规定办理：

①承包人应在每个月末或合同约定的工程段完成后，向发包人递交上月或上一工程段已完工程量报告；

②发包人应在接到报告后 7 天内按施工图纸（含设计变更）核对已完工程量，并应在计量前 24 小时通知承包人，承包人应提供条件并按时参加核实。

③计量结果的确认：

a. 如发、承包双方均同意计量结果，则双方应签字确认；

b. 如承包人收到通知后不参加计量核对，则由发包人核实的计量应认为是对工程量的正确计量；

c. 如发包人未在规定的核对时间内进行计量核对，承包人提交的工程计量视为发包人已经认可；

d. 如发包人未在规定的核对时间内通知承包人，致使承包人未能参加计量核对的，则由发包人所作的计量核实结果无效；

e. 对于承包人超出施工图纸范围或因承包人原因造成返工的工程量，发包人不予计量；

f. 如承包人不同意发包人核实的计量结果，承包人应在收到上述结果后 7 天内向发包人提出，申明承包人认为不正确的详细情况。发包人收到后，应在 2 天内重新核对有关工程量的计量，或予以确认，或将其修改。

2. 工程进度款支付

（1）承包人申请付款。

承包人应在每个付款周期末，向发包人递交进度款支付申请，并附相应的证明文件。除合同另有约定外，进度款支付申请应包括（但不限于）下列内容：

①本周期已完成工程的价款；

②累计已完成的工程价款；

③累计已支付的工程价款；

④本周期已完成计日工金额；

⑤应增加和扣减的变更金额；

⑥应增加和扣减的索赔金额；

⑦应抵扣的工程预付款；

⑧应扣减的质量保证金；

⑨根据合同应增加和扣减的其他金额；

⑩本付款周期实际应支付的工程价款。

（2）发包人支付工程进度款。

发包人在收到承包人递交的工程进度款支付申请及相应的证明文件后，应在合同约定时间内进行核对，并按合同约定的时间和比例向承包人支付工程进度款。发包人应扣回的工程预付款，与工程进度款同期结算抵扣。

当承发包双方未在合同中对工程进度款支付申请的核对时间以及工程进度款支付时间、支付比例作约定时，根据《建设工程价款结算暂行办法》的相关规定办理：

①发包人应在收到承包人的工程进度款支付申请后 14 天内核对完毕，否则，从第 15 天起承包人递交的工程进度款支付申请视为被批准；

②发包人应在批准工程进度款支付申请的 14 天内，按不低于计量工程价款的 60%，不高于计量工程价款的 90%向承包人支付工程进度款；

③发包人在支付工程进度款时，应按合同约定的时间、比例（或金额）扣回工程预付款。

（3）发包人未按合同约定支付工程进度款的处理和责任。

发包人未在合同约定时间内支付工程进度款，承包人应及时向发包人发出要求付款的通知，发包人收到承包人通知后仍不按要求付款，可与承包人协商签订延期付款协议，经承包人同意后延期支付。协议应明确延期支付的时间和从付款申请生效后，按同期银行贷款利率计算应付款的利息。

发包人不按合同约定支付工程进度款，双方又未达成延期付款协议，导致施工无法进行时，承包人可停止施工，由发包人承担违约责任。

6.3.6 索赔与现场签证

6.3.6.1 索赔的方法

索赔是指在合同履行过程中，对于非己方的过错而应由对方承担责任的情况造成的损失，向对方提出补偿的要求。建设工程施工中的索赔是发、承包双方行使正当权利的行为，承包人可向发包人索赔，发包人也可向承包人索赔。

1. 索赔的成立条件

合同一方向另一方提出索赔时，应有正当的索赔理由和有效证据，并应符合合同的相关约定。由此可看出任何索赔事件成立必须满足其三要素：正当的索赔理由；有效的索赔证据；在合同约定的时间时限内提出。

索赔证据应满足以下基本要求：真实性、全面性、关联性、及时性和有效性。

2. 索赔处理程序

（1）承包人索赔的处理

若承包人认为非承包人原因发生的事件造成了承包人的经济损失，承包人应在确认该事件发生后，按合同约定向发包人发出索赔通知。发包人收到最终索赔报告并在合同约定时间内未向承包人作出答复的，视为该项索赔已经认可。承包人索赔按下列程序处理：

①承包人在合同约定的时间内向发包人递交费用索赔意向通知书；

②发包人指定专人收集与索赔有关的资料；

③承包人在合同约定的时间内向发包人递交费用索赔申请表；

④发包人指定的专人初步审查费用索赔申请表，符合索赔条件时予以受理；

⑤发包人指定的专人进行费用索赔核对，经造价工程师复核索赔金额后，与承包人协商确定并由发包人批准；

⑥发包人指定的专人应在合同约定的时间内签署费用索赔审批表，并可要求承包人提交有关索赔的进一步详细资料。

若承包人的费用索赔与工程延期索赔要求相关联时，发包人在作出费用索赔的批准决定时，应结合工程延期的批准，综合作出费用索赔和工程延期的决定。发、承包双方确认的索赔费用与工程进度款同期支付。

（2）发包人索赔的处理

若发包人认为由于承包人的原因造成额外损失，发包人应在确认引起索赔的事件后，按合同约定向承包人发出索赔通知。承包人收到发包人索赔通知并在合同约定时间内未向发包人作出答复的，视为该项索赔已经认可。

当合同中对此未作具体约定时，按以下规定办理：

①发包人应在确认引起索赔的事件发生后 28 天内向承包人发出索赔通知，否则，承包人免除该索赔的全部责任。

②承包人在收到发包人索赔报告后的 28 天内，应作出回应，表示同意或不同意并附具体意见，如在收到索赔报告后的 28 天内，未向发包人作出答复，视为该项索赔报告已经认可。

6.3.6.2　现场签证的方法

现场签证，是指发、承包双方现场代表（或其委托人）就施工过程中涉及的责任事件所作的签认证明。

1. 现场签证的范围

现场签证的范围一般包括：

（1）适用于施工合同范围以外零星工程的确认；

（2）在工程施工过程中发生变更后需要现场确认的工程量；

（3）非施工单位原因导致的人工、设备窝工及有关损失；

（4）符合施工合同规定的非施工单位原因引起的工程量或费用增减；

（5）确认修改施工方案引起的工程量或费用增减；

（6）工程变更导致的工程施工措施费增减等。

2. 现场签证的程序

（1）承包人应发包人要求完成合同以外的零星工作、非承包人责任事件等工作的，发包人应及时以书面形式向承包人发出指令，并应提供所需的相关资料；承包人在收到指令后，应及时向发包人提出现场签证要求。

（2）承包人应在收到发包人指令后的 7 天内向发包人提交现场签证报告，发包人应在收到现场的签证报告后的 48 小时内对报告内容进行核实，予以确认或提出修改意见。发包人在收到承包人现场签证报告后的 48 小时内未确认也未提出修改意见的，应视为承包人提交的现场签证报告已被发包人认可。否则视为该签证报告已经认可。

（3）现场签证的工作如已有相应的计日工单价，现场签证中应列明完成该类项目所需的人工、材料、工程设备和施工机械台班的数量。若现场签证的工作没有相应的计日工单价，应在现场签证报告中列明完成该类项目所需的人工、材料、工程设备和施工机械台班的数量及单价。

（4）合同工程发生现场签证事项，未经发包人签证确认，承包人便擅自施工的，除非征得发包人书面同意，否则发生的费用应由承包人承担。

（5）现场签证工作完成后的 7 天内，承包人应按照现场签证内容计算价款，报送发包人确认后，作为增加合同价款，与进度款同期支付。

（6）在施工过程中，当发现合同工程内容因场地条件、地质水文、发包人要求等不一致时，承包人应提供所需的相关资料，并提交承包人签证认可，作为合同条款调整的依据。

6.3.7 工程价款调整与竣工结算

6.3.7.1 工程价款调整的规定

（1）招标工程以投标截止时间前的第 28 天作为基准日，非招标工程以合同签订前的第 28 天作为基准日。施工合同履行期间，国家颁布的法律、法规、规章和有关政策在合同工程基准日之后发生变化，且因执行相应的法律、法规、规章和政策引起工程造价发生增减变化的，合同双方当事人应当依据法律、法规、规章和有关政策的规定调整合同价款。但是，如果有关价格（如人工、材料和工程设备等价格）的变化已经包含在物价波动事件的调价公式中，则不再予以考虑。

（2）如果由于承包人的原因导致的工期延误，按不利于承包人的原则调整合同价款。在工程延误期间，国家的法律、行政法规和相关政策发生变化引起工程造价变化，造成合同价款增加的，合同价款不予调整；造成合同价款减少的，合同价款予以调整。

（3）分部分项工程费的调整。工程变更引起分部分项工程项目发生变化的，应按照下列规定调整：

①已标价工程量清单中有适用于变更工程项目的，且工程变更导致的该清单项目的工程数量变化不足 15% 时，采用该项目的单价。综合单价，按合同中已有的综合单价确定。

②已标价工程量清单中没有适用，但有类似于变更工程项目的，可在合理范围内参照类似项目的单价或总价调整。

③已标价工程量清单中没有适用也没有类似于变更工程项目的，由承包人根据变更工程资料、计量规则和计价办法、工程造价管理机构发布的信息（参考）价格和承包人报价浮动率，提出变更工程项目的单价或总价，报发包人确认后调整。

（4）措施项目费的调整。工程变更引起措施项目发生变化的，承包人提出调整措施项目费的，应事先将拟实施的方案提交发包人确认，并详细说明与原方案措施项目相比的变化情况。拟实施的方案经发承包双方确认后执行。

（5）删减工作或工作的补偿。如果发包人提出的工程变更，因非承包人原因删减了合同中的某项原定工作或工程，致使承包人发生的费用或（和）得到的利益不能被包括在其他已支付或应支付的项目中，也未被包含在任何替代的工作或工程中，则承包人有权提出并得到合理的费用及利润补偿。

（6）施工合同履行期间，若应予计算的实际工程量与招标工程量清单列出的工程量出现偏差,或者因工程变更等非承包人原因导致工程量偏差,该偏差对工程量清单项目的综合单价将产生影响,是否调整单价以及如何调整,发承包双方应当在施工合同中约定。若合同未作约定,按以下原则办理:

①综合单价的调整原则。当应予计算的实际工程量与招标工程量清单出现偏差(包括因工程变更等原因导致的工程量偏差)超过 15%时,对综合单价的调整原则为:当工程量增加 15%以上时,其增加部分的工程量的综合单价应予调低;当工程量减少 15%以上时,减少后剩余部分的工程量的综合单价应予调高。

②总价措施项目费的调整。当应予计算的工程量与招标工程量清单出现偏差(包括因工程变更等原因导致的工程量偏差)超过 15%,且该变化引起措施项目相应发生变化时(如该措施项目是按系数或单一总价方式计价的),对措施项目费的调整原则为:工程量增加的,措施项目费调增;工程量减少的,措施项目费调减。至于具体的调整方法,则应由双方当事人在合同专用条款中约定。

(7)施工期内因物价波动引起的合同价款调整方法有两种:一种是采用价格指数调整价格差额,另一种是采用造价信息调整价格差额。承包人采购材料和工程设备的,应在合同中约定主要材料、工程设备价格变化的范围或幅度,如没有约定,则材料、工程设备单价变化超过 5%时,超过部分的价格按两种方法之一进行调整。

(8)因不可抗力事件导致的费用,发、承包双方当事人应当在合同专用条款中明确约定不可抗力的范围以及具体的判断标准。

①费用损失的承担原则。因不可抗力事件导致的人员伤亡、财产损失及费用增加,承发包双方应按以下原则分别承担调整合同价款和工期:

a. 合同工程本身的损害、因工程损害导致第三方人员伤亡和财产损失以及运至施工场地用于施工的材料和待安装的设备的损害,由发包人承担;

b. 发包人、承包人人员伤亡由其所在单位负责,并承担相应费用;

c. 承包人的施工机械设备损坏及停工损失,由承包人承担;

d. 停工期间,承包人应发包人要求留在施工场地的必要的管理人员及保卫人员的费用,由发包人承担;

e. 工程所需清理、修复费用,由发包人承担。

②工期的处理。因发生不可抗力事件导致工期延误的,工期相应顺延。发包人要求赶工的,承包人应采取赶工措施,赶工费用由发包人承担。

(9)工程价款调整报告应由受益方在合同约定时间内向合同的另一方提出,经对方确认后调整合同价款。受益方未在合同约定时间内提出工程价款调整报告的,视为不涉及工程价款的调整。收到工程价款调整报告的一方应在合同约定时间内确认或提出协商意见,否则,视为工程价款调整报告已经确认。

(10)经承发包双方确定调整的工程价款,作为追加(减)合同价款,应与工程进度款同期支付。

6.3.7.2　竣工结算的概念

竣工结算是指建设工程项目完工并经验收合格后,对所完成的项目进行的全面工程结算。工程完工后,发、承包双方应在合同约定时间内办理工程竣工结算。工程竣工结算由承包人或受其委托具有相应资质的工程造价咨询人编制,由发包人或受其委托具有相应资质的工程造价咨询人核对。

6.3.7.3 竣工结算的程序

1. 承包人递交竣工结算书

承包人应在合同约定时间内编制完成竣工结算书，并在提交竣工验收报告的同时递交给发包人。承包人未在合同约定时间内递交竣工结算书，经发包人催促后仍未提供或没有明确答复的，发包人可以根据已有资料办理结算。

2. 发包人进行结算审核

发包人在收到承包人递交的竣工结算书后，应按合同约定时间核对。合同中对核对时间没有约定或约定不明的，根据《建设工程价款结算暂行办法》规定，按表6.3.1中的时间进行核对并提出核对意见。

表 6.3.1　工程竣工结算核对时间表

	工程竣工结算书金额	核对时间
1	500 万元以下	从接到竣工结算书之日起 20 天
2	500 万~2000 万元	从接到竣工结算书之日起 30 天
3	2000 万~5000 万元	从接到竣工结算书之日起 45 天
4	5000 万元以上	从接到竣工结算书之日起 60 天

发包人或受其委托的工程造价咨询人收到承包人递交的竣工结算书后，在合同约定时间内，不核对竣工结算或未提出核对意见的，视为承包人递交的竣工结算书已经认可，发包人应向承包人支付工程结算价款。

承包人在接到发包人提出的审对意见后，在合同约定时间内，不确认也未提出异议的，视为发包人提出的审对意见已经认可。竣工结算办理完毕，发包人应将工程竣工结算书报送工程所在地造价管理机构备案。竣工结算书作为工程竣工验收备案、交付使用的必备文件。

同一工程竣工结算核对完成，发、承包双方签字确认后，禁止发包人又要求承包人与另一个或多个工程造价咨询人重复核对竣工结算。

3. 工程竣工结算价款的支付

竣工结算办理完毕，发包人应根据确认的竣工结算书在合同约定时间内向承包人支付工程竣工结算价款。

发包人未在合同约定时间内向承包人支付工程结算价款的，承包人可催告发包人支付结算价款。如达成延期支付协议的，发包人应按同期银行同类贷款利率支付拖欠工程价款的利息。如未达成延期支付协议的，承包人可以与发包人协商将该工程折价，或申请人民法院将该工程依法拍卖，承包人就该工程折价或拍卖的价款优先受偿。

6.3.7.4 竣工结算的依据

建设项目竣工决算应依据下列资料编制：

(1)《基本建设财务规则》(财政部第81号令)等法律、法规和规范性文件；

(2)项目计划任务书及立项批复文件；

(3)项目总概算书和单项工程概算书文件;

(4)经批准的设计文件及设计交底、图纸会审资料;

(5)招标文件和最高投标限价;

(6)工程合同文件;

(7)项目竣工结算文件;

(8)工程签证、工程索赔等合同价款调整文件;

(9)设备、材料调价文件记录;

(10)会计核算及财务管理资料;

(11)其他有关项目管理的文件。

6.3.7.5　竣工结算的编制要求

为了严格执行建设项目竣工验收制度,正确核定新增固定资产价值,考核分析投资效果,建立健全经济责任制,所有新建、扩建和改建等建设项目竣工后,都应及时、完整、正确地编制好竣工决算。建设单位要做好以下工作:

(1)按照规定组织竣工验收,保证竣工决算的及时性。对建设工程的全面考核,所有的建设项目(或单项工程)按照批准的设计文件所规定的内容建成后,具备了投产和使用条件的,都要及时组织验收。对于竣工验收中发现的问题,应及时查明原因,采取措施加以解决,以保证建设项目按时交付使用和及时编制竣工决算。

(2)积累、整理竣工项目资料,保证竣工决算的完整性。积累、整理竣工项目资料是编制竣工决算的基础工作,它关系到竣工决算的完整性和质量的好坏。因此,在建设过程中,建设单位必须随时收集项目建设的各种资料,并在竣工验收前,对各种资料进行系统整理,分类立卷,为编制竣工决算提供完整的数据资料,为投产后加强固定资产管理提供依据。在工程竣工时,建设单位应将各种基础资料与竣工决算一起移交给生产单位或使用单位。

(3)清理、核对各项账目,保证竣工决算的正确性。工程竣工后,建设单位要认真核实各项交付使用资产的建设成本;做好各项账务、物资以及债权的清理结余工作,应偿还的及时偿还,该收回的及时收回,对各种结余的材料、设备、施工机械工具等,要逐项清点核实,妥善保管,按照国家有关规定进行处理,不得任意侵占;对竣工后的结余资金,要按规定上交财政部门或上级主管部门。在完成上述工作,核实了各项数字的基础上,正确编制从年初起到竣工月份止的竣工年度财务决算,以便根据历年的财务决算和竣工年度财务决算进行整理汇总,编制建设项目竣工决算。

6.3.7.6　竣工结算的审查

1. 竣工结算的审查方法

竣工结算的审查应依据合同约定的结算方法进行,根据合同类型,采用不同的审查方法。

(1)采用总价合同的,应在合同价的基础上对设计变更、工程洽商以及工程索赔等合同约定可以调整的内容进行审查;

(2)采用单价合同的,应审查施工图以内的各个分部分项工程量,依据合同约定的方式审查分部分项工程价格,并对设计变更、工程洽商、工程索赔等调整内容进行审查;

(3)采用成本加酬金合同的,应依据合同约定的方法审查各个分部分项工程以及设计变更、工程洽商等内容的工程成本,并审查酬金及有关税费的取定。

除非已有约定,竣工结算应采用全面审查的方法,严禁采用抽样审查、重点审查、分析对比审查和经验审查的方法,避免审查疏漏现象发生。

2. 竣工结算的审查内容

财政部门和项目主管部门审核批复项目竣工财务决算时,应当重点审查以下内容:

(1)工程价款结算是否准确,是否按照合同约定和国家有关规定进行,有无多算和重复计算工程量、高估冒算建筑材料价格现象;

(2)待摊费用支出及其分摊是否合理,正确;

(3)项目是否按照批准的概(预)算内容实施,有无超标准、超规模、超概(预)算建设现象;

(4)项目资金是否全到位,核算是否规范,资金使用是否合理,有无挤占、挪用现象;

(5)项目形成资产是否全面反映,计价是否准确,资产接收单位是否落实;

(6)项目在建设过程中历次检查和审计所提的重大问题是否已经整改落实;

(7)待核销基建支出和转出投资有无依据,是否合理;

(8)竣工财务决算报表所填列的数据是否完整,关系是否清晰、明确;

(9)尾工工程及预留费用是否控制在概算确定的范围内,预留的金额和比例是否合理;

(10)项目建设是否履行基本建设程序,是否符合国家有关建设管理制度要求等;

(11)决算的内容和格式是否符合国家有关规定;

(12)决算资料报送是否完整、决算数据间是否存在错误;

(13)相关主管部门或者第三方专业机构是否出具审核意见。

6.3.8 工程计价争议处理

6.3.8.1 计价依据争议的处理

在工程计价中,对工程造价计价依据、办法以及相关政策规定发生争议事项的,由工程造价管理机构负责解释。

6.3.8.2 质量争议的处理

发包人以对工程质量有异议,拒绝办理工程竣工结算的,已竣工验收或已竣工未验收但实际投入使用的工程,其质量争议按该工程保修合同执行,竣工结算按合同约定办理;已竣工未验收且未实际投入使用的工程以及停工、停建工程的质量争议,双方应就有争议的部分委托有资质的检测鉴定机构进行检测,根据检测结果确定解决方案,或按工程质量监督机构的处理决定执行后办理竣工结算,无争议部分的竣工结算按合同约定办理。

6.3.8.3 争议的解决办法

《计价规范》中规定发、承包双方发生工程造价合同纠纷时,应通过下列办法解决:

(1)双方协商;

(2)提请调解,工程造价管理机构负责调解工程造价问题;

(3)按合同约定向仲裁机构申请仲裁或向人民法院起诉。

思考题

6.1　什么是工程量清单及工程量清单计价?

6.2　工程量清单有哪些部分组成?

6.3　分部分项工程量清单应由哪些部分组成?

6.4　工程量清单格式应由哪些部分组成?

6.5　简述分部分项工程量清单编制依据。

6.6　简述工程量清单计价的方法。

6.7　简述工程量清单计价的审核内容。

附录 1

福建省建设工程工程量清单
计价表格(2017 版)

目录及应用说明

编号	表格名称	清单	计价	备注
封 1	工程量清单	适用		封面
封 2	招标控制价		适用	封面
封 3	投标报价		适用	封面
封 4	竣工结算价(送审)		适用	封面
封 5	竣工结算价(审定)		适用	封面
表 1	总说明	适用	适用	
表 2	工程项目造价汇总表	适用	适用	
表 3	单项工程造价汇总表	适用	适用	
表 4	单位工程造价汇总表	适用	适用	
表 5	分部分项工程量清单与计价表	适用	适用	
表 6	总价措施项目清单与计价表	适用	适用	
表 7	单价措施项目清单与计价表	适用	适用	
表 8	其他项目清单与计价汇总表	适用	适用	
表 9-1	暂列金额明细表	适用	适用	
表 9-2	专业工程暂估价明细表	适用	适用	
表 9-3	总承包服务费计价表	适用	适用	
表 10	分部分项工程量清单综合单价分析表		适用	
表 11	单价措施项目清单综合单价分析表		适用	
表 12	甲供材料一览表	适用		
表 13	主要材料设备项目与价格表		适用	
表 14	人工、材料设备、机械汇总表		适用	

封1

_____工程

工程量清单

招　标　人：_____

　　　　　　（单位盖章）

造价咨询人：_____

　　　　　　（单位盖章或资质专用章）

法定代表人
或其授权人：_____

　　　　　　（签字或盖章）

法定代表人
或其授权人：_____

　　　　　　（签字或盖章）

造价工程师：_____

　　　　　　（签字盖专用章）

编制时间：　　年　月　日

封 2

_____工程

招标控制价

招标控制价(小写)：_____ 其中:甲供材料费 _____

　　　(大写)：_____ 其中:甲供材料费 _____

招　标　人：_____　造价咨询人：_____
　　　　　（单位盖章）　　　　　　　　　　（单位盖章或资质专用章）

法定代表人　　　　　　　法定代表人
或其授权人：_____　　或其授权人：_____
　　　（签字或盖章）　　　　　　　　　　（签字或盖章）

造价工程师：_____
　　　　　　　（签字盖专用章）

编制时间：　　年　月　日

封 3

投标报价

招 标 人：_____

工程名称：_____

投标报价(小写)：_____其中：甲供材料费_____

（大写）：_____其中：甲供材料费_____

封 4

＿＿＿＿＿＿＿＿＿＿＿＿＿＿＿工程

竣工结算价（送审）

发　包　人：＿＿＿＿＿＿＿＿＿＿＿＿＿＿＿＿＿＿＿＿＿＿＿＿＿

合同价(小写)：＿＿＿＿＿＿＿＿＿＿＿＿　其中：甲供材料费＿＿＿＿＿＿＿＿＿＿＿

　　　(大写)：＿＿＿＿＿＿＿＿＿＿＿＿　其中：甲供材料费＿＿＿＿＿＿＿＿＿＿＿

结算价(小写)：＿＿＿＿＿＿＿＿＿＿＿＿　其中：甲供材料费＿＿＿＿＿＿＿＿＿＿＿

　　　(大写)：＿＿＿＿＿＿＿＿＿＿＿＿　其中：甲供材料费＿＿＿＿＿＿＿＿＿＿＿

承　包　人：＿＿＿＿＿＿＿＿＿＿＿＿＿＿＿＿＿＿＿＿＿＿＿＿＿

（单位盖章）

法定代表人

或其授权人：＿＿＿＿＿＿＿＿＿＿＿＿＿＿＿＿＿＿＿＿＿＿＿＿＿

（签字或盖章）

编制时间：　年　月　日

封5

_____工程

竣工结算价(审定)

合同价(小写):_____   其中：甲供材料费_____

（大写）:_____   其中：甲供材料费_____

结算价(小写):_____   其中：甲供材料费_____

（大写）:_____   其中：甲供材料费_____

发包人：_____   承包人：_____   工程造价
咨询人：_____
　　　　（单位盖章）　　　　　　　　（单位盖章）　　　　　　　（单位资质专用章）

法定代表人　　　　　　　　法定代表人　　　　　　　　法定代表人

或其授权人：_____   或其授权人：_____   或其授权人：_____
　　　　（签字或盖章）　　　　　　（签字或盖章）　　　　　　（签字或盖章）

造价工程师：_____
　　　　　　　　　　　　（签字盖专用章）

编制时间：　　年　月　日

表 1　总说明

工程名称：

第　页　共　页

表 2　工程项目造价汇总表

工程名称：

序号	单项工程名称	金额(元)	其中:安全文明施工费 (元)
	合计		

注:本表适用于工程项目造价汇总。

表 3　单项工程造价汇总表

工程名称：　　　　　　　　　　　　　　　　　　　　　　　　　　　　　第　页　共　页

序号	单位工程名称	金额(元)	其中:安全文明施工费 （元）
	合计		

注：本表适用于单项工程造价汇总。

表4 单位工程造价汇总表

工程名称：　　　　　　　　　　　　　　　　　　　　　　　　　　　第　页　共　页

序号	汇总内容	金额(元)
1	分部分项工程费	
1.1		
1.2		
2	措施项目费	
2.1	总价措施项目费	
2.1.1	安全文明施工费	
2.1.2	其他总价措施费	
2.2	单价措施项目费	
3	其他项目费	
3.1	暂列金额	
3.2	专业工程暂估价	
3.3	总承包服务费	
3.4		
	合计＝1＋2＋3	

注：本表适用于单位工程造价汇总，如无单位工程划分，单项工程也可使用本表汇总。

表 5　分部分项工程量清单与计价表

工程名称：　　　　　　　　　　　　　　　　　　　　　　　　　　第　页　共　页

序号	项目编码	项目名称	项目特征描述	计量单位	工程量	金额(元)	
						综合单价	合价
1							
2							
3							
	合计						

表6 总价措施项目清单与计价表

工程名称：   第 页 共 页

序号	项目名称	计算基础(元)	费率(%)	金额(元)
1	安全文明施工费			
2	其他总价措施项目费			
合计				

表7 单价措施项目清单与计价表

工程名称：   第 页 共 页

序号	项目编码	项目名称	项目特征描述	计量单位	工程量	金额(元)	
						综合单价	合价
1							
2							
3							
合计							

注：本表适用于以综合单价形式计价的措施项目。

表 8 其他项目清单与计价汇总表

工程名称：   第 页 共 页

序号	项目名称	金额(元)	备注
1	暂列金额		
2	专业工程暂估价		
3	总承包服务费		
4			
	合计		—

表 9-1 暂列金额明细表

工程名称：   第 页 共 页

序号	项目名称	金额（元）	备注
1	设计变更和现场签证暂列金额		
2	优质工程增加费		
3	缩短定额工期增加费		
4	远程监控系统租赁费		
5	发包人检测费		
6	工程噪声超标排污费		
7	渣土收纳费		
	合计		—

表 9-2　专业工程暂估价明细表

工程名称：　　　　　　　　　　　　　　　　　　　　　　　　　　　　　　第　页　共　页

序号	项目名称	金额（元）	备注
1			
2			
	合计		—

建筑工程计量与计价

工程名称：

第　页　共　页

序号	项目名称	计算基础(元)	费率(%)	金额(元)
1	专业工程总承包服务费			
1.1				
1.2				
2	甲供材料总承包服务费			
2.1				
2.2				
	合计			

工程名称：

表 10　分部分项工程量清单综合单价分析表

序号	项目编码	项目名称及特征描述	单位	工程量	综合单价组成（元）								综合单价（元）
					人工费	材料费	其中：设备费	施工机具使用费	企业管理费	利润	规费	税金	
1		清单 1		清单 1 工程量									
1.1		定额 1		定额 1 工程量									
1.2		定额 2		定额 2 工程量									
2		清单 2		清单 2 工程量									
2.1		定额 1		定额 1 工程量									
2.2		定额 2		定额 2 工程量									

工程名称：

表 11　单价措施项目清单综合单价分析表

序号	项目编码	项目名称及特征描述	单位	工程量	综合单价组成（元）							综合单价（元）
					人工费	材料费	施工机具使用费	企业管理费	利润	规费	税金	
1		清单 1		清单 1 工程量								
1.1		定额 1		定额 1 工程量								
1.2		定额 2		定额 2 工程量								
2		清单 2		清单 2 工程量								
2.1		定额 1		定额 1 工程量								
2.2		定额 2		定额 2 工程量								

工程名称：

表 12 甲供材料一览表

第 页 共 页

序号	工料机编码	工料机名称	规格、型号等特殊要求	单位	数量	单价（元）	合价（元）	质量等级	供应时间	送达地点	备注
1											
2											
3											
甲供材料费合计（元）								—	—	—	—

注：本表由招标人在招标文件和工程量清单中提供，甲供材料费合计作为编制招标控制价和投标报价的依据。

表 13　主要材料设备项目与价格表

工程名称：　　　　　　　　　　　　　　　　　　　　　　　　　　第　页　共　页

序号	工料机编码	工料机名称	规格、型号等特殊要求	单位	数量	单价	合价
一		材料					
1							
二		设备					
1							

表 14 人工、材料设备、机械汇总表

工程名称：   第　页　共　页

序号	工料机编码	工料机名称	规格、型号等特殊要求	单位	数量	单价	合价
一		人工					
1							
二		材料					
1							
三		设备					
1							
四		施工机具					
1							

第 7 章　工程量清单编制实例

7.1　建筑及结构设计总说明

7.1.1　建筑设计总说明

1. 工程概况

(1)工程名称:福建省××小学教学楼。

(2)工程规模:总建筑面积 1457.21 m², 建筑占地面积 414.07 m², 建筑层数为地上主体 4 层,建筑主体高度为 14.76 m。

(3)功能布局:一至四层为教室、教办室等。

(4)上部结构体系:框架结构。

2. 墙体

(1)墙体材料及厚度:除卫生间隔墙采用 120 mm 厚 MU7.5 煤矸石烧结多孔砖,内外墙均采用 200 mm 厚 MU7.5 煤矸石烧结多孔砖,M5.0 混合砂浆砌筑,±0.000 以下采用 240 mm 厚 MU7.5 煤矸石烧结多孔砖砌筑。

(2)墙身防潮层做法:在 ±0.000 以下 60 mm 处设 20 mm 厚 1:2 水泥砂浆掺 8% 防水剂,遇地面有高差时应沿墙身迎土面设竖向防潮层与水平防潮层形成闭合,做法详见图集 11J930-1-1/C3。

(3)窗台压顶做法:80 mm 厚 C20 细石混凝土同墙宽,内配 2φ10,箍筋φ6@200,两端各伸出窗宽 300 mm 或与钢筋混凝土柱连接整浇。

(4)砖墙面抹灰打底前采取以下措施保证牢靠:①砖墙与混凝土梁、板、柱交接处加钉 250 mm 宽通长钢板网,钢板网的孔眼宽度为 9 mm;②抹灰打底厚度>30 mm 时,加设钢筋网与墙体固定。

(5)卫生间等用水房间的墙体基脚均采用 C20 素混凝土现浇 200 mm 高,宽同墙厚。

(6)本工程中未注明的门垛长度均为 100 mm,或至钢筋混凝土柱边。

3. 屋面

(1)上人平屋面防水构造从上至下依次为:

①400 mm×400 mm 防滑砖实铺,1:2 水泥砂浆勾缝,分格缝 6 m×6 m 设置,缝宽 15 mm,缝内贴聚苯乙烯泡沫板,板缝上端嵌聚氨酯密封胶;

②20 mm 厚 1:3 干硬性水泥砂浆结合层;

③40 mm 厚 C20 细石混凝土,内配φ4@200 双向筋;

④4 mm 厚 APP 改性沥青防水卷材反上女儿墙 300 mm；

⑤20 mm 厚 1：3 水泥砂浆找平层；

⑥60 mm 厚矿（岩）棉毡保温层；

⑦钢筋混凝土结构层。

（2）不上人平屋面防水构造从上至下依次为：

①20 mm 厚 1：2.5 水泥砂浆保护层，分格缝 6 m×6 m 设置，缝宽 15 mm，缝内贴聚苯乙烯泡沫板，板缝上端嵌聚氨酯密封胶；

②4 mm 厚 APP 改性沥青防水卷材反上女儿墙 300 mm；

③20 mm 厚 1：3 水泥砂浆找平层；

④60 mm 厚矿（岩）棉毡保温层；

⑤钢筋混凝土结构层。

（3）屋面泛水做法详图集 11J930-1-C/J20。

（4）天沟、檐沟做法：以 20 厚细石混凝土找 1％纵坡坡向雨水管，防水、保温隔热做法同屋面。

（5）屋面与栏板（或墙身）交接处设置一道伸缩缝，做法同分格缝作法，详图集 12J201-6/A16。

4. 装饰

（1）外墙装修选材及颜色详立面图标注，外墙涂料面层做法详图集 11J930-1-5/F3，外墙面砖做法详 11J930-1-7/F4。

（2）各房间楼地面、内墙、天棚装修做法详"室内装修表"。

（3）卫生间等用水房间的防水材料为 2 厚聚合物水泥基防水涂料。

（4）卫生间隔板采用复合板，蹲台处隔板长 1200 mm，宽 900 mm，高 1700 mm；小便器处隔板长 500 mm，高 900 mm。

（5）屋面构造柱装饰做法为 14 mm 厚 1：3 水泥砂浆打底扫毛，6 mm 厚 1：2.5 水泥砂浆饰面。

（6）若无特别注明，屋面女儿墙及天沟板内侧均粉 20 mm 厚 1：2 水泥砂浆，两次成活，栏板内侧每 3 m 设 6 mm 宽分格缝，玻璃胶嵌缝。

（7）挑出墙面的雨篷、空调板等构件，凡未特别注明，下部均作水泥砂浆抹灰，其上部粉 1：2 水泥沙浆 15 mm 厚，且找 1.5％排水坡，并作滴水线 30 mm 宽。

5. 门窗

（1）窗：90 系列铝合金窗，灰色铝合金窗框，若无特别注明，玻璃采用 6 mm 中等透光热反射＋12 mm 空气＋6 mm 透明。C6、C7 为固定窗，C1、C2、C4、C5、C8 固定窗的高度为 600 mm。

（2）门：电解烤漆钢板门、铝合金平开门、弹簧门、乙级钢质防火门，若无特别注明，玻璃采用 6 mm 厚磨砂玻璃。

（3）采用安全玻璃范围：①≥7 层，②主要出入口上方，③面积大于 1.5 m²，④窗台高度＜500 mm 等范围均应符合《建筑安全玻璃管理规定》。

6. 油漆

（1）木门、门套、木扶手等木作油漆做法：刷乳白色调和漆两道。

（2）外露铁件防锈油漆做法：所有外露铁件均需先除锈刷防锈漆二道，再刷银白色油漆二遍，所有预埋木构件均需涂防腐聚脂涂料。

7. 室外工程

(1)散水做法:建筑物四周环设散水,宽度为 500 mm,做法详图集 11J930-1-14/A11,20 mm 厚 1:2 水泥砂浆抹面,散水与建筑物连接处留 20 mm 宽缝填充沥青砂浆。

(2)暗沟做法:建筑物四周环设暗沟,宽度为 300 mm,高度为 250 mm。

(3)台阶做法:踏步尺寸为 300 mm×150 mm,做法详图集 11J930-1-15/A6,面层为 30 厚芝麻灰花岗岩。

(4)无障碍坡道做法:设计详见平面图,做法详图集 03J926-3/22。

8. 安全防护措施

(1)楼梯采用不锈钢栏杆,做法详图集 15J403-1-B5/B16。室内楼梯扶手高度为 0.9 m(踏步边缘起算);当水平段栏杆长度大于 0.5 m 时,扶手高度为 1.10 m(净高)。室外楼梯扶手高度为 1.10 m。

(2)楼梯、台阶防滑条做法详图集 15J403-1-20/E7。

(3)无障碍坡道采用不锈钢栏杆,做法详图集 03J926-1/23。

7.1.2 结构设计总说明

7.1.2.1 设计依据

(1)采用中华人民共和国现行国家标准规范和规程进行设计,主要有:《建筑结构荷载规范》(GB 50009-2012);《混凝土结构设计规范》(GB 50010-2010);《建筑抗震设计规范》(GB 50011-2010);《建筑地基基础设计规范》(GB 50007-2011);《建筑设计防火规范》(GB 50016-2014);《砌体结构设计规范》(GB 50003-2011)。

(2)福建省××小学教学楼岩土工程勘察报告。

(3)本工程混凝土结构的环境类别:一类,其中屋面、水箱和+0.00 以下基础部分为二类(a)。

(4)建筑抗震设防类别为乙类,建筑结构安全等级为二级,所在地区的抗震设防烈度为 7 度,设计基本地震加速度 0.1g。设计地震分组:第三组;场地类别:(Ⅲ)类;特征周期 $T_g=0.45$ sec,建筑类别调整后用于结构抗震验算的烈度 7 度。按建筑类别、场地及房屋高度调整后,应按 8 度的要求加强其结构的抗震构造措施,框架抗震等级为二级。

(5)本建筑物耐火等级为二级。

(6)50 年一遇的基本风压:0.45 kN/m²,地面粗糙度:B 类,风载体型系数:1.4。

(7)使用荷载:按《建筑结构荷载规范》(GB 50009-2012)取值,具体数值(标准值)如表 7.1.1 所示;卫生间活荷载不包括蹲式卫生间垫高部分的荷载。施工荷载:楼面 2.0 kN/m²,屋面 2.0 kN/m²。

表 7.1.1 使用荷载具体数值表

楼面用途	教室	走廊、楼梯	卫生间	教办室	不上人屋面	上人屋面
活荷载(kN/m²)	2.5	3.5	2.5	2.0	0.7	2.0

7.1.2.2 材料选用及要求

1. 混凝土

(1)基础垫层混凝土强度等级为 C15,基础和基础梁混凝土强度等级为 C30;

（2）一层柱混凝土强度等级为 C30，二～四层柱混凝土强度等级为 C25；

（3）各层梁板及屋面水箱混凝土强度等级均为 C25，屋面梁板及屋面水箱防水等级为一级，抗渗等级 P6。

（4）构造柱、统过梁、压顶梁、过梁、栏板等，除结构施工图中特别注明者外均采用 C20。

2. 钢材

（1）φ表示 HPB300 钢筋（$f_y = 270$ N/mm²）；φ表示 HRB400 钢筋（$f_y = 360$ N/mm²）。钢筋混凝土结构所用钢筋应符合《混凝土结构工程施工质量验收规范》（GB 50204-2015）及其他有关国家规范。钢筋的强度标准值应具有不小于 95% 的保证率，且应该满足《混凝土结构设计规范》（GB 50010-2010）第 4.2.2 条的使用要求。

（2）受拉钢筋的基本锚固长度 l_{ab} 及 l_{abE}、受拉钢筋锚固长度 l_a 及受拉钢筋抗震锚固长度 l_{aE}、受拉钢筋锚固长度修正系数 ξ_a 根据图集 16G101-1 确定。

（3）纵向受拉钢筋绑扎搭接长度应根据位于同一连接区段内的钢筋搭接接头面积百分率按下列公式计算：纵向受拉钢筋搭接长度 $l_l = Ql_a$；纵向受拉钢筋抗震搭接长度 $l_{lE} = Ql_{aE}$。纵向受拉钢筋搭接长度修正系数 Q 见表 7.1.2。

表 7.1.2　纵向受拉钢筋搭接长度修正系数 Q

纵向受拉钢筋搭接接头面积百分率（%）	≤25	50	100
纵向受拉钢筋搭接长度修正系数 Q	1.20	1.40	1.60

注：在任何情况下，纵向受拉钢筋绑扎搭接接头的搭接长度均不应小于 300 mm。

（4）纵向受压钢筋，当采用搭接连接时，其受压搭接长度不应小于纵向受拉钢筋搭接长度的 0.70 倍，且在任何情况下不应小于 200 mm。

（5）同一构件中相邻纵向受力钢筋的绑扎搭接接头宜相互错开。钢筋绑扎搭接接头连接区段的长度为 1.3 倍搭接长度，即 $1.3l_{lE}$。凡搭接接头中点位于该连接区段长度内的搭接接头均属于同一连接区段。位于同一连接区段内的受拉钢筋搭接接头面积百分率：对梁类，板类及墙类构件为 <25%（图 7.1.1），对柱类构件为 <50%（图 7.1.2）。

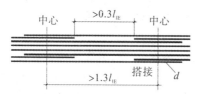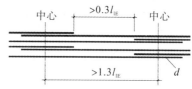

图 7.1.1　受力钢筋搭接接头面积百分率 25%　图 7.1.2　受力钢筋搭接接头面积百分率 50%

（6）构件中纵向受压钢筋当采用搭接连接时，其受压搭接长度不应小于《混凝土结构设计规范》（GB 50010-2010）第 8.4.4 条纵向受拉钢筋搭接长度的 70%，且不应小于 200 mm。

（7）纵向受力钢筋机械连接接头宜相互错开。钢筋机械连接接头连接区段内的长度为 35d（d 为纵向受力钢筋的较大直径），凡接头中点位于该连接区段长度内的机械连接接头均属于同一连接区段。当受力较大处设置机械连接接头时：位于同一连接区段内的受拉钢筋接头面积百分率 <50%（图 7.1.3），纵向受压钢筋的接头面积百分率可不受限制。机械连接优先采用钢筋直螺纹套筒接头。

（8）纵向受力钢筋的焊接接头应相互错开。钢筋焊接接头连接区段的长度为 35d（d 为纵向受力钢筋的较大直径)且不小于 500 mm,凡接头中点位于该连接区段长度内的焊接接头,均属于同一连接区段。位于同一连接区段内的受力钢筋的焊接接头面积百分率对纵向受拉钢筋接头为<50%(图 7.1.4),纵向受压钢筋的接头面积百分率可不受限制。

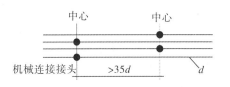 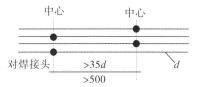

图 7.1.3　机械连接接头面积百分率 50%　　图 7.1.4　焊接接头面积百分率 50%

(9)构件中受力钢筋的保护层厚度应符合图集 16G101-1 第 56 页混凝土保护层的最小厚度规定。

(10)钢筋焊接质量应符合《钢筋焊接及验收规程》(JGJ 18-2012)。电弧焊所采用的焊条,其性能应符合现行国家标准《碳钢焊条》(GB 5117-2012)或《低合金钢焊条》(GB 5118-2012)的规定,其型号应根据设计确定。若设计无规定时,可按表 7.1.3 选用(当不同强度钢材连接时,可采用与低强度钢材相适应的焊接材料):

表 7.1.3　钢筋电弧焊焊条型号

钢筋级别	电弧焊接头型式			
	帮条焊　搭接焊	坡口焊　熔槽帮条焊 预埋件穿孔塞焊	窄间隙焊	钢筋与钢板搭接焊 预埋件 T 型角焊
φ	E4303	E4303	E4316　E4315	E4303
⏀	E5003	E5503	E6016　E6015	—

7.1.2.3　抗震构造及施工要求

抗震构造及施工要求应符合图集 16G101-1 规定。

7.1.2.4　非结构构件的构造要求

1. 后砌填充墙拉结构造

(1)填充墙应沿框架柱全高每隔 400 mm 设 2φ6 拉筋,拉筋伸入墙内的长度沿墙全长贯通。框架柱预留拉结筋做法详见图集 12G614-1 第 8、9 页。

(2)后砌填充墙拉结筋与框架柱的拉结方式详见图集 12G614-1 第 11~13 页。

(3)后砌填充墙拉结筋与框架柱也可采用预留预埋件的方式,预埋件与拉结筋焊接,做法详见图集 12G614-1 第 14 页。若施工中采用后植筋方式,尚应满足《混凝土结构后锚固技术规程》(JGJ 145-2013)的相关规定,并应按《砌体结构工程施工质量验收规范》(GB 50203-2011)的要求进行实体检测。

(4)填充墙顶部应与其上方的梁、板等紧密结合,做法详见图集 12G614-1 第 16 页。

2. 后砌填充墙中构造柱的构造

(1)填充墙中的构造柱位置详各层建筑平面,除特别注明外,构造柱截面均为 200 mm×200 mm。构造柱详图详见图集 12G614-1 第 15 页。构造柱在梁、板或基础中的锚固做法详见图集 12G614-1 第 10、15 页。构造柱与填充墙的拉结做法详见图集 12G614-1 第 16、26

页。构造柱纵筋采用 4ϕ14,箍筋采用 ϕ6@200,其余构造详图均详图集 12G614-1。

（2）填充墙中的构造柱还应在以下部位设置：①墙长大于 5 m 时的墙、墙长超过层高 2 倍；②楼梯间采用砌体填充墙时,应设置间距不大于层高且不大于 4 m 的钢筋混凝土构造柱。

（3）钢筋混凝土构造柱的施工应先砌墙后浇构造柱。

3. 后砌填充墙中水平系梁的构造

（1）顶部为自由端的墙体顶面、墙高超过 4 m 时于墙体半高处（或窗台顶）应设置与柱连接且沿墙全长贯通的钢筋混凝土水平系梁。

（2）水平系梁截面尺寸为墙厚×300 mm,纵筋 2ϕ12,横向钢筋 ϕ6@200,详见图集 12G614-1 第 20 页。

（3）水平系梁与门窗洞顶过梁标高相近时,应与过梁合并设置,截面及配筋取水平系梁与过梁之大值,做法参见图集 12G614-1 第 19、20 页。当水平系梁被门窗洞口切断时,水平系梁应锚入洞边构造柱。

（4）框架柱（或剪力墙）预留的水平系梁钢筋、预留的压顶圈梁钢筋与压顶圈梁纵筋直径、数量相同,做法详见图集 12G614-1 第 10 页。

4. 门窗过梁构造

（1）后砌填充墙门窗洞顶应设置钢筋混凝土过梁,过梁构造及选用详见图 7.1.5,过梁两端各伸入支座砌体内的长度≥墙厚且大于等于 240 mm。

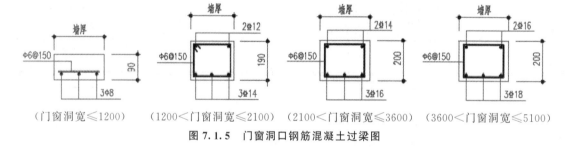

（门窗洞宽≤1200）　　（1200＜门窗洞宽≤2100）　　（2100＜门窗洞宽≤3600）　　（3600＜门窗洞宽≤5100）

图 7.1.5　门窗洞口钢筋混凝土过梁图

（2）当洞口上方有梁通过,且该梁底与门窗洞顶距离小于过梁高度时,可直接在梁下挂板,做法详图 7.1.6。

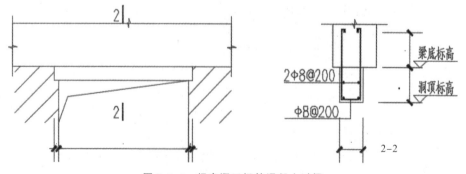

图 7.1.6　门窗洞口钢筋混凝土过梁

（3）当过梁遇框架柱,其搁置长度不满足要求时,框架柱应预留过梁钢筋,做法详图集 12G614-1 第 10 页。

7.2 福建省××小学教学楼施工图纸

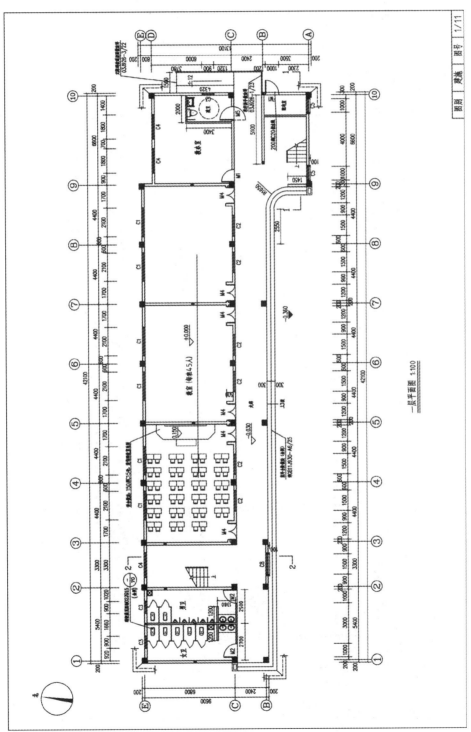

一层平面图 1:100

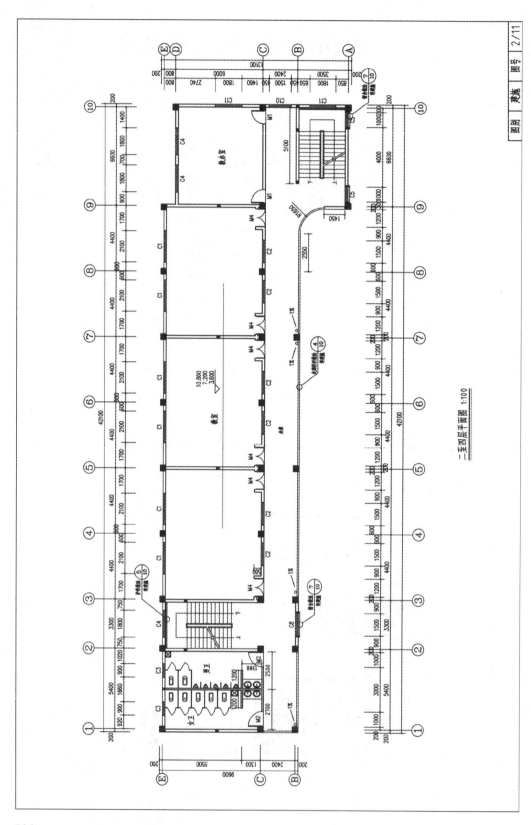

二至四层平面图 1:100

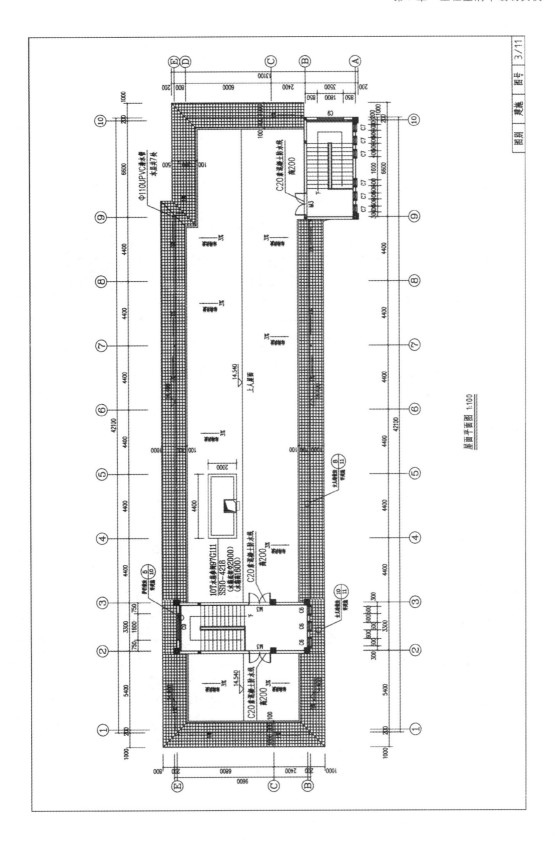

屋面平面图 1:100

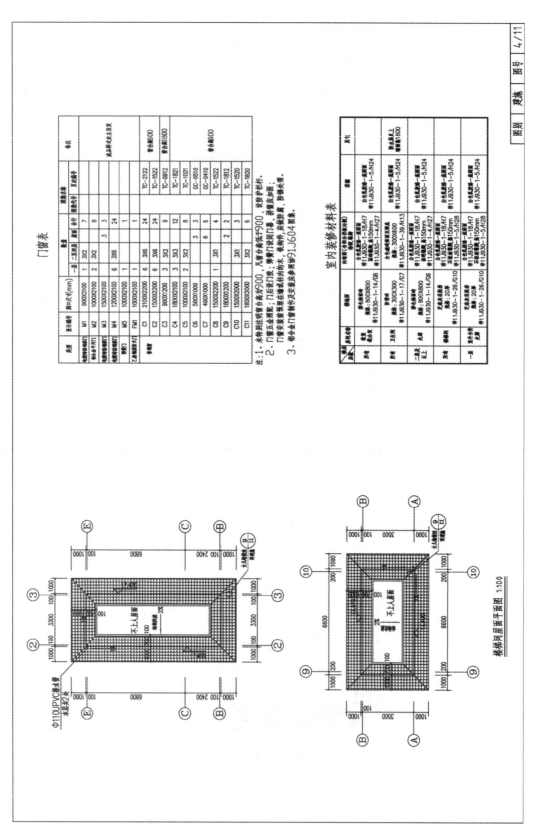

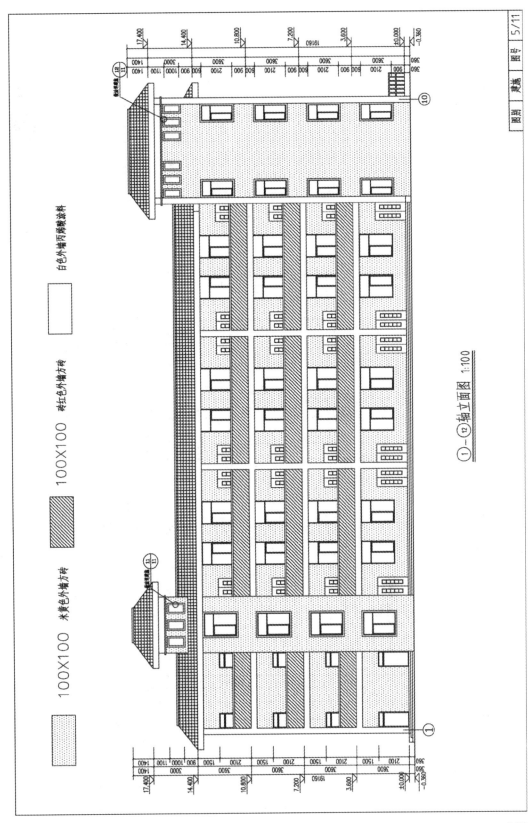

①－⑫轴立面图 1:100

100×100 米黄色外墙方砖

100×100 砖红色外墙方砖

白色外墙丙烯酸涂料

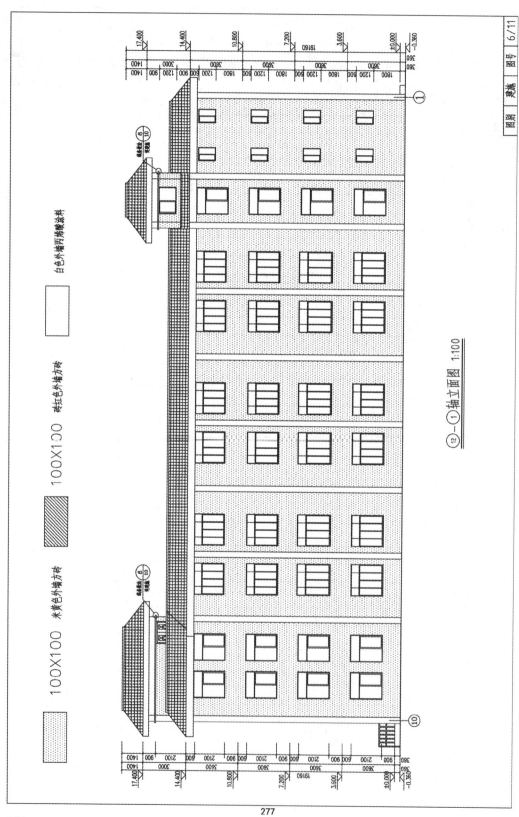

⑫—① 轴立面图 1:100

白色外墙丙烯酸涂料

砖红色外墙方砖
100×100

米黄色外墙方砖
100×100

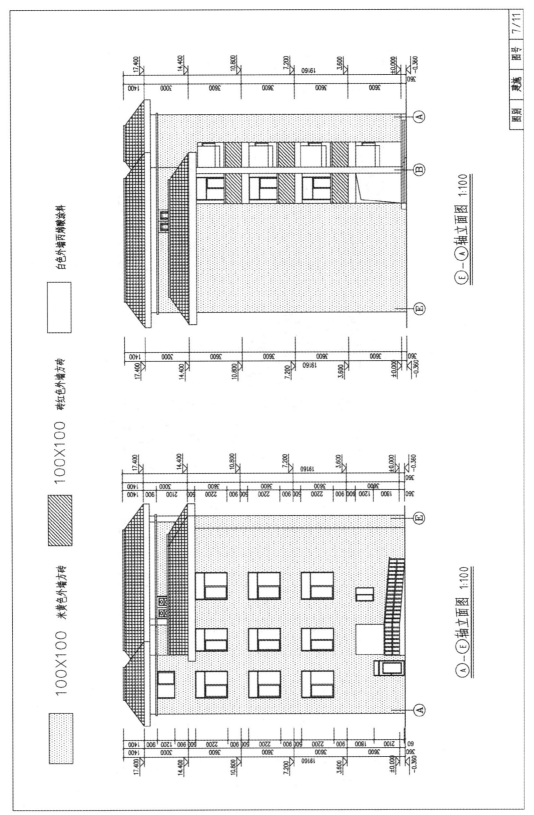

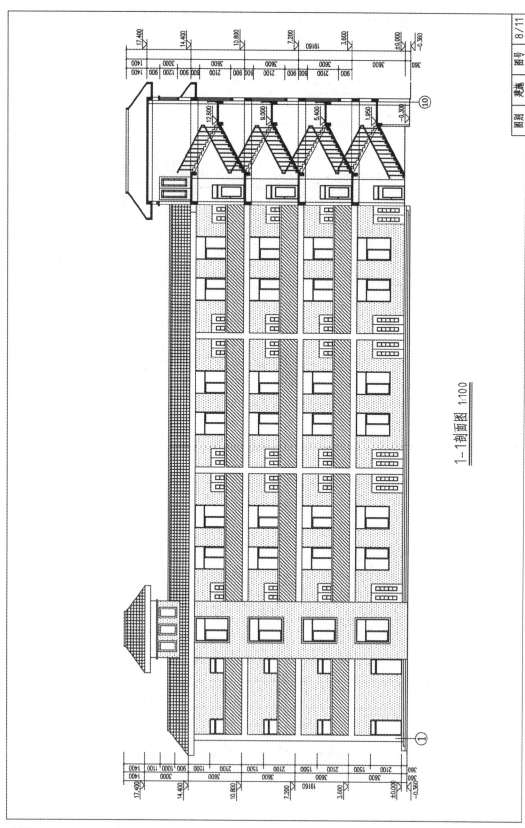

1-1剖面图 1:100

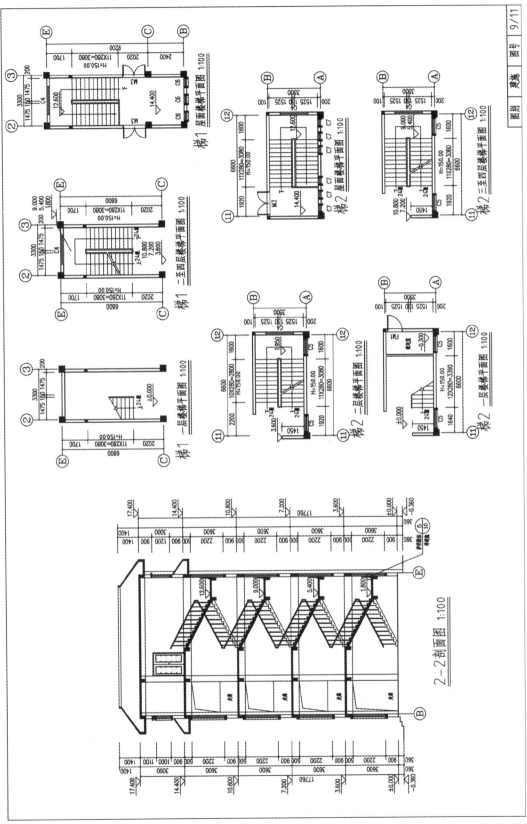

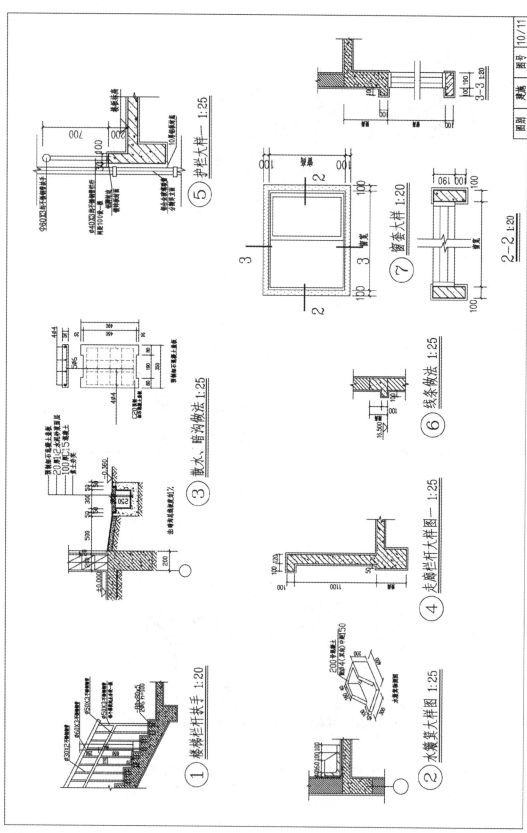

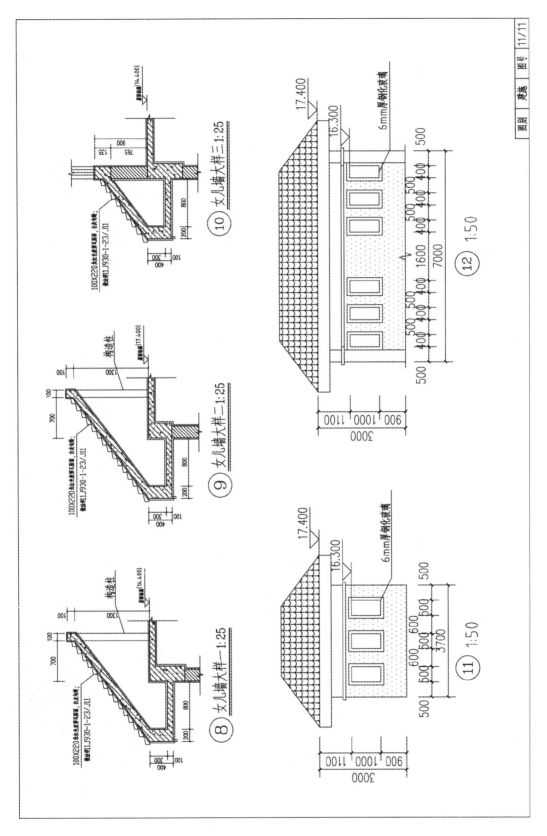

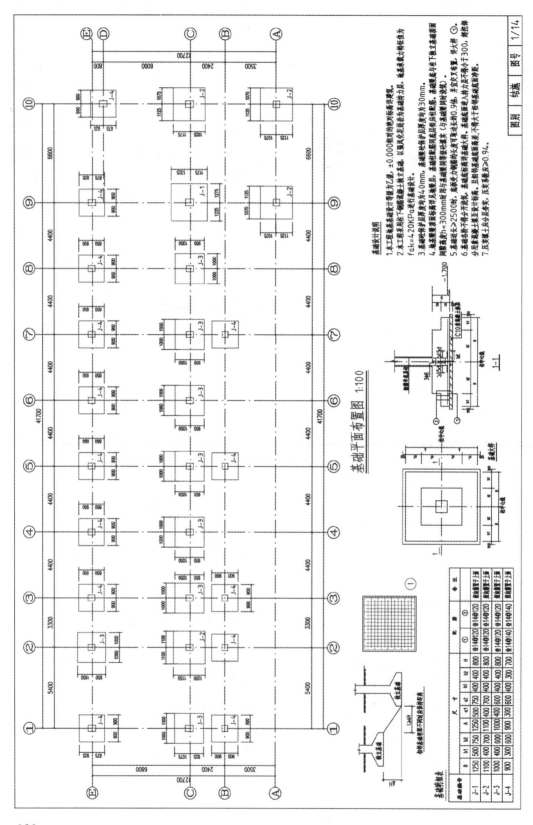

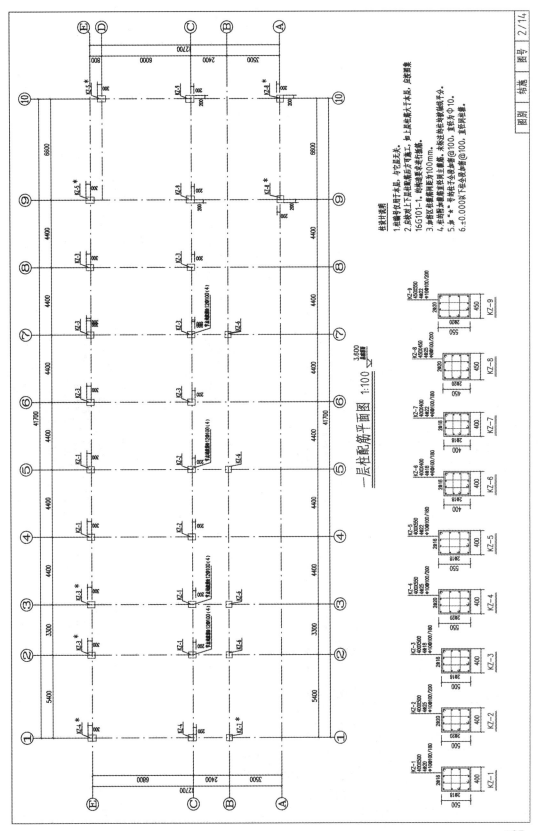

一层柱配筋平面图 1:100

柱表说明：
1.柱箍号仅用于未层，与它层无关。
2.应核对上下层柱配筋方可施工，如上层柱数小于本层，应按图集16G101—1，的构造要求进行锚固。
3.加密区柱箍筋间距为100mm。
4.柱的附加箍筋复查各柱主筋。未标注的柱均按纵排平分。
5.加"*"号柱子全数加密箍@100，直径为Φ10。
6.±0.000以下柱全段加密箍@100，直径同柱筋。

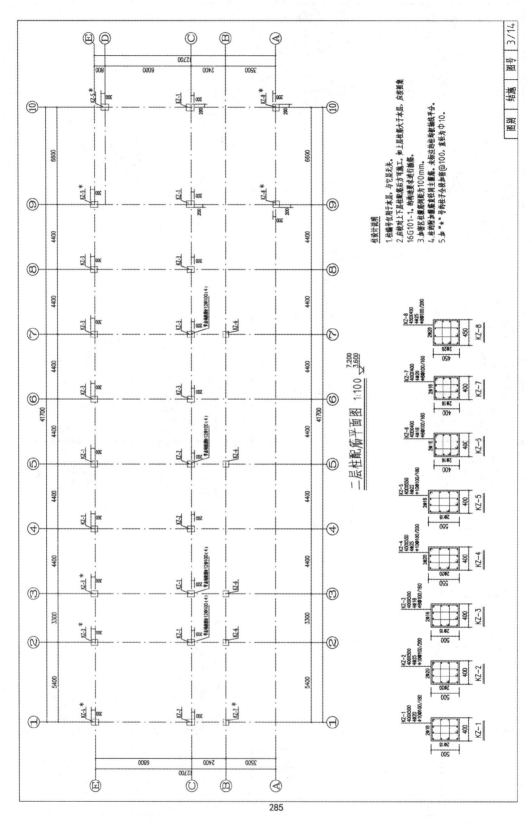

二层柱配筋平面图 1:100

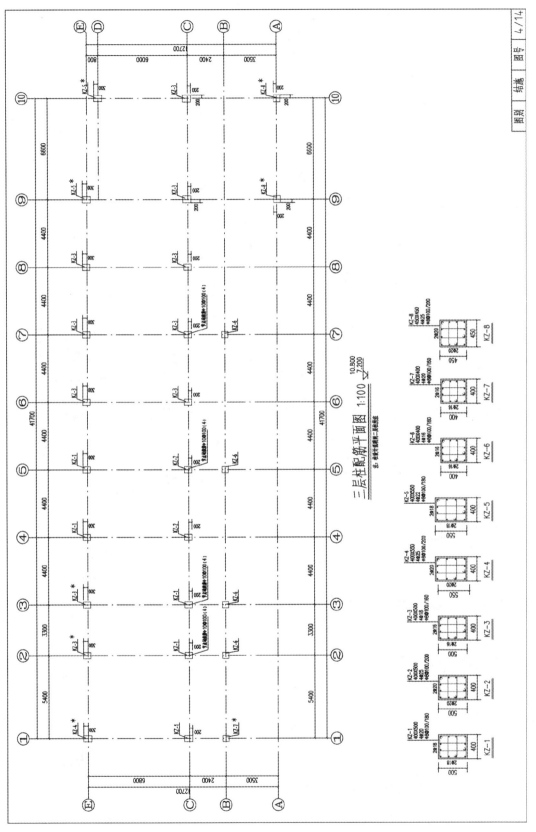

三层柱配筋平面图 1:100

建筑工程计量与计价

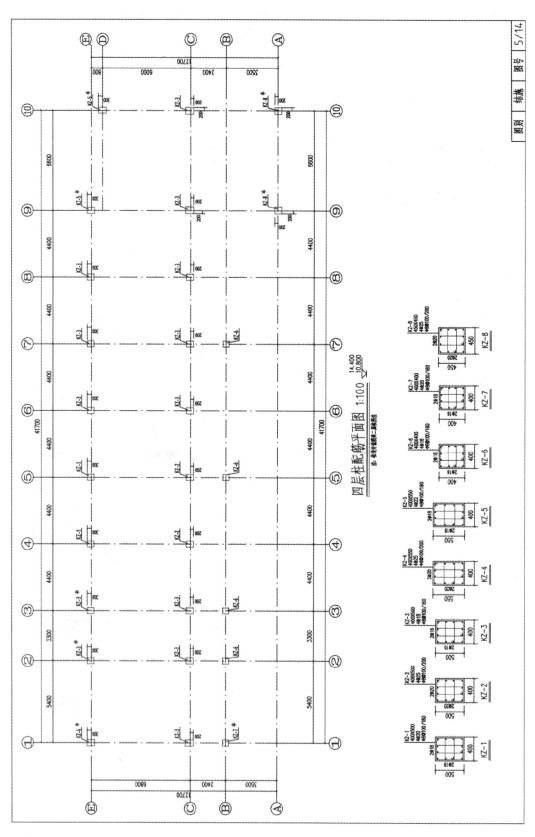

四层柱配筋平面图 1:100

330

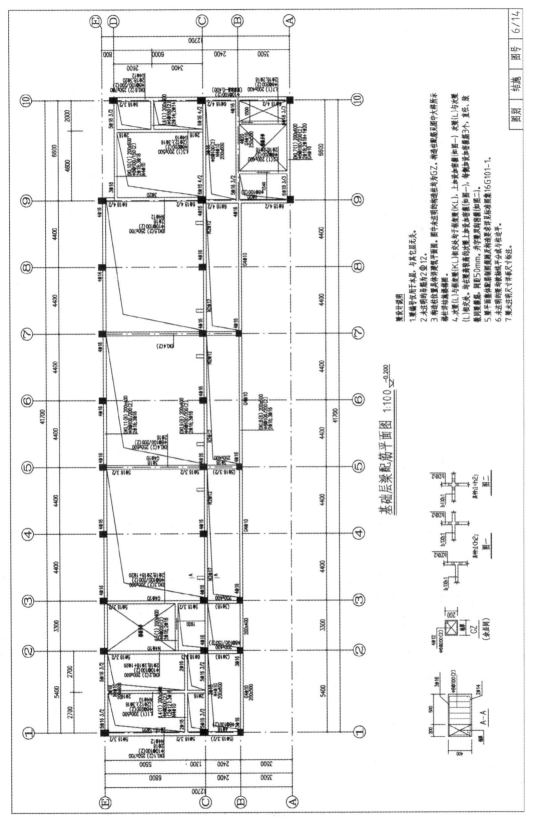

基础层梁配筋平面图 1:100 $\frac{-0.200}{}$

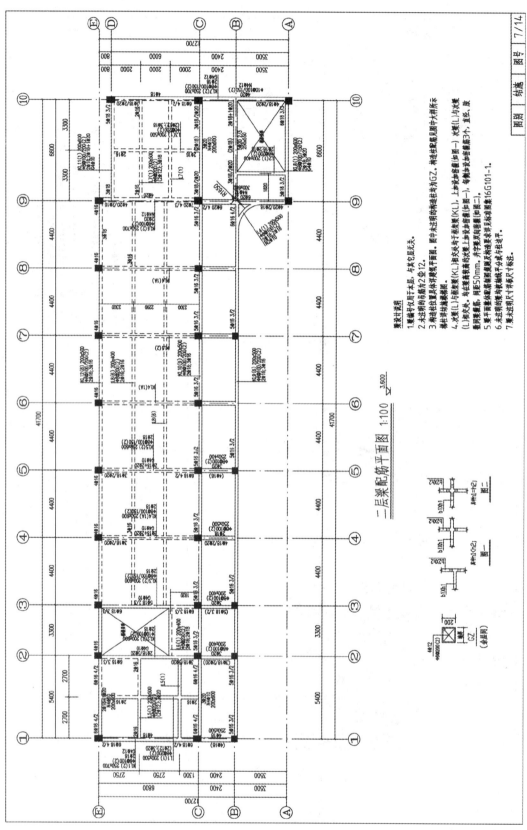

二层梁配筋平面图 1:100

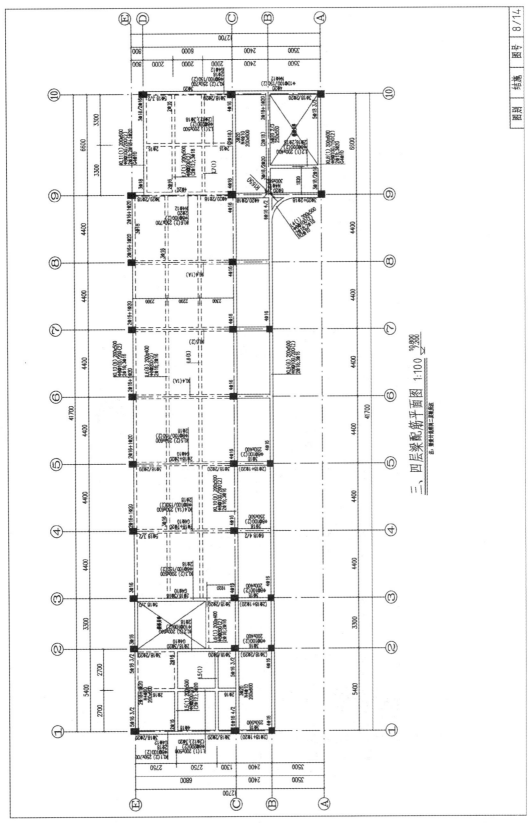

三、四层梁配筋平面图 1:100

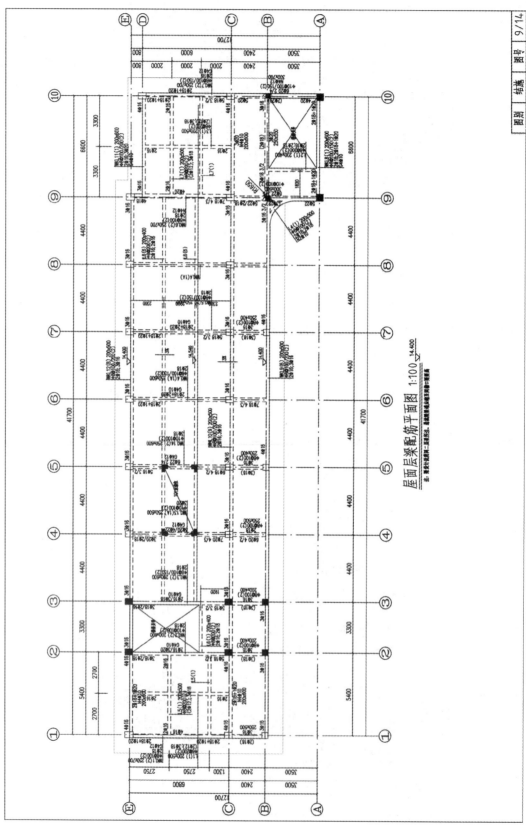

屋面层梁配筋平面图 1:100

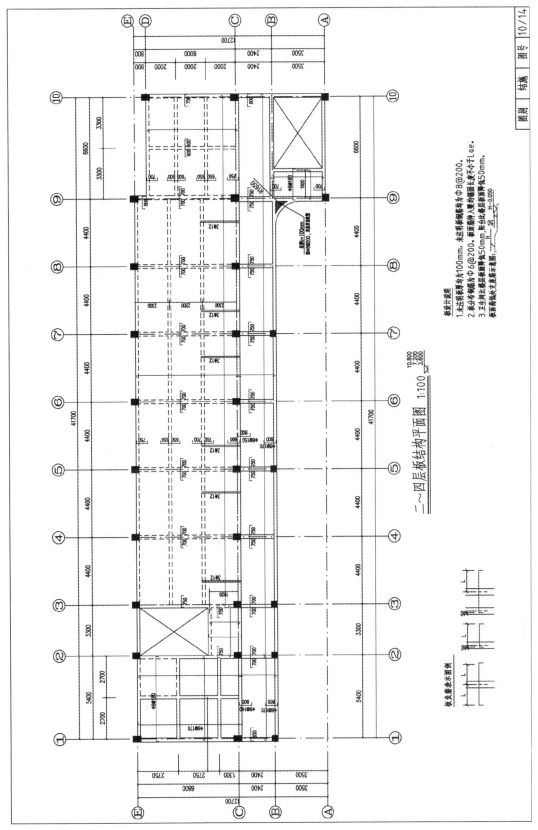

二~四层板结构平面图 1:100

建筑工程计量与计价

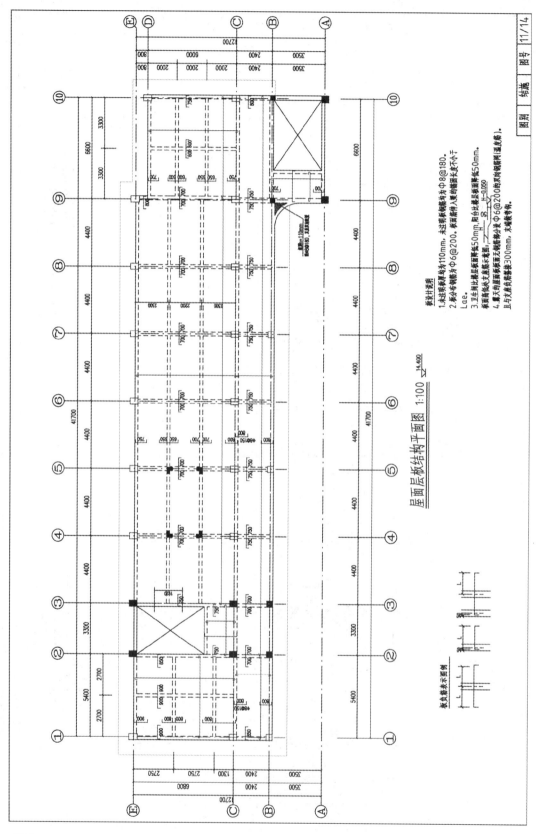

屋面层板结构平面图 1:100
14.400

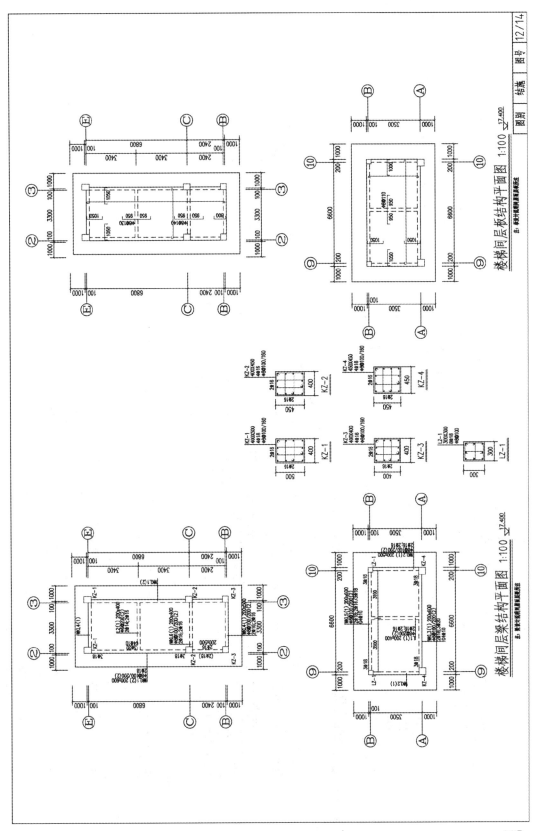

建筑工程计量与计价

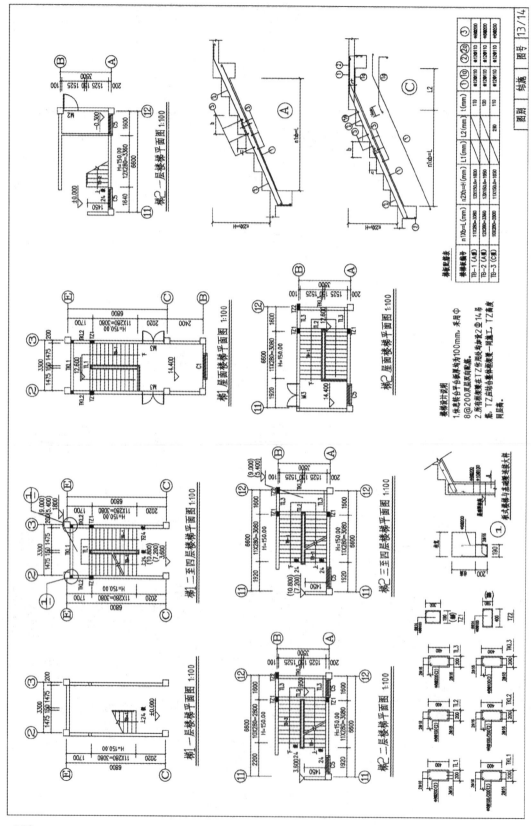

338

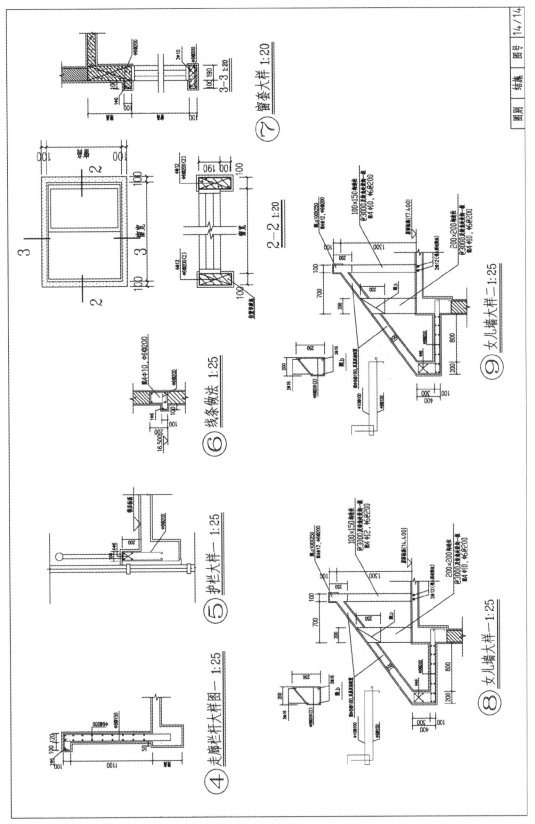

7.3 福建省××小学教学楼工程量清单

福建省××小学教学楼工程

工程量清单

招　标　人：_____　　造价咨询人：_____

　　　　（单位盖章）　　　　　　　　（单位盖章或资质专用章）

法定代表人　　　　　　　　　　法定代表人

或其授权人：_____　　或其授权人：_____

　　　　（签字或盖章）　　　　　　　　（签字或盖章）

造价工程师：_____

　　　　（签字盖专用章）

编制时间：　年　　月　　日

建筑工程工程量清单编制说明

工程名称:福建省××小学教学楼

一、工程概况

1. 建设地点:福建省××县。

2. 工程专业:房屋建筑与装饰。

3. 合同工期:_____;工程质量等级:合格。

4. 招标范围:建筑与装饰工程;单独发包的专业工程:无。

5. 工程特征:

(1)建筑面积:1457.21 m²。

(2)层数:地上4层;檐口高度:14.76 m。

(3)结构质式:框架结构。

(4)基础类型:独立基础。

(5)装饰情况:全装修,其中外墙100×100面砖、丙烯酸涂料,室内防滑砖、釉面砖、花岗岩楼地面,瓷砖和乳胶漆内墙面,乳胶漆天棚等。

(6)混凝土情况:非泵送商品混凝土。

二、编制范围

按照福建××建筑设计有限公司设计的《福建省××小学教学楼》图纸,专业范围包括建筑与装饰工程,具体如下:

1. 不含三通一平。

三、编制依据

1. 图纸:福建××建筑设计有限公司设计的《福建省××小学教学楼》图纸及有关设计文件。

2. 招标文件:福建××招标代理有限公司编制的招标文件。其中存在与现行计价规定不一致的内容:无。

3. 地质勘察报告:《福建省××小学教学楼岩土工程勘察报告》。

4. 计价计量规范:《建设工程工程量清单计价规范》(GB 50500-2013)、《房屋建筑与装饰工程工程量计算规范》(GB 50854-2013)福建省实施细则。

四、材料设备品牌及甲供材料

1. 招标人要求的材料设备品牌:

名称	规格、型号	品牌	备注
/	/	/	/

2. 甲供材料一览表

材料名称	品牌	规格、型号	含税单价(元)	备注
/	/	/	/	/

五、报价注意事项

1. 土方工程:考虑机械施工,人工配合按5%计算;回填土按就地取土;土方外运运距由投标人根据施工现场实际情况自行考虑;未考虑土方堆置及土源费用。

2. 桩基工程:无。

3. 混凝土模板及支架:采用扣件式钢管支撑胶合板模板。

4. 脚手架:外墙脚手架采用落地式双排扣件式钢管脚手架、砌筑脚手架采用里脚手架。

    5. 施工排水、降水：<u>无</u>。

    6. 垂直运输：<u>施工电梯 1 台使用时间 160 天</u>。

    7. 大型机械设备进出场及安拆费：<u>考虑施工电梯 1 台·次，履带式挖掘机 1 台·次，机械型号按定额</u>；大型机械设备基础：<u>尺寸规格按定额</u>；大型机械设备检测：<u>检测次数与单价按定额</u>。

    8. 基坑支护工程拆除：<u>无</u>。

    9. 材料二次搬运：<u>无</u>。

    10. 需要二次深化设计的：<u>无</u>，按招标文件规定据实调整工程量和综合单价，其投标单价不得优惠。

    11. 其他：<u>无</u>。

六、本项目补充的工程量清单

项目编码	项目名称	项目特征	计量单位	工程量 计算规则	工程内容
010103003	原土夯实	密实度要求	m²	按设计文件规定的 尺寸，以面积计算。	压实

七、其他需要的说明

    1. 一层 C3 窗台高度有误，暂按 1700 mm 计算。

    2. 走廊墙面装饰，除 1—10 轴交 C 轴按外墙面装饰计算，其余按内墙面装饰计算。

    3. 卫生间洗漱台台面、污水池设计不详，暂不计算。

    4. 卫生间蹲台按 MU7.5 水泥实心砖，M5.0 混合砂浆砌筑计算。

    5. 残卫扶手材质设计不详，暂不计算。

    6. 花池设计不详，暂不计算。

    7. 平面图与立面图门窗个数不一致，按平面图门窗个数计算。

分部分项工程量清单与计价表

工程名称：福建省××小学教学楼　　　　　　　　　　　　　　　　　第 1 页　共 14 页

序号	项目编码	项目名称	项目特征描述	计量单位	工程量	金额（元）	
						综合单价	合价
			单项工程				
			房屋建筑与装饰工程				
			土石方				
1	010101001001	平整场地	(1)土壤类别：三类土 (2)弃土运距：投标人根据施工现场实际情况自行考虑 (3)取土运距：投标人根据施工现场实际情况自行考虑	m²	414.070		
2	010101004001	挖基坑土方	(1)土壤类别：三类土 (2)挖土深度：2 m 以内	m³	289.160		
3	010101003001	挖沟槽土方	(1)土壤类别：三类土 (2)挖土深度：2 m 以内	m³	39.160		
4	010103001001	回填方	(1)密实度要求：满足设计和规范的要求 (2)填方材料品种：投标人根据设计要求验方后方可填入，并符合相关工程的质量规范要求 (3)填方来源、运距：场内开挖土方调配	m³	239.240		
5	010103002001	余方弃置	(1)废弃料品种：三类土 (2)运距：投标人根据施工现场实际情况自行考虑	m³	53.340		
			一般土建				
6	010401004001	多孔砖墙	(1)砖品种、规格、强度等级：240 厚 MU7.5 煤矸石烧结多孔砖 (2)墙体类型、砌筑高度：砖基础，3.6 m 以内 (3)砂浆强度等级、配合比：M5.0 砌筑混合砂浆	m³	7.610		
7	010401004002	多孔砖墙	(1)砖品种、规格、强度等级：200 厚 MU7.5 煤矸石烧结多孔砖 (2)墙体类型、砌筑高度：外墙，3.6 m 以内 (3)砂浆强度等级、配合比：M5.0 砌筑混合砂浆	m³	164.770		
8	010401004003	多孔砖墙	(1)砖品种、规格、强度等级：200 厚 MU7.5 煤矸石烧结多孔砖 (2)墙体类型、砌筑高度：内墙，3.6 m 以内 (3)砂浆强度等级、配合比：M5.0 砌筑混合砂浆	m³	90.200		

分部分项工程量清单与计价表

工程名称：福建省××小学教学楼

序号	项目编码	项目名称	项目特征描述	计量单位	工程量	金额（元）	
						综合单价	合价
9	010401004004	多孔砖墙	(1)砖品种、规格、强度等级：120 厚 MU7.5 煤矸石烧结多孔砖 (2)墙体类型、砌筑高度：内墙，3.6 m 以内 (3)砂浆强度等级、配合比：M5.0 砌筑混合砂浆	m³	20.520		
10	010401012001	零星砌砖	(1)零星砌砖名称、部位：卫生间蹲台 (2)砖品种、规格、强度等级：MU7.5 水泥实心砖 (3)砂浆强度等级、配合比：M5.0 砌筑混合砂浆	m³	0.730		
11	010404001001	垫层	(1)卫生间蹲台 (2)垫层材料种类、配合比、厚度：1：6 水泥焦渣垫层	m³	4.910		
12	010501001001	垫层	(1)混凝土种类：非泵送商品混凝土 (2)混凝土强度等级：C15	m³	12.510		
13	010501003001	独立基础	(1)混凝土种类：非泵送商品混凝土 (2)混凝土强度等级：C30	m³	55.880		
14	010503001001	基础梁	(1)混凝土种类：非泵送商品混凝土 (2)混凝土强度等级：C30	m³	24.832		
15	010502001001	矩形柱	(1)混凝土种类：非泵送商品混凝土 (2)混凝土强度等级：C30	m³	25.320		
16	010502001002	矩形柱	(1)混凝土种类：非泵送商品混凝土 (2)混凝土强度等级：C25	m³	65.530		
17	010502002001	构造柱	(1)混凝土种类：非泵送商品混凝土 (2)混凝土强度等级：C20	m³	11.080		
18	010503002001	矩形梁	(1)混凝土种类：非泵送商品混凝土 (2)混凝土强度等级：C25	m³	5.640		
19	010503002002	矩形梁	(1)混凝土种类：非泵送商品混凝土 (2)混凝土强度等级：C20	m³	4.930		
20	010505001001	有梁板	(1)混凝土种类：非泵送商品混凝土 (2)混凝土强度等级：C25	m³	196.720		

分部分项工程量清单与计价表

工程名称:福建省××小学教学楼　　　　　　　　　　　　　　　　　　第 3 页　共 14 页

序号	项目编码	项目名称	项目特征描述	计量单位	工程量	金额(元)	
						综合单价	合价
21	010505001002	有梁板	(1)混凝土种类:非泵送商品混凝土 (2)混凝土强度等级:C25,抗渗等级P6	m³	73.860		
22	010506001001	直形楼梯	(1)混凝土种类:非泵送商品混凝土 (2)混凝土强度等级:C25 (3)楼梯类型:板式	m²	121.740		
23	010503004001	圈梁	(1)混凝土种类:非泵送商品混凝土 (2)混凝土强度等级:C20	m³	5.590		
24	010503005001	过梁	(1)混凝土种类:非泵送商品混凝土 (2)混凝土强度等级:C20	m³	1.740		
25	010507005001	压顶	(1)混凝土种类:非泵送商品混凝土 (2)混凝土强度等级:C20	m³	3.620		
26	010505006001	栏板	(1)混凝土种类:非泵送商品混凝土 (2)混凝土强度等级:C20	m³	15.390		
27	010505006002	栏板	(1)屋面檐口斜板 (2)混凝土种类:非泵送商品混凝土 (3)混凝土强度等级:C20	m³	30.310		
28	010505007001	天沟(檐沟)、挑檐板	(1)混凝土种类:非泵送商品混凝土 (2)混凝土强度等级:C25	m³	23.350		
29	010515001001	现浇构件钢筋	(1)钢筋种类、规格:现浇构件圆钢筋HPB300 以内(直径≤10 mm)	t	33.764		
30	010515001002	现浇构件钢筋	(1)钢筋种类、规格:现浇构件带肋钢筋 HRB400 以内(直径≤10 mm)	t	1.152		
31	010515001003	现浇构件钢筋	(1)钢筋种类、规格:现浇构件带肋钢筋 HRB400 以内(直径 12~18 mm)	t	39.215		
32	010515001004	现浇构件钢筋	(1)钢筋种类、规格:现浇构件带肋钢筋 HRB400 以内(直径 20~25 mm)	t	2.212		
33	010515001005	现浇构件钢筋	(1)屋面斜板构件钢筋 (2)钢筋种类、规格:现浇构件圆钢筋HPB300 以内(直径≤10 mm)	t	5.182		

分部分项工程量清单与计价表

工程名称:福建省××小学教学楼

序号	项目编码	项目名称	项目特征描述	计量单位	工程量	金额(元)	
						综合单价	合价
34	010515001006	现浇构件钢筋	(1)屋面斜板构件钢筋 (2)钢筋种类、规格:现浇构件带肋钢筋 HRB400 以内(直径 12~18 mm)	t	1.729		
35	010516006001	电渣压力焊接	(1)规格:电渣压力焊接 Φ≤20	个	1278.000		
36	010516003001	机械连接	(1)连接方式:直螺纹连接 (2)规格:Φ22	个	40.000		
37	010516003002	机械连接	(1)连接方式:直螺纹连接 (2)规格:Φ25	个	74.000		
38	010507001001	散水	(1)做法详 11J930-1-14/A11 (2)地基夯实:素土夯实 (3)垫层材料种类、厚度:30 厚粗砂垫层 (4)面层厚度:60 厚 (5)混凝土种类:非泵送商品混凝土 (6)混凝土强度等级:C20 (7)变形缝填塞材料种类:沥青砂浆	m²	53.390		
39	011101001001	水泥砂浆楼地面	(1)散水 (2)面层厚度、砂浆配合比:20 厚 1:2 水泥砂浆	m²	53.390		
40	010507003001	电缆沟、地沟、明暗沟	(1)土壤类别:三类土 (2)沟截面净空尺寸:$H=250$ mm,$B=300$ mm (3)混凝土种类:非泵送商品混凝土 (4)混凝土强度等级:C15 (5)防护材料种类:20 厚 1:2 水泥砂浆	m	114.940		
41	010512008001	沟盖板、井盖板、井圈	(1)单件体积:490×350×50 (2)混凝土强度等级:C20	m³	2.300		
42	011107001001	石材台阶面	(1)做法详 11J930-1-15/A6 (2)结合层材料种类:30 厚 1:3 干硬性水泥砂浆 (3)面层材料品种、规格、颜色:30 厚芝麻灰花岗岩面层 (4)勾缝材料种类:稀水泥浆擦缝 (5)防滑条材料种类、规格:做法详 15J403-1-20/E7	m²	34.420		

分部分项工程量清单与计价表

工程名称:福建省××小学教学楼　　　　　　　　　　　　　　　　　第 5 页　共 14 页

序号	项目编码	项目名称	项目特征描述	计量单位	工程量	金额(元)	
						综合单价	合价
43	010507004001	台阶	(1)踏步高、宽:$H=150$ mm,$B=300$ mm (2)混凝土种类:非泵送商品混凝土 (3)混凝土强度等级:C15	m³	4.090		
44	010404001002	垫层	(1)台阶 (2)垫层材料种类、配合比、厚度:300厚粒径5~32卵石灌 M2.5 混合砂浆	m³	11.000		
45	010103003001	原土夯实	(1)台阶、无障碍坡道 (2)密实度要求:素土夯实,满足设计和规范的要求	m²	52.710		
46	011102001001	石材楼地面	(1)无障碍坡道 (2)结合层厚度、砂浆配合比:25厚1:3干硬性水泥砂浆结合层 (3)面层材料品种、规格、颜色:30厚烧毛花花岗岩面层 (4)嵌缝材料种类:干石灰粗砂扫缝	m²	16.050		
47	010404001003	垫层	(1)无障碍坡道 (2)垫层材料种类、配合比、厚度:150厚3:7灰土垫层	m³	2.410		
48	011102003005	块料楼地面	(1)上人屋面 (2)结合层厚度、砂浆配合比:20厚1:3干硬性水泥砂浆 (3)面层材料品种、规格、颜色:400×400防滑砖 (4)嵌缝材料种类:1:2水泥砂浆	m²	355.380		
49	010902003001	屋面刚性层	(1)上人屋面 (2)刚性层厚度:40厚细石混凝土 (3)混凝土种类:非泵送商品混凝土 (4)混凝土强度等级:C20 (5)钢筋规格、型号:φ4@200双向筋	m²	355.380		
50	011101001002	水泥砂浆楼地面	(1)不上人屋面 (2)面层厚度、砂浆配合比:20厚1:2.5水泥砂浆	m²	58.100		
51	011101006006	平面砂浆找平层	(1)找平层厚度、砂浆配合比:20厚1:3水泥砂浆	m²	413.480		
52	010902007001	屋面天沟、檐沟防水	(1)材料品种、规格:20厚C20细石混凝土找1%纵坡	m²	215.180		

分部分项工程量清单与计价表

工程名称：福建省××小学教学楼

序号	项目编码	项目名称	项目特征描述	计量单位	工程量	金额（元）	
						综合单价	合价
53	011001001001	保温隔热屋面	(1)保温隔热材料品种、规格、厚度:60厚矿(岩)棉毡	m²	536.440		
54	011101006007	平面砂浆找平层	(1)找平层厚度、砂浆配合比:20厚1:3水泥砂浆	m²	304.120		
55	010901001001	瓦屋面	(1)做法详 11J930-1-23/J11 (2)瓦品种、规格:100×220朱红色波形瓦贴面,白灰勾缝	m²	304.120		
56	010902001002	屋面卷材防水	(1)卷材品种、规格、厚度:4厚APP改性沥青防水卷材 (2)防水层数:一层 (3)防水层做法:满铺	m²	940.820		
57	010903004001	墙面变形缝	(1)屋面女儿墙泛水,做法详 11J930-1-C/J20 (2)嵌缝材料种类:镀锌铁皮	m	335.700		
58	010902008003	屋面变形缝	(1)上人屋面 (2)嵌缝材料种类:缝内贴聚苯乙烯泡沫板,板缝上端嵌聚氨酯密封胶	m	130.100		
59	010902008004	屋面变形缝	(1)不上人平屋面 (2)嵌缝材料种类:缝内贴聚苯乙烯泡沫板,板缝上端嵌聚氨酯密封胶	m	30.600		
60	010902008005	屋面变形缝	(1)屋面与栏板(或墙身)交接处 (2)嵌缝材料种类:缝内贴聚苯乙烯泡沫板,板缝上端嵌聚氨酯密封胶	m	30.900		
61	031001006003	塑料管	(1)安装部位:屋面 (2)连接形式:粘接 (3)材质、规格:DN110UPVC塑料雨水管	m	136.140		
62	010507008001	屋面水箱	(1)水箱型号及尺寸:10T水箱参闽97G111-SS10-4218 (2)混凝土种类:非泵送商品混凝土 (3)混凝土强度等级:C30	座	1.000		
			装饰				
63	010103001003	回填方	(1)密实度要求:满足设计和规范的要求 (2)填方材料品种:投标人根据设计要求验方后方可填入,并符合相关工程的质量规范要求 (3)填方来源、运距:场内开挖土方调配	m³	40.370		

分部分项工程量清单与计价表

工程名称：福建省××小学教学楼　　　　　　　　　　　　　　　　　　第 7 页　共 14 页

序号	项目编码	项目名称	项目特征描述	计量单位	工程量	金额（元）	
						综合单价	合价
64	010501001002	垫层	(1)混凝土种类：非泵送商品混凝土 (2)混凝土强度等级：C15	m³	22.440		
65	010404001004	垫层	(1)垫层材料种类、配合比、厚度：150 厚碎石夯入土	m³	56.110		
66	010404001005	垫层	(1)二至四层楼面 (2)混凝土种类：60 厚 CL7.5 轻集料混凝土填充	m³	70.470		
67	011102003003	块料楼地面	(1)教室、教办室、配电室、二至四层走廊，做法详 11J930-1-14/G6 (2)面层材料品种、规格、颜色：800×800 彩色釉面砖 (3)结合层厚度、砂浆配合比：20 厚 1：3 干硬性水泥砂浆	m²	1103.510		
68	010501001003	垫层	(1)教室讲台 (2)混凝土种类：非泵送商品混凝土 (3)混凝土强度等级：C15	m³	8.260		
69	011107002001	块料台阶面	(1)教室讲台，做法详 11J930-1-14/G6 (2)面层材料品种、规格、颜色：800×800 彩色釉面砖 (3)结合层材料种类：20 厚 1：3 干硬性水泥砂浆	m²	55.080		
70	011102003004	块料楼地面	(1)卫生间，做法详 11J930-1-17/G7 (2)面层材料品种、规格、颜色：300×300 防滑面砖 (3)结合层厚度、砂浆配合比：20 厚 1：3 干硬性水泥砂浆	m²	108.350		
71	011107002002	块料台阶面	(1)卫生间蹲台，做法详 11J930-1-17/G7 (2)面层材料品种、规格、颜色：300×300 防滑面砖 (3)结合层材料种类：20 厚 1：3 干硬性水泥砂浆	m²	32.720		
72	011101006005	平面砂浆找平层	(1)找平层厚度、砂浆配合比：30 厚 1：3 水泥砂浆	m²	141.070		
73	010904002001	楼（地）面涂膜防水	(1)卫生间防水 (2)防水膜品种：聚合物水泥基防水涂料 (3)涂膜厚度、遍数：2 厚	m²	141.070		

分部分项工程量清单与计价表

工程名称：福建省××小学教学楼

序号	项目编码	项目名称	项目特征描述	计量单位	工程量	金额（元）	
						综合单价	合价
74	010903002001	墙面涂膜防水	（1）卫生间防水 $H=1800$ mm （2）防水膜品种：聚合物水泥基防水涂料 （3）涂膜厚度、遍数：2 厚	m²	299.070		
75	011102001002	石材楼地面	（1）楼梯间、一层走廊，做法详 11J930-1-26/G10 （2）面层材料品种、规格、颜色：20 厚芝麻灰花岗岩 （3）结合层厚度、砂浆配合比：30 厚 1：3 干硬性水泥砂浆	m²	187.310		
76	011106001001	石材楼梯面层	（1）做法详 11J930-1-26/G10 （2）面层材料品种、规格、颜色：20 厚芝麻灰花岗岩 （3）粘结层厚度、材料种类：30 厚 1：3 干硬性水泥砂浆 （4）防滑条材料种类、规格：做法详 15J403-1-20/E7	m²	121.740		
77	011105003001	块料踢脚线	（1）教室、教办室、配电室，做法详 11J930-1-4/H27 （2）踢脚线高度：150 mm （3）面层厚度、砂浆配合比：10 厚彩色釉面砖 （4）粘贴层厚度、材料种类：10 厚 1：2 水泥砂浆	m²	87.940		
78	011105002001	石材踢脚线	（1）走廊、楼梯间，做法详 11J930-1-5/H28 （2）踢脚线高度：150 mm （3）面层材料品种、规格、颜色：20 厚芝麻灰花岗岩 （4）粘贴层厚度、材料种类：石材专用粘结胶	m²	20.170		
79	011105002002	石材踢脚线	（1）走廊弧形踢脚线，做法详 11J930-1-5/H28 （2）踢脚线高度：150 mm （3）面层材料品种、规格、颜色：20 厚芝麻灰花岗岩 （4）粘贴层厚度、材料种类：石材专用粘结胶	m²	1.290		

分部分项工程量清单与计价表

工程名称:福建省××小学教学楼　　　　　　　　　　　　　　　　

序号	项目编码	项目名称	项目特征描述	计量单位	工程量	金额(元)	
						综合单价	合价
80	011105002003	石材踢脚线	(1)楼梯间斜段踢脚线,做法详11J930-1-5/H28 (2)踢脚线高度:150 mm (3)面层材料品种、规格、颜色:20 厚芝麻灰花岗岩 (4)粘贴层厚度、材料种类:石材专用粘结胶	m²	12.080		
81	011108004001	水泥砂浆零星项目	(1)工程部位:楼梯梯侧 (2)找平层厚度、砂浆配合比:9 厚1:0.5:3水泥石灰膏砂浆打底 (3)面层厚度、砂浆厚度:5 厚1:0.5:2.5 水泥石灰膏砂浆抹平 (4)白色乳胶漆一底二面	m²	9.910		
82	011204003001	块料墙面	(1)卫生间,做法详 11J930-1-39/H13 (2)墙体类型:砖墙 (3)安装方式:4 厚强力胶粉泥粘结 (4)面层材料品种、规格、颜色:300×600 白色磁砖 (5)缝宽、嵌缝材料种类:1:1 彩色水泥细砂砂浆 (6)找平层砂浆厚度、配合比:9 厚1:3水泥砂浆	m²	592.860		
83	011201001001	墙面一般抹灰	(1)教室、教办室、走廊、楼梯间、配电室,做法详11J930-1-18/H7 (2)墙体类型:内墙 (3)底层厚度、砂浆配合比:9 厚1:0.5:3水泥石灰膏砂浆 (4)面层厚度、砂浆配合比:5 厚1:0.5:2.5水泥石灰膏砂浆	m²	2171.890		
84	011201001002	墙面一般抹灰	(1)走廊栏板弧形处,做法详11J930-1-18/H7 (2)墙体类型:内墙 (3)底层厚度、砂浆配合比:9 厚1:0.5:3水泥石灰膏砂浆 (4)面层厚度、砂浆配合比:5 厚1:0.5:2.5水泥石灰膏砂浆	m²	10.290		

分部分项工程量清单与计价表

工程名称：福建省××小学教学楼　　　　　　　　　　　　　　　　　　　第 10 页　　共 14 页

序号	项目编码	项目名称	项目特征描述	计量单位	工程量	综合单价	合价
						金额（元）	
85	011406001001	抹灰面油漆涂料	(1)教室、教办室、走廊、楼梯间、配电室 (2)部位：内墙 (3)基层类型：抹灰面 (4)油漆涂料品种、遍数（或厚度）：白色乳胶漆一底两面	m²	2182.180		
86	011201001003	墙面一般抹灰	(1)墙体类型：屋面斜栏板内侧、天沟挑檐板两侧 (2)面层厚度、砂浆配合比：20 厚 1∶2 水泥砂浆 (3)分格缝宽度、材料种类：6 mm 宽分格缝,玻璃胶嵌缝	m²	423.120		
87	011202001001	柱、梁面一般抹灰	(1)柱(梁)体类型：屋面矩形构造柱、梁 (2)底层厚度、砂浆配合比：14 厚 1∶3 水泥砂浆 (3)面层厚度、砂浆配合比：6 厚 1∶2.5水泥砂浆	m²	47.860		
88	011202001002	柱、梁面一般抹灰	(1)柱(梁)体类型：屋面水箱多边形构造柱 (2)底层厚度、砂浆配合比：14 厚 1∶3 水泥砂浆 (3)面层厚度、砂浆配合比：6 厚 1∶2.5 水泥砂浆	m²	12.800		
89	011203004001	小型构件项目一般抹灰	(1)基层类型、部位：栏杆基座 (2)底层厚度、砂浆配合比：12 厚 1∶3 水泥砂浆 (3)面层厚度、砂浆配合比：6 厚 1∶2.5 水泥砂浆	m²	6.600		
90	011204003002	块料墙面	(1)做法详 11J930-1-7/F4 (2)墙体类型：外墙 (3)安装方式：6 厚 1∶2.5 水泥砂浆(掺建筑胶)粘贴,随贴随涂刷一遍混凝土界面剂 (4)面层材料品种、规格、颜色：100×100 米黄色外墙方砖 (5)找平层砂浆厚度、配合比：12 厚 1∶3 水泥砂浆	m²	1320.710		

分部分项工程量清单与计价表

工程名称:福建省××小学教学楼　　　　　　　　　　　　　第 11 页　共 14 页

序号	项目编码	项目名称	项目特征描述	计量单位	工程量	金额(元)	
						综合单价	合价
91	011204003005	块料墙面	(1)做法详 11J930-1-8/F4 (2)墙体类型:栏板外侧 (3)安装方式:6 厚 1∶2.5 水泥砂浆(掺建筑胶)粘贴,随贴随涂刷一遍混凝土界面剂 (4)面层材料品种、规格、颜色:100×100 砖红色外墙方砖 (5)找平层砂浆厚度、配合比:刷聚合物水泥浆一道,12 厚 1∶3 水泥砂浆打底	m²	100.820		
92	011204003006	块料墙面	(1)做法详 11J930-1-8/F4 (2)墙体类型:弧形栏板外侧 (3)安装方式:6 厚 1∶2.5 水泥砂浆(掺建筑胶)粘贴,随贴随涂刷一遍混凝土界面剂 (4)面层材料品种、规格、颜色:100×100 砖红色外墙方砖 (5)找平层砂浆厚度、配合比:刷聚合物水泥浆一道,12 厚 1∶3 水泥砂浆打底	m²	8.550		
93	011206002002	块料零星项目	(1)做法详 11J930-1-7/F4 (2)基层类型、部位:砖墙面、门窗侧 (3)安装方式:6 厚 1∶2.5 水泥砂浆(掺建筑胶)粘贴,随贴随涂刷一遍混凝土界面剂 (4)面层材料品种、规格、颜色:100×100 米黄色外墙方砖 (5)找平层砂浆厚度、配合比:12 厚 1∶3 水泥砂浆	m²	61.760		
94	011202001003	柱、梁面一般抹灰	(1)做法详 11J930-1-5/F3 (2)柱(梁)体类型:混凝土柱(梁) (3)底层厚度、砂浆配合比:刷聚合物水泥浆一道,5 厚 1∶3 水泥砂浆打底 (4)面层厚度、砂浆配合比:12 厚 1∶2.5 水泥砂浆找平	m²	359.430		
95	011202001005	柱、梁面一般抹灰	(1)做法详 11J930-1-5/F3 (2)柱(梁)体类型:弧形混凝土柱(梁) (3)底层厚度、砂浆配合比:刷聚合物水泥浆一道,5 厚 1∶3 水泥砂浆打底 (4)面层厚度、砂浆配合比:12 厚 1∶2.5 水泥砂浆找平	m²	5.180		

分部分项工程量清单与计价表

序号	项目编码	项目名称	项目特征描述	计量单位	工程量	金额（元）	
						综合单价	合价
96	011406001002	抹灰面油漆涂料	(1)混凝土柱(梁) (2)抹灰面 (3)腻子种类、遍数：满刮腻子 (4)油漆涂料品种、遍数(或厚度)：刷封底涂料，涂饰丙烯酸涂料两遍	m²	364.610		
97	011203001001	零星项目一般抹灰	(1)做法详11J930-1-5/F3 (2)基层类型、部位：线条 (3)底层厚度、砂浆配合比：刷聚合物水泥浆一道，5厚1：3水泥砂浆打底 (4)面层厚度、砂浆配合比：12厚1：2.5水泥砂浆找平	m²	77.170		
98	011203001002	零星项目一般抹灰	(1)做法详11J930-1-5/F3 (2)基层类型、部位：弧形线条 (3)底层厚度、砂浆配合比：刷聚合物水泥浆一道，5厚1：3水泥砂浆打底 (4)面层厚度、砂浆配合比：12厚1：2.5水泥砂浆找平	m²	1.550		
99	011406002001	抹灰线条油漆涂料	(1)腻子种类、遍数：满刮腻子 (2)油漆涂料品种、遍数(或厚度)：刷封底涂料，涂饰丙烯酸涂料两遍	m	78.720		
100	011301001001	天棚抹灰	(1)天沟挑檐板底部 (2)基层类型：混凝土面 (3)抹灰厚度、材料种类：15厚水泥砂浆 (4)砂浆配合比：1：2	m²	152.900		
101	011301001002	天棚抹灰	(1)教室、教办室、配电室、走廊、楼梯间、卫生间 (2)做法详11J930-1-5/H24 (3)基层类型：混凝土面 (4)抹灰厚度、材料种类：5厚1：0.5：3水泥石灰膏砂浆打底，3厚1：0.5：2.5水泥石灰膏砂浆找平	m²	1983.180		

分部分项工程量清单与计价表

工程名称:福建省××小学教学楼　　　　　　　　　　　　　第 13 页　共 14 页

序号	项目编码	项目名称	项目特征描述	计量单位	工程量	金额(元)	
						综合单价	合价
102	011406001004	抹灰面油漆涂料	(1)部位:天棚 (2)基层类型:抹灰面 (3)油漆涂料品种、遍数(或厚度):白色乳胶漆一底两面	m²	1983.180		
103	010607005001	砌块墙钢丝网加固	(1)材料品种、规格:250 宽通长钢板网	m²	806.620		
104	011210005001	成品隔断	(1)隔断材料品种、规格、颜色:复合板隔断	m²	107.160		
105	011503001001	金属扶手、栏杆、栏板	(1)楼梯斜段,$H=900$ mm 不锈钢栏杆,做法详 15J403-1-B5/B16 (2)扶手材料种类、规格:φ60×3 的不锈钢管扶手 (3)栏杆材料种类、规格:φ50×3 不锈钢横杆,φ50×3 不锈钢立杆每个梯段起止各设一根、φ30×2 不锈钢立杆间距 110	m	59.690		
106	011503001002	金属扶手、栏杆、栏板	(1)楼梯水平段,$H=1100$ mm 不锈钢栏杆,做法详 15J403-1-B5/B16 (2)扶手材料种类、规格:φ60×3 的不锈钢管扶手 (3)栏杆材料种类、规格:φ50×3 不锈钢横杆,φ50×3 不锈钢立杆每个梯段起止各设一根、φ30×2 不锈钢立杆间距 110	m	3.420		
107	011503001003	金属扶手、栏杆、栏板	(1)防护栏,$H=700$ mm (2)扶手材料种类、规格:φ60×3 的不锈钢管扶手 (3)栏杆材料种类、规格:φ40×3 的不锈钢管栏杆,间距 100 mm 设一根 (4)固定配件种类:铝脚封边,镀锌板封面	m	22.000		
108	011503001004	金属扶手、栏杆、栏板	(1)无障碍坡道栏杆,$H=1100$ mm 不锈钢栏杆,做法详 03J926-1/23	m	8.040		
109	010802002001	彩板门	(1)电解烤漆钢板门(含五金配件、安装)	m²	83.160		

分部分项工程量清单与计价表

工程名称:福建省××小学教学楼

序号	项目编码	项目名称	项目特征描述	计量单位	工程量	综合单价	合价
						金额(元)	
110	010802001006	金属(塑钢)门	(1)门框、扇材质:铝合金平开门(含五金配件、安装) (2)玻璃品种、厚度:6 厚磨砂玻璃	m²	16.800		
111	010802001007	金属(塑钢)门	(1)门框、扇材质:成品弹簧门(含五金配件、安装) (2)玻璃品种、厚度:6 厚磨砂玻璃	m²	2.100		
112	010802003002	钢质防火门	(1)门框、扇材质:乙级钢质防火门(含门锁,闭门器)	m²	2.100		
113	010807001012	金属(塑钢、断桥)窗	(1)框、扇材质:90 系列铝合金推拉窗,灰色铝合金窗框 (2)玻璃品种、厚度:6 中等透光热反射＋12 空气＋6 透明玻璃	m²	227.700		
114	010807001013	金属(塑钢、断桥)窗	(1)框、扇材质:90 系列铝合金固定窗,灰色铝合金窗框 (2)玻璃品种、厚度:6 中等透光热反射＋12 空气＋6 透明玻璃	m²	82.380		
115	010807001015	金属(塑钢、断桥)窗	(1)框、扇材质:90 系列铝合金固定窗,灰色铝合金窗框 (2)玻璃品种、厚度:6 厚钢化玻璃	m²	3.900		
合　计							

总价措施项目清单与计价表

工程名称:福建省××小学教学楼

序号	项目名称	计算基础(元)	费率(%)	金额(元)
1	安全文明施工费			
2	其他总价措施费			
合　计				

单价措施项目清单与计价表

工程名称：福建省××小学教学楼　　　　　　　　　　　　　　　　　　第 1 页　共 2 页

序号	项目编码	项目名称	项目特征描述	计量单位	工程量	金额（元）	
						综合单价	合价
			单项工程				
			房屋建筑与装饰工程				
			土石方				
1	011705001001	大型机械设备进出场及安拆		项	1.000		
			一般土建				
2	011705001002	大型机械设备进出场及安拆		项	1.000		
3	011703001001	垂直运输	(1)建筑物建筑类型及结构形式:公用建筑、现浇框架结构 (2)建筑物檐口高度、层数:14.76 m、4 层	项	1.000		
4	011701003001	砌筑脚手架	(1)服务对象:内、外砖墙 (2)搭设高度:3.6m 以内	m²	1964.950		
5	011701002002	外脚手架及垂直封闭安全网	(1)服务对象:外墙 (2)搭设方式:落地式 (3)搭设高度:30 m 以内 (4)脚手架材质:扣件式双排钢管脚手架 (5)安全网材质:阻燃安全网	m²	1978.830		
6	011702033001	垫层模板	(1)构件类型:垫层	m²	23.160		
7	011702001001	基础模板	(1)基础类型:独立基础	m²	130.790		
8	011702005001	基础梁模板	(1)支撑高度:3.6 m 以内 (2)构件形状:矩形基础梁(有底模)	m²	273.760		
9	011702005002	基础梁模板	(1)支撑高度:3.6 m 以内 (2)构件形状:矩形基础梁(无底模)	m²	2.520		
10	011702002001	柱模板	(1)支撑高度:3.6～4.5 m (2)构件形状:独立矩形柱	m²	196.460		
11	011702002002	柱模板	(1)支撑高度:3.6 m 以内 (2)构件形状:独立矩形柱	m²	568.788		
12	011702003001	构造柱模板	(1)支撑高度:3.6 m 以内	m²	176.400		
13	011702014001	有梁板模板	(1)支撑高度:3.6～3.86 m (2)L4 圆弧形梁板增加费	m²	694.830		
14	011702014002	有梁板模板	(1)支撑高度:3.6 m 以内 (2)L4 圆弧形梁板增加费	m²	2151.240		
15	011702006001	梁模板	(1)支撑高度:3.6 m 以内 (2)构件形状:矩形梁	m²	103.930		

单价措施项目清单与计价表

工程名称:福建省××小学教学楼　　　　　　　　　　　　　　　　　　第2页　共2页

序号	项目编码	项目名称	项目特征描述	计量单位	工程量	金额(元)	
						综合单价	合价
16	011702024001	楼梯模板	(1)楼梯类型:板式楼梯 (2)支撑高度:3.6 m以内 (3)构件形状:直行双跑	m²	121.740		
17	011702008001	圈梁模板	(1)支撑高度:3.6 m以内	m²	74.490		
18	011702009001	过梁模板	(1)支撑高度:3.6 m以内	m²	28.250		
19	011702021002	栏板模板	(1)构件形状:矩形	m²	248.720		
20	011702021001	栏板模板	(1)构件形状:屋面檐口斜板	m²	595.160		
21	011702022001	天沟、檐沟模板	(1)构件类型:天沟挑檐板 (2)反口高度:300 mm	m²	246.820		
22	011702025001	其他现浇构件模板	(1)构件类型:窗台压顶	m²	36.560		
23	011702025002	其他现浇构件模板	(1)构件类型:线条	m²	22.070		
24	011702027001	台阶模板	(1)台阶踏步宽:300 mm	m²	34.420		
25	011702026001	电缆沟、地沟	(1)沟类型:混凝土地沟 (2)沟截面:$B = 300$ mm,$H = 250$ mm	m²	195.400		
			装饰				
			合　计				

其他项目清单与计价汇总表

工程名称:福建省××小学教学楼　　　　　　　　　　　　　　　　　　第1页　共1页

序号	项目名称	金额(元)	备注
1	暂列金额		
2	专业工程暂估价		
3	总承包服务费		
合计			—

第8章　工程量清单计价编制实例

8.1　福建省××敬老院招标控制价编制说明

建筑工程招标控制价编制说明

工程名称(全称):福建省××敬老院工程

一、工程概况

　　1. 建设地点:福建省××市。

　　2. 工程专业:房屋建筑与装饰。

　　3. 合同工期:＿＿＿＿/＿＿＿＿;工程质量等级:合格。

　　4. 招标范围:建筑与装饰工程;单独发包的专业工程:无。

　　5. 工程特征:

　　(1)建筑面积:2115.12 m²。

　　(2)层数:地上4层,檐口高度:18.75 m。

　　(3)结构质式:框架结构。

　　(4)基础类型:独立基础。

　　(5)装饰情况:全装修,其中外墙陶瓷锦砖,室内防滑砖、玻化砖楼地面,瓷砖和乳胶漆内墙面,铝扣板、乳胶漆天棚等。

　　(6)混凝土情况:主体构件采用泵送商品混凝土,垫层、二次构件等采用非泵送商品混凝土。

二、编制范围

　　按照福建××建筑设计有限公司设计的《福建省××敬老院》图纸,专业范围包括建筑与装饰工程,具体如下:

　　1. 不含三通一平。

三、编制依据

　　1. 图纸:福建××建筑设计有限公司设计的《福建省××敬老院》图纸及有关设计文件。

　　2. 招标文件:福建××招标代理有限公司编制的招标文件,其中存在与现行计价规定不一致的内容:无。

　　3. 地质勘察报告:《福建省××敬老院岩土工程勘察报告》。

　　4. 计价计量规范:《建设工程工程量清单计价规范》(GB 50500-2013)、《房屋建筑与装饰工程工程量计算规范》(GB 50854-2013)福建省实施细则。

　　5. 预算定额:《福建省房屋建筑与装饰工程预算定额》(FJYD-101-2017)及现行补充或调整文件(截止×年×月×日以前)。

　　6. 费用定额:《福建省建筑安装工程费用定额》(2017版)及现行补充调整文件(截止×年×月×日以前)。其中,暂列金额:＿＿＿＿/＿＿＿＿;专业工程暂估价:＿＿＿＿/＿＿＿＿;甲供材料费:＿＿＿＿/＿＿＿＿。

　　7. 人材机价格:

　　(1)人工费指数:执行《福建省房屋建筑与装饰工程预算定额》(FJYD-101-2017)人工费,系数未调整。

　　(2)施工机械台班单价:按照《福建省×年第×季度机械台班单价》。

　　(3)材料设备价格:参考《××工程造价管理》(×年×月)××市信息价、市场询价及定额基价等。

　　8. 其他:无。

四、取费标准

 1. 专业类别：<u>房屋建筑与装饰工程</u>。

 2. 总承包服务费费率：<u>无</u>。

 3. 税率：<u>按 10％增值税税率计取</u>。

五、施工方法与措施(仅供投标人参考,投标人自行确定方案,自主报价)

 1. 土方工程：<u>考虑机械施工,人工配合按 5％计算；回填土按就地取土；土方外运运距按 3 km 包干；未考虑土方堆置及土源费用</u>。

 2. 桩基工程：<u>无</u>。

 3. 混凝土模板及支架：<u>采用扣件式钢管支撑胶合板模板</u>。

 4. 脚手架：<u>外墙脚手架采用落地式双排扣件式钢管脚手架、砌筑脚手架采用里脚手架</u>。

 5. 施工排水、降水：<u>无</u>。

 6. 垂直运输：<u>施工电梯 1 台使用时间 180 天</u>。

 7. 大型机械设备进出场及安拆：<u>考虑施工电梯 1 台·次,履带式挖掘机 1 台·次,机械型号按定额</u>；大型机械设备基础：<u>尺寸规格按定额</u>；大型机械设备检测：<u>检测次数与单价按定额</u>。

 8. 基坑支护工程拆除：<u>无</u>。

 9. 材料二次搬运：<u>无</u>。

 10. 其他：<u>无</u>。

六、材料设备品牌及甲供材料

 1. 本控制价取定的材料设备品牌

名称	规格、型号	招标人要求的品牌	控制价取定的品牌	备注
/	/	/	/	/

 2. 甲供材料一览表

材料名称	品牌	规格、型号	含税单价（元）	备注
/	/	/	/	/

 3. 经市场询价的材料设备：<u>无</u>。

七、本项目补充的工程量清单

项目编码	项目名称	项目特征	计量单位	工程量计算规则	工程内容
010103003	原土夯实	密实度要求	m²	按设计文件规定的尺寸,以面积计算。	压实

八、其他需要的说明

 1. 图纸中建施总说明墙体材质与节能说明矛盾,按建施总说明计算；

 2. 图纸中内外窗无具体设计大样,按铝合金推拉窗,窗玻璃厚度按 8 厚钢化玻璃计算；

 3. 图纸中外墙装饰按陶瓷锦砖墙面装饰计算；

 4. 图纸中电力井、水管井、电梯井、消控中心、屋面电梯间无装修说明,按装修表中管理办公室、医疗室、贮藏室装修做法计算；

 5. 室外明沟沟壁高度无具体尺寸,沟壁高度取均值 375 mm 计算；

 6. 图纸中首层外墙墙身大样与节能说明墙基做法矛盾,按大样图计算。

8.2　福建省××敬老院招标控制价

福建省××敬老院工程
招 标 控 制 价

招标控制价(小写):3860009 元　　　　其中:甲供材料费　　　　　　　

(大写):叁佰捌拾陆万零玖圆整　　　　其中:甲供材料费　　　　　　

招　　　标　　人:　　　　　　　　　造价咨询人:　　　　　　　　　
　　　　　　　　　(单位盖章)　　　　(单位盖章或资质专用章)

法定代表人　　　　　　　　　　　　法定代表人
或其授权人:　　　　　　　　　　　或其授权人:　　　　　　　　
　　　　　　　　　　　　　　　　　　(签字或盖章)　　　　(签字或盖章)

造价工程师:　　　　　　　　　　　　　　　　　　　　　　　　　　　　
　　　　　　　　　　　　(签字盖专用章)

编制时间:2018 年 04 月 07 日

工程项目造价汇总表

工程名称:福建省××敬老院 　　　　　　　　　　　　　　　　　第1页　共1页

序号	单项工程名称	金额(元)	其中: 安全文明施工费 (元)
1	单项工程	3860009.00	132963.00
	合　计	3860009.00	132963.00

单项工程造价汇总表

工程名称:福建省××敬老院　单项工程 　　　　　　　　　　　　第1页　共1页

序号	单位工程名称	金额(元)	其中: 安全文明施工费 (元)
1	房屋建筑与装饰工程	3860009.00	132963.00
	合　计	3860009.00	132963.00

单位工程造价汇总表

工程名称:福建省××敬老院　单项工程　房屋建筑与装饰工程　　　第1页　共1页

序号	汇总内容	金额(元)
1	分部分项工程费	2951479.00
1.1	土石方	16165.00
1.2	一般土建	1473918.00
1.3	装饰	1461396.00
2	措施项目费	908530.00
2.1	总价措施项目费	145963.00
2.1.1	安全文明施工费	132963.00
2.1.2	其他总价措施费	13000.00
2.2	单价措施项目费	762567.00
3	其他项目费	
3.1	暂列金额	
3.2	专业工程暂估价	
3.3	总承包服务费	
	合　计=1+2+3	3860009.00

分部分项工程量清单与计价表

工程名称:福建省××敬老院　　　　　　　　　　　　　　　　　　　　　　

序号	项目编码	项目名称	项目特征描述	计量单位	工程量	金额(元)	
						综合单价	合价
			单项工程				
			房屋建筑与装饰工程				
			土石方				
1	010101001001	平整场地	(1)土壤类别:三类土 (2)弃土运距:3 km (3)取土运距:3 km	m²	486.040	1.22	592.97
2	010101004001	挖基坑土方	(1)土壤类别:三类土 (2)挖土深度:2 m 以内	m³	783.150	6.11	4785.05
3	010101004002	挖基坑土方	(1)土壤类别:三类土 (2)挖土深度:4 m 以内	m³	167.950	6.56	1101.75
4	010101003001	挖沟槽土方	(1)土壤类别:三类土 (2)挖土深度:2 m 以内	m³	12.820	5.93	76.02
5	010103001001	回填方	(1)密实度要求:满足设计和规范的要求 (2)填方材料品种:投标人根据设计要求验方后方可填入,并符合相关工程的质量规范要求 (3)填方来源、运距:场内开挖土方调配	m³	653.130	9.49	6198.20
6	010103002001	余方弃置	(1)废弃料品种:三类土 (2)运距:按 3 km 包干	m³	213.200	16.00	3411.20
			一般土建				
7	010402001001	砌块墙	(1)砌块品种、规格、强度等级:600×200×200 A5.0 加气砼砌块 (2)砂浆强度等级:MU5 专用砂浆砌筑 (3)墙体类型、砌筑高度:外墙,3.6 m 以内	m³	200.330	608.87	121974.93
8	010401005001	空心砖墙	(1)砖品种、规格、强度等级:190厚非承重空心砖墙,强度等级≥MU5.0 (2)砂浆强度等级、配合比:M5 混合砂浆砌筑 (3)墙体类型、砌筑高度:内墙,3.6 m 以内	m³	213.870	517.32	110639.23
9	010607005001	砌块墙钢丝网加固	(1)材料品种、规格:外墙、楼梯间满挂钢丝网	m²	1916.330	14.91	28572.48
10	010607005002	砌块墙钢丝网加固	(1)材料品种、规格:外墙不同材料交接处 200 宽通长钢板网	m²	660.880	13.29	8783.10
11	010501001001	垫层	(1)混凝土种类:非泵送商品混凝土 (2)混凝土强度等级:C15	m³	63.720	546.09	34796.85
12	010501003001	独立基础	(1)混凝土种类:泵送商品混凝土 (2)混凝土强度等级:C25	m³	129.210	515.92	66662.02

分部分项工程量清单与计价表

工程名称：福建省××敬老院

序号	项目编码	项目名称	项目特征描述	计量单位	工程量	综合单价	合价
						金额（元）	
13	010503001001	基础梁	(1)混凝土种类:泵送商品混凝土 (2)混凝土强度等级:C25	m³	35.420	521.50	18471.53
14	010502001001	矩形柱	(1)混凝土种类:泵送商品混凝土 (2)混凝土强度等级:C25	m³	113.800	521.54	59351.25
15	010502002001	构造柱	(1)混凝土种类:非泵送商品混凝土 (2)混凝土强度等级:C25	m³	10.650	687.90	7326.14
16	010505001001	有梁板	(1)混凝土种类:泵送商品混凝土 (2)混凝土强度等级:C25	m³	241.770	520.05	125732.49
17	010505001002	有梁板	(1)混凝土种类:泵送商品混凝土（UEA 掺 12％） (2)混凝土强度等级:C25	m³	77.090	570.04	43944.38
18	010503002001	矩形梁	(1)混凝土种类:泵送商品混凝土 (2)混凝土强度等级:C25	m³	3.040	525.98	1598.98
19	010503004001	圈梁	(1)混凝土种类:非泵送商品混凝土 (2)混凝土强度等级:C20	m³	38.790	702.49	27249.59
20	010503005001	过梁	(1)混凝土种类:非泵送商品混凝土 (2)混凝土强度等级:C20	m³	4.870	706.29	3439.63
21	010507005001	压顶	(1)混凝土种类:非泵送商品混凝土 (2)混凝土强度等级:C20	m³	15.050	662.72	9973.94
22	010505008001	雨篷、悬挑板、阳台板	(1)混凝土种类:非泵送商品混凝土 (2)混凝土强度等级:C20	m³	3.020	582.30	1758.55
23	010504001001	直形墙	(1)混凝土种类:非泵送商品混凝土 (2)混凝土强度等级:C20	m³	7.980	481.37	3841.33
24	010506001001	直形楼梯	(1)混凝土种类:泵送商品混凝土 (2)混凝土强度等级:C25	m²	96.880	158.62	15367.11
25	010507003001	电缆沟、地沟、明暗沟	(1)土壤类别:三类土 (2)沟截面净空尺寸:H＝300mm,B＝400 mm (3)混凝土种类:非泵送商品混凝土 (4)混凝土强度等级:C15 (5)防护材料种类:沟内 1：2 水泥砂浆抹面	m	134.300	123.22	16548.45

分部分项工程量清单与计价表

工程名称：福建省××敬老院

序号	项目编码	项目名称	项目特征描述	计量单位	工程量	金额（元）	
						综合单价	合价
26	010512008001	沟盖板、井盖板、井圈	(1)单件体积:800×450×100 (2)混凝土强度等级:C25	m³	6.040	1104.29	6669.91
27	010507001001	散水	(1)室外散水 (2)地基夯实:素土夯实,外向坡5% (3)垫层材料种类、厚度:150 厚 5～32 卵石灌 M2.5 混合砂浆 (4)面层厚度:60 厚 (5)混凝土种类:非泵送商品混凝土 (6)混凝土强度等级:C15	m²	31.660	86.65	2743.34
28	011101001001	水泥砂浆楼地面	(1)室外散水 (2)面层厚度、砂浆配合比:20 厚 1:2.5 水泥砂浆面层	m²	31.660	28.97	917.19
29	010103003001	原土夯实	(1)室外无障碍坡道、室外台阶 (2)密实度要求:素土夯实,满足设计和规范的要求	m²	30.420	0.98	29.81
30	010404001001	垫层	(1)室外无障碍坡道 (2)垫层材料种类、配合比、厚度:150 厚 3:7 灰土垫层	m³	2.410	293.87	708.23
31	011102001001	石材楼地面	(1)室外无障碍坡道 (2)结合层厚度、砂浆配合比:25 厚 1:3 干硬性水泥砂浆结合层 (3)面层材料品种、规格、颜色:30 厚芝麻灰花岗岩面层	m²	16.050	167.43	2687.25
32	010404001002	垫层	(1)室外台阶 (2)垫层材料种类、配合比、厚度:300 厚粒径 5～32 卵石灌 M2.5 混合砂浆	m³	4.310	218.61	942.21
33	010507004001	台阶	(1)踏步高、宽:H＝150 mm,B＝300 mm (2)混凝土种类:非泵送商品混凝土 (3)混凝土强度等级:C15	m³	1.720	597.72	1028.08
34	011107001001	石材台阶面	(1)结合层材料种类:30 厚 1:3 干硬性水泥砂浆 (2)面层材料品种、规格、颜色:30 厚芝麻灰花岗岩面层 (3)勾缝材料种类:稀水泥浆擦缝	m²	14.370	239.78	3445.64
35	010515001001	现浇构件钢筋	(1)钢筋种类、规格:现浇构件圆钢筋 HPB300 以内(直径 6 mm)	t	7.869	6141.89	48330.53

分部分项工程量清单与计价表

工程名称：福建省××敬老院

序号	项目编码	项目名称	项目特征描述	计量单位	工程量	金额（元）	
						综合单价	合价
36	010515001002	现浇构件钢筋	(1)钢筋种类、规格:现浇构件圆钢筋 HPB300 以内（直径 8 mm）	t	6.846	6087.15	41672.63
37	010515001003	现浇构件钢筋	(1)钢筋种类、规格:现浇构件圆钢筋 HPB300 以内（直径 10 mm）	t	2.053	6114.53	12553.13
38	010515001004	现浇构件钢筋	(1)钢筋种类、规格:现浇构件带肋钢筋 HRB400 以内（直径 10 mm）	t	29.674	6115.34	181466.60
39	010515001005	现浇构件钢筋	(1)钢筋种类、规格:现浇构件带肋钢筋 HRB400 以内（直径 12 mm）	t	6.692	5729.39	38341.08
40	010515001006	现浇构件钢筋	(1)钢筋种类、规格:现浇构件带肋钢筋 HRB400 以内（直径 14 mm）	t	10.498	5674.38	59569.64
41	010515001007	现浇构件钢筋	(1)钢筋种类、规格:现浇构件带肋钢筋 HRB400 以内（直径 16 mm）	t	15.829	5696.41	90168.47
42	010515001008	现浇构件钢筋	(1)钢筋种类、规格:现浇构件带肋钢筋 HRB400 以内（直径 18 mm）	t	1.207	5696.41	6875.57
43	010515001009	现浇构件钢筋	(1)钢筋种类、规格:现浇构件带肋钢筋 HRB400 以内（直径 20 mm）	t	1.263	5422.15	6848.18
44	010515001010	现浇构件钢筋	(1)钢筋种类、规格:现浇构件带肋钢筋 HRB400 以内（直径 22 mm）	t	3.663	5422.15	19861.34
45	010515001011	现浇构件钢筋	(1)钢筋种类、规格:现浇构件带肋钢筋 HRB400 以内（直径 25 mm）	t	2.876	5422.15	15594.10
46	010516006001	电渣压力焊接	(1)规格:电渣压力焊接 Φ≤18	个	1939.000	5.37	10412.43
47	010516003001	机械连接	(1)连接方式:直螺纹连接 (2)规格:Φ22	个	54.000	14.89	804.06
48	010516003002	机械连接	(1)连接方式:直螺纹连接 (2)规格:Φ25	个	22.000	15.14	333.08
49	010507008001	屋面水箱	(1)水箱型号及尺寸:详闽 97G11-SS25-4530 (2)混凝土种类:泵送商品混凝土 (3)混凝土强度等级:C30	座	2.000	26044.43	52088.86
50	011001001001	保温隔热屋面	(1)保温隔热材料品种、规格、厚度:40 厚挤塑型聚苯乙烯泡沫板	m²	378.380	37.16	14060.60
51	011001003001	保温隔热墙面	(1)保温隔热部位:外墙 (2)保温隔热方式:内保温 (3)保温隔热材料品种、规格及厚度:25 厚胶粉聚苯颗粒保温砂浆	m²	1719.300	50.86	87443.60

分部分项工程量清单与计价表

工程名称:福建省××敬老院　　　　　　　　　　　　　　　　　　第 5 页　共 10 页

序号	项目编码	项目名称	项目特征描述	计量单位	工程量	金额(元)	
						综合单价	合价
52	011101006001	平面砂浆找平层	(1)找平层厚度、砂浆配合比:20厚1∶3水泥砂浆找平层	m²	378.380	23.55	8910.85
53	010902003001	屋面刚性层	(1)刚性层厚度:40厚细石混凝土 (2)混凝土种类:非泵送商品混凝土 (3)混凝土强度等级:C25 (4)钢筋规格、型号:双向φ4@150	m²	378.380	49.42	18699.54
54	010903004001	墙面变形缝	(1)女儿墙铝合金泛水	m	198.420	20.20	4008.08
55	010902001001	屋面卷材防水	(1)卷材品种、规格、厚度:3厚SBS改性沥青防水卷材 (2)防水层数:一层 (3)防水层做法:热熔法	m²	460.400	33.86	15589.14
56	010903002001	墙面涂膜防水	(1)卫生间、厨房、餐厅墙面防水 (2)防水膜品种:水泥基合高分子防水层 (3)涂膜厚度、遍数:1.5厚	m²	625.240	16.50	10316.46
57	010904002001	楼(地)面涂膜防水	(1)卫生间、厨房、餐厅楼地面防水 (2)防水膜品种:水泥基合高分子防水层 (3)涂膜厚度、遍数:1.5厚	m²	340.950	13.98	4766.48
			装饰				
58	010103001003	回填方	(1)密实度要求:满足设计和规范的要求 (2)填方材料品种:投标人根据设计要求验方后方可填入,并符合相关工程的质量规范要求 (3)填方来源、运距:场内开挖土方调配	m³	149.370	9.64	1439.93
59	010501001002	垫层	(1)混凝土种类:非泵送商品混凝土 (2)混凝土强度等级:C15	m³	25.830	546.09	14105.50
60	011101006002	平面砂浆找平层	(1)找平层厚度、砂浆配合比:30厚1∶3水泥砂浆	m²	329.850	32.46	10706.93
61	011102003001	块料楼地面	(1)卫生间、厨房、走廊、楼梯间 (2)结合层厚度、砂浆配合比:20厚1∶3干硬性水泥砂浆结合层 (3)面层材料品种、规格、颜色:8厚300×300浅色防滑砖面层 (4)嵌缝材料种类:干水泥擦缝	m²	660.930	93.13	61552.41

分部分项工程量清单与计价表

序号	项目编码	项目名称	项目特征描述	计量单位	工程量	综合单价	合价
						金额(元)	
62	011102003002	块料楼地面	(1)餐厅 (2)结合层厚度、砂浆配合比:20厚1:3干硬性水泥砂浆结合层 (3)面层材料品种、规格、颜色:10厚600×600浅色防滑砖面层 (4)嵌缝材料种类:干水泥擦缝	m²	136.140	108.04	14708.57
63	011102003003	块料楼地面	(1)管理办公室、医疗室、贮藏室、卧室、配电间、水电井、电梯间、消控中心 (2)结合层厚度、砂浆配合比:20厚1:3干硬性水泥砂浆结合层 (3)面层材料品种、规格、颜色:10厚800×800玻化砖面层 (4)嵌缝材料种类:干水泥擦缝	m²	933.870	147.25	137512.36
64	011106002001	块料楼梯面层	(1)粘结层厚度、材料种类:20厚1:3干硬性水泥砂浆结合层 (2)面层材料品种、规格、颜色:8厚300×300浅色防滑砖面层 (3)防滑条材料种类、规格:⊥型铜防滑条	m²	96.880	278.61	26991.74
65	011101001002	水泥砂浆楼地面	(1)空调板、雨篷顶面 (2)面层厚度、砂浆配合比:一次抹光水泥砂浆厚度10 mm	m²	111.840	19.82	2216.67
66	011105003001	块料踢脚线	(1)管理办公室、医疗室、贮藏室、餐厅、卧室、走廊 (2)踢脚线高度:150 mm (3)粘贴层厚度、材料种类:10厚1:2水泥砂浆粘贴 (4)面层材料品种、规格、颜色:10厚玻化砖面层	m²	186.530	168.42	31415.38
67	011105003002	块料踢脚线	(1)楼梯间直段踢脚线 (2)踢脚线高度:150 mm (3)粘贴层厚度、材料种类:10厚1:2水泥砂浆粘贴 (4)面层材料品种、规格、颜色:8厚浅色防滑砖面层	m²	19.360	142.41	2757.06
68	011105003003	块料踢脚线	(1)楼梯间斜段踢脚线 (2)踢脚线高度:150 mm (3)粘贴层厚度、材料种类:10厚1:2水泥砂浆粘贴 (4)面层材料品种、规格、颜色:8厚浅色防滑砖面层	m²	17.740	183.32	3252.10

分部分项工程量清单与计价表

工程名称:福建省××敬老院　　　　　　　　　　　　　　　　　　　　　　第 7 页　共 10 页

序号	项目编码	项目名称	项目特征描述	计量单位	工程量	金额(元)	
						综合单价	合价
69	011108004001	水泥砂浆零星项目	(1)工程部位:梯侧 (2)找平层厚度、砂浆配合比:12厚1:3水泥砂浆 (3)面层厚度、砂浆厚度:6厚1:2.5水泥砂浆	m²	8.800	71.27	627.18
70	011204003001	块料墙面	(1)厨房、卫生间 (2)墙体类型:内墙 (3)安装方式:粉状型建筑胶贴剂 (4)面层材料品种、规格、颜色:6厚300×600浅色瓷砖 (5)找平层砂浆厚度、配合比:17厚1:3水泥砂浆	m²	826.740	137.72	113858.63
71	011201001001	墙面一般抹灰	(1)管理办公室、医疗室、贮藏室、厨房、餐厅、卧室、走廊、电梯间、水电井、配电间、消控中心等 (2)墙体类型:内墙 (3)底层厚度、砂浆配合比:12厚1:3水泥砂浆 (4)面层厚度、砂浆配合比:6厚1:2.5水泥砂浆	m²	3487.550	37.07	129283.48
72	011406001001	抹灰面油漆涂料	(1)管理办公室、医疗室、贮藏室、厨房、餐厅、卧室、走廊、电梯间、水电井、配电间、消控中心等 (2)部位:内墙 (3)基层类型:抹灰面 (4)油漆涂料品种、遍数(或厚度):乳胶漆一底两面	m²	3487.550	24.23	84503.34
73	011201001002	墙面一般抹灰	(1)楼梯间 (2)墙体类型:内墙 (3)底层厚度、砂浆配合比:9厚1:0.5:3水泥石灰膏砂浆	m²	488.660	34.69	16951.62
74	011406001002	抹灰面油漆涂料	(1)楼梯间 (2)部位:内墙 (3)基层类型:抹灰面 (4)腻子种类、遍数:腻子二遍 (5)油漆涂料品种、遍数(或厚度):乳胶漆一底两面	m²	488.660	31.10	15197.33
75	011203004001	小型构件项目一般抹灰	(1)基层类型、部位:栏杆基座 (2)底层厚度、砂浆配合比:12厚1:3水泥砂浆 (3)面层厚度、砂浆配合比:6厚1:2.5水泥砂浆	m²	47.920	61.75	2959.06

分部分项工程量清单与计价表

工程名称:福建省××敬老院

序号	项目编码	项目名称	项目特征描述	计量单位	工程量	金额(元)	
						综合单价	合价
76	011204003002	块料墙面	(1)墙体类型:外墙 (2)安装方式:粉状型建筑胶贴剂 (3)面层材料品种、规格、颜色:5厚陶瓷锦砖 (4)找平层砂浆厚度、配合比:9厚1:3水泥砂浆 (5)界面剂类型:加气混凝土专用界面剂	m²	1427.670	152.50	217719.68
77	011206002001	块料零星项目	(1)基层类型、部位:混凝土线条 (2)安装方式:粉状型建筑胶贴剂 (3)面层材料品种、规格、颜色:5厚陶瓷锦砖 (4)找平的砂浆厚度、配合比:9厚1:3水泥砂浆 (5)界面剂类型:混凝土界面剂	m²	222.880	188.13	41930.41
78	011205002001	块料柱面	(1)柱截面类型、尺寸:矩形柱 (2)安装方式:粉状型建筑胶贴剂 (3)面层材料品种、规格、颜色:5厚陶瓷锦砖 (4)找平的砂浆厚度、配合比:9厚1:3水泥砂浆 (5)界面剂类型:混凝土界面剂	m²	123.160	161.45	19884.18
79	011201001003	墙面一般抹灰	(1)墙体类型:女儿墙 (2)底层厚度、砂浆配合比:12厚1:3水泥砂浆 (3)面层厚度、砂浆配合比:6厚1:2.5水泥砂浆	m²	180.640	40.04	7232.83
80	011302001001	天棚吊顶	(1)龙骨材料种类、规格、中距:装配式U型轻钢(不上人型)面层规格300 mm×300 mm 平面 (2)面层材料品种、规格:300×300方形铝扣板	m²	166.060	174.63	28999.06
81	011301001001	天棚抹灰	(1)管理办公室、医疗室、贮藏室、厨房、餐厅、卧室、走廊灯等 (2)基层类型:混凝土面 (3)抹灰厚度、材料种类:底层5厚1:0.5:3水泥石灰膏砂浆、面层3厚1:0.5:2.5水泥石灰膏砂浆	m²	1831.990	31.53	57762.64

分部分项工程量清单与计价表

工程名称：福建省××敬老院　　　　　　　　　　　　　　　　　　　　第 9 页　共 10 页

序号	项目编码	项目名称	项目特征描述	计量单位	工程量	综合单价	合价
						金额（元）	
82	011406001003	抹灰面油漆涂料	(1)部位：天棚 (2)基层类型：抹灰面 (3)油漆涂料品种、遍数（或厚度）：乳胶漆一底两面	m²	1831.990	28.07	51423.96
83	011301001002	天棚抹灰	(1)基层类型：混凝土面 (2)抹灰厚度、材料种类：5 厚 1：0.5：3 水泥石灰膏砂浆	m²	233.090	29.66	6913.45
84	011406001004	抹灰面油漆涂料	(1)部位：天棚 (2)基层类型：抹灰面 (3)腻子种类、遍数：腻子二遍 (4)油漆涂料品种、遍数（或厚度）：乳胶漆一底两面	m²	233.090	34.95	8146.50
85	011301001003	天棚抹灰	(1)基层类型：混凝土面 (2)抹灰厚度、材料种类：底层 5 厚 1：3 水泥砂浆、面层 3 厚 1：2.5 水泥砂浆	m²	274.050	30.12	8254.39
86	010802003001	钢质防火门	(1)门框、扇材质：乙级钢质防火门（含门锁，闭门器）	m²	21.840	485.79	10609.65
87	010802001001	金属（塑钢）门	(1)门框、扇材质：铝合金平开门（含五金配件、安装） (2)玻璃品种、厚度：8 厚钢化玻璃	m²	165.900	575.48	95472.13
88	010807001001	金属（塑钢、断桥）窗	(1)框、扇材质：铝合金推拉窗（含五金配件、安装） (2)玻璃品种、厚度：8 厚钢化玻璃	m²	356.470	376.06	134054.11
89	010807001002	金属（塑钢、断桥）窗	(1)框、扇材质：铝合金固定窗（含五金配件、安装） (2)玻璃品种、厚度：8 厚钢化玻璃	m²	61.950	339.23	21015.30
90	010807001003	金属（塑钢、断桥）窗	(1)框、扇材质：铝合金平开窗（含五金配件、安装） (2)玻璃品种、厚度：8 厚钢化玻璃	m²	14.250	538.50	7673.63
91	011503001001	金属扶手、栏杆、栏板	(1)无障碍坡道扶手 $H = 900$ mm，做法详 12J926-H4 (2)扶手材料种类、规格：Φ40×2、Φ30×2 不锈钢管扶手 (3)栏杆材料种类、规格：Φ20×2 不锈钢管弯管及立杆，间距 750	m	28.250	271.06	7657.45

分部分项工程量清单与计价表

工程名称：福建省××敬老院

序号	项目编码	项目名称	项目特征描述	计量单位	工程量	综合单价	合价
92	011503001002	金属扶手、栏杆、栏板	(1)走廊栏杆 $H=750$ mm，做法详 15J403-1 A.B/D18 (2)扶手材料种类、规格：$40\times80\times3$ 镀锌方管扶手 (3)栏杆材料种类、规格：$60\times60\times3$ 镀锌方管立柱，间距 1200，$20\times20\times2$ 镀锌方管，净距 110，$40\times40\times2$ 镀锌方管横管	m	102.600	211.11	21659.89
93	011503001003	金属扶手、栏杆、栏板	(1)楼梯栏杆 $H=900$ mm，做法详楼梯栏杆大样图 (2)扶手材料种类、规格：$\Phi50\times3.5$ 不锈钢管扶手 (3)栏杆材料种类、规格：$\Phi20\times2$ 不锈钢管立杆，间距 130	m	55.580	270.00	15006.60
94	011503001004	金属扶手、栏杆、栏板	(1)楼梯栏杆 $H=1100$ mm，做法详楼梯栏杆大样图 (2)扶手材料种类、规格：$\Phi50\times3.5$ 不锈钢管扶手 (3)栏杆材料种类、规格：$\Phi20\times2$ 不锈钢管立杆，间距 130	m	3.020	278.47	840.98
95	011503005001	金属靠墙扶手	(1)楼梯靠墙扶手 $H=1100$ mm，做法详 15J403-1-K8/E4 (2)扶手材料种类、规格：$\Phi50\times2$ 不锈钢管	m	140.380	127.60	17912.49
96	011503001005	金属扶手、栏杆、栏板	(1)空调板栏杆 $H=600$ mm (2)栏杆材料种类、规格：$25\times25\times2.5$ 方钢栏杆	m	49.800	224.65	11187.57
			合　计				2951479.47

分部分项工程量清单综合单价分析表

工程名称：福建省××敬老院

序号	项目编码	项目名称及特征描述	单位	工程量	综合单价组成（元）						综合单价（元）
					人工费	材料费	其中：设备费	施工机具使用费	企业管理费	利润	规费	税金	

序号	项目编码	项目名称及特征描述	单位	工程量	人工费	材料费	其中：设备费	施工机具使用费	企业管理费	利润	规费	税金	综合单价（元）
		单项工程											
		房屋建筑与装饰工程											
		土石方											
1	010101001001	平整场地 (1)土壤类别：三类土 (2)弃土运距：3 km (3)取土运距：3 km	m²	486.040	0.05				0.07	0.06		0.11	1.22
1.1	10101003	平整场地（挖掘机）	m²	486.040	0.05			0.93	0.07	0.06		0.11	1.22
2	010101004001	挖基坑土方 (1)土壤类别：三类土 (2)挖土深度：2 m以内	m³	783.150	2.69			2.22	0.33	0.31		0.55	6.11
2.1	1010103OT	人工挖基坑土方（三类土 坑深 2 m以内）人工辅助机械开挖不超过总挖方量 5%	m³	39.160	47.28				3.22	3.03		5.35	58.88
2.2	10101061	小型挖掘机挖槽坑土方（不装车 三类土）	m³	743.990	0.34			2.34	0.18	0.17		0.30	3.33
3	010101004002	挖基坑土方 (1)土壤类别：三类土 (2)挖土深度：4 m以内	m³	167.950	3.05			2.22	0.36	0.34		0.59	6.56
3.1	1010131T	人工挖基坑土方（三类土 坑深 4 m以内）人工辅助机械开挖不超过总挖方量 5%	m³	8.400	54.54				3.71	3.50		6.18	67.93
3.2	10101061	小型挖掘机挖槽坑土方（不装车 三类土）	m³	159.550	0.34			2.34	0.18	0.17		0.30	3.33
4	010101003001	挖沟槽土方 (1)土壤类别：三类土 (2)挖土深度：2 m以内	m³	12.820	2.55			2.22	0.32	0.30		0.54	5.93

分部分项工程量清单综合单价分析表

工程名称:福建省××敬老院

序号	项目编码	项目名称及特征描述	单位	工程量	综合单价组成(元)								综合单价(元)
					人工费	材料费	其中:设备费	施工机具使用费	企业管理费	利润	规费	税金	
4.1	10101018T	人工挖沟槽土方(三类土 槽深2m以内)人工辅助机械开挖不超过总挖方量5%	m³	0.640	44.54				3.03	2.85		5.04	55.46
4.2	10101061	小型挖掘机挖槽坑土方(不装车三类土)	m³	12.180	0.34			2.34	0.18	0.17		0.30	3.33
5	010103001001	回填方 (1)密实度要求:满足设计和规范的要求 (2)填方材料品种:投标人根据相关工程的质量验方后规范要求计量要求弃方可填方,并符合相关工程的质量规范 (3)填方来源、运距:场内开挖土方调配	m³	653.130	5.03			2.59	0.52	0.49		0.86	9.49
5.1	10101103	回填工程(填土机械夯实槽坑)	m³	653.130	5.03			2.59	0.52	0.49		0.86	9.49
6	010103002001	余方弃置 (1)废弃料品种:三类土 (2)运距:按3km包干	m³	213.200	0.45			12.39	0.88	0.82		1.46	16.00
6.1	10101075	机械装土方(装载机装土方)	m³	213.200	0.30			1.70	0.14	0.13		0.23	2.50
6.2	10101084T	自卸汽车运土(载重10 t以内 运距3 km以内)	m³	213.200	0.15			10.69	0.74	0.69		1.23	13.50
		一般土建											
7	010402001001	砌块墙 (1)砌块品种、规格、强度等级:600×200×200 A5.0 加气砼砌块 (2)砂浆强度等级:MU5 专用砂浆砌筑 (3)墙体类型、砌筑高度:外墙、3.6 m以内	m³	200.330	195.48	292.05		1.41	33.25	31.33		55.35	608.87

分部分项工程量清单综合单价分析表

工程名称：福建省××敬老院

序号	项目编码	项目名称及特征描述	单位	工程量	综合单价组成（元）							综合单价（元）
					人工费	材料费	其中：设备费	施工机具使用费	企业管理费	利润	规费	税金	

序号	项目编码	项目名称及特征描述	单位	工程量	人工费	材料费	其中：设备费	施工机具使用费	企业管理费	利润	规费	税金	综合单价（元）
7.1	10104019T	砌块砌体（蒸压加气混凝土砌块墙专用砂浆 200 mm 厚以内）	m³	200.330	195.48	292.05		1.41	33.25	31.33		55.35	608.87
8	010401005001	空心砖墙 (1 砖品种、规格、强度等级：190 厚非承重空心砖墙，强度等级≥MU5.0 (2 砂浆强度等级、配合比：M5 混合砂浆砌筑 (3 墙体类型、砌筑高度：内墙、3.6 m 以内	m³	213.870	225.75	187.40		2.27	28.25	26.62		47.03	517.32
8.1	10104008	空心砖墙（190 mm 厚）	m³	213.870	225.75	187.40		2.27	28.25	26.62		47.03	517.32
9	010607005001	砌块墙钢丝网加固 (1 材料品种、规格：外墙、楼梯间满挂钢丝网	m²	1916.330	4.91	7.06			0.81	0.77		1.36	14.91
9.1	10112065	界面剂、铺网（挂钢丝网）	m²	1916.330	4.91	7.06			0.81	0.77		1.36	14.91
10	010607005002	砌块墙钢丝网加固 (1 材料品种、规格：外墙不同材料交接处 200 宽通长钢板网	m²	660.880	5.65	5.02			0.73	0.68		1.21	13.29
10.1	10112066	界面剂、铺网（挂钢板网）	m²	660.880	5.65	5.02			0.73	0.68		1.21	13.29
11	010501001001	垫层 (1 混凝土种类：非泵送商品混凝土 (2 混凝土强度等级：C15	m³	63.720	113.80	324.73			29.82	28.10		49.64	546.09
11.1	10105001T	基础（C15 预拌非泵送普通混凝土垫层）	m³	63.720	99.55	324.73			28.85	27.19		48.03	528.35
11.2	10105057	混凝土调整费（非泵送调整费）	m³	63.720	14.25				0.97	0.91		1.61	17.74
12	010501003001	独立基础 (1 混凝土种类：泵送商品混凝土 (2 混凝土强度等级：C25	m³	129.210	29.81	384.49			28.17	26.55		46.90	515.92

分部分项工程量清单综合单价分析表

工程名称：福建省××敬老院

序号	项目编码	项目名称及特征描述	单位	工程量	综合单价组成（元）								综合单价（元）
					人工费	材料费	其中：设备费	施工机具使用费	企业管理费	利润	规费	税金	
12.1	1010500.3T	C25 预拌泵送普通混凝土（独立基础）	m³	129.210	29.81	384.49			28.17	26.55		46.90	515.92
13	010503001001	基础梁 (1)混凝土种类：泵送商品混凝土 (2)混凝土强度等级：C25	m³	35.420	33.05	385.72			28.48	26.84		47.41	521.50
13.1	1010501.5T	C25 预拌泵送普通混凝土（基础梁）	m³	35.420	33.05	385.72			28.48	26.84		47.41	521.50
14	010502001001	矩形柱 (1)混凝土种类：泵送商品混凝土 (2)混凝土强度等级：C25	m³	113.800	46.05	372.76			28.48	26.84		47.41	521.54
14.1	1010501.1T	C25 预拌泵送普通混凝土（独立矩形柱）	m³	113.800	46.05	372.76			28.48	26.84		47.41	521.54
15	010502002001	构造柱 (1)混凝土种类：非泵送商品混凝土 (2)混凝土强度等级：C25	m³	10.650	220.22	332.18			37.56	35.40		62.54	687.90
15.1	1010501.4T	C20 非泵送混凝土（构造柱）	m³	10.650	220.22	332.18			37.56	35.40		62.54	687.90
16	010505001001	有梁板 (1)混凝土种类：泵送商品混凝土 (2)混凝土强度等级：C25	m³	241.770	31.06	386.30		0.25	28.40	26.76		47.28	520.05
16.1	1010502.4T	C25 预拌泵送普通混凝土（有梁板）	m³	241.770	31.06	386.30		0.25	28.40	26.76		47.28	520.05
17	010505001002	有梁板 (1)混凝土种类：泵送商品混凝土（UEA 掺 12%） (2)混凝土强度等级：C25	m³	77.090	31.06	426.45		0.25	31.13	29.33		51.82	570.04

分部分项工程量清单综合单价分析表

工程名称：福建省××敬老院

序号	项目编码	项目名称及特征描述	单位	工程量	综合单价组成（元）								综合单价（元）
					人工费	材料费	其中:设备费	施工机具使用费	企业管理费	利润	规费	税金	
17.1	10105024T	C25预拌泵送普通混凝土（有梁板）	m³	77.090	31.06	426.45		0.25	31.13	29.33		51.82	570.04
18	01050300 2001	矩形梁 (1)混凝土种类:泵送商品混凝土:C25 (2)混凝土强度等级:C25	m³	3.040	36.70	385.67			28.72	27.07		47.82	525.98
18.1	10105016T	C25预拌泵送普通混凝土（梁）	m³	3.040	36.70	385.67			28.72	27.07		47.82	525.98
19	01050300 4001	圈梁 (1)混凝土种类:非泵送商品混凝土 (2)混凝土强度等级:C20	m³	38.790	220.41	343.71			38.36	36.15		63.86	702.49
19.1	10105019	C20非泵送混凝土（圈梁）	m³	38.790	220.41	343.71			38.36	36.15		63.86	702.49
20	01050300 5001	过梁 (1)混凝土种类:非泵送商品混凝土 (2)混凝土强度等级:C20	m³	4.870	220.41	346.76			38.57	36.34		64.21	706.29
20.1	10105020	C20非泵送混凝土（过梁）	m³	4.870	220.41	346.76			38.57	36.34		64.21	706.29
21	01050700 5001	其他构件（C20 非泵送混凝土 扶手,压顶）(1)混凝土种类:非泵送商品混凝土 (2)混凝土强度等级:C20	m³	15.050	185.18	347.00			36.19	34.10		60.25	662.72
21.1	10105043	雨篷,悬挑板,阳台板,压顶 (1)混凝土种类:非泵送商品混凝土 (2)混凝土强度等级:C20	m³	15.050	185.18	347.00			36.19	34.10		60.25	662.72
22	01050500 8001	(1)混凝土种类:非泵送商品混凝土:C20 (2)混凝土强度等级:C20	m³	3.020	120.31	347.30			31.80	29.96		52.93	582.30
22.1	10105032T	C20预拌非泵送普通混凝土（雨篷板）	m³	3.020	106.06	347.30			30.83	29.05		51.32	564.56

分部分项工程量清单综合单价分析表

工程名称:福建省××敬老院

序号	项目编码	项目名称及特征描述	单位	工程量	综合单价组成(元)								综合单价(元)
					人工费	材料费	其中:设备费	施工机具使用费	企业管理费	利润	规费	税金	
22.2	10105057	混凝土调整费(非泵送调整费)	m³	5.020	14.25				0.97	0.91		1.61	17.74
23	01050400100 1	直形墙 (1)混凝土种类:非泵送商品混凝土 (2)混凝土强度等级:C20	m³	7.980	53.88	332.67			26.29	24.77		43.76	481.37
23.1	10105022T	C20预拌非泵送普通混凝土(直形墙 100 mm 以外)	m³	7.980	39.63	332.67			25.32	23.86		42.15	463.63
23.2	10105057	混凝土调整费(非泵送调整费)	m³	7.980	14.25				0.97	0.91		1.61	17.74
24	01050600100 1	直形楼梯 (1)混凝土种类:泵送商品混凝土 (2)混凝土强度等级:C25	m²	96.880	28.46	98.92			8.66	8.16		14.42	158.62
24.1	10105037T	C25预拌泵送普通混凝土(整体楼梯 直形)	m²	96.880	28.46	98.92			8.66	8.16		14.42	158.62
25	01050700300 1	电缆沟、地沟、明暗沟 (1)土壤类别:三类土 (2)沟截面净空尺寸:H = 300 mm,B = 400 mm (3)混凝土种类:非泵送商品混凝土 (4)混凝土强度等级:C15 (5)防护材料种类:沟内1:2水泥砂浆抹面	m	134.300	50.37	48.09		0.49	6.73	6.34		11.20	123.22
25.1	10111119	地沟水泥砂浆面层(20 mm 厚)	m²	134.300	27.81	9.25		0.49	2.55	2.41		4.25	46.76
25.2	10105040T	其他构件(C15 预拌非泵送普通混凝土 地沟)	m³	16.120	71.23	323.62			26.85	25.30		44.70	491.70
25.3	10101018	人工挖沟槽土方(三类土 槽深 2 m 以内)	m³	63.360	29.69				2.02	1.90		3.36	36.97

分部分项工程量清单综合单价分析表

工程名称：福建省××敬老院

序号	项目编码	项目名称及特征描述	单位	工程量	综合单价组成（元）								综合单价（元）
					人工费	材料费	其中：设备费	施工机具使用费	企业管理费	利润	规费	税金	
26	010512008001	沟盖板、井盖板、井圈 (1)单件体积:800×450×100 (2)混凝土强度等级:C25	m³	6.040	253.63	565.96		67.19	60.30	56.82		100.39	1104.29
26.1	10105063	C25预制地沟盖板（碎石）	m³	6.040	253.63	565.96		67.19	60.30	56.82		100.39	1104.29
27	010507001001	散水 (1)室外散水 (2)地基夯实:素土夯实,外向坡5% (3)垫层材料种类、厚度:150厚 5~32卵石灌M2.5混合砂浆 (4)面层厚度:60厚 (5)混凝土种类:非泵送商品混凝土 (6)混凝土强度等级:C15	m²	31.660	22.93	45.74		0.91	4.73	4.46		7.88	86.65
27.1	10105041T	其他构件（沥青砂 散水、坡道）	m²	31.660	15.98	25.38		0.23	2.83	2.67		4.71	51.80
27.2	10105057	混凝土调整费（非泵送调整费）	m³	1.920	14.25				0.97	0.91		1.61	17.74
27.3	10104077T	卵石垫层灌浆	m³	4.750	35.31	135.72		4.52	11.94	11.25		19.87	218.61
27.4	10101094	原土夯实（人工）	m²	31.660	0.79				0.05	0.05		0.09	0.98
28	011101001001	水泥砂浆楼地面 (1)室外散水 (2)面层厚度、砂浆配合比:20厚 1:2.5水泥砂浆面层	m²	31.660	15.29	7.53		0.45	1.58	1.49		2.63	28.97
28.1	10111017	水泥砂浆楼地面面层（20 mm 厚）	m²	31.660	15.29	7.53		0.45	1.58	1.49		2.63	28.97
29	010103003001	原土夯实 (1)室外无障碍坡道、室外台阶 (2)密实度要求:素土夯实:满足设计和规范的要求	m²	30.420	0.79				0.05	0.05		0.09	0.98
29.1	10101094	原土夯实（人工）	m²	30.420	0.79				0.05	0.05		0.09	0.98

分部分项工程量清单综合单价分析表

工程名称：福建省××敬老院

序号	项目编码	项目名称及特征描述	单位	工程量	综合单价组成（元）								综合单价（元）
					人工费	材料费	其中：设备费	施工机具使用费	企业管理费	利润	规费	税金	
30	010404001001	垫层 (1)室外无障碍坡道 (2)垫层材料种类、配合比、厚度：150 厚 3：7 灰土垫层	m³	2.410	42.76	192.02		1.20	16.05	15.12		26.72	293.87
30.1	10104068	灰土垫层	m³	2.410	42.76	192.02		1.20	16.05	15.12		26.72	293.87
31	011102001001	石材楼地面 (1)室外无障碍坡道 (2)结合层厚度、砂浆配合比：25 厚 1：3 干硬性水泥砂浆结合层 (3)面层材料品种、规格、颜色：30 厚芝麻灰花岗岩面层	m²	16.050	48.97	85.03		0.45	9.14	8.62		15.22	167.43
31.1	10111036T	石板材地面 水泥砂浆结合层 单色 周长 3200 mm 以内 石板材厚度超过 30 mm(含 30 mm)	m²	16.050	48.97	85.03		0.45	9.14	8.62		15.22	167.43
32	010404001002	垫层 (1)室外台阶 (2)垫层材料种类、配合比、厚度：300 厚粒径 5~32 卵石灌 M2.5 混合砂浆	m³	4.310	35.31	135.72		4.52	11.94	11.25		19.87	218.61
32.1	10104077T	卵石垫层(灌浆)	m³	4.310	35.31	135.72		4.52	11.94	11.25		19.87	218.61
33	010507004001	台阶 (1)踏步高、宽：H=150 mm,B=300 mm (2)混凝土种类：非泵送商品混凝土 (3)混凝土强度等级：C15	m³	1.720	155.72	324.27			32.64	30.75		54.34	597.72
33.1	10105039T	其他构件(C15 预拌非泵送普通混凝土 台阶)	m³	1.720	141.47	324.27			31.67	29.84		52.73	579.98
33.2	10105057	混凝土调整费(非泵送调整费)	m³	1.720	14.25				0.97	0.91		1.61	17.74

分部分项工程量清单综合单价分析表

工程名称：福建省××敬老院

序号	项目编码	项目名称及特征描述	单位	工程量	综合单价组成（元）								综合单价（元）
					人工费	材料费	其中：设备费	施工机具使用费	企业管理费	利润	规费	税金	
34	011107001001	石材台阶面 (1)结合层材料种类:30 厚 1：3 干硬性水泥砂浆 (2)面层材料品种、规格、颜色:30 厚芝麻灰花岗岩面层 (3)勾缝材料种类:稀水泥浆擦缝	m²	14.370	59.07	132.83		0.65	13.09	12.34		21.80	239.78
34.1	10111115T	石板材台阶（水泥砂浆结合层）	m²	14.370	59.07	132.83		0.65	13.09	12.34		21.80	239.78
35	010515001001	现浇构件钢筋 (1)钢筋种类、规格:现浇构件圆钢筋 HPB300 以内（直径 6 mm）	t	7.869	1116.41	3795.89		19.81	335.38	316.05		558.35	6141.89
35.1	10105065T	现浇构件圆钢筋 HPB300 以内（直径 6 mm）	t	7.869	1116.41	3795.89		19.81	335.38	316.05		558.35	6141.89
36	010515001002	现浇构件钢筋 (1)钢筋种类、规格:现浇构件圆钢筋 HPB300 以内（直径 8 mm）	t	6.846	1116.41	3751.93		19.81	332.39	313.23		553.38	6087.15
36.1	10105065T	现浇构件圆钢筋 HPB300 以内（直径 8 mm）	t	6.846	1116.41	3751.93		19.81	332.39	313.23		553.38	6087.15
37	010515001003	现浇构件钢筋 (1)钢筋种类、规格:现浇构件圆钢筋 HPB300 以内（直径 10 mm）	t	2.053	1116.41	3773.91		19.81	333.89	314.64		555.87	6114.53
37.1	10105065	现浇构件圆钢筋 HPB300 以内（直径 10 mm）	t	2.053	1116.41	3773.91		19.81	333.89	314.64		555.87	6114.53
38	010515001004	现浇构件钢筋 (1)钢筋种类、规格:现浇构件带肋钢筋 HRB400 以内（直径 10 mm）	t	29.674	928.15	3962.93		19.71	333.93	314.68		555.94	6115.34
38.1	10105067	现浇构件带肋钢筋 HRB400 以内（直径 10 mm）	t	29.674	928.15	3962.93		19.71	333.93	314.68		555.94	6115.34

分部分项工程量清单综合单价分析表

工程名称：福建省××敬老院

序号	项目编码	项目名称及特征描述	单位	工程量	综合单价组成（元）									综合单价（元）
					人工费	材料费	其中：设备费	施工机具使用费	企业管理费	利润	规费	税金		
39	010515001005	现浇构件钢筋 (1) 钢筋种类、规格：现浇构件带肋钢筋 HRB400 以内（直径 12 mm）	t	6.692	737.71	3801.80		61.35	312.86	294.82		520.85	5729.39
39.1	1010105068T	现浇构件带肋钢筋 HRB400 以内（直径 12 mm）	t	6.692	737.71	3801.80		61.35	312.86	294.82		520.85	5729.39
40	010515001006	现浇构件钢筋 (1) 钢筋种类、规格：现浇构件带肋钢筋 HRB400 以内（直径 14 mm）	t	10.498	737.71	3757.63		61.35	309.85	291.99		515.85	5674.38
40.1	1010105068T	现浇构件带肋钢筋 HRB400 以内（直径 14 mm）	t	10.498	737.71	3757.63		61.35	309.85	291.99		515.85	5674.38
41	10105068	现浇构件钢筋 (1) 钢筋种类、规格：现浇构件带肋钢筋 HRB400 以内（直径 16 mm）	t	15.829	737.71	3775.30		61.35	311.06	293.13		517.86	5696.41
41.1	10105068	现浇构件带肋钢筋 HRB400 以内（直径 16 mm）	t	15.829	737.71	3775.30		61.35	311.06	293.13		517.86	5696.41
42	010515001008	现浇构件钢筋 (1) 钢筋种类、规格：现浇构件带肋钢筋 HRB400 以内（直径 18 mm）	t	1.207	737.71	3775.30		61.35	311.06	293.13		517.86	5696.41
42.1	1010105068T	现浇构件带肋钢筋 HRB400 以内（直径 18 mm）	t	1.207	737.71	3775.30		61.35	311.06	293.13		517.86	5696.41
43	010515001009	现浇构件钢筋 (1) 钢筋种类、规格：现浇构件带肋钢筋 HRB400 以内（直径 20 mm）	t	1.263	547.37	3756.83		49.94	296.08	279.01		492.92	5422.15
43.1	1010105069T	现浇构件带肋钢筋 HRB400 以内（直径 20 mm）	t	1.263	547.37	3756.83		49.94	296.08	279.01		492.92	5422.15
44	010515001010	现浇构件钢筋 (1) 钢筋种类、规格：现浇构件带肋钢筋 HRB400 以内（直径 22 mm）	t	3.663	547.37	3756.83		49.94	296.08	279.01		492.92	5422.15

分部分项工程量清单综合单价分析表

工程名称：福建省××敬老院

序号	项目编码	项目名称及特征描述	单位	工程量	综合单价组成（元）									综合单价（元）
					人工费	材料费	其中：设备费	施工机具使用费	企业管理费	利润	规费	税金		
44.1	10105069	现浇构件带肋钢筋 HRB400 以内（直径 22 mm）	t	3.663	547.37	3756.83		49.94	296.08	279.01		492.92	5422.15	
45	010515001011	现浇构件钢筋（1）钢筋种类、规格：现浇构件带肋钢筋 HRB400 以内（直径 25 mm）	t	2.876	547.37	3756.83		49.94	296.08	279.01		492.92	5422.15	
45.1	10105069T	现浇构件带肋钢筋 HRB400 以内（直径 25 mm）	t	2.876	547.37	3756.83		49.94	296.08	279.01		492.92	5422.15	
46	010516006001	电渣压力焊接（1）规格：电渣压力焊接 Φ≤18	个	1939.000	3.23	0.13		0.95	0.29	0.28		0.49	5.37	
46.1	10105108	电渣压力焊接 Φ≤18	个	1939.000	3.23	0.13		0.95	0.29	0.28		0.49	5.37	
47	010516003001	机械连接（1）连接方式：直螺纹连接（2）规格：Φ22	个	54.000	5.23	2.08		4.65	0.81	0.77		1.35	14.89	
47.1	10105103	钢筋直螺纹连接（Φ22）	个	54.000	5.23	2.08		4.65	0.81	0.77		1.35	14.89	
48	010516003002	机械连接（1）连接方式：直螺纹连接（2）规格：Φ25	个	22.000	5.23	2.27		4.65	0.83	0.78		1.38	15.14	
48.1	10105104	钢筋直螺纹连接（Φ25）	个	22.000	5.23	2.27		4.65	0.83	0.78		1.38	15.14	
49	010507008001	屋面水箱（1）水箱型号及尺寸：详闽 97G11-SS25-4530（2）混凝土种类：泵送商品混凝土（3）混凝土强度等级：C30	座	2.000	8936.00	11621.30		357.08	1422.18	1340.19		2367.68	26044.43	
49.1	10105146T	屋面钢筋混凝土水箱（泵送钢筋混凝土矩形屋顶水箱闽 97G11 25t 碎石）	座	2.000	8936.00	11621.30		357.08	1422.18	1340.19		2367.68	26044.43	
50	011001001001	保温隔热屋面（1）保温隔热材料品种、规格、厚度：40 厚挤塑型聚苯乙烯泡沫板	m²	378.380	2.31	27.53			2.03	1.91		3.38	37.16	

分部分项工程量清单综合单价分析表

工程名称：福建省××敬老院

序号	项目编码	项目名称及特征描述	单位	工程量	人工费	材料费	其中：设备费	施工机具使用费	企业管理费	利润	规费	税金	综合单价（元）
50.1	10110016T	保温隔热屋面（屋面挤塑板）	m²	378.380	2.31	27.53			2.03	1.91		3.38	37.16
51	011001003001	保温隔热墙面（1）保温部位：外墙（2）保温隔热热方式：内保温（3）保温隔热材料品种、规格及厚度：25厚胶粉聚苯颗粒保温砂浆	m²	1715.300	22.27	16.49		2.08	2.78	2.62		4.62	50.86
51.1	10110045T	其他隔热（胶粉聚苯颗粒保温砂浆墙面保温25 mm厚保温层）外墙内保温	m²	1715.300	22.27	16.49		2.08	2.78	2.62		4.62	50.86
52	011101006001	平面砂浆找平层（1）找平层厚度、砂浆配合比：20厚1：3水泥砂浆找平层	m²	378.380	11.62	6.84		0.45	1.29	1.21		2.14	23.55
52.1	10111002	水泥砂浆找平层（在混凝土或硬基层面上20 mm厚）	m²	378.380	11.62	6.84		0.45	1.29	1.21		2.14	23.55
53	010902003001	屋面刚性层（1）刚性层厚度：40厚细石混凝土（2）混凝土种类：非泵送商品混凝土（3）混凝土强度等级：C25（4）钢筋规格、型号：双向φ4@150	m²	378.380	19.47	19.74		0.47	2.70	2.54		4.49	49.42
53.1	10109098T	C25刚性防水（预拌非泵送普通混凝土40 mm厚）	m²	378.380	18.12	15.16		0.45	2.29	2.16		3.82	42.00
53.2	10105065	现浇构件圆钢筋 HPB300 以内（直径≤10 mm）	t	0.459	1116.41	3773.91		19.81	333.89	314.64		555.87	6114.53
54	010903004001	墙面变形缝（1）女儿墙铝合金泛水	m	198.420	10.77	5.45			1.10	1.04		1.84	20.20
54.1	10109192	屋面泛水（女儿墙泛水 铝合金）	m	198.420	10.77	5.45			1.10	1.04		1.84	20.20

分部分项工程量清单综合单价分析表

工程名称：福建省××敬老院

序号	项目编码	项目名称及特征描述	单位	工程量	人工费	材料费	其中：设备费	施工机具使用费	企业管理费	利润	规费	税金	综合单价（元）
55	010902001001	屋面卷材防水 （1）卷材品种、规格、厚度：3 厚 SBS 改性沥青防水卷材 （2）防水层层数：一层 （3）防水层做法：热熔法	m²	460.400	8.00	19.19			1.85	1.74		3.08	33.86
55.1	10109045	卷材防水（改性沥青卷材 热熔法一层 平面）	m²	460.400	8.00	19.19			1.85	1.74		3.08	33.86
56	010903002001	墙面涂膜防水 （1）卫生间、厨房、餐厅墙面防水 （2）防水膜品种：水泥基合高分子防水层 （3）涂膜厚度、遍数：1.5 厚	m²	625.240	7.06	6.19			0.90	0.85		1.50	16.50
56.1	10109091T	涂料防水（水泥基渗结晶型防水涂料 1.5 mm厚 立面）	m²	625.240	7.06	6.19			0.90	0.85		1.50	16.50
57	010904002001	楼（地）面涂膜防水 （1）卫生间、厨房、餐厅楼地面防水 （2）防水膜品种：水泥基合高分子防水层 （3）涂膜厚度、遍数：1.5 厚	m²	340.950	5.50	5.73			0.76	0.72		1.27	13.98
57.1	10109090T	涂料防水（水泥基渗结晶型防水涂料 1.5 mm 厚 平面）	m²	340.950	5.50	5.73			0.76	0.72		1.27	13.98
		装饰											
58	010103001003	回填方 （1）密实度要求：满足设计和规范的要求 （2）填方材料品种：投标人根据设计要求验方后方可填，并符合相关工程的质量规范要求 （3）填方来源、运距：场内开挖土方调配	m³	149.370	7.69	0.04			0.53	0.50		0.88	9.64

分部分项工程量清单综合单价分析表

工程名称:福建省××敬老院

序号	项目编码	项目名称及特征描述	单位	工程量	综合单价组成(元)								综合单价(元)
					人工费	材料费	其中:设备费	施工机具使用费	企业管理费	利润	规费	税金	
58.1	10101100	回填工程(填人工夯实 平地)	m³	149.370	7.69	0.04			0.53	0.50		0.88	9.64
59	010501001002	垫层 (1)混凝土种类:非泵送商品混凝土 (2)混凝土强度等级:C15	m³	25.830	113.80	324.73			29.82	28.10		49.64	546.09
59.1	10105001T	基础(C15 预拌非泵送普通混凝土垫层)	m³	25.830	99.55	324.73			28.85	27.19		48.03	528.35
59.2	10105057	混凝土调整费(非泵送调整费)	m³	25.830	14.25				0.97	0.91		1.61	17.74
60	011101006002	平面砂浆找平层 (1)找平层厚度,砂浆配合比:30 厚1:3水泥砂浆	m²	329.850	15.32	10.04		0.71	1.77	1.67		2.95	32.46
60.1	10111002T	水泥砂浆找平层(在混凝土或硬基层面上 30 mm 厚)	m²	329.850	15.32	10.04		0.71	1.77	1.67		2.95	32.46
61	011102003001	块料楼地面 (1)卫生间、厨房、走廊、楼梯间 (2)结合层厚度,砂浆配合比:20 厚1:3硬性水泥砂浆结合层 (3)面层材料品种、规格、颜色:8 厚300×300浅色防滑面层 (4)嵌缝材料种类:干水泥擦缝	m²	660.930	36.17	38.16		0.45	5.09	4.79		8.47	93.13
61.1	10111045T	(地砖地面 水泥砂浆结合层 不勾缝 周长 1600 mm 以内)	m²	660.930	36.17	38.16		0.45	5.09	4.79		8.47	93.13
62	011102003002	块料楼地面 (1)餐厅 (2)结合层厚度,砂浆配合比:20 厚1:3干硬性水泥砂浆结合层 (3)面层材料品种、规格、颜色:10 厚600×600浅色防滑面层 (4)嵌缝材料种类:干水泥擦缝	m²	136.140	37.40	48.91		0.45	5.90	5.56		9.82	108.04

分部分项工程量清单综合单价分析表

工程名称:福建省××敬老院

序号	项目编码	项目名称及特征描述	单位	工程量	综合单价组成(元)								综合单价(元)
					人工费	材料费	其中:设备费	施工机具使用费	企业管理费	利润	规费	税金	
62.1	1011046T	(地砖楼地面 水泥砂浆结合层 不勾缝 周长 3200 mm 以内)	m²	136.140	37.40	48.91		0.45	5.90	5.56		9.82	108.04
63	01110200003003	块料楼地面 (1)管理办公室、医疗室、贮藏室、卧室、配电间、水电井、电梯间、消控中心 (2)结合层厚度,砂浆配合比:20厚1:3干硬性水泥砂浆结合层 (3)面层材料品种、规格、颜色:10厚800×800玻化砖面层 (4)嵌缝材料种类:干水泥擦缝	m²	933.870	37.40	80.39		0.45	8.04	7.58		13.39	147.25
63.1	1011046T	(地砖楼地面 水泥砂浆结合层 不勾缝 周长 3200 mm 以内)	m²	933.870	37.40	80.39		0.45	8.04	7.58		13.39	147.25
64	01110600002001	块料楼梯面层 (1)粘结层厚度,材料种类:20厚1:3干硬性水泥砂浆结合层 (2)面层材料品种、规格、颜色:8厚300×300浅色防滑砖面层 (3)防滑条材料种类、规格:工型铜防滑条	m²	96.880	106.44	116.68		0.61	15.23	14.33		25.33	278.61
64.1	10111109	地砖整体楼梯(水泥砂浆结合层 不勾缝)	m²	96.880	77.48	48.16		0.61	8.59	8.09		14.29	157.22
64.2	10111128	工型铜防滑条	m	387.500	7.24	17.13			1.66	1.56		2.76	30.35
65	01110100001002	水泥砂浆地面 (1)空调楼板,雨篷顶面 (2)面层厚度,砂浆配合比:10 mm厚水泥砂浆面层一次抹光	m²	111.840	12.28	3.42		0.22	1.08	1.02		1.80	19.82
65.1	10111016	水泥砂浆楼地面面层(一次抹光 10 mm厚)	m²	111.840	12.28	3.42		0.22	1.08	1.02		1.80	19.82

分部分项工程量清单综合单价分析表

工程名称：福建省××敬老院

序号	项目编码	项目名称及特征描述	单位	工程量	综合单价组成（元）								综合单价（元）
					人工费	材料费	其中：设备费	施工机具使用费	企业管理费	利润	规费	税金	
66	011105003001	块料踢脚线 （1）管理办公室、医疗室、贮藏室、餐厅、卧室、走廊 （2）踢脚线层厚度：150 mm （3）粘贴层厚度：10 厚 1：2 水泥砂浆粘贴 （4）面层材料品种、规格、颜色：10 厚玻化砖面层	m²	186.530	77.58	57.13		0.53	9.20	8.67		15.31	168.42
66.1	10111098T	楼地面地砖踢脚板（10 厚水泥砂浆结合层）	m²	186.530	77.58	57.13		0.53	9.20	8.67		15.31	168.42
67	011105003002	块料踢脚线 （1）楼梯间直段踢脚线 （2）踢脚线层厚度：150 mm （3）粘贴层厚度：10 厚 1：2 水泥砂浆粘贴 （4）面层材料品种、规格、颜色：8 厚浅色防滑清面层	m²	13.360	77.58	36.24		0.53	7.78	7.33		12.95	142.41
67.1	10111098T	楼地面地砖踢脚板（10 厚水泥砂浆结合层）	m²	13.360	77.58	36.24		0.53	7.78	7.33		12.95	142.41
68	011105003003	块料踢脚线 （1）楼梯间斜段踢脚线 （2）踢脚线层高度：150 mm （3）粘贴层厚度：10 厚 1：2 水泥砂浆粘贴 （4）面层材料品种、规格、颜色：8 厚浅色防滑清面层	m²	17.740	108.61	38.05		0.55	10.01	9.43		16.67	183.32
68.1	10111098T	楼地面地砖踢脚板（10 厚水泥砂浆结合层）楼梯段踢脚线	m²	17.740	108.61	38.05		0.55	10.01	9.43		16.67	183.32

分部分项工程量清单综合单价分析表

工程名称:福建省××敬老院

序号	项目编码	项目名称及特征描述	单位	工程量	综合单价组成(元)									综合单价(元)
					人工费	材料费	其中:设备费	施工机具使用费	企业管理费	利润	规费	税金		
69	01110800④001	水泥砂浆零星项目 (1)工程部位:梯侧 (2)找平层厚度,砂浆配合比:12 厚 1:3 水泥砂浆 (3)面层厚度,砂浆厚度:6 厚 1:2.5 水泥砂浆	m²	8.800	50.98	5.83		0.42	3.89	3.67		6.48	71.27
69.1	10112051	零星水泥砂浆(一般抹灰 12+6 mm厚)	m²	8.800	50.98	5.83		0.42	3.89	3.67		6.48	71.27
70	01120400③001	块料墙面 (1)厨房、卫生间 (2)安装方式:内墙 (3)粘状型建筑型建筑胶贴剂 (4)面层材料品种、规格、颜色:6 厚300×600浅色瓷砖 (5)找平层砂浆厚度,配合比:17 厚 1:3 水泥砂浆	m²	826.740	64.52	45.68		0.40	7.52	7.08		12.52	137.72
70.1	10112079T	内墙面面砖(每块面积≤0.20 m²粉状型建筑胶贴粘贴)	m²	826.740	45.73	40.14			5.84	5.50		9.72	106.93
70.2	10112013T	内墙面水泥砂浆找平抹灰(砖墙、混凝土墙 17 mm厚)	m²	826.740	18.79	5.54		0.40	1.68	1.58		2.80	30.79
71	01120100①001	墙面一般抹灰 (1)管理办公室、医疗室、贮藏室、厨房、餐厅、卧室、走廊、电梯间、水电井、配电间、消控中心等 (2)底层厚度,砂浆配合比:12 厚1:3水泥砂浆 (3)面层厚度,砂浆厚度:6 厚1:2.5水泥砂浆 (4)墙体类型:内墙	m²	3487.550	23.28	6.06		0.43	2.02	1.91		3.37	37.07
71.1	10112001	内墙面水泥砂浆一般抹灰(12+6 mm厚 砖墙、混凝土墙)	m²	3487.550	23.28	6.06		0.43	2.02	1.91		3.37	37.07

分部分项工程量清单综合单价分析表

工程名称：福建省××敬老院

序号	项目编码	项目名称及特征描述	单位	工程量	综合单价组成（元） 人工费	材料费	其中：设备费	施工机具使用费	企业管理费	利润	规费	税金	综合单价（元）
72	0114060001001	抹灰面油漆涂料 (1)管理办公室，医疗室，贮藏室，厨房、餐厅、卧室，走廊，电梯间，水电井、配电间，清控中心等 (2)部位：内墙 (3)基层类型：抹灰面 (4)油漆涂料品种、遍数（或厚度）：乳胶漆一底两面	m²	3487.550	12.31	7.15			1.32	1.25		2.20	24.23
72.1	10114133T	乳胶漆（室内 墙面 二遍）	m²	3487.550	12.31	7.15			1.32	1.25		2.20	24.23
73	0112010001002	墙面一般抹灰 (1)楼梯间 (2)墙体类型：内墙 (3)底层厚度，砂浆配合比：9厚1：0.5：3水泥石灰膏砂浆	m²	483.660	23.28	4.36		0.22	1.89	1.79		3.15	34.69
73.1	10112001T	内墙面水泥石灰膏砂浆一般抹灰（9 mm厚 砖墙、混凝土墙）	m²	483.660	23.28	4.36		0.22	1.89	1.79		3.15	34.69
74	0114060001002	抹灰面油漆涂料 (1)楼梯间 (2)部位：内墙 (3)基层类型：抹灰面 (4)腻子种类、遍数：腻子二遍 (5)油漆涂料品种、遍数（或厚度）：乳胶漆一底两面	m²	483.660	12.31	12.66			1.70	1.60		2.83	31.10
74.1	10114133	乳胶漆（室内 墙面 二遍）	m²	483.660	12.31	12.66			1.70	1.60		2.83	31.10
75	0112030004001	小型构件项目一般抹灰 (1)基层类型、部位：栏杆基座 (2)底层厚度，砂浆配合比：12厚1：3水泥砂浆 (3)面层厚度，砂浆配合比：6厚1：2.5水泥砂浆	m²	47.920	43.34	5.83		0.42	3.37	3.18		5.61	61.75

分部分项工程量清单综合单价分析表

工程名称：福建省××敬老院

序号	项目编码	项目名称及特征描述	单位	工程量	综合单价组成（元）								综合单价（元）
					人工费	材料费	其中：设备费	施工机具使用费	企业管理费	利润	规费	税金	
75.1	10112052	小型构件水泥砂浆（一般抹灰 12 ＋6 mm 厚）	m²	47.920	43.34	5.83			0.42	3.37	3.18		5.61	61.75
76	01120400 3002	块料墙面（1）墙体类型：外墙（2）安装方式：粉状型建筑胶贴剂（3）面层材料品种、规格、颜色：5 厚陶瓷锦砖（4）找平层砂浆厚度、配合比：9 厚 1∶3 水泥砂浆（5）界面剂类型：加气混凝土专用界面剂	m²	1427.670	83.31	38.94			0.23	8.32	7.84		13.86	152.50
76.1	10112131	陶瓷锦砖、玻璃马赛克（外墙面陶瓷锦砖 粉状型建筑胶贴剂粘贴）	m²	1427.670	47.42	35.36				5.63	5.30		9.37	103.08
76.2	10112018T	外墙面水泥砂浆找平抹灰（砖墙、混凝土墙 9 mm 厚）	m²	1427.670	33.40	3.06			0.23	2.49	2.35		4.15	45.68
76.3	10112061	界面剂，铺网（加气混凝土专用界面剂）	m²	1427.670	2.49	0.52				0.20	0.19		0.34	3.74
77	01120600 2001	块料零星项目（1）基层类型：混凝土线条（2）安装方式：粉状型建筑胶贴剂（3）面层材料品种、规格、颜色：5 厚陶瓷锦砖（4）找平层的砂浆厚度、配合比：9 厚 1∶3 水泥砂浆（5）界面剂类型：混凝土界面剂	m²	222.880	110.41	40.45			0.21	10.27	9.69		17.10	188.13
77.1	10112139	陶瓷锦砖、玻璃马赛克（外墙零星项目陶瓷锦砖 粉状型建筑胶贴剂粘贴）	m²	222.880	67.09	36.21				7.02	6.62		11.69	128.63
77.2	10112056T	零星水泥砂浆找平抹灰（9 mm 厚）	m²	222.880	40.95	2.78			0.21	2.99	2.82		4.98	54.73

分部分项工程量清单综合单价分析表

工程名称:福建省××敬老院

序号	项目编码	项目名称及特征描述	单位	工程量	综合单价组成(元)								综合单价(元)
					人工费	材料费	其中:设备费	施工机具使用费	企业管理费	利润	规费	税金	
77.3	10112060	界面剂、铺网(混凝土界面处理剂1.5 mm厚)	m²	222.880	2.37	1.46			0.26	0.25		0.43	4.77
78	011205002001	块料柱面 (1)柱截面类型、尺寸:矩形柱 (2)安装方式:粉状型建筑胶贴剂 (3)面层材料品种、规格、颜色:5厚陶瓷锦砖 (4)找平层的砂浆厚度、配合比:9厚1:3水泥砂浆 (5)界面剂类型:混凝土界面剂	m²	123.160	89.19	40.25		0.21	8.82	8.31		14.67	161.45
78.1	10112135	陶瓷锦砖、玻璃马赛克(外墙柱(梁)面陶瓷锦砖粉状型建筑胶贴剂粘贴)	m²	123.160	51.92	36.01			5.98	5.63		9.95	109.49
78.2	10112049T	外墙面水泥砂浆找平抹灰(梁)9 mm厚	m²	123.160	34.90	2.78		0.21	2.58	2.43		4.29	47.19
78.3	10112060	界面剂、铺网(混凝土界面处理剂1.5 mm厚)	m²	123.160	2.37	1.46			0.26	0.25		0.43	4.77
79	011201001003	墙面一般抹灰:女儿墙 (1)墙体类型:女儿墙 (2)底层厚度,砂浆配合比:12厚1:3水泥砂浆 (3)面层厚度,砂浆配合比:6厚1:2.5水泥砂浆	m²	183.640	25.61	6.06		0.48	2.19	2.06		3.64	40.04
79.1	10112001T	内墙面水泥砂浆一般抹灰(12+6 mm厚 砖墙、混凝土墙)	m²	183.640	25.61	6.06		0.48	2.19	2.06		3.64	40.04
80	011302001001	天棚吊顶 (1)龙骨材料种类、规格、中距:装配式U型轻钢(不上人型)面层规格300 mm×300 mm平面 (2)面层材料品种、规格:300×300方形铝扣板	m²	166.060	36.68	100.67		2.88	9.54	8.99		15.87	174.63

分部分项工程量清单综合单价分析表

工程名称：福建省××敬老院

序号	项目编码	项目名称及特征描述	单位	工程量	综合单价组成（元）									综合单价（元）
					人工费	材料费	其中：设备费	施工机具使用费	企业管理费	利润	规费	税金		
80.1	10113015	天棚龙骨（装配式 U 型轻钢（不上人型）面层规格 300 mm×300 mm 平面）	m²	166.060	22.38	34.12		2.88	4.04	3.81		6.72		73.95
80.2	10113108	天棚面层（方形铝扣板 300 mm×300 mm）	m²	166.060	14.30	66.55			5.50	5.18		9.15		100.68
81	011301001001	天棚抹灰 (1) 管理办公室、医疗室、贮藏室、厨房、餐厅、卧室、走廊灯等 (2) 基层类型：混凝土面 (3) 抹灰厚度、材料种类：底层 5 厚 1∶0.5∶3 水泥石灰膏砂浆、面层 3 厚 1∶0.5∶2.5 水泥石灰膏砂浆	m²	1831.990	21.29	3.78		0.25	1.72	1.62		2.87		31.53
81.1	10113001T	天棚抹灰（水泥石灰膏砂浆天棚混凝土面 8 mm 现浇）	m²	1831.990	21.29	3.78		0.25	1.72	1.62		2.87		31.53
82	011406001003	抹灰面油漆涂料 (1) 部位：天棚 (2) 基层类型：抹灰面 (3) 油漆涂料品种、遍数（或厚度）：乳胶漆一底漆两面	m²	1831.990	15.40	7.15			1.53	1.44		2.55		28.07
82.1	10114134T	乳胶漆（室内 天棚面二遍）	m²	1831.990	15.40	7.15			1.53	1.44		2.55		28.07
83	011301001002	天棚抹灰 (1) 基层类型：混凝土面 (2) 抹灰厚度、材料种类：5 厚 1∶0.5∶3 水泥石灰膏砂浆	m²	233.090	21.29	2.36		0.16	1.62	1.53		2.70		29.66
83.1	10113001T	天棚抹灰（水泥砂浆天棚 混凝土面 5 mm 现浇）	m²	233.090	21.29	2.36		0.16	1.62	1.53		2.70		29.66

分部分项工程量清单综合单价分析表

工程名称：福建省××敬老院

序号	项目编码	项目名称及特征描述	单位	工程量	综合单价组成（元）								综合单价（元）
					人工费	材料费	其中：设备费	施工机具使用费	企业管理费	利润	规费	税金	
84	01140600104	抹灰面油漆涂料 (1)部位：天棚 (2)基层类型：抹灰面 (3)腻子种类、遍数：腻子二遍 (4)油漆涂料品种、遍数（或厚度）：乳胶漆一底两面	m²	233.090	15.40	12.66			1.91	1.80		3.18	34.95
84.1	10114134	乳胶漆（室内天棚面二遍）	m²	233.090	15.40	12.66			1.91	1.80		3.18	34.95
85	01130100103	天棚抹灰 (1)基层类型：混凝土面 (2)抹灰厚度，材料种类：底层5厚1:3水泥砂浆，面层3厚1:2.5水泥砂浆	m²	274.050	21.29	2.65		0.25	1.64	1.55		2.74	30.12
85.1	10113001	天棚抹灰（水泥砂浆天棚混凝土面8mm现浇）	m²	274.050	21.29	2.65		0.25	1.64	1.55		2.74	30.12
86	010802003001	钢质防火门 (1)门框，扇材质：乙级钢质防火门（含门锁，闭门器）	m²	21.840	44.10	346.00			26.53	25.00		44.16	485.79
86.1	10108028T	钢质防火、防盗门（钢质防火门）	m²	21.840	44.10	346.00			26.53	25.00		44.16	485.79
87	010802001001	金属（塑钢）门 (1)门框，扇材质：铝合金平开门（含五金配件，安装） (2)玻璃品种，厚度：8厚钢化玻璃	m²	165.900	72.09	386.54		3.49	31.42	29.62		52.32	575.48
87.1	10108017T	铝合金门（铝合金平开门制作）	m²	165.900	35.00	368.91		3.49	27.70	26.11		46.12	507.33
87.2	10108019	铝合金门（铝合金平开门安装）	m²	165.900	37.09	17.63			3.72	3.51		6.20	68.15
88	010807001001	金属（塑钢、断桥）窗（铝合金推拉窗（含五金配件，安装） (1)框，扇材质：铝合金推拉窗（含五金配件，安装） (2)玻璃品种，厚度：8厚钢化玻璃	m²	356.470	65.30	233.09		3.60	20.53	19.35		34.19	376.06

分部分项工程量清单综合单价分析表

工程名称：福建省××敬老院

序号	项目编码	项目名称及特征描述	单位	工程量	综合单价组成（元）								综合单价（元）
					人工费	材料费	其中：设备费	施工机具使用费	企业管理费	利润	规费	税金	
88.1	10108071T	铝合金窗（铝合金推拉窗制作）	m²	356.470	35.00	215.28		3.60	17.26	16.27		28.74	316.15
88.2	10108075	铝合金窗（铝合金推拉窗安装）	m²	356.470	30.30	17.81			3.27	3.08		5.45	59.91
89	010807001002	金属（塑钢、断桥）窗 (1)框、扇材质：铝合金固定窗（含五金配件、安装） (2)玻璃品种、厚度：8厚钢化玻璃	m²	61.950	65.24	205.11		2.07	18.52	17.45		30.84	339.23
89.1	10108072T	铝合金窗（铝合金固定窗制作）	m²	61.950	35.00	182.69			14.94	14.08		24.88	273.66
89.2	10108076	铝合金窗（铝合金固定窗安装）	m²	61.950	30.24	22.42		2.07	3.58	3.37		5.96	65.57
90	010807001003	金属（塑钢、断桥）窗 (1)框、扇材质：铝合金平开窗（含五金配件、安装） (2)玻璃品种、厚度：8厚钢化玻璃	m²	14.250	67.37	361.60		3.46	29.40	27.71		48.96	538.50
90.1	10108070T	铝合金窗（铝合金平开窗制作）	m²	14.250	35.00	338.77			25.65	24.17		42.71	469.76
90.2	10108074	铝合金窗（铝合金平开窗安装）	m²	14.250	32.37	22.83		3.46	3.75	3.54		6.25	68.74
91	011503001001	金属扶手、栏杆、栏板 (1)无障碍道扶手 H=900 mm，做法详12J926-H4 (2)扶手材料种类、规格：Φ40×2，Φ30×2不锈钢管扶手 (3)栏杆材料种类、规格：Φ20×2不锈钢管管立杆，间距750	m	28.250	124.14	79.16		14.37	14.80	13.95		24.64	271.06
91.1	10115086T	不锈钢栏杆（不锈钢扶手）	m	28.250	124.14	79.16		14.37	14.80	13.95		24.64	271.06
92	011503001002	金属扶手、栏杆、栏板 (1)走廊栏杆 H=750 mm，做法详15J403-1 A、B/D18 (2)扶手材料种类、规格：40×80×3镀锌方管扶手 (3)栏杆方管立柱、间距1200，20×20×2镀锌方管、净距110，40×40×2镀锌方管横管	m	102.600	66.77	88.67		14.09	11.53	10.86		19.19	211.11

分部分项工程量清单综合单价分析表

工程名称：福建省××敬老院

序号	项目编码	项目名称及特征描述	单位	工程量	综合单价组成（元）								综合单价（元）
					人工费	材料费	其中：设备费	施工机具使用费	企业管理费	利润	规费	税金	
92.1	10115096T	型钢栏杆（型钢扶手）	m	102.600	66.77	88.67		14.09	11.53	10.86		19.19	211.11
93	011503001003	金属扶手、栏杆、栏板 (1)楼梯栏杆 H=900 mm，做法详楼梯栏杆大样图 (2)扶手材料种类、规格：Φ50×3.5 不锈钢管扶手 (3)栏杆材料种类、规格：Φ20×2 不锈钢管立杆.间距130	m	55.580	124.14	78.31		14.37	14.74	13.89		24.55	270.00
93.1	10115086T	不锈钢栏杆（不锈钢扶手）	m	55.580	124.14	78.31		14.37	14.74	13.89		24.55	270.00
94	011503001004	金属扶手、栏杆、栏板 (1)楼梯栏杆 H=1100 mm，做法详楼梯栏杆大样图 (2)扶手材料种类、规格：Φ50×3.5 不锈钢管扶手 (3)栏杆材料种类、规格：Φ20×2 不锈钢管立杆.间距130	m	3.020	124.14	85.10		14.37	15.21	14.33		25.32	278.47
94.1	10115086T	不锈钢栏杆（不锈钢扶手）	m	3.020	124.14	85.10		14.37	15.21	14.33		25.32	278.47
95	011503005001	金属靠墙扶手 (1)楼梯靠墙扶手 H=1100 mm，做法详15J403-1-K8/E4 (2)扶手材料种类、规格：Φ50×2 不锈钢管	m	140.380	51.18	48.26		3.02	6.97	6.57		11.60	127.60

分部分项工程量清单综合单价分析表

工程名称：福建省××敬老院

序号	项目编码	项目名称及特征描述	单位	工程量	综合单价组成（元）								综合单价（元）
					人工费	材料费	其中：设备费	施工机具使用费	企业管理费	利润	规费	税金	
95.1	10115109T	靠墙扶手（扶手 不锈钢）	m	140.380	51.18	48.26		3.02	6.97	6.57		11.60	127.60
96	011503001005	金属扶手、栏杆、栏板 (1)空调板栏杆 $H=600$ mm (2)栏杆材料种类、规格：25×25×2.5 方钢栏杆	m	49.800	66.77	99.54		14.09	12.27	11.56		20.42	224.65
96.1	10115096T	方钢栏杆	m	49.800	66.77	99.54		14.09	12.27	11.56		20.42	224.65

总价措施项目清单与计价表

工程名称：福建省××敬老院   第1页　共1页

序号	项目名称	计算基础（元）	费率(%)	金额(元)
1	安全文明施工费	3714046.00	3.580	132963.00
2	其他总价措施费	3714046.00	0.350	13000.00
	合　计			145963.00

单价措施项目清单与计价表

工程名称：福建省××敬老院   第1页　共2页

序号	项目编码	项目名称	项目特征描述	计量单位	工程量	综合单价	合价
						金额(元)	
		单项工程					
		房屋建筑与装饰工程					
		土石方					
1	011705001001	大型机械设备进出场及安拆		项	1.000	1749.80	1749.80
		一般土建					
2	011701002001	外脚手架及垂直封闭安全网	(1)服务对象:外墙 (2)搭设方式:落地式 (3)搭设高度:30 m以内 (4)脚手架材质:扣件式双排钢管脚手架 (5)安全网材质:阻燃安全网	m²	2076.220	64.63	134186.10
3	011701003001	砌筑脚手架	(1)服务对象:内、外砌体墙(2)搭设高度:3.6 m以内	m²	3031.200	3.44	10427.33
4	011702033001	垫层模板	(1)构件类型:垫层	m²	115.660	66.62	7705.27
5	011702001001	基础模板	(1)基础类型:独立基础	m²	115.890	68.42	7929.19
6	011702005001	基础梁模板	(1)构件形状:矩形基础梁(无底模)	m²	290.150	59.84	17362.58
7	011702002001	柱模板	(1)支撑高度:3.6 m以内 (2)构件形状:独立矩形柱	m²	779.760	70.91	55292.78
8	011702002002	柱模板	(1)支撑高度:3.6～4.2 m (2)构件形状:独立矩形柱	m²	242.380	71.94	17436.82
9	011702003001	构造柱模板	(1)支撑高度:3.6 m以内	m²	110.610	89.19	9865.31
10	011702006001	梁模板	(1)支撑高度:3.6 m以内(2)构件形状:矩形梁	m²	37.890	85.43	3236.94

单价措施项目清单与计价表

工程名称：福建省××敬老院　　　　　　　　　　　　　　　　　　　第 2 页　共 2 页

序号	项目编码	项目名称	项目特征描述	计量单位	工程量	金额（元）	
						综合单价	合价
11	011702014001	有梁板模板	(1)支撑高度:3.6 m 以内	m²	3060.610	66.90	204754.81
12	011702008001	圈梁模板	(1)支撑高度:3.6 m 以内	m²	479.660	63.18	30304.92
13	011702009001	过梁模板	(1)支撑高度:3.6 m 以内	m²	54.930	81.79	4492.72
14	011702011001	墙模板	(1)支撑高度:3.6 m 以内	m²	96.730	64.47	6236.18
15	011702024001	楼梯模板	(1)楼梯类型:板式楼梯 (2)支撑高度:3.6 m 以内 (3)构件形状:直行双跑	m²	96.880	166.18	16099.52
16	011702025001	其他现浇构件模板	(1)构件类型:压顶	m²	144.220	64.77	9341.13
17	011702025002	其他现浇构件模板	(1)构件类型:地沟	m²	228.310	76.14	17383.52
18	011702023001	雨篷、悬挑构件模板	(1)构件类型:雨篷 (2)支撑高度:3.6 m 以内	m²	36.790	107.03	3937.63
19	011702027001	台阶模板	(1)台阶踏步宽:300 mm	m²	14.370	34.54	496.34
20	011703001001	垂直运输	(1)建筑物建筑类型及结构形式:居住建筑、现浇框架结构 (2)建筑物檐口高度、层数:檐口高度 13.05 m、4 层	项	1.000	166240.80	166240.80
21	011705001002	大型机械设备进出场及安拆		项	1.000	38086.81	38086.81
			装饰				
		合　计					762566.50

单价措施项目清单综合单价分析表

工程名称：福建省××敬老院

第 1 页 共 4 页

序号	项目编码	项目名称及特征描述	单位	工程量	综合单价组成（元）							综合单价（元）
					人工费	材料费	施工机具使用费	企业管理费	利润	规费	税金	
		单项工程										
		房屋建筑与装饰工程										
		土石方										
1	011705001001	大型机械设备进出场及拆	项	1.000		178.71	1226.43	95.55	90.04		159.07	1749.80
1.1	10117123	履带式单斗挖掘机进出场费（1 m³ 以内）	台次	1.000		178.71	1226.43	95.55	90.04		159.07	1749.80
		一般土建										
2	011701002001	外脚手架及垂直封闭安全网 (1)服务对象：外墙 (2)搭设方式：落地式 (3)搭设高度：30 m 以内 (4)脚手架材质：扣件式双排钢管脚手架 (5)安全网材质：阻燃安全网	m²	2076.220	24.06	27.18	0.67	3.53	3.32		5.87	64.63
2.1	10117001T	外脚手架（落地式钢管）(外墙扣件式钢管脚手架 双排 建筑物高度 30 m 以内)	m²	2076.220	20.85	23.48	0.67	3.06	2.88		5.09	56.03
2.2	10117015	建筑物垂直封闭（阻燃安全网 檐高 30 m 以内）	m²	2076.220	3.21	3.70		0.47	0.44		0.78	8.60
3	011701003001	砌筑脚手架 (1)服务对象：内、外砌体墙 (2)搭设高度：3.6 m 以内	m²	3031.200	1.96	0.32	0.48	0.19	0.18		0.31	3.44
3.1	10117017	砌筑脚手架（里脚手架）	m²	3031.200	1.96	0.32	0.48	0.19	0.18		0.31	3.44
4	011702033001	垫层模板 (1)构件类型：垫层	m²	115.660	37.87	14.98	0.64	3.64	3.43		6.06	66.62
4.1	10117035	现浇混凝土胶合模板（基础垫层）	m²	115.660	37.87	14.98	0.64	3.64	3.43		6.06	66.62
5	011702001001	基础模板 (1)基础类型：独立基础	m²	115.890	33.64	20.50	0.80	3.74	3.52		6.22	68.42

单价措施项目清单综合单价分析表

工程名称:福建省××敬老院　　　　　　　　　　　　　　　　　　　　

序号	项目编码	项目名称及特征描述	单位	工程量	综合单价组成(元)							综合单价(元)
					人工费	材料费	施工机具使用费	企业管理费	利润	规费	税金	
		单项工程										
		房屋建筑与装饰工程										
		土石方										
5.1	10117037	现浇混凝土胶合板模板(基础 独立基础)	m²	115.890	33.64	20.50	0.80	3.74	3.52		6.22	68.42
6	011702005001	基础梁模板 (1)构件形状:矩形基础梁(无底模)	m²	290.150	25.40	21.82	0.83	3.27	3.08		5.44	59.84
6.1	10117041	现浇混凝土胶合板模板(基础 无底模 基础梁,地圈梁)	m²	290.150	25.40	21.82	0.83	3.27	3.08		5.44	59.84
7	011702002001	柱模板 (1)支撑高度:3.6 m以内 (2)构件形状:独立矩形柱	m²	779.760	35.66	20.64	0.64	3.87	3.65		6.45	70.91
7.1	10117045	现浇混凝土胶合板模板(柱 独立矩形柱)	m²	779.760	35.66	20.64	0.64	3.87	3.65		6.45	70.91
8	011702002002	柱模板 (1)支撑高度:3.6~4.2 m (2)构件形状:独立矩形柱	m²	242.380	36.49	20.64	0.64	3.93	3.70		6.54	71.94
8.1	10117045	现浇混凝土胶合板模板(柱 独立矩形柱)	m²	242.380	35.66	20.64	0.64	3.87	3.65		6.45	70.91
8.2	10117085	增加费(柱、墙模板支撑高度超过3.6 m,不超过6 m每增加0.5 m)	m²	242.380	0.83			0.06	0.05		0.09	1.03
9	011702003001	构造柱模板 (1)支撑高度:3.6 m以内	m²	110.610	48.63	22.35	0.64	4.87	4.59		8.11	89.19
9.1	10117048	现浇混凝土胶合板模板(柱 构造柱)	m²	110.610	48.63	22.35	0.64	4.87	4.59		8.11	89.19

单价措施项目清单综合单价分析表

工程名称：福建省××敬老院

序号	项目编码	项目名称及特征描述	单位	工程量	综合单价组成（元）							综合单价（元）
					人工费	材料费	施工机具使用费	企业管理费	利润	规费	税金	
10	011702006001	梁模板 （1）支撑高度：3.6 m以内 （2）构件形状：矩形梁	m²	37.890	39.26	27.61	1.73	4.66	4.40		7.77	85.43
10.1	10117049	现浇混凝土胶合板模板（梁 单梁、连续梁）	m²	37.890	39.26	27.61	1.73	4.66	4.40		7.77	85.43
11	011702014001	有梁板模板 （1）支撑高度：3.6 m以内	m²	3060.610	31.42	21.11	1.20	3.65	3.44		6.08	66.90
11.1	10117053	现浇混凝土胶合板模板（板 有梁板）	m²	3060.610	31.42	21.11	1.20	3.65	3.44		6.08	66.90
12	011702008001	圈梁模板 （1）支撑高度：3.6 m以内	m²	475.660	32.85	17.24	0.65	3.45	3.25		5.74	63.18
12.1	10117051	现浇混凝土胶合板模板（梁 圈梁）	m²	475.660	32.85	17.24	0.65	3.45	3.25		5.74	63.18
13	011702009001	过梁模板 （1）支撑高度：3.6 m以内	m²	54.930	46.05	18.88	0.74	4.47	4.21		7.44	81.79
13.1	10117052	现浇混凝土胶合板模板（梁 过梁）	m²	54.930	46.05	18.88	0.74	4.47	4.21		7.44	81.79
14	011702011001	墙模板 （1）支撑高度：3.6 m以内	m²	96.730	31.75	19.11	0.91	3.52	3.32		5.86	64.47
14.1	10117062	现浇混凝土胶合板模板（墙 直形墙）	m²	96.730	31.75	19.11	0.91	3.52	3.32		5.86	64.47
15	011702024001	楼梯模板 （1）楼梯类型：板式楼梯 （2）支撑高度：3.6 m以内 （3）构件形状：直行双跑	m²	96.880	88.30	43.40	1.75	9.07	8.55		15.11	166.18
15.1	10117066	现浇混凝土胶合板模板（楼梯 直形楼梯 板式）	m²	96.880	88.30	43.40	1.75	9.07	8.55		15.11	166.18
16	011702025001	其他现浇构件模板 （1）构件类型：压顶	m²	144.220	34.29	17.29	0.43	3.54	3.33		5.89	64.77

单价措施项目清单综合单价分析表

工程名称:福建省××敬老院

序号	项目编码	项目名称及特征描述	单位	工程量	综合单价组成(元)							综合单价(元)
					人工费	材料费	施工机具使用费	企业管理费	利润	规费	税金	
16.1	10117070	现浇混凝土胶合板模板(其他构件 压顶)	m²	144.220	34.29	17.29	0.43	3.54	3.33		5.89	64.77
17	01170202S002	其他现浇构件模板 (1)构件类型:地沟	m²	228.310	30.50	29.19	1.45	4.16	3.92		6.92	76.14
17.1	10117073	现浇混凝土胶合板模板(地沟)	m²	228.310	30.50	29.19	1.45	4.16	3.92		6.92	76.14
18	01170202S3001	雨篷、悬挑构件模板 (1)构件类型:雨篷 (2)支撑高度:3.6 m以内	m²	36.790	63.57	20.46	1.92	5.84	5.51		9.73	107.03
18.1	10117059	现浇混凝土胶合板模板(板 雨篷)	m²	36.790	63.57	20.46	1.92	5.84	5.51		9.73	107.03
19	01170202S7001	台阶模板 (1)台阶踏步宽:300 mm	m²	14.370	18.12	9.16	0.45	1.89	1.78		3.14	34.54
19.1	10117069	现浇混凝土胶合板模板(其他构件 台阶)	m²	14.370	18.12	9.16	0.45	1.89	1.78		3.14	34.54
20	01170300S1001	垂直运输 (1)建筑物建筑类型及结构形式:居住建筑,现浇框架结构 (2)建筑物檐口高度、层数:檐口高度13.05 m,4层	项	1.000	72000.00	6962.40	54534.60	9077.40	8553.60		15112.80	166240.80
20.1	10117093T	垂直运输工程(施工电梯使用费 建筑物檐高50 m以内)	部·天	180.000	400.00	38.68	302.97	50.43	47.52		83.96	923.56
21	01170500S1002	大型机械设备进出场及安拆	项	1.000	6794.64	11061.91	13319.10	1915.95	1805.50		3189.71	38086.81
21.1	10117138	施工电梯进出场费(建筑物檐高50 m以内)	台次	1.000	800.00	39.23	9627.62	711.75	670.72		1184.93	13034.25
21.2	10117177T	施工电梯安装、拆卸费(建筑物檐高50 m以内)	台次	1.000	4420.00	27.93	3632.52	549.47	517.80		914.77	10062.49
21.3	10117206T	C25预拌泵送普通混凝土施工电梯固定式基础(平台式)	座	1.000	1574.64	7994.75	58.96	654.73	616.98		1090.01	11990.07
21.4	BA-2	施工电梯检测	台·次	2.000		1500.00						1500.00

人工、材料设备、机械汇总表

工程名称：福建省××敬老院

序号	工料机编码	工料机名称	规格、型号等特殊要求	单位	数量	单价	合价
一		人工					0
1	00010040	定额人工费		元			1278185.90
二		材料					
1	01010270	螺纹钢筋	HRB400Φ18	t	0.463	3594.83	1664.91
2	01010330	螺纹钢筋	HRB400EΦ12	t	6.859	3620.69	24835.40
3	01010340	螺纹钢筋	HRB400EΦ14	t	10.760	3577.59	38496.48
4	01010350	螺纹钢筋	HRB400EΦ16	t	18.111	3594.83	65105.70
5	01010360	螺纹钢筋	HRB400EΦ18	t	1.237	3594.83	4447.43
6	01010370	螺纹钢筋	HRB400EΦ20	t	1.295	3594.83	4653.78
7	01010380	螺纹钢筋	HRB400EΦ22	t	3.755	3594.83	13497.06
8	01010390	螺纹钢筋	HRB400EΦ25	t	2.948	3594.83	10597.20
9	01010600	线材	HRB400EΦ10	t	30.267	3844.83	116373.32
10	01030140	镀锌铁丝	22#	kg	709.495	4.49	3185.63
11	01090240	圆钢	Φ6	t	8.026	3663.79	29406.97
12	01090270	圆钢	Φ8	t	6.983	3620.69	25282.99
13	01090290	圆钢	Φ10	t	4.057	3642.24	14776.83
14	01110010	方钢	综合	kg	398.400	3.38	1345.00
15	01210010	角钢	综合	kg	66.424	3.71	246.23
16	01510020	铝合金型材	综合	kg	4592.529	18.80	86339.54
17	01610250	铁件	综合	kg	178.231	3.67	654.11
18	02190370	钢筋丝头保护帽	Φ22	个	109.080	0.03	3.27
19	02190380	钢筋丝头保护帽	Φ25	个	44.440	0.04	1.78
20	03014950	拉杆螺栓		kg	59.254	5.70	337.75
21	03130620	焊剂		kg	31.412	4.30	135.07
22	03131970	低合金钢焊条	E43 系列	kg	226.844	12.14	2753.88
23	03210080	不锈钢装饰盖	Φ59	个	202.428	1.07	216.60
24	03210110	不锈钢装饰盖	Φ63	个	37.420	1.28	47.90
25	03210110	不锈钢装饰盖	Φ50	个	77.622	1.28	99.36
26	03210260	钢板网	δ1	m²	693.924	4.63	3212.87
27	03210390	钢丝网		m²	2012.147	6.54	13159.44
28	03230130	螺纹套筒	Φ22	个	54.540	1.59	86.72
29	03230160	螺纹套筒	Φ25	个	22.220	1.72	38.22
30	04010001	水泥	32.5	kg	31171.266	0.45	13964.73
31	04010090	袋装水泥	42.5	kg	830.496	0.47	393.66
32	04010170	散装水泥	42.5	kg	302828.119	0.45	135667.00
33	04030120	中(细)砂	损耗 2%＋膨胀 1.18	m³	65.522	191.50	12547.55
34	04030150	中(粗)砂	损耗 2%＋膨胀 1.18	m³	22.029	145.63	3208.05

人工、材料设备、机械汇总表

工程名称：福建省××敬老院　　　　　　　　　　　　　　　　　　　

序号	工料机编码	工料机名称	规格、型号等特殊要求	单位	数量	单价	合价
35	04030230	净干砂(机制砂)		m³	716.908	87.38	62643.42
36	04050220	碎石	Φ5-20	m³	12.583	97.09	1221.72
37	04050230	碎石	Φ5-25	m³	413.406	97.09	40137.58
38	04050240	碎石	Φ5-31.5	m³	133.189	92.23	12284.03
39	04050430	卵石		m³	9.980	82.52	823.59
40	04090030	粉煤灰	Ⅱ级	kg	53196.165	0.18	9575.31
41	04090080	海菜粉		kg	1.834	58.12	106.59
42	04090170	石灰膏		m³	3.281	617.77	2026.61
43	04090250	生石灰		kg	597.343	0.62	370.35
44	04090350	粘土		m³	2.827	32.04	90.57
45	04090360	粘土膏		m³	3.059	29.01	88.75
46	04130540	烧结煤矸石普通砖	240×115×53	块	7292.967	0.33	2406.68
47	04130600	烧结煤矸石空心砖	190×190×90	块	5731.716	0.61	3496.35
48	04130610	烧结煤矸石空心砖	190×190×190	块	24402.567	1.23	30015.16
49	04150090	加气混凝土砌块	A5.0	m³	194.921	265.05	51663.83
50	04270100	混凝土内撑条	20 mm×25 mm	m	594.641	0.81	481.66
51	05030030	杉板材		m³	0.076	1611.11	122.44
52	05030040	松板材		m³	1.032	1581.20	1631.80
53	05030060	杉枋材		m³	0.248	1549.15	384.84
54	05030070	松枋材		m³	0.688	1495.73	1029.06
55	05030210	杉木锯材		m³	9.551	1666.67	15917.72
56	05030220	松木锯材		m³	37.604	1331.41	50065.94
57	05030240	枕木	综合	m³	0.080	1889.74	151.18
58	06050020	钢化玻璃	δ8	m²	566.932	65.52	37145.35
59	07010070	瓷质面砖	150×150	m²	92.726	14.05	1302.80
60	07010120	瓷质面砖	300×600	m²	859.810	36.75	31598.00
61	07050020	玻化砖	800×800	m²	971.225	66.73	64809.83
62	07050050	玻化砖	300×150	m²	193.991	50.00	9699.56
63	07050050	防滑砖	300×150	m²	39.506	29.91	1181.64
64	07050120	防滑砖	300×300	m²	820.934	26.38	21656.23
65	07050150	防滑砖	600×600	m²	141.586	36.46	5162.21
66	07070001	陶瓷锦砖	本色	m²	1816.105	32.91	59768.02
67	08030001	芝麻灰花岗岩	30 mm	m²	38.915	77.59	3019.23
68	09050190	铝扣板	300×300	m²	174.363	63.38	11051.13
69	10010070	轻钢龙骨(不上人型)	平面 300×300	m²	174.363	27.46	4788.01
70	11030040	乙级钢质防火门	综合 含门锁,闭门器	m²	21.458	349.14	7491.73
71	12030460	铝合金压条	30×3	m	208.341	3.66	762.53

人工、材料设备、机械汇总表

工程名称：福建省××敬老院

序号	工料机编码	工料机名称	规格、型号等特殊要求	单位	数量	单价	合价
72	12030470	铜防滑条	⊥型 宽30	m	410.750	15.81	6493.96
73	12210140	不锈钢装饰圆管	Φ20	m	177.310	13.59	2409.64
74	12210190	不锈钢装饰圆管	Φ50	m	62.116	28.12	1746.70
75	13010670	内墙用乳胶漆底漆		kg	701.998	14.30	10038.57
76	13030480	腻子粉		kg	1473.236	2.70	3977.74
77	13030680	内墙用乳胶漆面漆		kg	1680.083	18.97	31871.17
78	13310020	石油沥青		kg	38.625	2.26	87.29
79	13330070	SBS改性沥青玻璃布胎防水卷材(铝箔)	3 mm	m²	532.407	11.67	6213.18
80	13350310	嵌缝油膏	CSPE 330 mL	支	225.596	4.16	938.48
81	13350610	水泥基渗透结晶防水涂料	I 型	kg	1819.014	3.20	5820.85
82	13350660	聚氨酯发泡密封胶	750 ml/支	支	872.650	2.21	1928.56
83	13410030	嵌缝料		kg	479.739	5.63	2700.93
84	14230060	滑石粉		kg	74.084	0.48	35.56
85	14350010	泵送剂	TW-5	kg	83.709	8.00	669.67
86	14350630	微膨胀剂	AEA	kg	2578.753	1.20	3094.50
87	14351100	减水剂	WR-S	kg	3004.001	3.57	10724.28
88	14390200	乙炔气		m³	40.081	27.49	1101.83
89	14410070	玻璃胶	300 ml	支	1084.951	8.90	9656.06
90	14410090	玻璃胶	350g	支	298.483	11.54	3444.50
91	14410310	加气混凝土界面剂粉料		kg	983.665	0.59	580.36
92	14410320	加气混凝土界面剂胶料		kg	489.691	0.29	142.01
93	14410970	粉状型建筑胶粘剂		kg	11207.157	0.36	4034.58
94	15010510	橡胶石棉垫圈	δ4	kg	15.706	7.15	112.30
95	15130001	聚苯颗粒		m³	60.440	221.00	13357.30
96	15130010	聚苯颗粒胶粉料		kg	8513.444	1.71	14557.99
97	15130140	挤塑板	40 mm	m²	385.948	25.00	9648.69
98	17010310	焊接钢管		kg	105.015	3.97	417.12
99	17010450	焊接钢管	DN25	m	149.400	9.65	1440.96
100	17050001	不锈钢管		kg	537.234	15.42	8284.16
101	17090001	方钢管		kg	2153.677	3.74	8054.75
102	17251260	硬聚氯乙烯管	Φ15	m	467.606	2.51	1173.69
103	33010040	吊杆		kg	39.323	4.79	188.36
104	33010290	钢支撑及扣件		kg	24.960	3.67	91.60

人工、材料设备、机械汇总表

工程名称：福建省××敬老院

序号	工料机编码	工料机名称	规格、型号等特殊要求	单位	数量	单价	合价
105	34110030	电		kW·h	9945.000	0.70	6961.50
106	34110080	水		m³	239.832	2.50	599.58
107	35010140	胶合板	18厚、一级、酚醛	m²	1456.991	36.21	52757.66
108	35020060	蝴蝶扣		个	74.753	1.89	141.28
109	35030030	固定底座		个·月	2605.182	0.43	1120.23
110	35030050	可调托座		个·月	2665.369	0.77	2052.33
111	35030080	钢管	Φ48.3×3.6	t·月	95.429	68.72	6557.91
112	35030090	钢管使用费		t·月	260.358	86.21	22445.46
113	35030190	扣件		个	10.003	5.81	58.12
114	35030200	扣件		个·月	24141.029	0.17	4103.97
115	35030210	扣件、底座使用费		个·月	40361.717	0.22	8879.58
116	35030310	木脚手板	500 mm	m³	0.303	1546.15	468.67
117	35030320	竹脚手板		m²	206.376	3.86	796.61
118	35050070	密目安全网（阻燃）	1.5×6	m²	2180.031	3.08	6714.50
119	49000992	施工电梯检测费		项	2.000	1500.00	3000.00
120	49010040	其他材料费		元	31240.011	1.00	31240.01
121	49010120	加气混凝土砌筑专用砂浆胶结料		kg	4062.212	1.15	4671.54
122	49010320	小五金费用		元	14418.402	1.00	14418.40
123	80010040	水泥砂浆	1∶3(32.5)	m³	44.139	377.07	16643.57
124	80010340	干硬性水泥砂浆	1∶3	m³	3.128	290.60	909.09
125	80010350	现拌砌筑砂浆	M5(42.5) 砂子 4.75 mm 稠度 50～70 mm	m³	0.409	174.89	71.58
126	80010460	现拌抹灰砂浆	1∶1 M55(42.5) 砂子 4.75 mm 稠度 50～70 mm	m³	0.447	646.18	288.97
127	80010480	现拌抹灰砂浆	1∶2 M45(42.5) 砂子 4.75 mm 稠度 50～70 mm	m³	7.122	377.84	2690.84
128	80010490	现拌抹灰砂浆	1∶2.5 M40(42.5) 砂子 4.75 mm 稠度 50～70 mm	m³	26.141	330.89	8649.99
129	80010500	现拌抹灰砂浆	1∶3 M30(42.5) 砂子 4.75 mm 稠度 50～70 mm	m³	108.423	290.57	31504.59
130	80050040	混合砂浆	1∶0.5∶3	m³	21.870	437.13	9559.98
131	80050150	现拌混合砂浆	M5(42.5)	m³	29.135	154.35	4496.87
132	80070020	加气混凝土专用砌筑砂浆		m³	11.379	564.04	6418.03
133	80090070	胶粉聚苯颗粒保温砂浆		m³	47.968	582.48	27940.48

人工、材料设备、机械汇总表

工程名称：福建省××敬老院

序号	工料机编码	工料机名称	规格、型号等特殊要求	单位	数量	单价	合价
134	80090130	沥青砂浆	1：2：7	m³	0.158	971.41	153.77
135	80110110	素水泥浆		m³	3.523	673.65	2372.97
136	80213530	预拌非泵送普通混凝土	C25（42.5）碎石 25 mm 塌落度 120～160 mm	m³	6.100	360.19	2197.30
137	80213570	预拌非泵送普通混凝土	C15（42.5）碎石 31.5 mm 塌落度 120～160 mm	m³	110.382	318.45	35151.31
138	80213575	预拌非泵送普通混凝土	C20（42.5）碎石 31.5 mm 塌落度 120～160 mm	m³	80.621	337.86	27238.76
139	80213580	预拌非泵送普通混凝土	C25（42.5）碎石 31.5 mm 塌落度 120～160 mm	m³	15.324	357.28	5475.10
140	80213680	预拌泵送普通混凝土	泵送 100 m 以下 C25（42.5）碎石 25 mm 塌落度 160～200 mm	m³	636.422	379.61	241592.28
141	80213685	预拌泵送普通混凝土	泵送 100 m 以下 C30（42.5）碎石 25 mm 塌落度 160～200 mm	m³	0.998	399.03	398.15
142	80213690	预拌泵送普通混凝土	泵送 100 m 以下 C35（42.5）碎石 25 mm 塌落度 160～200 mm	m³	3.339	413.59	1381.02
143	80215105	泵送防水抗渗混凝土	P8 C30（42.5）碎石 20 mm 塌落度≤160 mm	m³	18.002	326.47	5877.11
144	80310020	灰土	3：7	m³	2.458	188.26	462.77
三		设备					
四		施工机具					
1	99010020	履带式单斗挖掘机	液压 斗容量 1 m³	台班	0.500	1114.81	557.41
2	99010030	履带式单斗挖掘机	液压 斗容量 1.25 m³	台班	0.389	1158.79	450.57
3	99010130	轮胎式单斗挖掘机	液压 斗容量 0.6 m³	台班	3.571	522.55	1866.19
4	99050010	电动滚筒式混凝土搅拌机	出料容量 400 L	台班	1.374	128.04	175.96
5	99050210	灰浆搅拌机	拌筒容量 200 L	台班	68.439	131.80	9020.20
6	99050740	平板式混凝土振捣器		台班	1.234	8.97	11.07
7	99050880	混凝土抹平机	功率 5.5 kW	台班	3.824	22.62	86.50
8	99070030	履带式推土机	功率 75 kW	台班	0.366	746.71	273.51
9	99070280	轮胎式装载机	斗容量 1.5 m³	台班	0.469	774.00	363.04
10	99070530	载货汽车	装载质量 6 t	台班	21.229	397.03	8428.67
11	99070540	载货汽车	装载质量 8 t	台班	0.228	458.74	104.74
12	99070550	载货汽车	装载质量 10 t	台班	1.000	510.37	510.37
13	99070610	自卸汽车	装载质量 4 t	台班	5.159	441.82	2279.54
14	99070750	平板拖车组	装载质量 40 t	台班	0.500	1338.05	669.03
15	99070790	平板拖车组	装载质量 100 t	台班	3.100	2744.42	8507.70

人工、材料设备、机械汇总表

工程名称:福建省××敬老院　　　　　　　　　　　　　　　第 6 页　共 6 页

序号	工料机编码	工料机名称	规格、型号等特殊要求	单位	数量	单价	合价
16	99070870	机动翻斗车	装载质量 1t	台班	0.320	149.54	47.78
17	99071080	皮带运输机	带长×带宽 15×0.5 m	台班	0.127	215.99	27.40
18	99090060	履带式起重机	提升质量 15 t	台班	0.231	630.73	145.53
19	99090300	汽车式起重机	提升质量 5 t	台班	0.102	331.46	33.68
20	99090310	汽车式起重机	提升质量 8 t	台班	1.000	609.55	609.55
21	99090380	汽车式起重机	提升质量 32 t	台班	3.200	1097.29	3511.33
22	99090560	门式起重机	提升质量 10 t	台班	0.067	342.15	22.94
23	99090710	塔式起重机	起重量 6 t	台班	0.067	403.67	27.06
24	99091170	电动卷扬机	单筒慢速 牵引力 50 kN	台班	0.062	143.84	8.95
25	99091330	双笼施工电梯	提升质量 2×1 t 提升高度 50 m	台班	180.400	302.97	54655.79
26	99130280	电动夯实机	夯击能力 20 ～ 62 N.m	台班	62.716	27.16	1703.35
27	99170010	钢筋调直机	Φ40 mm	台班	12.146	28.86	350.55
28	99170020	钢筋切断机	Φ40 mm	台班	9.647	40.07	386.54
29	99170040	钢筋弯曲机	Φ40 mm	台班	25.559	24.23	619.28
30	99190790	管子切断机	Φ60 mm	台班	15.027	15.57	233.96
31	99190800	管子切断机	Φ150 mm	台班	16.142	31.98	516.22
32	99190850	螺栓套丝机	Φ39 mm	台班	13.680	25.85	353.63
33	99210001	木工圆锯机	Φ500 mm	台班	24.909	24.83	618.49
34	99210060	木工单面压刨床	刨削宽度 600 mm	台班	0.024	31.44	0.76
35	99230110	电动打磨机		台班	9.655	12.67	122.33
36	99250020	交流弧焊机	容量 32 kV·A	台班	5.746	83.11	477.52
37	99250110	直流弧焊机	容量 32 kV·A	台班	1.192	87.25	104.02
38	99250110	直流弧焊机	功率 32 kW	台班	18.523	87.25	1616.09
39	99250150	对焊机	容量 75 kV·A	台班	4.326	107.16	463.59
40	99250210	氩弧焊机	电流 500 A	台班	11.466	90.16	1033.81
41	99250310	电渣焊机	电流 1000 A	台班	11.634	157.90	1837.01
42	99250600	交流电焊机	容量 30 kV·A	台班	21.382	89.46	1912.81
43	99450550	其他机械费		元	2240.647	1.00	2240.65
44	99450790	电焊条烘干箱	容积 450×350×450	台班	1.852	15.97	29.58

参考文献

[1]中华人民共和国国家标准.建设工程工程量清单计价规范(GB 50500-2013).北京:中国计划出版社,2013

[2]中华人民共和国国家标准.房屋建筑与装饰工程工程量计算规范(GB 50854-2013).北京:中国计划出版社,2013

[3]中华人民共和国国家标准.建筑工程建筑面积计算规范(GB/T 50353-2013).北京:中国计划出版社,2013

[4]福建省建设工程造价管理总站.福建省房屋建筑与装饰工程预算定额(FJYD-101-2017).福建:福建科学技术出版社,2017

[5]福建省建设工程造价管理总站.福建省建筑安装工程费用定额(2017版).2017

[6]全国造价工程师执业资格考试用书编写委员会.建筑工程技术与计量(土木建筑工程).北京:中国计划出版社,2017

[7]全国造价工程师执业资格考试用书编写委员会.建筑工程造价管理.北京:中国计划出版社,2017

[8]全国造价工程师执业资格考试用书编写委员会.建设工程计价.北京:中国计划出版社,2017

[9]全国一级建造师执业资格考试用书编写委员会.建筑安装工程经济.北京:中国建筑工业出版社,2017

[10]沈祥华.建筑工程概预算.5版.武汉:武汉理工大学出版社,2014

[11]闫瑾.建筑工程计量与计价.北京:机械工业出版社,2015

[12]黄伟典,王艳艳,尹成波.建筑工程计量与计价.北京:中国电力出版社,2017

[13]李伙穆,郑文新.工程计量与计价.上海:上海交通大学出版社,2007

[14]李伙穆.建筑工程计量与计价.厦门:厦门大学出版社,2012

[15]刘元芳.建筑工程计量与计价.北京:中国建材工业出版社,2015

[16]张建平.建筑工程计量与计价.北京:机械工业出版社,2015

[17]马维珍.工程计量与计价.北京:中国建材工业出版社,2005

[18]孙来忠,王维.建筑装饰工程概预算.北京:机械工业出版社,2017

[19]刘钦,闫瑾.建筑工程计量与计价.2版.北京:机械工业出版社,2014